普通高等学校“十四五”规划自动化专业特色教材

ZIDONG KONGZHI YUANLI JICHU

自动控制原理基础

■ 主　编/ 王家林

■ 副主编/ 李成县　闫晓玲　赵永辉　杨　硕

華中科技大學出版社

http://press.hust.edu.cn

中国 · 武汉

内 容 简 介

本书全面、系统地介绍了经典控制理论的基本内容和自动控制系统的分析、校正和综合设计方法。全书共8章，主要包括自动控制的基本概念、自动控制数学基础、自动控制系统的数学模型、时域分析法、根轨迹法、频域分析法、自动控制系统的校正和线性离散系统分析 等内容。本书所有章节都配有适当的习题，在第3～8章中引入了适合该章控制系统计算机辅助分析和设计的 MATLAB 内容，作为基础理论学习以后分析、解决问题的补充内容。

本书重难点突出、概念清晰、内容精练、简明易懂，可作为高等学校自动化、电气类、机电类各专业自动控制理论的教材，也可作为其他相关专业理工科学生和工程技术人员的实践参考书。

图书在版编目(CIP)数据

自动控制原理基础/王家林主编. —武汉：华中科技大学出版社，2024.1
ISBN 978-7-5772-0245-7

Ⅰ.①自… Ⅱ.①王… Ⅲ.①自动控制理论-高等学校-教材 Ⅳ.①TP13

中国国家版本馆 CIP 数据核字(2023)第 244332 号

自动控制原理基础 王家林 主编
Zidong Kongzhi Yuanli Jichu

策划编辑：王汉江
责任编辑：刘艳花
封面设计：原色设计
责任监印：周治超
出版发行：华中科技大学出版社(中国·武汉) 电话：(027)81321913
武汉市东湖新技术开发区华工科技园 邮编：430223
录 排：武汉市洪山区佳年华文印部
印 刷：武汉开心印印刷有限公司
开 本：787mm×1092mm 1/16
印 张：16
字 数：370 千字
版 次：2024 年 1 月第 1 版第 1 次印刷
定 价：52.00 元

PREFACE

前言

以反馈控制为主要研究内容的自动控制理论历史，若从目前公认的第一篇理论论文——麦克斯韦在1868年发表的《论调速器》论文算起，至今不过150多年，然而控制思想与技术的存在至少已有数千年的历史了。"控制"这一概念本身即反映了人们对征服自然与外界的渴望，控制理论与技术也自然而然地在人们认识自然与改造自然的历史过程中发展起来，自动控制理论无论在深度和广度上都得到了令人惊喜的发展，无处不显示着控制技术的威力，对人类社会产生了巨大的影响。本书可以帮助读者正确理解和掌握自动控制理论中最基础而又最重要的概念、原理，以及分析、综合系统的方法。

全书共8章，主要包括自动控制的基本概念、自动控制数学基础、自动控制系统的数学模型、时域分析法、根轨迹法、频域分析法、自动控制系统的校正和线性离散系统分析等内容。本书所有章节都配有适当的习题，习题的解析可参考本人编写的《自动控制原理习题详解》。第3～8章引入了适合该章控制系统计算机辅助分析和设计的MATLAB内容，作为基础理论学习以后分析、解决问题的补充内容。本书力求在不影响内容系统性和理论严谨性的前提下，尽量简化或避免过多的数学推导，注重系统的物理概念。各高校老师可以根据本校专业设置的特点及需求，适当地选择授课内容。

本书由海军工程大学电气工程学院王家林副教授担任主编，李成县、闫晓玲、赵永辉、杨硕担任副主编。本书是课程组在总结多年教学和科研经验的基础上，参考国内外众多经典教材，反复研讨编写而成的。本书参考并引用了相关机构和学者的书籍和文献，在此一并表示感谢。

由于作者水平有限，书中错误或欠妥之处在所难免，恳请各位读者批评指正。

编　者

2023年12月

CONTENTS

目录

第1章

绪论

1.1 控制理论的形成与发展

控制理论研究的内容是如何按照被控对象和应用条件的特性，采集并利用信息，对被控对象施加控制作用，使系统在变化或不确定的条件下保持预定的功能。控制理论是从实践发展而来的，它来自实践但又反过来指导实践。控制理论的发展又一次说明了这一真理。远在控制理论形成之前，就有蒸汽机的飞轮调速器、鱼雷的航向控制系统、航海罗经的稳定器、放大电路的镇定器等自动化系统和装置。这些都是不自觉地应用了反馈控制概念而构成的自动控制器件和系统的成功例子，可以说控制理论是在人类认识和改造世界的实践活动中发展起来的，它不仅要认识事物运动的规律，而且要应用这些规律去改造客观世界。随着自动化技术的不断发展，自动控制理论逐渐上升为一门理论学科，并被划分成“经典控制理论”和“现代控制理论”两大部分。可以说，自动控制或自动化技术已成为现代化的重要标志之一，推动着高、精、尖科技的不断进步，把人类社会推进到崭新的现代化时代，随着控制论的形成和发展，控制论的方法广泛地渗透到各个学科领域中。控制论作为一门基础理论性学科，也可以看作数学的一个分支。

1.1.1 控制理论发展初期及经典控制理论阶段

人类发明具有“自动化”功能的装置，可以追溯到公元前 14 世纪至公元前 11 世纪，如中国、埃及和古巴比伦出现的自动计时漏壶等。

公元前 300 年左右，李冰父子主持修筑的都江堰水利工程充分体现了自动控制系统的观念，是自动控制原理的典型实践。

公元 100 年左右，希罗发明了开闭庙门和分发“圣水”的自动装置。

公元 132 年，东汉杰出天文学家张衡发明了水运浑象仪，研制出了自动测量地震的候风地动仪。

公元 235 年，我国发明的指南车是一个开环控制方式的自动指示方向的控制系统。

工业革命时期，英国科学家瓦特于 1788 年运用反馈控制原理发明并成功设计了蒸汽机离心飞球调速器。

1868 年，英国学者麦克斯韦发表了《论调速器》的论文，对离心飞球调速器的稳定性进行了分析。这是人们依据对技术问题的直觉理解，形成控制理论的开端。

英国数学家 Edward John Routh (1831—1907)与德国数学家 Adolf Hurwitz 把麦克斯韦的思想扩展到高阶微分方程描述的更复杂的系统中，分别在 1877 年和 1895 年各自提出了根据代数方程的系数直接判别系统稳定性的两个著名的稳定性判据——劳斯判据和赫尔维茨判据，即著名的 Routh-Hurwitz 稳定性判据。

随后，自动控制理论作为一门系统的技术学科逐步建立和完善，特别是俄国李雅普诺夫于 1892 年在其博士论文《论运动稳定性的一般问题》中创立了运动稳定性理论，建立了从概念到方法分析稳定性的完整体系，为稳定性研究奠定了理论基础。

1922 年，俄裔美国科学家 Nicholas Minorsky 研制出了用于美军船舶驾驶的伺服结构，首次提出了经典的 PID 控制方法。

1927 年，美国 Bell 实验室的工程师 Harold Stephen Black (1898—1983)提出了高性能的负反馈放大器(Negative Feedback Amplifier)，首次提出了负反馈控制这一重要思想。

美籍瑞典物理学家奈奎斯特于 1932 年提出了根据稳态正弦输入信号的开环响应确定闭环系统稳定性的判据，解决了振荡和稳定性问题，同时把频域法的概念引入自动控制理论，推动了自动控制理论的发展。

1938 年，美国科学家 Hendrik Wade Bode (1905—1982)将频率响应法进行了系统研究，形成了经典控制理论的频域分析法。

1938 年，美国数学家、电气工程师 Claude Elwood Shannon (1916—2001)提出了继电器逻辑自动化理论，1948 年发表了著名的论文《通讯的数学原理》，奠定了信息论的基础。

1942 年，美国工程师 John G. Ziegler (1909—1997)、Nathaniel B. Nichols (1914—1997 年)提出了著名的 Ziegler-Nichols 方法，是一种启发式的 PID 参数最佳调整法，迄今为止依然是工业界调整 PID 参数的主流方法。

1948 年，伊万思提出了根轨迹法。频率响应法和根轨迹法被推广用于研究采样控制系统和简单的非线性控制系统，标志着经典控制理论已经成熟。经典控制理论在理论上和应用上所获得的广泛成就，促使人们试图把这些原理推广到生物控制机理、神经系统、经济及社会过程等非常复杂的系统。

1948 年，科学家维纳出版了《控制论——关于在动物和机器中控制和通信的科学》，系统地论述了控制理论的一般原理和方法，推广了反馈的概念，该著作的发表标志着经典控制理论体系的形成，自此控制理论作为一门独立学科迅速蓬勃发展。

经典控制理论以拉普拉斯变换(或称拉氏变换)为数学工具，以单输入单输出(SISO)

的线性定常系统为主要研究对象,将描述系统的微分方程或差分方程变换到复数域中,得到系统的传递函数,并以此为基础在频率域中对系统进行分析与设计,确定控制器的结构和参数。通常是采用反馈控制,构成所谓闭环控制系统。经典控制理论可以方便地分析和综合自动控制系统的很多工程问题,特别是很好地解决了反馈控制系统的稳定性问题,适应了当时对自动化的需求,而且至今仍大量地应用在一些相对简单的控制系统分析和设计中。但是,经典控制理论也存在着明显的局限性,如经典控制理论仅适合于单输入单输出、线性定常系统,忽略了系统内部特性的运行及变量的变化,系统综合中所采用的工程方法对设计者的经验有一定的依赖性,设计和综合采用试探法不能一次得出最优结果等。

由于实际的系统绝大多数是多输入多输出(MIMO)的系统,经典控制理论在处理这些问题时就显现出了不足,为了解决复杂的控制系统问题,现代控制理论逐步形成。

1.1.2 现代控制理论阶段

20世纪中期,在实践问题的推动下,特别是航空航天技术的兴起,控制理论进入了一个蓬勃发展的时期。

我国著名科学家钱学森院士将控制理论应用于工程实践,并于1954年出版了著名的《工程控制论》。

随后,多本经典控制理论名著相继出版,包括Smith的《Automatic Control Engineering》、Bode的《Network Analysis and Feedback Amplifier》、MacColl的《Fundamental Theory of Servomechanisms》。

空间技术的发展迫切要求解决更复杂的多变量系统、非线性系统的最优控制问题(如控制火箭和宇航器的导航、跟踪和着陆过程中的高精度、低消耗,控制到达目标的时间最少等)。实践的需求推动了控制理论的进步,计算机技术的发展也从计算手段上为控制理论的发展提供了条件。适合描述航天器的运动规律,又便于计算机求解的状态空间模型成为主要的模型形式。因此,20世纪60年代产生的现代控制理论是以状态变量概念为基础,利用现代数学方法和计算机来分析、综合复杂控制系统的新理论,适用于多输入多输出、时变的非线性系统。

1956年,著名的苏联数学家Lev Semyonovich Pontryagin(1908—1988)发表了《最优过程数学理论》,并于1961年证明并发表了著名的极大值原理。极大值原理和动态规划为解决最优控制问题提供了理论工具。

1957年,著名的美国数学家Richard Ernest Bellman在兰德公司(RAND Cooperation)数学部的支持下,提出了离散多阶段决策的最优性原理,创立了动态规划方法,发表了著名的《Dynamic Programming》,建立了最优控制的理论基础。

1957年,国际自动控制联合会(International Federation of Automatic Control,IFAC)正式成立,中国为发起国之一,第一届学术会议于1960年在莫斯科召开。我国著名科学家钱学森院士为IFAC第一届执行委员会委员。

1960年前后,卡尔曼系统地引入了状态空间描述法,并提出了关于系统的可控性、可观性概念和新的滤波理论,标志着控制理论进入了一个崭新的历史阶段,即建立了现代控制理论的新体系。现代控制理论是建立在状态空间方法基础上的,本质上是一种时域分析方法,而经典控制理论偏向于频域的分析方法。

原则上,现代控制理论适用于 SISO 和 MIMO 系统、线性和非线性系统,以及定常和时变系统。现代控制理论不仅包括传统输入输出外部描述,而且更多地将系统的分析和综合建立在系统内部状态特征信息上,依赖计算机进行大规模计算。计算机技术的发展推动现代控制理论发展的同时,要求对连续信号离散化,因而整个控制系统都是离散的,所以整个现代控制理论的各个部分都分别针对连续系统和离散系统存在两套平行相似的理论。除此之外,对于复杂的控制对象,寻求最优的控制方案也是经典控制理论的难题,而现代控制理论针对复杂系统和越来越严格的控制指标,提出了一套系统的分析和综合的方法。它通过以状态反馈为主要特征的系统综合,实现在一定意义下的系统优化控制。因此,现代控制理论的基本特点在于用系统内部状态量代替经典控制理论的输入/输出的外部信息的描述,将系统的研究建立在严格的理论基础上。

现代控制理论在航空、航天和军事武器等精确控制领域取得了巨大成功,在工业生产过程控制中也得到了一定的应用,其致命弱点是系统分析和控制规律的确定都严格地建立在系统精确的数学模型基础之上,缺乏灵活性和应变能力,只适用于解决相对简单的控制问题。在生产实践中,复杂控制问题要通过梳理操作人员的经验并与控制理论相结合来解决。而大规模工业自动化的要求,使自动化系统从局部自动化走向综合自动化,自动控制问题不再局限于一个明确的被控量,这时自动化科学和技术所面对的是一个系统结构复杂、系统任务复杂以及系统运行环境复杂的系统。面对如此复杂的系统,要解决其控制问题,控制理论正向着智能控制方法的方向发展着。

1.1.3 智能控制理论阶段

随着要研究的对象和系统越来越复杂,如智能机器人系统、复杂过程控制等,仅仅借助于数学模型描述和分析的传统控制理论已难以解决不确定性系统、高度非线性系统和复杂控制系统的控制问题。由此可见,复杂控制系统的数学模型难以通过传统的数学工具描述,采用数学工具或计算机仿真技术的传统控制理论已经无法解决此类系统的控制问题。随着大规模复杂系统的控制需要以及现代计算机技术、人工智能和微电子学等学科的高速发展,智能控制应运而生。智能控制是自动控制发展的最新阶段,主要针对经典控制理论和现代控制理论难以解决的系统控制问题,以人工智能技术为基础,在自组织、自学习控制的基础上,提高控制系统的自学习能力,逐渐形成以人为控制器的控制系统、人机结合作为控制器的控制系统和无人参与的自主控制系统等多个层次的智能控制。智能控制一出现就表现出强大的生命力,20 世纪 80 年代以来,智能控制从理论、方法、技术直至应用等方面都得到了广泛的研究,逐步形成了一些理论和方法,并被许多人认为是继经典控制理论和现代控制理论之后,控制理论发展的又一个里程碑。但是智能控制是一门新兴的、尚不成熟的理论和技术,也就是说,智能控制还未形成系统化的理论体系,同时,随着人工智能、计算机网络和云计算等技术的发展,智能控制理论的应用也会越来越广泛。

纵观控制理论的发展历程，社会的需求、科学技术的发展，以及学科之间的相互渗透、相互促进是推动自动控制学科不断向前发展的源泉和动力。控制理论目前还在向更深、更广阔的领域发展，无论在数学工具、理论基础上，还是在研究方法上都产生了实质性的飞跃，在信息与控制学科研究中注入了蓬勃的生命力，启发并扩展了人的思维方式，引导人们去探讨自然界更为深刻的运动机理。

1.2 自动控制系统的基本概念

自动控制是指在没有人直接参与的情况下，利用外加的控制装置使被控对象（如机器、设备或生产过程）的工作状态或某些物理量（如电压、电流、速度、位置、温度、压力、流量、水位等）自动地按照预定的规律运行（或变化）。自动控制系统是指能够对被控对象的工作状态进行自动控制的系统。它一般由控制装置和被控对象组成。被控对象是指那些要求实现自动控制的机器、设备或生产过程，控制装置是指对被控对象起控制作用的设备总体。显然，自动控制技术的研究有利于将人类从复杂、危险、烦琐的劳动环境中解放出来，并大大提高控制效率。

1.2.1 自动控制系统典型的控制系统

自动控制系统最典型的控制系统有开环控制系统、闭环控制系统和复合控制系统三种。

1. 开环控制系统

开环控制系统是指不带反馈装置的控制系统，即不存在由输出端到输入端的反馈通路。换句话说，就是指系统的输入不受输出影响的控制系统。在开环控制系统中，输入端与输出端之间，只有信号的前向通道（即信号从输入端到输出端的路径），而不存在反馈通道（即信号从输出端到输入端的路径）。

在开环控制系统中，被控对象的输出量对控制装置（控制器）的输出没有任何影响，即控制装置与被控对象之间只有顺向控制作用，而没有反向联系。例如，由步进电动机驱动的数控加工机床就是一个未设反馈环节的开环控制系统，其加工过程示意图如图 1-1 所示。

系统预先设定加工程序指令，通过运算控制器（微机或单片机）控制脉冲的产生和分配，发出相应的脉冲，由脉冲发生器（通常还要经过功率放大）驱动步进电动机，通过精密传动机构，再带动工作台（或刀具）进行加工。如果能保证不丢失脉冲，并能有效地抑制干扰的影响，再采用精密传动机构（如滚珠丝杆），那么整个加工系统虽然为开环控制系统，但仍能达到相当高的加工精度（常用的简易数控机床有采用这种控制方式的）。

图 1-2 为数控加工机床开环控制框图。此系统的输入量为加工程序指令，输出量为机床工作台的位移，系统的控制对象为工作台，执行机构为步进电动机和传动机构。由图 1-2 可见，系统无反馈环节，输出量并不返回来影响控制部分，因此它是开环控制系统。

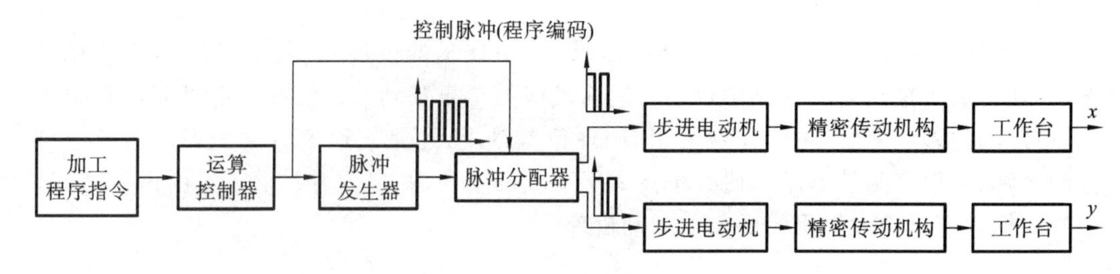

图 1-1　数控加工机床加工过程示意图

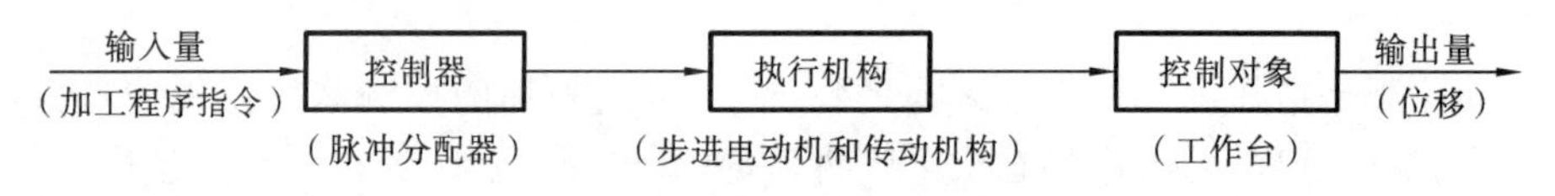

图 1-2　数控加工机床开环控制框图

由于开环控制系统无反馈环节，一般结构简单、系统稳定性好、成本低，这是开环控制系统的优点。因此，若输出量与输入量之间的关系固定，且内部参数或外部负载等扰动因素不大，或这些扰动因素产生的误差可以预计确定并能进行补偿，则应尽量采用开环控制系统。在开环控制系统中，被控对象的输出量对控制装置（控制器）的输出没有任何影响，即控制装置与被控对象之间只有顺向控制作用，而没有反向联系控制。正是由于缺少从系统输出端到输入端的反馈回路，因此开环控制系统精度低且适应性差。

2. 闭环控制系统

为了提高系统的控制精度，必须把系统输出量的信息反馈到输入端，通过比较输入值与输出值，产生偏差信号，该偏差信号以一定的控制规律产生相应的控制作用，使偏差信号逐渐减小直至消除，从而使控制系统达到预期的性能要求。

闭环控制系统是指输出量直接或间接地反馈到输入端，形成闭环参与控制系统。换句话说，就是将输出量反馈回来与输入量比较，使输出值稳定在期望的范围内的控制系统。

闭环控制系统的主要特点是被控对象的输出（被控制量）会返送回来影响控制器的输出，形成一个或多个闭环或回路。闭环控制系统有正反馈和负反馈，若反馈信号与系统给定值信号极性相反，则称为负反馈；若极性相同，则称为正反馈。一般的闭环控制系统都采用负反馈，故又称负反馈控制系统。负反馈控制系统是本课程讨论的重点。

闭环控制系统的优点是具有自动修正被控量出现偏离的能力，可以修正元件参数变化以及外界扰动引起的误差，控制精度高；缺点是被控量可能出现振荡，甚至发散。

图 1-3 为电炉箱恒温自动控制系统。电炉箱通过电阻丝通电加热，由于炉壁散热或增、减工件，炉温会产生变化，而这种变化通常是无法预先确定的。因此，若工艺要求保持炉温恒定，则开环控制将无法自动补偿，必须采用闭环控制。由于需要保持恒定的物理量是温度，所以最常用的方法便是采用温度负反馈。由图 1-3 可见，采用热电偶来检测温度，并将炉温转换成电压信号 U_{fT}（毫伏级），然后反馈至输入端与给定电压 U_{sT} 进行比较，由于采用的是负反馈控制，因此两者极性相反，两者的差值 ΔU 称为偏差电压

$(\Delta U=U_{sT}-U_{fT})$。此偏差电压作为控制电压，经电压放大和功率放大后，驱动直流伺服电动机(控制直流伺服电动机电枢电压)，直流伺服电动机经减速器带动调压变压器的滑动触头来调节炉温。电炉箱自动控制框图如图1-4所示。

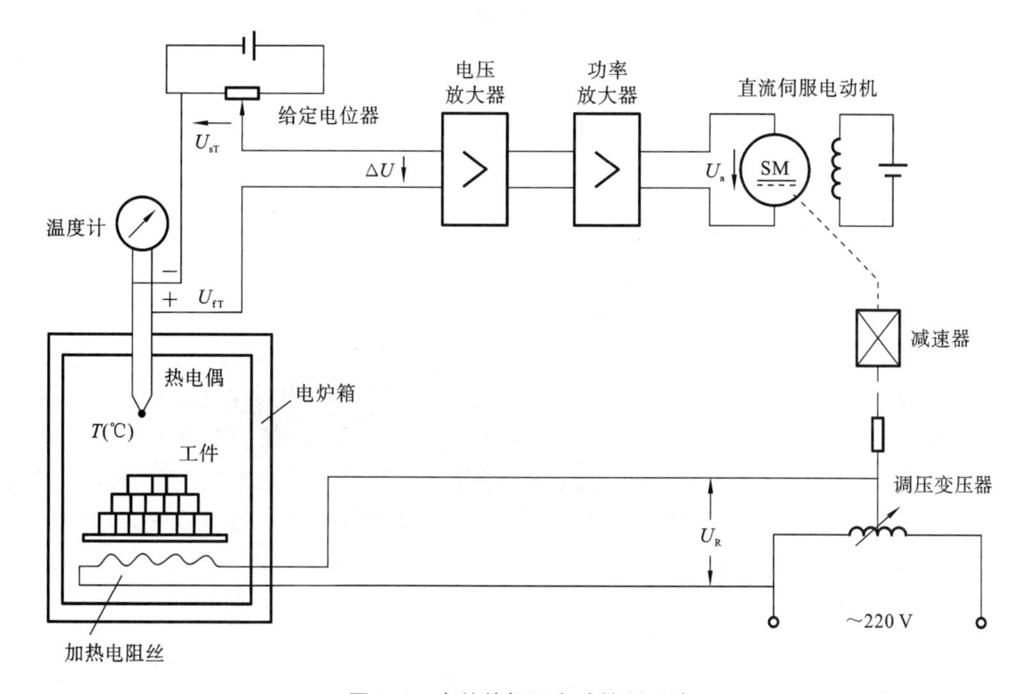

图1-3　电炉箱恒温自动控制系统

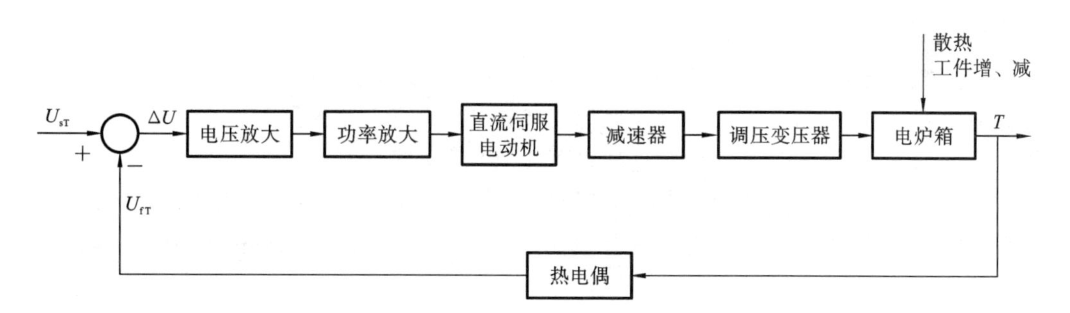

图1-4　电炉箱自动控制框图

当炉温偏低时，$U_{fT}<U_{sT}$，$\Delta U=U_{sT}-U_{fT}>0$，此时偏差电压极性为正，此偏差电压经电压放大和功率放大后，产生的电压U_a(设$U_a>0$)供给直流伺服电动机电枢，使它“正”转，带动调压变压器滑动触头右移，从而使电炉箱供电电压(U_R)增加，电流加大，炉温上升，直至炉温升至给定值，即$T=T_{sT}$(T_{sT}为给定值)，$U_{fT}=U_{sT}$，$\Delta U=0$时为止。这样炉温可自动恢复，并保持恒定。炉温自动调节过程如图1-5所示。

反之，当炉温偏高时，则ΔU为负，经放大后使直流伺服电动机“反”转，滑点左移，供电电压减小，直至炉温降至给定值。炉温处于给定值时，$\Delta U=0$，直流伺服电动机停转。

由以上分析可见，反馈控制可以自动进行补偿，这是闭环控制的一个突出的优点。

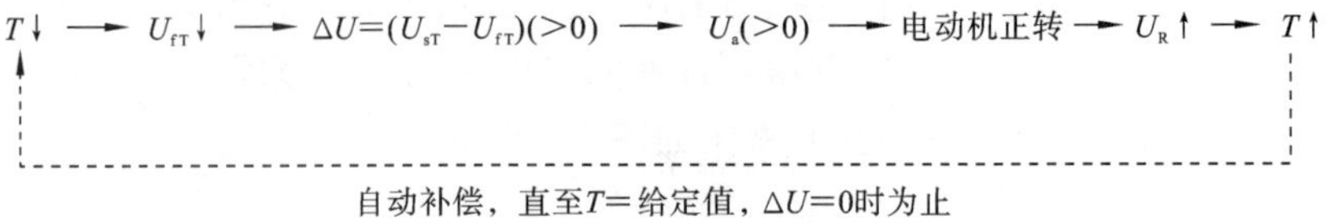

$T\downarrow \longrightarrow U_{fT}\downarrow \longrightarrow \Delta U=(U_{sT}-U_{fT})(>0) \longrightarrow U_a(>0) \longrightarrow$ 电动机正转 $\longrightarrow U_R\uparrow \longrightarrow T\uparrow$

自动补偿，直至$T=$给定值，$\Delta U=0$时为止

图 1-5　炉温自动调节过程

当然，闭环控制要增加检测、反馈比较、调节器等部件，会使系统复杂、成本提高，而且闭环控制会带来副作用，使系统的稳定性变差，甚至造成不稳定。这是采用闭环控制时必须重视并要加以解决的问题。

3. 复合控制系统

从系统结构来看，可以按扰动原则或偏差原则来构成系统，前面所讲的开环系统和闭环系统就分别是按扰动原则和按偏差原则构成的系统。按扰动原则构成的系统在技术上较按偏差原则构成的系统简单，但它只适用于扰动可测的场合，并且一个补偿装置也只能对一种扰动进行补偿，对其他扰动没有补偿作用。所以，较为合理的方式是结合两种方式构成系统，对主要的扰动采用适当的补偿装置实现按扰动原则控制；同时，组成闭环反馈控制实现按偏差原则控制，以消除其他扰动带来的偏差。这种按偏差原则和按扰动原则结合起来构成的系统称为复合控制系统，它兼有两者的优点，可以构成精度很高的控制系统。

1.2.2　自动控制系统的基本环节与常用变量

1. 自动控制系统的基本环节

从实现系统的“自动控制”这一职能来看，一个自动控制系统应包括被控对象和控制装置两大部分，而根据被控对象和组成控制装置的元件不同，系统又有各种不同的形式，但是一般来说，自动控制系统均应包括以下几个基本环节。

给定元件：产生给定的输入信号（又称参考输入量或给定量）。由于给定环节的精度对系统的控制精度影响较大，在一些控制精度要求较高的控制系统中，一般采用精度较高的数字给定装置。

比较环节：用来比较给定量与反馈量之间的偏差。常用的比较器有运算放大器、自整角机、机械式差动装置等。

控制器（也称调节器）：通常由放大环节和校正环节组成，它能根据给定量和反馈量之间的偏差大小与正负，产生具有一定规律的控制信号（控制量）来指挥执行机构动作。

放大元件：将控制信号进行放大，使其变换成能直接作用于执行元件的信号。

执行元件：接收控制器发出的控制信号，对被控对象实施控制，使被控量产生预期的改变。常见的执行机构包括电动机、液压马达和阀门等。

控制对象：控制系统所要控制的设备或生产过程，它的输出就是被控量，输入是控制量。

检测元件（反馈环节）：对系统输出（被控量）进行测量，将它转换成与给定量相同的物理量(一般是电量)。

现以图1-3所示的电炉箱恒温自动控制系统来说明自动控制系统的组成和有关术语。

为了表明自动控制系统的组成以及信号的传递情况,通常把系统各个环节用框图表示,并用箭头标明各作用量的传递情况,图1-6便是图1-3所示系统的框图。框图可以把系统的组成简单明了地表达出来,而不必画出具体线路。

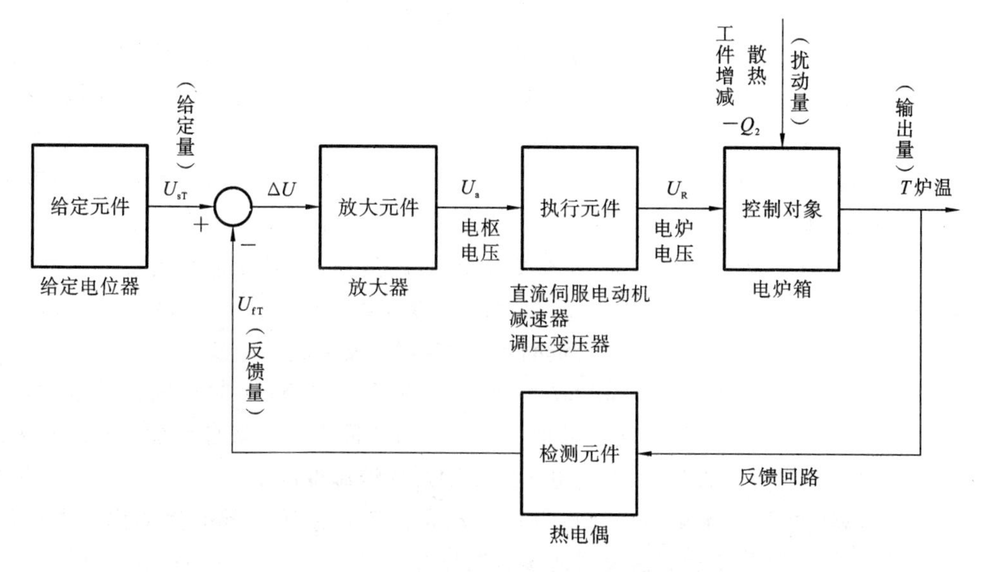

图1-6 自动控制系统的框图

由图1-6可以看出,控制系统包括以下组成部分。

(1) 给定元件。由它调节给定信号(U_{sT}),以调节输出量的大小。此处为给定电位器。

(2) 检测元件。由它检测输出量(如炉温T)的大小,并反馈到输入端。此处为热电偶。

(3) 比较环节。在此处,反馈信号与给定信号进行叠加,信号的极性以"+"或"−"表示。若为负反馈,则两信号极性相反。若两信号极性相同,则为正反馈。

(4) 放大元件。由于偏差信号一般很小,所以要经过电压放大及功率放大,以驱动执行元件。此处为晶体管放大器或集成运算放大器。

(5) 执行元件。驱动控制对象的环节。此处为直流伺服电动机、减速器和调压变压器。

(6) 控制对象,也称被控对象和被调对象。此处为电炉箱。

对于各个元件的排列,通常将给定元件排在最左端,控制对象排在最右端,即输入量在最左端,输出量在最右端。从左至右(即从输入至输出)的通道称为顺馈通道或前向通路,将输出量引回输入端的通道称为反馈通道或反馈回路。

2. 自动控制系统常用变量

典型反馈控制系统的4个常用变量为给定量(参考输入量)、被控量(输出量)、反馈量和扰动量。

给定量：系统输出量的期望值，又称为参考输入量或设定值。

被控量(输出量)：被控系统所控制的物理量。

反馈量：与输出量成正比或成某种函数关系，与给定量有相同量纲，并且数量级相同的信号。

扰动量：对系统输出量有不利影响的输入量。

由图 1-6 可见，系统的常用变量如下。

(1) 给定量，又称控制量或参考输入量(Reference Input Variable)，所以输入量的角标常用 i(或 r)表示。它通常由给定信号电压构成，或通过检测元件将非电输入量转换成信号电压。图 1-6 中的输入量即为给定电压 U_{sT}。

(2) 输出量，又称被控量(Controlled Variable)，所以输出量角标常用 o(或 c)表示。它是控制对象的输出，是自动控制的目标。图 1-6 中的输出量即为炉温 T。

(3) 反馈量(Feedback Variable)，通过检测元件将输出量转变成与给定信号性质相同且数量级相同的信号。图 1-6 中的反馈量即为通过热电偶将炉温 T 转换成与给定电压信号性质相同的电压信号 U_{fT}。反馈量的角标常以 f 表示。

(4) 扰动量(Disturbance Variable)，又称干扰或"噪声"(Noise)，所以扰动量的角标常以 d(或 n)表示。它通常指引起输出量发生变化的各种因素。来自系统外部的称为外扰动，如电动机负载转矩的变化、电网电压的波动及环境温度的变化等。图 1-6 中的炉壁散热、工件增减均可看成是来自系统外部的扰动量。来自系统内部的扰动称为内扰动，如系统元件参数的变化及运算放大器的零点漂移等。

控制系统一般受到两种类型的外部作用：参考输入(也称为有用输入)和扰动。有用输入决定系统被控量的变化规律。扰动又可分为内部扰动和外部扰动，它是系统不希望有的外作用，因为它破坏输入对系统的控制。然而，在实际系统中，扰动总是不可避免的，它可以作用于系统的任何元部件上，也可能一个系统会同时受到多个扰动的作用。

不管外部扰动或内部扰动何时发生，只要出现偏差量，系统就利用产生的偏差去纠正输出量的偏差。从系统结构来看，也可以按照补偿扰动的原则来构成系统，即当扰动量引起偏差时，直接利用扰动量来纠正偏差。这种控制作用的优点是迅速，但当干扰较多时，干扰的检测就会比较困难，系统结构也比较复杂。

1.2.3 自动控制系统性能的基本要求

自动控制使一个或一些被控制的物理量按照另一个物理量(即控制量)变化而变化或保持恒定。如何使控制量按照给定量的变化规律变化，是一个控制系统要解决的基本问题。无论是哪一类的控制系统，我们都希望它满足一定的设计要求。根据系统的不同，其设计要求也不尽相同，但通常是从稳定性(稳)、准确性(准)、快速性(快)三个方面来衡量自动控制系统。

稳定性是控制系统能够运行的首要条件，它是一切自动控制系统必须满足的一个性能指标。换言之，所有系统都必须满足稳定性的要求才能够正常工作。准确性是系统处于稳态时的要求，它反映的是控制系统的控制精度。快速性是控制系统对动态性能（过渡过程）的形式和快慢提出的要求。稳定性和快速性反映了控制系统的动态性能，准确性反映了控制系统的静态性能。

1. 稳定性

稳定性是指系统处于平衡状态下，受到扰动作用后，系统恢复原有平衡状态的能力。如果系统受到外作用后，经过一段时间，其被控量可以达到某一稳定状态，则称系统是稳定的；否则是不稳定的。不稳定的系统无法正常工作，甚至会毁坏设备，造成重大损失。直流电动机的失磁、导弹发射的失控、运动机械的增幅振荡等都属于系统不稳定现象。

设一个实际系统处于一个平衡状态，当扰动发挥作用（或给定值发生变化）时，输出量将偏离原来的稳定值，系统的反馈作用可能会出现两种结果：一是通过系统内部的调节，经过一系列的振荡过程后系统输出回到（或接近）原来的稳态值或跟随给定值，这样的系统称为稳定系统，也是能够进行正常工作达到预期目标的系统；二是内部相互作用，使系统输出出现发散振荡，此时系统处于不稳定状态，其控制量偏离期望值的初始偏差将随时间的增长而发散，这显然不能满足对系统进行控制的基本要求，因此不能实现预定任务，这样的系统称为不稳定系统。对于不稳定系统，在有界信号的输入作用下实际的输出量只能增大到一定的程度。系统稳定性都是由系统内部结构决定的，与外部输入无关。

2. 快速性

由于系统的组成部分都有一定的惯性，系统中各种变量的变化不可能是突变的。因此，系统从一个稳态过渡到另一个稳态需要经历一个过程，表征这个过渡过程的指标称为动态特性，也称暂态特性。

快速性是通过动态过程时间的长短来表征的。过渡时间越短，表明快速性越好，反之亦然。快速性表明系统输出对输入响应快慢的程度。系统响应越快，则复现快变信号的能力越强。

稳定性是控制系统能够运行的首要条件，只有当系统的动态过程收敛时，研究系统的动态特性才有意义。动态特性对过渡过程的要求是既快又稳。

对于一般的控制系统，当给定量或扰动量突然增加某一定值时，由于控制对象的惯性有很大的不同，输出量的暂态过程也就不同。一般来说，在合理的结构和适当的系统参数下，系统的暂态过程多属于衰减振荡过程。我们希望控制系统的动态过程不仅是稳定的，而且暂态过程时间越短越好、振荡幅度越小越好、衰减得越快越好。因为阶跃信号的输入对系统来说是最严酷的工作状态。如果系统在此工作状态下工作正常，那么其动态特性是令人满意的，因此通常在阶跃信号下讨论系统的动态特性。现以系统对突加给定信号（阶跃信号）的动态响应来介绍暂态特性指标。

3. 准确性

稳态过程是在参考输入信号作用下，当时间趋于无穷时，系统输出量的表现方式。稳态过程中表现出的与系统的稳态误差有关的信息用稳态特性表示。稳定性只取决于系统的固有特性，与外界的条件无关。

稳定的系统在过渡过程结束后所处的状态称为稳态。稳态特性用稳态误差表示。

系统对于一个突加的给定或受到的扰动，不可能立即响应，而是有一个过渡过程的。对于一个稳定系统，经过一个动态过渡过程，从一个稳态过渡到另一个稳态，系统的输出可能存在一个偏差，这个偏差称为稳态误差。它反映了一个控制系统的控制精度或抗干扰能力，是衡量一个反馈控制系统的稳态特性的重要指标。显然，这种误差越小，表示系统的输出跟随参考输入的精度越高。当稳态误差为零时，系统为无差系统。当稳态误差不为零时，系统为有差系统。由于实际工程中系统实现不可能完全复现理论的设计，因此纯粹的无差系统是不存在的。系统的稳态误差可分为扰动稳态误差和给定稳态误差。对于恒值系统，给定值是不变的，故扰动稳态误差常用于衡量系统的稳态品质，它反映了系统的抗干扰能力；而对于随动系统，要求输出按一定的精度跟随给定量的变化，因此给定稳态误差常用来衡量随动系统的稳态品质，它反映了系统的控制精度。

影响系统稳态误差的因素有很多，如系统的结构、参数及输入量的形式。需要指出的是，元件本身的制造工艺问题造成的永久性误差不包括在内。

对不同的被控对象，系统对稳、准、快的要求有所不同，如跟踪系统对快速性要求较高，轧机控制系统对准确性的要求较高。同一系统中稳、准、快是相互制约的，提高快速性，可能会加速系统的振荡；改善了稳定性，控制过程可能会延长。对此，我们应做综合考虑，使控制系统的性能达到最佳。

1.2.4 自动控制系统的分类

按照组成系统的元件特性不同，控制系统可分为线性系统和非线性系统两类，线性系统是指组成系统的元器件的静态特性为直线，该系统的输入与输出关系可以用线性微分方程描述。线性系统的主要特点是具有叠加性和齐次性，系统的时间响应特性与初始状态无关。非线性系统是指组成系统的元器件中有一个或一个以上具有非直线静态特性的系统，只能用非线性微分方程描述，不满足叠加原理。严格地说，理想的线性系统实际上不存在，因为各种实际的物理系统总是具有不同程度的非线性。但只要系统的非线性程度不是很严重，就可以把非线性特性线性化，然后近似按照线性系统处理。

按照系统内信号的传递形式不同，控制系统可分为连续系统和离散系统两类。连续系统是指系统内各处的信号都是以连续模拟量传递的系统，其输入与输出之间的关系可以用微分方程描述。连续系统又可以分为线性连续系统和非线性连续系统（或定常连续系统和时变连续系统）两类。离散系统是指系统一处或多处的信号以脉冲序列或数码形式传递的系统，其脉冲序列可由脉冲信号发生器或振荡器产生，也可用采样开关将连续信号变成脉冲序列，这类控制系统又称为采样控制系统或脉冲控制系统。对于采用数字控制器或数字计算机控制，其离散信号以数码的形式传递的系统称为采样数字控制系统或计算机控制系统。离散系统又可分为线性离散系统和非线性离散系统（也称为定常离散系统和时变离散系统）。离散系统可用差分方程描述输入与输出之间的关系。

按照参考输入形式不同，控制系统可分为恒值系统和随动系统。恒值系统的特点是系统输入量（即给定值）是恒定不变的。这种系统的输出量也应是恒定不变的，但由于各种扰动的影响使被控量（即系统的输出量）偏离期望值，所以系统的任务是尽量排除扰动的影响，使被控量恢复到期望值，并以一定的准确度保持在期望值附近。例如，恒速、恒温、恒压等自动控制系统都属于恒值系统。随动系统的特点是给定值是预先未知的或随时间任意变化的。随动系统要求系统被控量以一定的精度和速度跟随输入量变化，跟踪的速度和精度是随动系统的两项主要性能指标。例如，导弹发射架控制系统、雷达天线控制系统等都属于随动系统。

按照输入量和输出量个数不同，控制系统可分为单变量系统和多变量系统。单变量系统又称为单输入单输出系统，其输入量和输出量各只有一个，系统结构较为简单。多变量系统又称为多输入多输出系统，其输入量和输出量个数多于一个，系统结构较为复杂。有时一个输入量对多个输出量有控制作用，有时一个输出量受多个输入量的控制。显然，多变量系统在分析和设计上都远较单变量系统复杂。

控制系统还可分为确定性系统与不确定性系统、集中参数系统与分布参数系统等。

习　题

1.1　什么是开环控制？什么是闭环控制？分析、比较开环控制和闭环控制各自的特点。

1.2　闭环控制系统是由哪些基本部分构成的？各部分的作用是什么？

1.3　什么是复合控制系统？分析其工作的特点。

1.4　什么是系统的稳定性？为什么说稳定性是自动控制系统最重要的性能指标之一？

1.5　什么是智能控制？分析智能控制的特点。

1.6　简述对反馈控制系统的基本要求。

1.7　系统的动态特性指标有哪些？每个指标的定义是什么？

1.8　控制系统稳定性的定义有哪两种方式？

1.9　在人们的日常生活和生产过程中，手动控制和自动控制的应用非常广泛。手动控制的例子有人体温度控制、自行车速度控制、汽车驾驶控制、收音机音量控制等。自动控制的例子有电饭煲的温度控制、空调器的温度控制、路灯的声控和光控、导弹飞行控制、人造卫星控制和宇宙飞船控制等。试选择其中3～6个例子，说明它们的工作原理。

第2章

自动控制数学基础

2.1 拉氏变换

拉普拉斯变换（简称拉氏变换）是一种求解线性常微分方程的简便运算方法。拉氏变换可以将求解复杂的线性常微分方程问题转化为求解简单的代数方程问题。

2.1.1 拉氏变换的基本概念

设 $f(t)$为时间 t 的函数，且当 $t<0$ 时，$f(t)=0$，则 $f(t)$的拉氏变换定义为

$$F(s)=\mathcal{L}[f(t)]=\int_0^{\infty} f(t)\mathrm{e}^{-st}\,\mathrm{d}t \tag{2-1}$$

相应的拉氏逆变换为

$$f(t)=\mathcal{L}^{-1}[F(s)]=\frac{1}{2\pi\mathrm{j}}\int_{c-\mathrm{j}\infty}^{c+\mathrm{j}\infty} F(s)\mathrm{e}^{st}\,\mathrm{d}s \tag{2-2}$$

式中：收敛横坐标 c 为实常量，其实部应大于 $F(s)$所有奇点的实部。

2.1.2 典型函数的拉氏变换

1. 脉冲函数

$$g(t)=\begin{cases}\lim\limits_{t_0\to 0}\dfrac{A}{t_0}, & 0<t<t_0\\ 0, & t<0,\quad t_0<t\end{cases} \tag{2-3}$$

则脉冲函数的拉氏变换为

$$\mathcal{L}[g(t)]=\lim_{t_0\to 0}\frac{As}{s}=A$$

2. 指数函数

$$f(t)=\begin{cases}0, & t<0\\ Ae^{-\alpha t}, & t\geqslant 0\end{cases} \tag{2-4}$$

式中:A 和 α 为常数。指数函数的拉氏变换为

$$F(s)=\int_0^{\infty} Ae^{-\alpha t}e^{-st}\,dt=\frac{A}{s+\alpha}$$

3. 阶跃函数

$$f(t)=\begin{cases}0, & t<0\\ A, & t>0\end{cases} \tag{2-5}$$

式中:A 为常数。当 $A=1(t)$时,其为单位阶跃函数。阶跃函数的拉氏变换为

$$F(s)=\int_0^{\infty} Ae^{-st}\,dt=\frac{A}{s} \tag{2-6}$$

4. 斜坡函数

$$f(t)=\begin{cases}0, & t<0\\ At, & t\geqslant 0\end{cases} \tag{2-7}$$

式中:A 为常数。斜坡函数的拉氏变换为

$$F(s)=\int_0^{\infty} Ate^{-st}\,dt=\frac{A}{s^2} \tag{2-8}$$

5. 抛物线函数

$$f(t)=\begin{cases}0, & t<0\\ At^2, & t\geqslant 0\end{cases} \tag{2-9}$$

式中:A 为常数。抛物线函数的拉氏变换为

$$F(s)=\int_0^{\infty} At^2e^{-st}\,dt=\frac{2A}{s^3} \tag{2-10}$$

6. 正弦函数

$$f(t)=\begin{cases}0, & t<0\\ A\sin(\omega t), & t\geqslant 0\end{cases} \tag{2-11}$$

式中:A 和 ω 为常数。正弦函数的拉氏变换为

$$F(s)=\mathcal{L}[A\sin(\omega t)]=\frac{A}{2j}\int_0^{\infty}(e^{j\omega t}-e^{-j\omega t})e^{-st}\,dt=\frac{A\omega}{s^2+\omega^2} \tag{2-12}$$

2.1.3 拉氏变换性质

1. 实微分性质

设 $F(s)=\mathcal{L}[f(t)]$,则应用分部积分法求拉氏变换积分,有

$$\int_0^{\infty} f(t)e^{-st}\,dt=f(t)\left.\frac{e^{-st}}{-s}\right|_0^{\infty}-\int_0^{\infty}\left[\frac{d}{dt}f(t)\right]\frac{e^{-st}}{-s}dt=\frac{f(0)}{s}+\frac{1}{s}\mathcal{L}\left[\frac{d}{dt}f(t)\right] \tag{2-13}$$

从而

$$\mathcal{L}\left[\frac{d}{dt}f(t)\right]=sF(s)-f(0)$$

同理，可得

$$\mathcal{L}\left[\frac{\mathrm{d}^2}{\mathrm{d}t^2}f(t)\right]=s^2F(s)-sf(0)-\dot{f}(0) \tag{2-14}$$

$$\mathcal{L}\left[\frac{\mathrm{d}^n}{\mathrm{d}t^n}f(t)\right]=s^nF(s)-s^{n-1}f(0)-s^{n-2}\dot{f}(0)-\cdots-f^{(n-1)}(0) \tag{2-15}$$

2. 终值定理

如果函数 $f(t)$和 $\mathrm{d}f(t)/\mathrm{d}t$ 是可拉氏变换的，象函数 $F(s)$是 $f(t)$的拉氏变换，并且极限$\lim\limits_{t\to\infty}f(t)$存在，则有

$$\lim_{t\to\infty}f(t)=\lim_{s\to 0}F(s) \tag{2-16}$$

当且仅当$\lim\limits_{t\to\infty}f(t)$存在时，才能应用终值定理，这意味着当 $t\to\infty$时，$f(t)$将稳定到确定值。如果 $sF(s)$的所有极点均位于左半 s 平面，则$\lim\limits_{t\to\infty}f(t)$存在；如果 $sF(s)$有极点位于虚轴或位于右半 s 平面内，$f(t)$将分别包含振荡的或按指数规律增长的时间函数分量，因而$\lim\limits_{t\to\infty}f(t)$将不存在。

3. 积分性质

如果函数 $f(t)$是指数级的，且 $f(0_-)=f(0_+)=f(0)$，$F(s)=\mathcal{L}[f(t)]$，则

$$\begin{aligned}\mathcal{L}\left[\int f(t)\mathrm{d}t\right]&=\int_0^\infty\left[\int f(t)\mathrm{d}t\right]\mathrm{e}^{-st}\mathrm{d}t=\left[\int f(t)\mathrm{d}t\right]\frac{\mathrm{e}^{-st}}{-s}\bigg|_0^\infty-\int_0^\infty f(t)\,\frac{\mathrm{e}^{-st}}{-s}\mathrm{d}t\\&=\frac{1}{s}\int f(t)\mathrm{d}t\bigg|_{t=0}+\frac{1}{s}\int_0^\infty f(t)\mathrm{e}^{-st}\mathrm{d}t=\frac{f^{-1}(0)}{s}+\frac{F(s)}{s}\end{aligned} \tag{2-17}$$

如果 $f(t)$ 在 $t=0$ 处包含一个脉冲函数，则 $f^{-1}(0_+)\neq f^{-1}(0_-)$。此时，必须对积分定理作如下修改：

$$\mathcal{L}_+\left[\int f(t)\mathrm{d}t\right]=\frac{F(s)}{s}+\frac{f^{-1}(0_+)}{s} \tag{2-18}$$

$$\mathcal{L}_-\left[\int f(t)\mathrm{d}t\right]=\frac{F(s)}{s}+\frac{f^{-1}(0_-)}{s} \tag{2-19}$$

4. 复微分性质

若函数 $f(t)$ 可拉氏变换，则除了在 $F(s)$ 的极点之外，有

$$\begin{aligned}\mathcal{L}[tf(t)]&=\int_0^\infty tf(t)\mathrm{e}^{-st}\mathrm{d}t=-\int_0^\infty f(t)\,\frac{\mathrm{d}}{\mathrm{d}s}(\mathrm{e}^{-st})\mathrm{d}t\\&=-\frac{\mathrm{d}}{\mathrm{d}s}\int_0^\infty f(t)\mathrm{e}^{-st}\mathrm{d}t=-\frac{\mathrm{d}}{\mathrm{d}s}F(s)\end{aligned} \tag{2-20}$$

类似地，令 $tf(t)=g(t)$，有

$$\mathcal{L}[t^2f(t)]=\mathcal{L}[\tan t]=-\frac{\mathrm{d}}{\mathrm{d}s}G(s)=-\frac{\mathrm{d}}{\mathrm{d}s}\left[-\frac{\mathrm{d}}{\mathrm{d}s}F(s)\right]=(-1)^2\,\frac{\mathrm{d}^2}{\mathrm{d}s^2}F(s) \tag{2-21}$$

重复上述过程，可得

$$\mathcal{L}[t^nf(t)]=(-1)^n\,\frac{\mathrm{d}^n}{\mathcal{L}\,\mathrm{d}s^n}F(s),\quad n=1,2,3,\cdots \tag{2-22}$$

5. 卷积定理

考虑下列卷积函数

$$f_1(t) * f_2(t) = \int_0^t f_1(t-\tau) f_2(\tau) \mathrm{d}\tau \tag{2-23}$$

6. 时间平移性质

设函数为 $f(t)$，当 $t<0$ 时，$f(t)=0$；平移函数为 $f(t-\alpha)1(t-\alpha)$，其中 $\alpha \geqslant 0$，且 $t<\alpha$ 时，$f(t-\alpha)1(t-\alpha)=0$，则平移函数的拉氏变换为

$$\mathcal{L}[f(t-\alpha)1(t-\alpha)] = \int_0^{\infty} f(t-\alpha)1(t-\alpha)\mathrm{e}^{-st}\mathrm{d}t \tag{2-24}$$

7. 复域平移性质

若 $f(t)$ 可拉氏变换，且其拉氏变换为 $F(s)$，则 $\mathrm{e}^{-\alpha t}f(t)$ 的拉氏变换为

$$\mathcal{L}[\mathrm{e}^{-\alpha t}f(t)] = \int_0^{\infty} \mathrm{e}^{-\alpha t}f(t)\mathrm{e}^{-st}\mathrm{d}t = F(s+\alpha) \tag{2-25}$$

8. 时间比例变换

设函数 $f(t)$ 的拉氏变换为 $F(s)$，改变时间比例尺的函数为 $f(t/\alpha)$，其中 α 为正常数，则 $f(t/\alpha)$ 的拉氏变换为

$$\mathcal{L}\left[f\left(\frac{t}{\alpha}\right)\right] = \int_0^{\infty} f\left(\frac{t}{\alpha}\right)\mathrm{e}^{-st}\mathrm{d}t = \alpha F(\alpha s) \tag{2-26}$$

2.1.4 拉氏逆变换

求拉氏逆变换的简单方法是利用拉氏变换表。如果某个变换式 $F(s)$ 在表中不能找到，那么可以把 $F(s)$ 展成部分分式，写成 s 的简单函数形式，再去查表。

应当指出，这种寻求拉氏逆变换的简单方法基于如下事实：对于任何连续的时间函数，它与其拉氏变换之间保持唯一的对应关系。

一般地，象函数 $F(s)$ 是复变量 s 的有理代数分式，可以表示如下：

$$F(s) = \frac{B(s)}{A(s)} = \frac{b_0 s^m + b_1 s^{m-1} + \cdots + b_{m-1}s + b_m}{s^n + a_1 s^{n-1} + \cdots + a_{n-1}s + a_n} \tag{2-27}$$

式中：系数 $a_1, a_2, \cdots, a_n$ 和 $b_0, b_1, b_2, \cdots, b_m$ 都是实常数；m 和 n 为正整数，通常 $m<n$。

为了把 $F(s)$ 展成部分分式，需要对 $A(s)$ 进行因式分解，得到

$$F(s) = \frac{B(s)}{A(s)} = \frac{b_0 s^m + b_1 s^{m-1} + \cdots + b_{m-1}s + b_m}{(s-s_1)(s-s_2)\cdots(s-s_n)} \tag{2-28}$$

式中：$s_i (i=1,2,\cdots,n)$ 称为 $F(s)$ 的极点。

1. $F(s)$ 无重极点

$$F(s) = \sum_{i=1}^{n} \frac{c_i}{s-s_i} \tag{2-29}$$

式中：c_i 为待定常数，称为 $F(s)$ 在极点 s_i 处的留数，且

$$c_i = \lim_{s \to s_i}(s-s_i)F(s) \tag{2-30}$$

于是，可方便求得原函数

$$f(t) = \mathcal{L}^{-1}[F(s)] = \sum_{i=1}^{n} c_i \mathrm{e}^{s_i t} \tag{2-31}$$

上式表明，有理代数分式函数的拉氏逆变换可表示为若干指数项之和。

2. $F(s)$有多重极点

设 $A(s)=0$ 有 r 个重根 s_1，则 $F(s)$可写为

$$\begin{aligned}F(s)&=\frac{B(s)}{(s-s_1)^r(s-s_{r+1})\cdots(s-s_n)}\\&=\frac{c_r}{(s-s_1)^r}+\frac{c_{r-1}}{(s-s_1)^{r-1}}+\cdots+\frac{c_1}{s-s_1}+\frac{c_{r+1}}{s-s_{r+1}}+\cdots+\frac{c_n}{s-s_n}\end{aligned}\tag{2-32}$$

式中：待定常数 $c_{r+1},\cdots,c_n$ 按 $F(s)$无重极点的留数计算，即

$$c_i=\lim_{s\to i_i}(s-s_i)F(s),\quad i=r+1,r+2,\cdots,n$$

重极点对应的待定常数 $c_r,c_{r-1},\cdots,c_1$ 按下式确定：

$$\begin{cases}c_r=\lim\limits_{s\to s_1}(s-s_1)^rF(s)\\c_{r-1}=\lim\limits_{s\to s_1}\dfrac{\mathrm{d}}{\mathrm{d}s}[(s-s_1)^rF(s)]\\\vdots\\c_{r-j}=\dfrac{1}{j!}\lim\limits_{s\to s_1}\dfrac{\mathrm{d}^{(j)}}{\mathrm{d}s^j}[(s-s_1)^rF(s)]\\\vdots\\c_1=\dfrac{1}{(r-1)!}\lim\limits_{s\to s_1}\dfrac{\mathrm{d}^{(r-1)}}{\mathrm{d}s^{r-1}}[(s-s_1)^rF(s)]\end{cases}\tag{2-33}$$

从而，原函数

$$f(t)=\mathcal{L}^{-1}[F(s)]=\left[\frac{c_r}{(r-1)!}t^{r-1}+\frac{c_{r-1}}{(r-2)!}t^{r-2}+\cdots+c_2t+c_1\right]\mathrm{e}^{s_1t}+\sum_{i=r+1}^{n}c_i\mathrm{e}^{s_it}\tag{2-34}$$

2.2 z变换

z 变换是从拉氏变换直接引申出来的一种变换方法，它实际上是采样函数拉氏变换的一种变形。因此，z 变换又称为采样拉氏变换，是研究线性定常离散系统的重要数学工具。

2.2.1 z 变换定义

设连续函数 $e(t)$是可拉氏变换的，则

$$E(s)=\int_0^{\infty}e(t)\mathrm{e}^{-st}\mathrm{d}t\tag{2-35}$$

由于 $t<0$，有 $e(t)=0$，故上式又可表示为

$$E(s)=\int_{-\infty}^{\infty}e(t)\mathrm{e}^{-st}\mathrm{d}t\tag{2-36}$$

对于 $e(t)$ 的采样信号

$$e^*(t) = \sum_{n=0}^{\infty} e(nT)\delta(t - nT) \tag{2-37}$$

其拉氏变换为

$$E^*(s) = \int_{-\infty}^{\infty} e^*(t)\mathrm{e}^{-st}\mathrm{d}t = \sum_{n=0}^{\infty} e(nT)\left[\int_{-\infty}^{\infty} \delta(t - nT)\mathrm{e}^{-st}\mathrm{d}t\right] \tag{2-38}$$

由广义脉冲函数的筛选性质

$$\int_{-\infty}^{\infty} \delta(t - nT)f(t)\mathrm{d}t = f(nT) \tag{2-39}$$

故有

$$\int_{-\infty}^{\infty} \delta(t - nT)\mathrm{e}^{-st}\mathrm{d}t = \mathrm{e}^{-snT} \tag{2-40}$$

于是，采样拉氏变换可表示为

$$E^*(s) = \sum_{n=0}^{\infty} e(nT)\mathrm{e}^{-snT} \tag{2-41}$$

令 $z = \mathrm{e}^{sT}$，其中 T 为采样周期，z 是复平面上定义的一个复变量，称为 z 变换算子，则采样信号 $e^*(t)$ 的 z 变换定义为

$$E(z) = E^*(s)\big|_{s=\frac{1}{T}\ln z} = \sum_{n=0}^{\infty} e(nT)z^{-n} \tag{2-42}$$

记作

$$E(z) = \mathcal{Z}[e^*(t)] = \mathcal{Z}[e(t)] \tag{2-43}$$

2.2.2　z 变换方法

1. 级数求和法

$$E(z) = \sum_{n=0}^{\infty} e(nT)z^{-n} = e(0) + e(T)z^{-1} + e(2T)z^{-2} + \cdots + e(nT)z^{-n} + \cdots \tag{2-44}$$

上式是离散时间函数 $e^*(t)$的无穷级数表达形式。通常，根据常用函数 z 变换的级数形式，都可以写出其闭合形式。

2. 部分分式法

先求出已知连续时间函数 $e(t)$的拉氏变换 $E(s)$，然后将有理分式函数 $E(s)$展成部分分式之和的形式，使每一个部分分式对应简单的时间函数，其相应的 z 变换是已知的，于是可以查 z 变换表，方便地求出 $E(s)$对应的 z 变换 $E(z)$。

2.2.3　z 变换性质

z 变换有一些基本定理，可以使 z 变换的应用变得简单和方便。以下定理的阐述均略去其证明。

1. 线性定理

若 $E_1(z)=\mathcal{Z}[e_1(t)],E_2(z)=[e_2(t)]$,$a$ 为常数,则

$$\mathcal{Z}[e_1(t)\pm e_2(t)]=E_1(z)\pm E_2(z) \tag{2-45}$$

$$\mathcal{Z}[ae(t)]=aE(z) \tag{2-46}$$

式中:$E(z)=\mathcal{Z}[e(t)]$。

2. 实数位移定理

如果函数 $e(t)$是可拉氏变换的,其 z 变换为 $E(z)$,则有

$$\mathcal{Z}[e(t-kT)]=z^{-k}E(z) \tag{2-47}$$

$$\mathcal{Z}[e(t+kT)]=z^k\left[E(z)-\sum_{n=0}^{k-1}e(nT)z^{-n}\right] \tag{2-48}$$

3. 复数位移定理

如果函数 $e(t)$是可拉氏变换的,其 z 变换为 $E(z)$,则有

$$\mathcal{Z}[\mathrm{e}^{\mp at}e(t)]=E(z\mathrm{e}^{\pm aT}) \tag{2-49}$$

4. 终值定理

如果函数 $e(t)$的 z 变换为 $E(z)$,函数序列 $e(nT)(n=0,1,2,\cdots)$为有限值,且极限 $\lim\limits_{n\to\infty}e(nT)$存在,则函数序列的终值

$$\lim_{n\to\infty}e(nT)=\lim_{z\to 1}(z-1)E(z) \tag{2-50}$$

5. 卷积定理

设 $x(nT)$和 $y(nT)$为两个采样函数,其离散卷积积分定义为

$$x(nT)*y(nT)=\sum_{k=0}^{\infty}x(kT)y[(n-k)T] \tag{2-51}$$

则卷积定理如下:若

$$g(nT)=x(nT)*y(nT) \tag{2-52}$$

必有

$$G(z)=X(z)\cdot Y(z) \tag{2-53}$$

式中:

$$X(z)=\sum_{k=0}^{\infty}x(kT)z^{-k},\quad Y(z)=\sum_{n=0}^{\infty}y(nT)z^{-n}$$

$$G(z)=\mathcal{Z}[g(nT)]=\mathcal{Z}[x(nT)*y(nT)]$$

2.2.4 z 逆变换

z 逆变换是已知 z 变换表达式 $E(z)$求相应离散序列 $e(nT)$的过程,记为

$$e(nT)=\mathcal{Z}^{-1}[E(z)]$$

进行 z 逆变换时,信号序列仍是单边的,即当 $n<0$ 时,$e(nT)=0$ 常用的 z 逆变换法有如下三种。

1. 部分分式法

部分分式法又称查表法,需要把 $E(z)$展成部分分式以便查表。考虑到 z 变换表中,

所有 z 变换函数 $E(z)$ 在其分子上普遍都有因子 z，所以应将 $E(z)/z$ 展成部分分式，然后将所得结果的每一项都乘以 z，即得 $E(z)$ 的部分分式展开式。

设已知的 z 变换函数 $E(z)$ 无重极点，求出 $E(z)$ 的极点为 $z_1, z_2, \cdots, z_n$，再将 $E(z)/z$ 展成

$$\frac{E(z)}{z} = \sum_{i=1}^{n} \frac{A_i}{z - z_i} \tag{2-54}$$

式中：A_i 为 $E(z)/z$ 在极点 z_i 处的留数。再由上式写出 $E(z)$ 的部分分式展开式

$$E(z) = \frac{A_i z}{z - z_i} \tag{2-55}$$

然后逐项查 z 变换表，得

$$e_i(nT) = \mathcal{Z}^{-1}\left[\frac{A_i z}{z - z_i}\right], \quad i = 1, 2, \cdots, n \tag{2-56}$$

最后写出 $E(z)$ 对应的采样函数

$$e^*(t) = \sum_{n=0}^{\infty} \sum_{i=1}^{n} e_i(nT)\delta(t - nT) \tag{2-57}$$

2. 幂级数法

幂级数法又称综合除法。由 z 变换表可知，z 变换函数 $E(z)$ 可以表示为

$$E(z) = \frac{b_0 + b_1 z^{-1} + b_2 z^{-2} + \cdots + b_m z^{-m}}{1 + a_1 z^{-1} + a_2 z^{-2} + \cdots + a_n z^{-n}}, \quad m \leqslant n \tag{2-58}$$

式中：$a_i(i=1,2,\cdots,n)$ 和 $b_j(j=0,1,\cdots,m)$ 均为常系数。对上式表达的 $E(z)$ 作综合除法，得到按 z^{-1} 升幂排列的幂级数展开式

$$E(z) = c_0 + c_1 z^{-1} + c_2 z^{-2} + \cdots + c_n z^{-n} + \cdots = \sum_{n=0}^{\infty} c_n z^{-n} \tag{2-59}$$

如果所得到的无穷幂级数是收敛的，则由 z 变换定义可知，幂级数展开式中的系数 $c_n(n=0,1,\cdots,n)$ 就是采用脉冲序列 $e^*(t)$ 的脉冲强度 $e(nT)$。因此，可得 $E(z)$ 对应的采样函数

$$e^*(t) = \sum_{n=0}^{\infty} c_n \delta(t - nT) \tag{2-60}$$

3. 反演积分法

反演积分法又称留数法。当 z 变换函数 $E(z)$ 为超越函数时，无法应用部分分式法及幂级数法来求 z 逆变换，而只能采用反演积分法。当然，反演积分法对 $E(z)$ 为真有理分式的情况也是适用的。由于 $E(z)$ 的幂级数展开式为

$$E(z) = \sum_{n=0}^{\infty} e(nT) z^{-n} = e(0) + e(T)z^{-1} + e(2T)z^{-2} + \cdots + e(nT)z^{-n} + \cdots \tag{2-61}$$

所以函数 $E(z)$ 可以看成是 z 平面上的劳伦级数。级数的各系数 $e(nT), n=0,1,\cdots$ 可以由积分的方法求出。因为在求积分值时要应用柯西留数定理，故也称留数法。用 z^{n-1} 乘以幂级数展开式两端得

$$E(z)z^{n-1} = e(0)z^{n-1} + e(T)z^{n-2} + \cdots + e(nT)z^{-1} + \cdots \tag{2-62}$$

设 Γ 为 z 平面上包围 $E(z)z^{n-1}$ 全部极点的封闭曲线，沿反时针方向对上式两端同时积分，可得

$$\oint_{\Gamma} E(z)z^{n-1}\mathrm{d}z = \oint_{\Gamma} e(0)z^{n-1}\mathrm{d}z + \oint_{\Gamma} e(T)z^{n-2}\mathrm{d}z + \cdots + \oint_{\Gamma} e(nT)z^{-1}\mathrm{d}z + \cdots \quad (2\text{-}63)$$

由复变函数论可知，对于围绕原点的积分闭路，有如下关系式：

$$\oint_{\Gamma} z^{k-n-1}\mathrm{d}z = \begin{cases} 0, & k \neq n \\ 2\pi\mathrm{j}, & k = n \end{cases} \quad (2\text{-}64)$$

因此在积分式中，除

$$\oint_{\Gamma} e(nT)z^{-1}\mathrm{d}z = e(nT)\cdot 2\pi\mathrm{j} \quad (2\text{-}65)$$

外，其余各项均为零。由此得到反演公式

$$e(nT) = \frac{1}{2\pi\mathrm{j}}\oint_{\Gamma} E(z)z^{n-1}\mathrm{d}z \quad (2\text{-}66)$$

根据柯西留数定理，设函数 $E(z)z^{n-1}$ 除有限极点 $z_1, z_2, \cdots, z_k$ 外，在域 G 上是解析的。如果有闭合路径 Γ 包含了这些极点，则有

$$e(nT) = \frac{1}{2\pi\mathrm{j}}\oint_{\Gamma} E(z)z^{n-1}\mathrm{d}z = \sum_{i=1}^{k}\mathrm{Res}[E(z)z^{n-1}]_{z\to z_i} \quad (2\text{-}67)$$

式中：$\mathrm{Res}[E(z)z^{n-1}]_{z\to z_i}$ 表示函数 $E(z)z^{n-1}$ 在极点 z_i 处的留数。因此，$E(z)$ 对应的采样函数为

$$e^*(t) = \sum_{n=0}^{\infty} e(nT)\delta(t-nT) \quad (2\text{-}68)$$

2.3 s 与 z 的关系

从本章1.1节、1.2节可知，连续系统的某些行为与 s 平面上的极点位置有关：位于虚轴附近的极点使系统产生振荡；位于负实轴上的极点使响应按指数规律衰减；具有正实部的极点使系统产生不稳定。在设计离散系统时，也有类似的关系。考虑连续信号 $f(t)=\mathrm{e}^{-at}$，$t>0$，其拉普拉斯变换为 $F(s)=\dfrac{1}{s+a}$，对应的极点为 $s=-a$。$f(kT)$ 的 z 变换为

$$F(z)=Z\{\mathrm{e}^{-akT}\} \quad (2\text{-}69)$$

式(2-69)等价于 $F(z)=\dfrac{z}{z-\mathrm{e}^{-aT}}$。

对应的极点为 $z=\mathrm{e}^{-aT}$。这意味着 s 平面的极点 $s=-a$ 对应于离散域内的极点 $z=\mathrm{e}^{-aT}$。将其推广到一般情况。

z 平面与 s 平面之间的等效性，由下面的表达式给出

$$z=\mathrm{e}^{sT} \quad (2\text{-}70)$$

式中：T 是采样周期。

$F(s)$ 与 $F(z)$ 的分母多项式的根之间存在关系 $z=\mathrm{e}^{sT}$。

常阻尼系数 ζ 与固有频率 ω_{n} 曲线从 s 平面到 z 平面的上半平面的映射关系符合式

(2-70)。这种映射有以下几个重要特征。

(1) 稳定边界为单位圆$|z|=1$。

(2) z 平面内在 $z=+1$ 周围的小邻域必须与 s 平面上 $s=0$ 附近的小邻域保持一致。

(3) z 平面的位置给出了规范化为采样速率的响应信息，而 s 平面上是规范化为时间。

(4) z 负实轴总是代表频率 $\omega_s/2$，其中 $\omega_s=2\pi/T$ 为采样频率，单位为弧度/秒(rad/s)。

(5) s 左半平面的垂直线(实部为常数或者时间为常数)映射到 z 平面，就是在单位圆内的一些圆。

(6) s 平面内的水平线(频率虚部为常数)映射到 z 平面内为放射线。

(7) 频率 $\omega_s/2$ 称为奈奎斯特频率，由于隐含的三角函数的周期特性，在 z 平面上高于$\omega_s/2$ 的频率叠加在与其对应的低频之上。这种重叠称为混叠现象。因此，有必要使采样频率保持至少为信号最高频率分量的两倍，这样才能用采样值来表示信号。

2.4　终值定理

我们在 2.1.3 节中讨论的连续系统的终值定理指出：只要 $sX(s)$的所有极点都在左半平面(LHP)上，则

$$\lim_{t\to\infty}x(t)=x_{ss}=\lim_{s\to 0}sX(s) \tag{2-71}$$

这个定理常用来求解系统的稳态误差或者控制系统各部分的稳态增益。注意：定常连续系统的稳态响应可由 $X(s)=A/s$ 表示，且在式(2-71)中再乘以 s；我们可以在离散系统中获得相似的关系。因为离散系统的定常稳态响应为

$$X(z)=\frac{A}{1-z^{-1}} \tag{2-72}$$

如果$(1-z^{-1})X(z)$的所有极点都在单位圆内，则离散系统的终值定理为

$$\lim_{k\to\infty}x(k)=x_{ss}=\lim_{z\to 1}(1-z^{-1})X(z) \tag{2-73}$$

关于 z 平面点的时域序列如图 2-1 所示。

例如，为了确定传递函数

$$G(z)=\frac{X(z)}{U(z)}=\frac{0.58(1+z)}{z+0.16} \tag{2-74}$$

的直流(DC)增益，令 $u(k)=1$，当 $k\geqslant 0$ 时，则有

$$U(z)=\frac{1}{1-z^{-1}},\quad X(z)=\frac{0.58(1+z)}{(1-z^{-1})(z+0.16)}$$

应用终值定理得到

$$x_{ss}=\lim_{z\to 1}\left[\frac{0.58(1+z)}{z+0.16}\right]=1$$

因此，$G(z)$的直流增益为单位 1。为了确定任意稳定传递函数的直流增益，只需将 $z=1$ 代入，计算出相应的增益。无论是连续系统还是离散系统，其直流增益都应是不变的，因此，这种计算对等效离散控制器与连续控制器是否匹配的验证是非常有帮助的。该计算也能很好地检验确定系统的离散模型的计算结果。

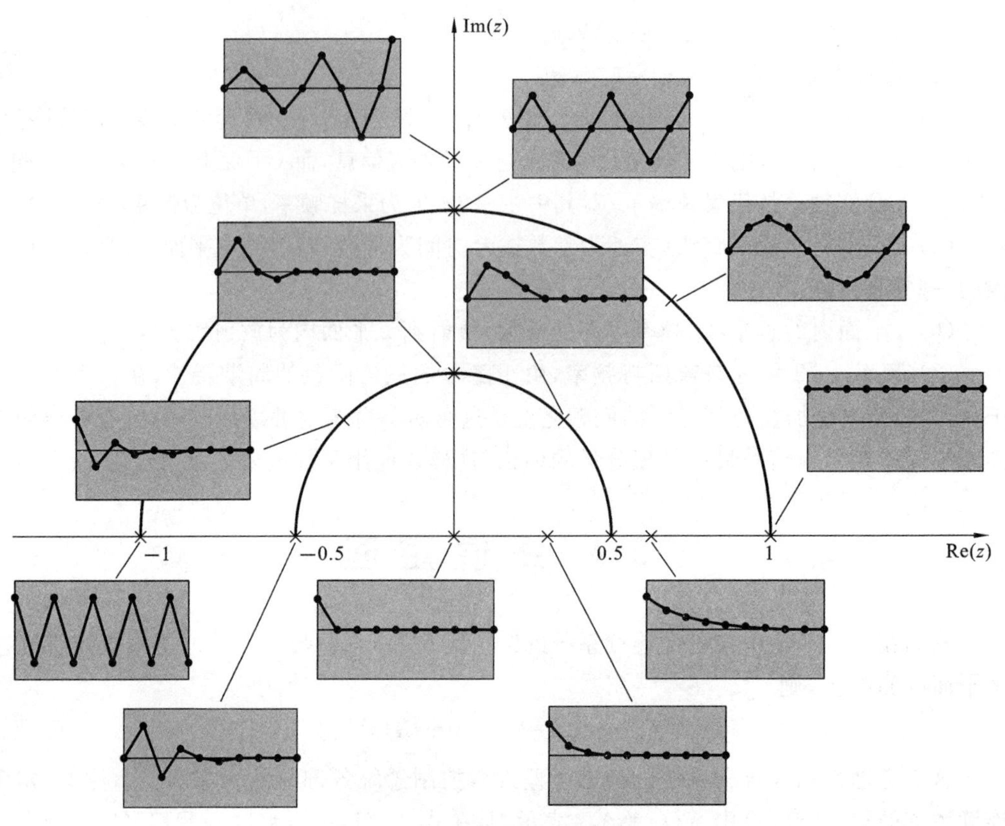

图 2-1　关于 z 平面点的时域序列

习　题

2.1　试求下列函数的拉普拉斯变换式（设 $t<0$ 时，$f(t)=0$）：

(1) $f(t)=(t+2)(t+6)$；　　(2) $f(t)=3[1-\cos(4t)]$；

(3) $f(t)=\mathrm{e}^{-0.6t}\cos(10t)$；　　(4) $f(t)=\sin\left(5t+\dfrac{7\pi}{3}\right)$；

(5) $f(t)=T-\mathrm{e}^{-\frac{1}{T}t}$。

2.2　求如题 2.2 图所示各 $f(t)$ 的拉普拉斯变换式：

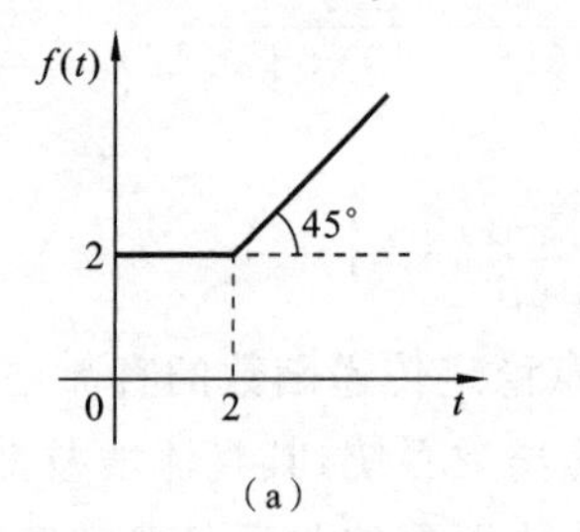

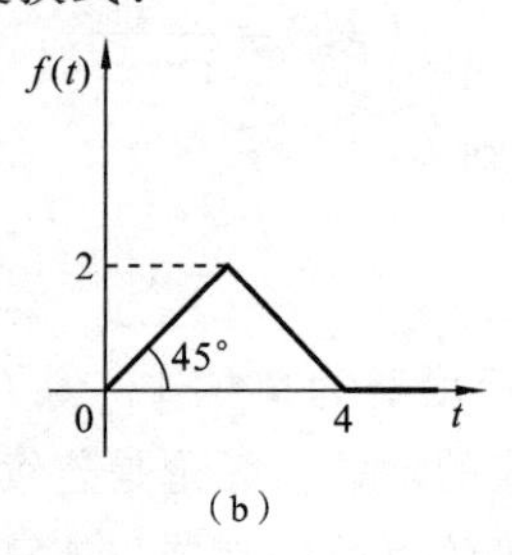

题 2.2 图　$f(t)$ 图示曲线

2.3　求下列函数的原函数 $f(t)$：

(1) $F(s)=\dfrac{s-3}{s^2+9}$；　　(2) $F(s)=\dfrac{5}{s(s+5)}$；

(3) $F(s)=\dfrac{s+7}{(s+1)(s^2+3s+2)}$；　　(4) $F(s)=\dfrac{1}{s(s^2+s+1)}$；

(5) $F(s)=\dfrac{s}{s^2+4s+8}$。

2.4　应用拉普拉斯变换终值定理求函数 $f(t)$的终值，$f(t)$的拉普拉斯变换式如下：

(1) $F(s)=\dfrac{1}{s(s+1)}$；　　(2) $F(s)=\dfrac{10s+10}{s(s^2+s+1)}$。

要求通过拉普拉斯逆变换，并令 $t\to\infty$来证明其计算结果。

2.5　用拉普拉斯变换方法求解下列微分方程：

(1) $\dfrac{d^2x}{dt^2}-3\dfrac{dx}{dt}+2x=\delta(t)$，$\left.\dfrac{dx}{dt}\right|_{t=0}=x(0)=0$；

(2) $\dfrac{d^2x}{dt^2}+4\dfrac{dx}{dt}+4x=1(t)$，$\left.\dfrac{dx}{dt}\right|_{t=0}=x(0)=0$；

(3) $2\dfrac{d^2x}{dt^2}+7\dfrac{dx}{dt}+3x=0$，$\left.\dfrac{dx}{dt}\right|_{t=0}=1$，$x(0)=0$。

第3章

自动控制系统的数学模型

要完成自动控制系统的分析和设计，必须先建立系统的数学模型。数学模型是描述系统输入变量、输出变量及系统内部各变量之间关系的数学表达式。控制系统的数学模型通常有输入/输出描述和状态空间描述。在经典控制理论中，常用输入输出描述，如表示系统输入/输出关系的微分方程或传递函数即属此类，所以输入/输出描述也称外部描述。在现代控制理论中常用状态空间描述，它属于系统的内部描述，因为它不仅描述系统输入和输出之间的关系，更主要的是还揭示系统内部状态变量的运动规律。

建立系统数学模型的方法有解析法和辨识法两种。本章主要研究解析法建立系统数学模型的方法。在自动控制系统中，用来描述系统数学模型的形式有很多。时域中常用的有微分方程、差分方程、状态方程；复数域中常用的有传递函数、结构图和信号流图等。本章主要讲解微分方程、传递函数、结构图和信号流图这几种数学模型，其余几种数学模型将在以后几个章节中讲述。

3.1　系统微分方程的建立

微分方程是描述控制系统动态特性的基本数学模型。但实际中的物理系统多种多样，组成控制系统各个环节的部件种类繁多、结构各异，人们研究系统的目的也可能各不相同，这就要求在具体建模时，结合建模的目的和条件，列写出符合要求的数学模型。为了对更复杂的系统建模，下面给出列写微分方程的一般步骤。

(1) 确定系统的输入量、输出量以及内部中间变量，分析中间变量与输入变量、输出变量之间的关系，为了简化运算，方便建模，可作一些合乎实际情况的假设，以忽略次要因素。

(2) 根据对象的内在机理，找出支配系统动态特性的基本定律，列写系统各个部分的原始方程，常用的基本定律有基尔霍夫定律、牛顿运动定律、能量守恒定律、物质守恒定律等。

(3) 列写各中间变量与输入变量、输出变量之间的因果关系式，注意列写出的方程数目与所设的变量数目(除输入变量)应相等。

(4) 将已经得到的方程组，消去中间变量，最终得到只包含系统输入变量与输出变量的微分方程。

(5) 将已经得到的方程化成标准型，即将与输入变量有关的各项放在方程的右边，与输出变量有关的各项放在方程的左边，且各导数项以降阶次形式从左至右排列。对连续时间线性时不变系统而言，得到的微分方程是线性定常系数微分方程。

当然，并不是所有系统的建模均需经过以上步骤，对简单的系统建模或在建模熟悉以后可直接进行，但掌握一般的建模步骤显然对分析复杂系统大有好处。

下面举例说明建立系统或元件微分方程的方法。

例 3-1　建立如图 3-1 所示的 RLC 网络的微分方程。

解　(1) 确定输入变量和输出变量。取 u_r 为输入量，u_c 为输出量。

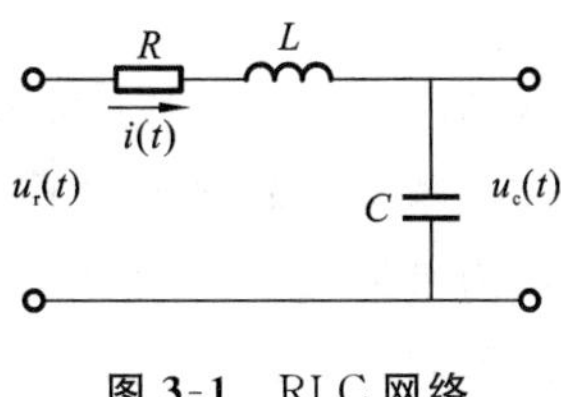

图 3-1　RLC 网络

(2) 根据电路理论，列写如下微分方程：

$$\begin{cases} u_r(t)=Ri(t)+L\dfrac{di(t)}{dt}+u_c(t) \\ i(t)=C\dfrac{du_c(t)}{dt} \end{cases} \tag{3-1}$$

(3) 消去中间变量 $i(t)$，得输入变量与输出变量之间的微分方程为

$$LC\frac{d^2u_c(t)}{dt^2}+RC\frac{du_c(t)}{dt}+u_c(t)=u_r(t) \tag{3-2}$$

令 $LC=T^2$，$RC=2\xi T$，则式(3-2)又可写成如下形式：

$$T^2\frac{d^2u_c(t)}{dt^2}+2\xi T\frac{du_c(t)}{dt}+u_c(t)=u_r(t) \tag{3-3}$$

从式(3-3)可以看出，RLC 网络的数学模型是二阶线性定常微分方程。

例 3-2　机械位移系统。设具有弹簧、质量、阻尼器的机械位移系统如图 3-2 所示，$F(t)$为外作用力，$y(t)$为质量 m 的位移，建立系统的微分方程。

解　(1) 由于系统在外力 $F(t)$的作用下，将产生位移 $y(t)$，所以选择 $F(t)$为输入变量，$y(t)$为输出变量。

(2) 由牛顿第二定律，列写如下微分方程：

$$F(t)-Ky(t)-f\dot{y}(t)=m\ddot{y}(t) \tag{3-4}$$

即

$$m\frac{d^2y(t)}{dt^2}+f\frac{dy(t)}{dt}+Ky(t)=F(t) \tag{3-5}$$

式中：K 为弹簧的弹性系数；f 为阻尼器的阻尼系数。

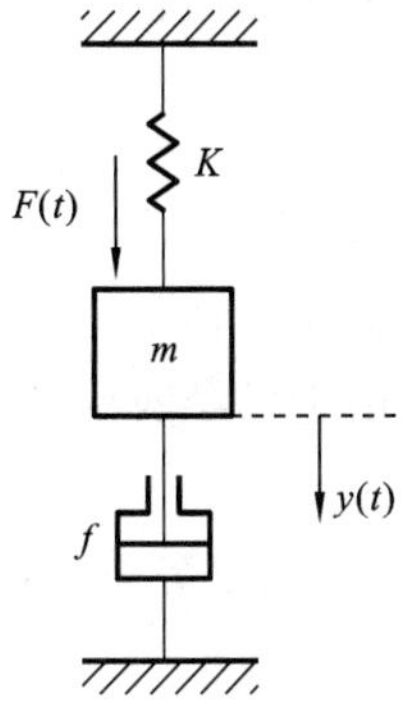

图 3-2　机械位移系统

从式(3-5)可以看出，该机械位移系统的数学模型也是二阶线性定常微分方程。

例 3-3 列写如图 3-3 所示电枢控制直流电动机的微分方程。

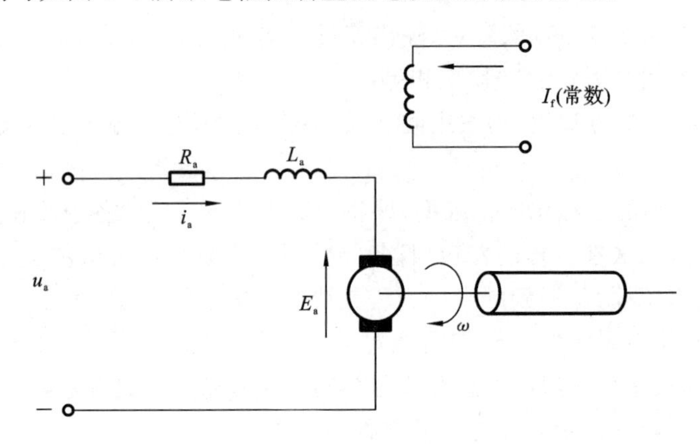

图 3-3 电枢控制直流电动机

解 直流电动机是将电能转化为机械能的一种典型的机电转换装置。在如图 3-3 所示的电枢控制直流电动机中，输入的电枢电压 u_a 在电枢回路中产生电枢电流 i_a，电枢电流 i_a 与励磁磁通相互作用产生电磁转矩 M_m，从而使电枢旋转并拖动负载运动，将电能转换为机械能。图中 R_a 和 L_a 分别是电枢绕组的总电阻和总电感。与一般电路系统模型的不同之处在于电枢是一个在磁场中运动的部件。在完成能量转换的过程中，其绕组在磁场中切割磁力线会产生感应反电势 E_a，其大小与励磁磁通及转速成正比，方向与外加电枢电压 u_a 相反。

(1) 电枢电压 u_a 为控制输入，负载转矩 M_L 为扰动输入，电动机角速度 ω 为输出量。

(2) 忽略一些影响较小的次要因素，如电枢反应、磁滞、涡流效应等，并且当励磁电流 I_f 为常数时，励磁磁通视为不变，将变量关系看作是线性的。

(3) 列写原始方程与中间变量的辅助方程。

由基尔霍夫定律写出电枢回路方程

$$L_a \frac{di_a}{dt}+R_a i_a+E_a=u_a \tag{3-6}$$

由刚体的转动定律得电动机轴上机械运动方程为

$$J \frac{d\omega}{dt}=M_m-M_L \tag{3-7}$$

式中：J 为负载折合到电动机轴上的转动惯量；M_m 为电枢电流产生的电磁转矩；M_L 为折合到电动机轴上的总负载转矩。

由于已经假设励磁磁通不变，电枢感应反电势 E_a 只与转速成正比，即

$$E_a=k_e\omega \tag{3-8}$$

式中：k_e 为电势系数，由电动机结构参数确定。

电磁转矩 M_m 只与电枢电流成正比，即

$$M_m=k_m i_a \tag{3-9}$$

式中：k_m 为转矩系数，由电动机结构参数确定。

(4) 消去中间变量，将微分方程化为只含有 u_a、M_L、ω 的标准型。

由式(3-6)～式(3-9)得

$$\frac{L_a J}{k_e k_m}\frac{d^2\omega}{dt^2}+\frac{R_a J}{k_e k_m}\frac{d\omega}{dt}+\omega=\frac{1}{k_e}u_a-\frac{R_a}{k_e k_m}M_L-\frac{L_a}{k_e k_m}\frac{dM_L}{dt} \tag{3-10}$$

令 $T_m=\frac{R_a J}{k_e k_m}$，$T_a=\frac{L_a}{R_a}$，它们都具有时间量纲，分别称为机电时间常数、电磁时间常数。代入上式，得微分方程的标准型为

$$T_a T_m\frac{d^2\omega}{dt^2}+T_m\frac{d\omega}{dt}+\omega=\frac{1}{k_e}u_a-\frac{T_m}{J}M_L-\frac{T_a T_m}{J}\frac{dM_L}{dt} \tag{3-11}$$

该方程表达了电动机的角速度与电枢电压 u_a 和负载转矩 M_L 之间的关系。由于系统含有电感 L_a 和惯量 J 这两个储能元件，对输出量 ω 来说，数学模型为 2 阶的微分方程。

分析 T_m、T_a 的量纲：

$$[T_m]=\left[\frac{R_a J}{k_e k_m}\right]=\left[\frac{(\mathrm{V/A})(\mathrm{kg\cdot m\cdot s^2})}{\mathrm{V/(1/s)(kg\cdot m/A)}}\right]=[\mathrm{s}] \tag{3-12}$$

$$[T_a]=\left[\frac{L_a}{R_a}\right]=\left[\frac{\mathrm{V/(A/s)}}{\mathrm{V/A}}\right]=[\mathrm{s}] \tag{3-13}$$

电枢控制直流电机是重要的控制装置，在工程上广泛应用。根据具体的用途，电机的结构设计与制造有很大的区别。在实际使用中，电机转速常用 n(单位为 r/min)表示。若设 $M_L=0$，由于 $\omega=(2\pi/60)n$，代入式(3-11)，并令 $k'_e=k_e(\pi/30)$，则得

$$T_a T_m\frac{d^2 n}{dt^2}+T_m\frac{dn}{dt}+n=\frac{1}{k'_e}u_a \tag{3-14}$$

3.2　传递函数

传递函数是经典控制理论的数学模型之一。它不仅可以反映系统输入、输出之间的动态特性，而且可以反映系统结构和参数对输出的影响。经典控制理论的两大分支——频率法和根轨迹法就是建立在传递函数基础上的，传递函数是经典控制理论中非常重要的函数。

3.2.1　传递函数的定义

在线性定常系统中，当初始条件为零时，系统输出的拉氏变换与输入的拉氏变换之比，称为系统的传递函数。

由控制系统的微分方程可以很容易地求出系统的传递函数。

已知线性定常系统的微分方程具有如下的一般形式：

$$a_n\frac{d^n c(t)}{dt^n}+a_{n-1}\frac{d^{n-1}c(t)}{dt^{n-1}}+\cdots+a_0 c(t)=b_m\frac{d^m r(t)}{dt^m}+b_{m-1}\frac{d^{m-1}r(t)}{dt^{m-1}}+\cdots+b_0 r(t) \tag{3-15}$$

式中：$c(t)$是系统的输出；$r(t)$是系统的输入；$a_i(i=1,2,\cdots,n)$和 $b_j(j=1,2,\cdots,m)$是与系统结构和参数有关的系数。在零初始条件下求拉氏变换，并设 $\mathcal{Z}[c(t)]=C(s)$，$\mathcal{Z}[r(t)]$

$=R(s)$，得

$$a_n s^n C(s)+a_{n-1}s^{n-1}C(s)+\cdots+a_0 C(s)=b_m s^m R(s)+b_{m-1}s^{m-1}R(s)+\cdots+b_0 R(s) \tag{3-16}$$

由定义可得系统的传递函数为

$$G(s)=\frac{C(s)}{R(s)}=\frac{b_m s^m+b_{m-1}s^{m-1}+\cdots+b_0}{a_n s^n+a_{n-1}s^{n-1}+\cdots+a_0} \tag{3-17}$$

式(3-17)为线性定常系统传递函数的一般形式。

例 3-4 求如图 3-4 所示的有源网络的传递函数 $U_o(s)/U_i(s)$。

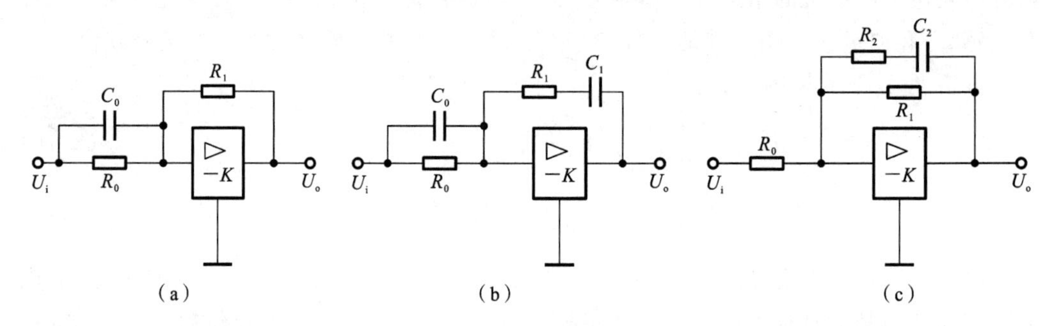

图 3-4 有源网络

解 本题研究用等效复数阻抗方法推导有源网络的传递函数的方法。

(1) 对于图 3-4(a)所示的有源网络，可得

$$\frac{U_o(s)}{U_i(s)}=-\frac{R_1}{R_0\cdot\dfrac{1}{C_0 s}}\left(R_0+\frac{1}{C_0 s}\right)=-\frac{R_1}{R_0}(R_0C_0s+1) \tag{3-18}$$

(2) 对于图 3-4(b)所示的有源网络，可得

$$\frac{U_o(s)}{U_i(s)}=-\frac{R_1+\dfrac{1}{C_1 s}}{R_0\cdot\dfrac{1}{C_0 s}}\left(R_0+\frac{1}{C_0 s}\right)=-\frac{R_1C_1R_0C_0s^2+(R_1C_1+R_0C_0)s+1}{R_0C_1s} \tag{3-19}$$

(3) 对于图 3-4(c)所示的有源网络，可得

$$\frac{U_o(s)}{U_i(s)}=-\frac{\dfrac{R_1\cdot\left(R_2+\dfrac{1}{C_2 s}\right)}{R_1+\left(R_2+\dfrac{1}{C_2 s}\right)}}{R_0}=-\frac{R_1}{R_0}\cdot\frac{R_2C_2s+1}{(R_1+R_2)C_2s+1} \tag{3-20}$$

3.2.2 传递函数的性质

关于传递函数的性质有以下几点。

(1) 传递函数是复变量 $s(s=\sigma+\mathrm{j}\omega)$ 的有理真分式函数，所有的系数均为实常数。由于系统中总是含有较多的惯性元件和受到能源的限制，传递函数分子多项式的阶次 m 总

是小于等于分母多项式的阶次 n，即 $n \geqslant m$。

(2) 传递函数表示系统传递、变换输入信号的能力，只与系统的结构和参数有关，与输入、输出信号的形式无关。

(3) 物理性质不同的系统可以有相同的传递函数；同一系统中，取不同的物理量作为系统的输入或输出时，传递函数不同。

(4) 传递函数与系统微分方程式相互联系，二者之间可以相互转换。

(5) 传递函数是系统单位脉冲响应的拉氏变换。因为当 $r(t)=\delta(t)$ 时，$R(s)=1$，所以

$$G(s)=\frac{C(s)}{R(s)}=C(s) \tag{3-21}$$

(6) 传递函数的分母多项式即为系统的特征多项式，其最高次数为系统的阶次。特征方程的根为传递函数的极点；分子多项式的根是传递函数的零点。由于分子、分母多项式的系数均为实数，所以传递函数若具有复零点或复极点，则它们必然共轭出现。

3.2.3　传递函数的零极点表示

传递函数的分子、分母在因式分解后通常写成零极点形式

$$G(s)=\frac{b_m s^m+b_{m-1}s^{m-1}+\cdots+b_1 s+b_0}{a_n s^n+a_{n-1}s^{n-1}+\cdots+a_1 s+a_0}=\frac{K\prod\limits_{k=1}^{m}(s-z_k)}{\prod\limits_{j=1}^{n}(s-p_j)} \tag{3-22}$$

式中：$K=b_m/a_n$ 称为根轨迹增益；$p_j(j=1,2,\cdots,n)$ 称为传递函数的极点；$z_k(k=1,2,\cdots,m)$ 称为传递函数的零点。传递函数的极点与零点可以是实数，也可以是复数。为便于在复平面上标示，通常用“×”表示极点；用“○”表示零点，这样得到的图称为传递函数的零极点分布图。例如，$G(s)=\dfrac{s+2}{(s+3)(s^2+2s+2)}$ 的零极点分布图如图 3-5 所示；传递函数为 $G(s)=\dfrac{s+4}{(s+1)(s+2)}$ 的零极点分布图如图 3-6 所示。

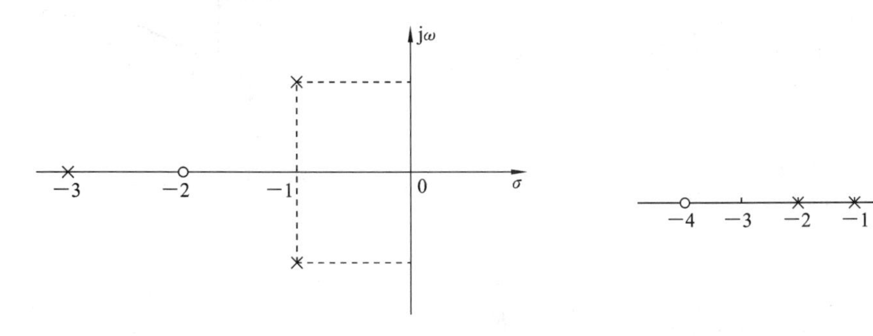

图 3-5　$G(s)=\dfrac{s+2}{(s+3)(s^2+2s+2)}$ 的零极点分布图　　图 3-6　$G(s)=\dfrac{s+4}{(s+1)(s+2)}$ 的零极点分布图

3.2.4 典型环节及其传递函数

自动控制系统的典型环节有比例环节、惯性环节、积分环节、微分环节、振荡环节、一阶微分环节和二阶微分环节等。下面介绍几种典型环节及其传递函数。

1. 比例环节

输出量与输入量成正比的环节称为比例环节，也称放大环节、无惯性环节，其数学模型为

$$c(t)=Kr(t) \tag{3-23}$$

式中：K 为比例环节的放大系数。

比例环节传递函数为

$$G(s)=\frac{C(s)}{R(s)}=K \tag{3-24}$$

比例环节的结构图如图 3-7(a)所示，其单位阶跃响应如图 3-7(b)所示。

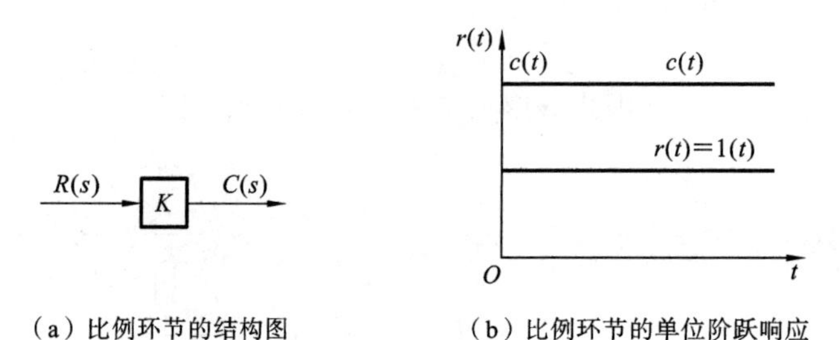

（a）比例环节的结构图　（b）比例环节的单位阶跃响应

图 3-7　比例环节的结构图和单位阶跃响应

比例环节的例子很多，如没有间隙的齿轮系、刚性杠杆、分压器、由晶体管或集成电路组成的理想放大器等皆属此类。如图 3-8 所示，以运放为核心的电路可实现比例放大。

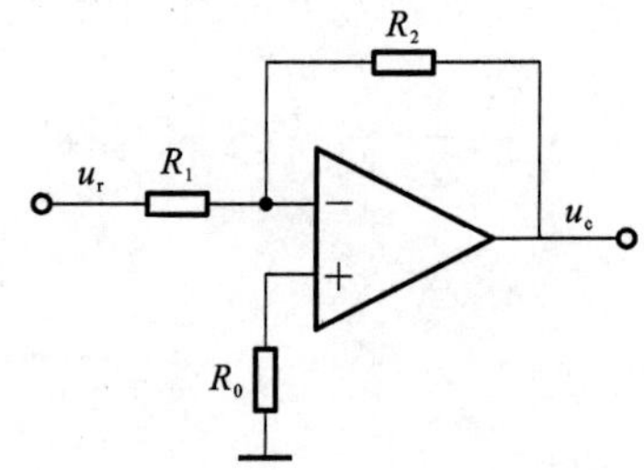

图 3-8　比例放大器

根据比例放大器的特点，流入反向输入端的电流为零，由电流相等，有

$$\frac{U_r(s)}{R_1}=-\frac{U_c(s)}{R_2} \tag{3-25}$$

所以传递函数为

$$\frac{U_c(s)}{U_r(s)}=-\frac{R_2}{R_1}=K \tag{3-26}$$

其中

$$K=-\frac{R_2}{R_1} \tag{3-27}$$

为比例环节的放大系数，负号是因为输入信号加在比例放大器的反向输入端，经放大器后极性变反。

2. 惯性环节

惯性环节又称为非周期性环节，该环节中具有一个储能元件，RC 网络即为惯性环节的典型例子。惯性环节的数学模型为

$$T\frac{\mathrm{d}c(t)}{\mathrm{d}t}+c(t)=r(t) \tag{3-28}$$

式中：T 为惯性环节的时间常数。

惯性环节传递函数为

$$G(s)=\frac{C(s)}{R(s)}=\frac{1}{Ts+1} \tag{3-29}$$

当 $r(t)=1(t)$ 时，$R(s)=\frac{1}{s}$，则

$$C(s)=G(s)R(s)=\frac{1}{Ts+1}\cdot\frac{1}{s}=\frac{1}{s}-\frac{1}{s+1/T} \tag{3-30}$$

两边取拉氏逆变换，得惯性环节的单位阶跃响应为

$$c(t)=1-\mathrm{e}^{t/T} \tag{3-31}$$

惯性环节的结构图和单位阶跃响应如图 3-9 所示。

惯性环节的例子很多，如图 3-10 所示，以运放为核心的电路可以物理实现惯性环节。

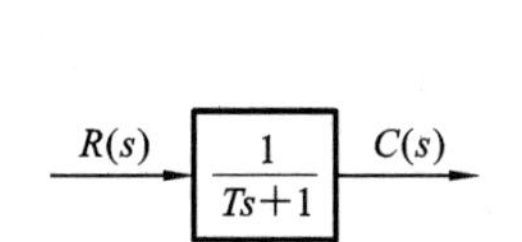

（a）惯性环节的结构图

（b）惯性环节的单位阶跃响应

图 3-9　惯性环节的结构图和单位阶跃响应

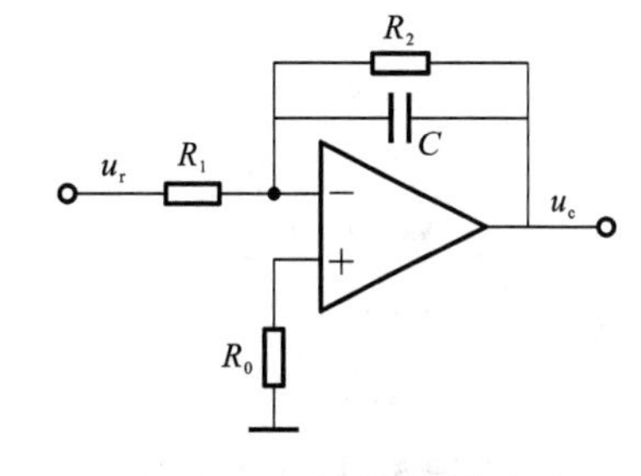

图 3-10　比例-积分放大器

在图 3-10 中，由电流相等，有

$$\frac{U_r(s)}{R_1}=\frac{U_c(s)}{\dfrac{R_2\dfrac{1}{Cs}}{R_2+\dfrac{1}{Cs}}}=-\frac{U_c(s)}{\dfrac{R_2}{R_2Cs+1}} \tag{3-32}$$

所以传递函数为

$$\frac{U_c(s)}{U_r(s)}=-\frac{R_2}{R_1}\cdot\frac{1}{R_2Cs+1}=\frac{K}{Ts+1} \tag{3-33}$$

式中：$K=-\frac{R_2}{R_1}$ 为惯性环节的放大系数；$T=R_2C$ 为惯性环节的时间常数。

3. 积分环节

积分环节的输出量与输入量对时间的积分成正比，其数学模型为

$$c(t)=\int r(t)\mathrm{d}t \tag{3-34}$$

两边取拉氏变换得积分环节的传递函数为

$$G(s)=\frac{C(s)}{R(s)}=\frac{1}{s} \tag{3-35}$$

当 $r(t)=1(t)$ 时，$R(s)=\frac{1}{s}$，则

$$C(s)=G(s)R(s)=\frac{1}{s^2} \tag{3-36}$$

两边取拉氏逆变换得积分环节的单位阶跃响应为

$$c(t)=t \tag{3-37}$$

积分环节的结构图和单位阶跃响应如图 3-11 所示。

积分环节举例：如图 3-12 所示积分器，该环节的传递函数为

$$\frac{U_c(s)}{U_r(s)}=-\frac{1}{R_1Cs}=-\frac{1}{Ts} \tag{3-38}$$

式中：

$$T=R_1C \tag{3-39}$$

为积分时间常数，它的物理意义是积分器输出量增长到与输入量相等所需要的时间。

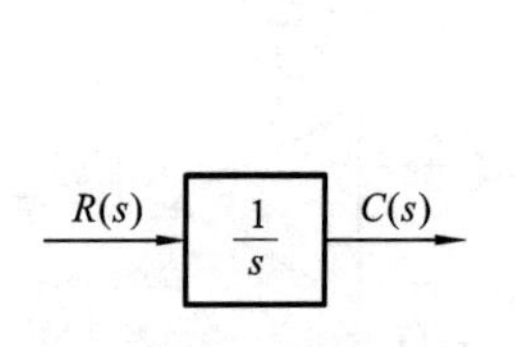

（a）积分环节的结构图

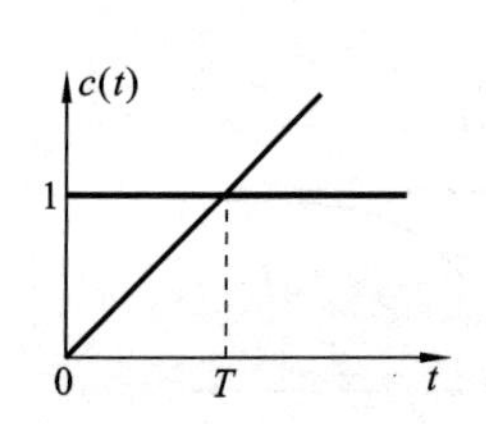

（b）积分环节的单位阶跃响应

图 3-11　积分环节的结构图和单位阶跃响应

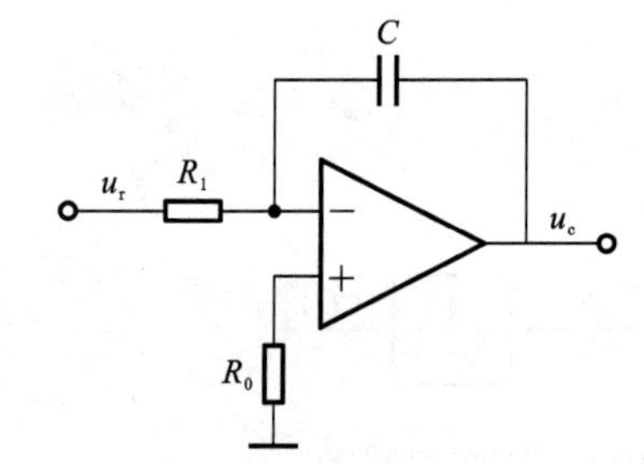

图 3-12　积分器

4. 微分环节

微分环节也称理想微分环节，其输出量与输入量的变化率成正比，其数学模型为

$$c(t)=\frac{\mathrm{d}r(t)}{\mathrm{d}t} \tag{3-40}$$

两边取拉氏变换得理想微分环节的传递函数为

$$G(s)=\frac{C(s)}{R(s)}=s \tag{3-41}$$

当 $r(t)=1(t)$ 时，$c(t)=\delta(t)$，它是在阶跃瞬间产生的一个宽度为 0、面积为 1 的脉冲。

5. 振荡环节

振荡环节中含有两个储能元件，当输入量发生变化时，两种储能元件的能量相互交换。RLC 网络就是一个振荡环节，其微分方程为

$$T^2 \frac{d^2 u_c(t)}{dt^2}+2\zeta T \frac{du_c(t)}{dt}+u_c(t)=u_r(t) \tag{3-42}$$

两边取拉氏变换，得振荡环节的传递函数为

$$G(s)=\frac{U_c(s)}{U_r(s)}=\frac{1}{T^2 s^2+2\zeta Ts+1} \tag{3-43}$$

式中：T 为振荡周期；ζ 为阻尼比。

若令 $\omega_n=\frac{1}{T}$ 为无阻尼自然振荡角频率，则式(3-43)可写为

$$G(s)=\frac{C(s)}{R(s)}=\frac{\omega_n^2}{s^2+2\zeta\omega_n s+\omega_n^2} \tag{3-44}$$

当 $r(t)=1(t)$ 且 $0<\zeta<1$ 时，则

$$C(s)=G(s)R(s)=\frac{1}{s}-\frac{s+2\zeta\omega_n}{s^2+2\zeta\omega_n s+\omega_n^2} \tag{3-45}$$

取拉氏逆变换得，振荡环节的单位阶跃响应为

$$c(t)=1-\frac{1}{\sqrt{1-\zeta^2}}e^{-\zeta\omega_n t}\sin\left(\omega_n\sqrt{1-\zeta^2}t+\arctan\frac{\sqrt{1-\zeta^2}}{\zeta}\right) \tag{3-46}$$

6. 一阶微分环节

一阶微分环节的微分方程和传递函数分别为

$$c(t)=T\frac{dr(t)}{dt}+r(t) \tag{3-47}$$

$$G(s)=\frac{C(s)}{R(s)}=Ts+1 \tag{3-48}$$

7. 二阶微分环节

二阶微分环节的微分方程和传递函数分别为

$$c(t)=T^2 \frac{d^2 r(t)}{dt^2}+2\zeta T \frac{dr(t)}{dc(t)}+r(t) \tag{3-49}$$

$$G(s)=T^2 s^2+2\zeta Ts+1 \tag{3-50}$$

式中：T 与 ζ 表示该环节的微分特性，其中 ζ 并不具有振荡环节阻尼系数那样的物理意义。

3.3 动态结构图

动态结构图就是将系统中所有的环节用动态结构图表示，并根据各环节在系统中的相互联系，将动态结构图连接起来的图形。将动态结构图按一定的规则变换之后，即可求出系统的传递函数。本节主要介绍动态结构图的绘制及等效变换。

3.3.1 动态结构图的组成

控制系统的动态结构图主要由以下4个基本单元组成。

(1) 信号线。带箭头的直线,箭头表示信号传递的方向,如图 3-13(a)所示。

(2) 引出点。信号引出可测量的位置,同一位置引出的信号的数值和性质完全相同,如图 3-13(b)所示。

(3) 综合点(或称比较点)。两个以上信号进行代数和的运算,如图 3-13(c)所示。

(4) 方框。将输入信号进行数学变换,变换成输出信号,如图 3-13(d)所示。

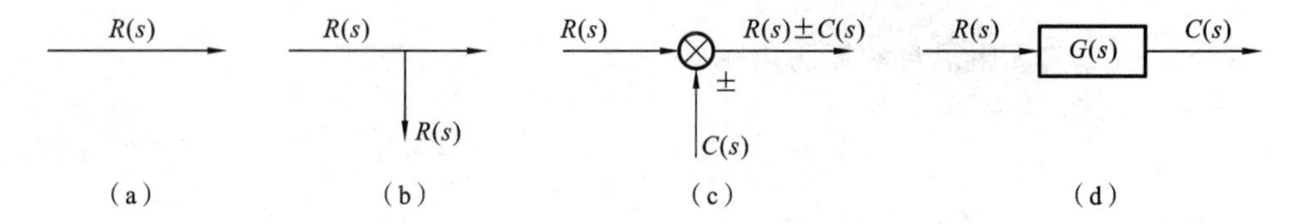

图 3-13 动态结构图的基本组成

3.3.2 动态结构图的绘制

绘制系统动态结构图的基本步骤如下。

(1) 将系统划分为几个基本组成部分,根据各部分所服从的定理或定律列写微分方程。

(2) 将微分方程在零初始条件下求拉氏变换,并作出各部分的动态结构图。

(3) 按系统中各变量之间的传递关系,将各部分的动态结构图连接起来,就得到系统的动态结构图。

例 3-5 试用动态结构图表示图 3-14 所示的 RC 无源网络。

解 可将该无源网络视为一个系统,组成网络的元件对应于系统的各环节。设电路中各变量如图 3-14 中所示,应用电路的复阻抗概念,根据基尔霍夫定律可写出以下方程:

$$\begin{cases} U_i(s)=I_1(s)R_1+U_o(s) \\ U_o(s)=I(s)R_2 \\ I_2(s)\dfrac{1}{Cs}=I_1(s)R_1 \\ I_1(s)+I_2(s)=I(s) \end{cases}$$

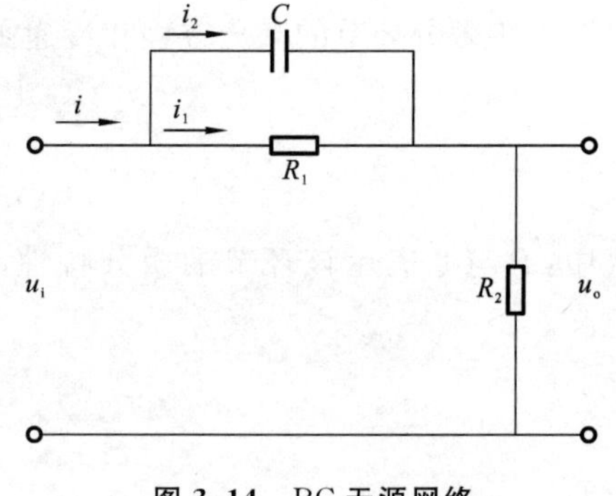

图 3-14 RC 无源网络

按照上述方程分别绘制相应环节的动态结构图,如图 3-15(a)～(d)所示。然后再用信号线按信息流向依次将各环节连接起来,便得到无源网络的动态结构图,如图 3-15(e)所示。绘图时需要注意,控制系统动态结构图一般都遵循给定值输入在动态结构图最左边、输出在动态结构图最右边的规律。此例的输入为 $U_i(s)$,输出为 $U_o(s)$。

例 3-6 试列写如图 3-16 所示发电机的电枢电压 u_g 与励磁电压 u_f 之间的动态结构图。

解 发电机端电压 u_g 与励磁电流 i_f 成正比,设比例系数为 K_g,即 $u_g=K_g i_f$。

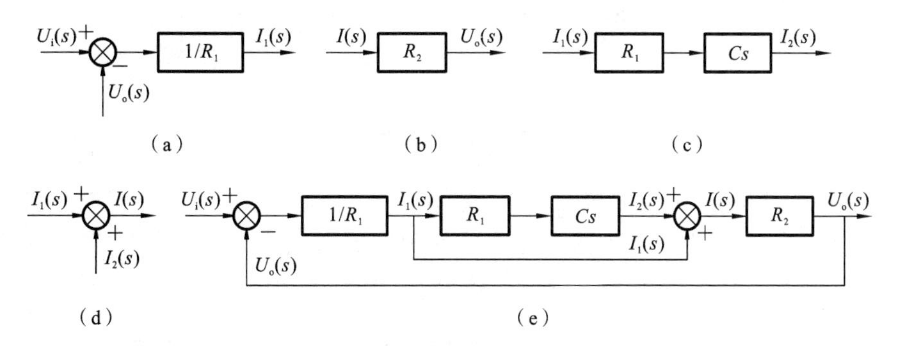

图 3-15 RC 无源网络的动态结构图

设励磁绕组的电阻为 R_f，励磁绕组的电感为 L_f，电枢绕组的电阻为 R_g，电枢绕组的电感为 L_g，电枢电流为 i_g，发电机负载为 R_L，根据克希霍夫定律，有以下关系成立：

$$u_f = i_f R_f + L_f \frac{di_f}{dt} \tag{3-51}$$

$$u_g = i_g R_g + L_g \frac{di_g}{dt} + i_g R_L \tag{3-52}$$

根据上述微分方程，可以给出发电机动态结构图如图 3-17 所示。

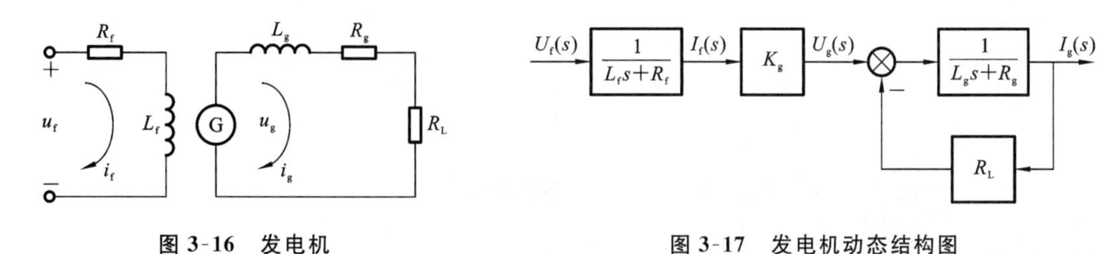

图 3-16 发电机

图 3-17 发电机动态结构图

3.3.3 动态结构图的等效变换

动态结构图表示系统中信号的传递和变换关系，经过变量的变换可以求出系统的输入与输出之间的关系。复杂系统的动态结构图比较复杂，必须经过相应的变换才能求出系统的传递函数。也就是说，利用动态结构图求传递函数时，要经过等效变换才可以。观察前面的一些动态结构图，不难发现动态结构图有三种典型连接方式，即串联、并联和反馈连接。下面研究这三种典型连接方式的等效变换。

1. 串联连接

假设两个环节的传递函数分别为 $G_1(s)$ 和 $G_2(s)$，若按图 3-18(a)所示的方式连接，则

$$C(s) = G_2(s)X(s) = G_2(s)G_1(s)R(s) \tag{3-53}$$

所以等效的传递函数为

$$G(s) = \frac{C(s)}{R(s)} = G_2(s)G_1(s) \tag{3-54}$$

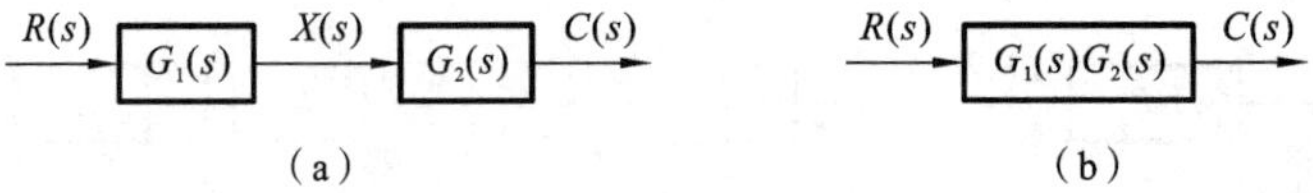

(a)　　　　(b)

图 3-18　两个环节串联连接

由此可见，图 3-18(a)可等效成图 3-18(b)。式(3-54)表明两个环节串联连接时可等效为一个环节，其传递函数为两个环节传递函数的乘积。由此可推出，多个环节串联连接时可等效为一个环节，其传递函数为各个环节传递函数的乘积，如图 3-19 所示。

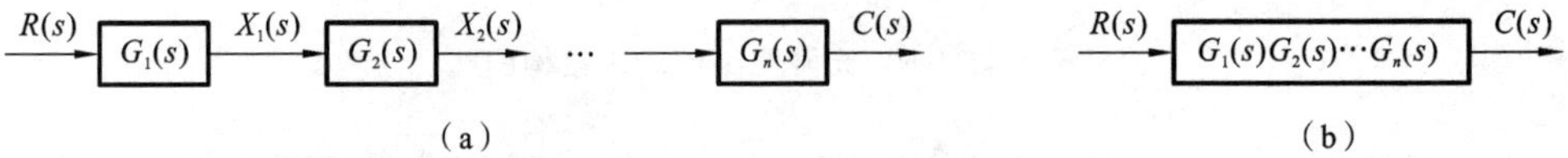

(a)　　　　(b)

图 3-19　多个环节串联连接

2. 并联连接

假设两个环节的传递函数分别为 $G_1(s)$和 $G_2(s)$，如果它们的输入相同，输出等于两个环节输出的代数和，则称这种连接方式为并联连接，如图 3-20(a)所示。

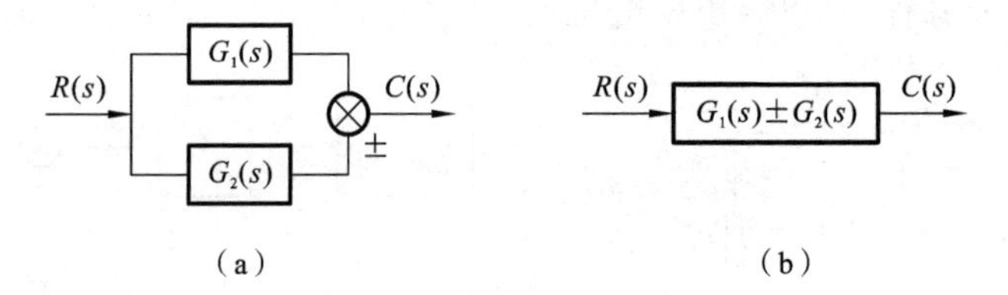

图 3-20　两个环节并联连接

因为

$$C(s)=G_1(s)R(s)\pm G_2(s)R(s)=[G_2(s)\pm G_1(s)]R(s) \tag{3-55}$$

则

$$G(s)=\frac{C(s)}{R(s)}=G_2(s)\pm G_1(s) \tag{3-56}$$

所以图 3-20(a)可以等效成图 3-20(b)。多个环节并联连接可以类推，如图 3-21 所示。

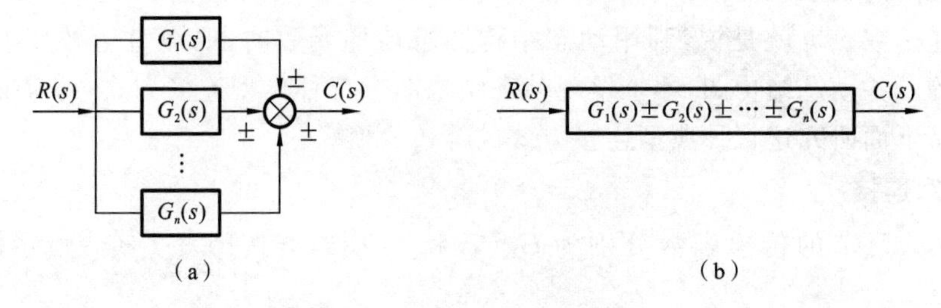

图 3-21　多个环节并联连接

3. 反馈连接

假设两个环节的传递函数分别为 $G(s)$和 $H(s)$，若按图 3-22(a)的方式连接，则称为反馈连接。“－”表示负反馈，“＋”表示正反馈，分别表示输入信号与反馈信号相减或相加。

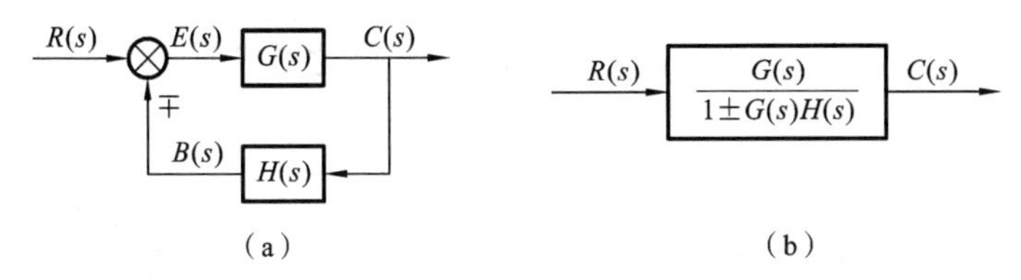

图 3-22　两个环节反馈连接

因为

$$C(s)=G(s)E(s)=G(s)[R(s)\mp B(s)]=G(s)[R(s)\mp H(s)C(s)] \tag{3-57}$$

则

$$C(s)=\frac{G(s)}{1\pm G(s)H(s)}R(s)=G_{\mathrm{B}}(s)R(s) \tag{3-58}$$

其中

$$G_{\mathrm{B}}(s)=\frac{G(s)}{1\pm G(s)H(s)} \tag{3-59}$$

所以，图 3-22(a)可以等效成图 3-22(b)。$G_{\mathrm{B}}(s)$为系统的闭环传递函数，$G(s)$为前向通道传递函数，$H(s)$为反馈通道传递函数。

在复杂的闭环系统中，除了主反馈外，还有相互交错的局部反馈。为了简化系统的动态结构图，仅仅上述三种等效变换是不够的，通常需要将信号的引出点和综合点进行前移和后移。引出点和综合点移动的原则是：移动前后信号的传递关系不变。下面具体研究引出点和综合点前移和后移的等效变换。

4. 引出点前移和后移

1) 引出点前移

将引出点从环节的输出端移到输入端称为引出点前移，如图 3-23 所示。

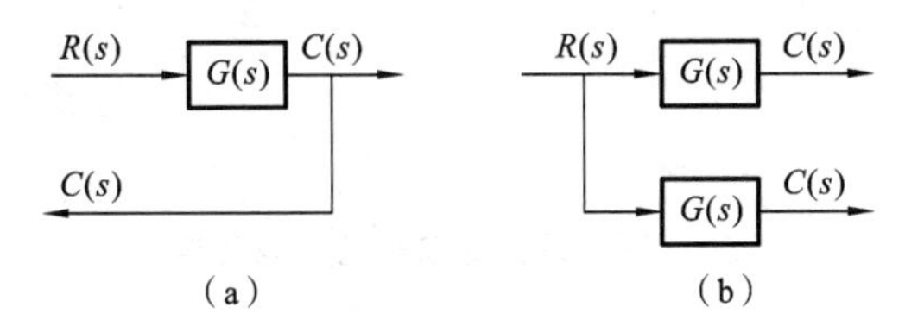

图 3-23　引出点前移

从图 3-23(a)可以看出，引出点移动前的输出为

$$C(s)=G(s)R(s) \tag{3-60}$$

引出点移动后(见图 3-23(b))的输出仍然是

$$C(s)=G(s)R(s) \tag{3-61}$$

保证了信号的传递关系不变。

2) 引出点后移

将引出点从环节的输入端移到输出端称为引出点后移，如图 3-24 所示。

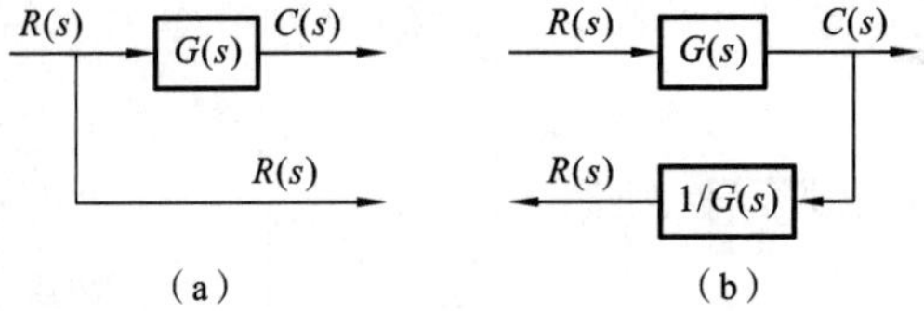

图 3-24　引出点后移

由图 3-24 可见，引出点移动后的输出为

$$R(s)=\frac{1}{G(s)}C(s)=R(s) \tag{3-62}$$

3）相邻两个引出点可以相互换位

当两个引出点之间没有其他任何环节时，可以相互交换位置，其等效变换如图 3-25 所示。

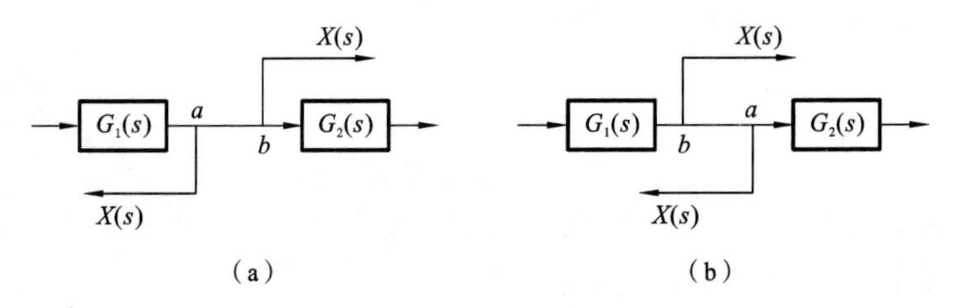

图 3-25　相邻两个引出点的换位

由图 3-25 可见，相邻两个引出点 a 和 b 交换位置后，引出的信号不变。

5. 综合点前移和后移

1）综合点前移

综合点前移的等效变换如图 3-26 所示。

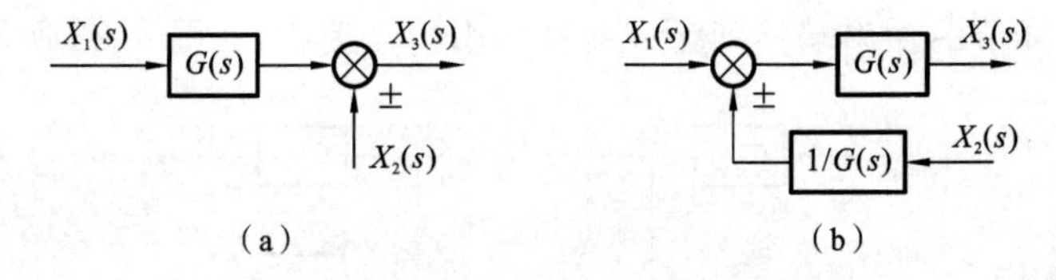

图 3-26　综合点前移的等效变换

综合点前移后的输出为

$$X_3(s)=G(s)\left[X_1(s)\pm\frac{1}{G(s)}X_2(s)\right]=G(s)X_1(s)\pm X_2(s) \tag{3-63}$$

与综合点前移之前的输出相等。

2）综合点后移

综合点后移的等效变换如图 3-27 所示。

综合点后移之后的输出为

$$X_3(s)=G(s)X_1(s)\pm G(s)X_2(s)=G(s)[X_1(s)\pm X_2(s)] \tag{3-64}$$

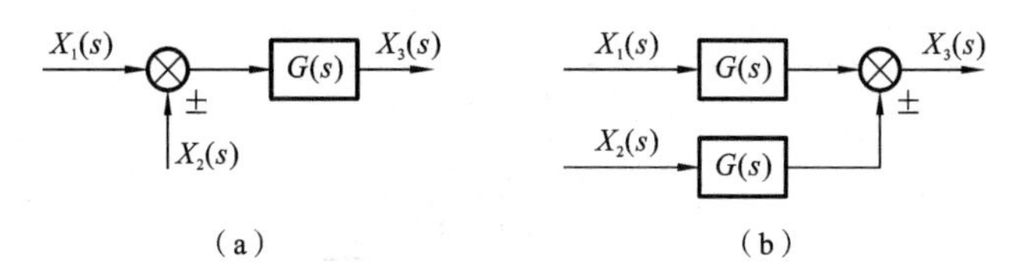

图 3-27　综合点后移的等效变换

由此可见，综合点移动前后的输出保持不变。

3）相邻综合点之间的等效变换

当两个综合点之间没有其他任何环节时，这两个综合点称为相邻综合点，此时既可以将它们交换位置，也可以合并成一个综合点，其等效变换如图 3-28 所示。

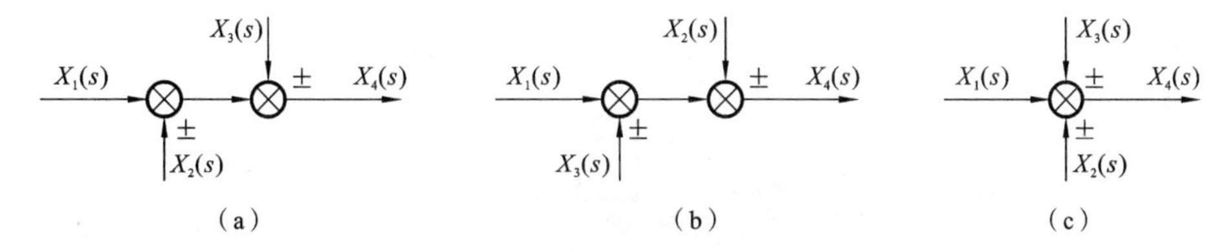

图 3-28　相邻综合点之间的等效变换

动态结构图等效变换运算规则如表 3-1 所示。

表 3-1　动态结构图等效变换运算规则

原动态结构图	等效动态结构图	等效运算关系
A　+　A−B　+　A−B+C −　B　+　C	A　+　A+C　+　A−B+C +　C　−　B	相加减次序无关
A　G　AG　+　AG−B −　B	A　+　A−B/G　G　AG−B −　B/G　1/G　B	相加点前移
A　+　G　AG−BG −　B	A　G　AG　+　AG−BG B　G　BG　−	相加点后移
A　G　AG AG	A　G　AG G　AG	分支点前移

续表

原动态结构图	等效动态结构图	等效运算关系
A → G → AG；A → A	A → G → AG；→ $1/G$ → A	分支点后移
R → G_1 → G_2 → C	R → G_1G_2 → C	串联等效 $C=G_1G_2R$
R → G_1, G_2 → ⊗(±) → C	R → $G_1\pm G_2$ → C	并联等效 $C=(G_1\pm G_2)R$
R → ⊗(±) → G_1 → C；反馈 G_2	R → $\frac{G_1}{1\mp G_1G_2}$ → C	反馈等效 $C=\frac{G_1}{1\mp G_1G_2}R$
R → ⊗(−) → G_1 → C；反馈 G_2	R → $1/G_2$ → ⊗(−) → G_2 → G_1 → C；单位反馈	等效单位负反馈 $\frac{C}{R}=\frac{1}{G_2}\times\frac{G_1G_2}{1+G_1G_2}$
R → ⊗(−) → E → G_1 → C；反馈 G_2	R → ⊗(−) → E → G_1 → C；反馈 G_2	负号在支路移动 $E=R-G_2C$

当综合点和引出点相邻时，一般不能交换位置，否则会得到错误的输出，如图 3-29 所示。综合点和引出点换位前，引出的信号为

$$X_2(s)=G(s)X_1(s) \tag{3-65}$$

综合点和引出点换位后，引出的信号为

$$X_2(s)=G(s)X_1(s)\pm X_3(s) \tag{3-66}$$

二者显然不等，也就是说，相邻综合点和引出点是不能交换位置的，这是必须注意的问题。

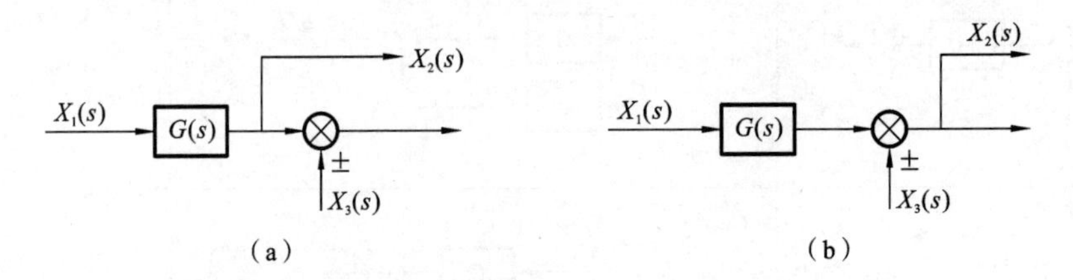

图 3-29　综合点和引出点的错误变换

例 3-7　设一系统动态结构图如图 3-30 所示，求它的传递函数 $\Phi(s)=\frac{C(s)}{R(s)}$。

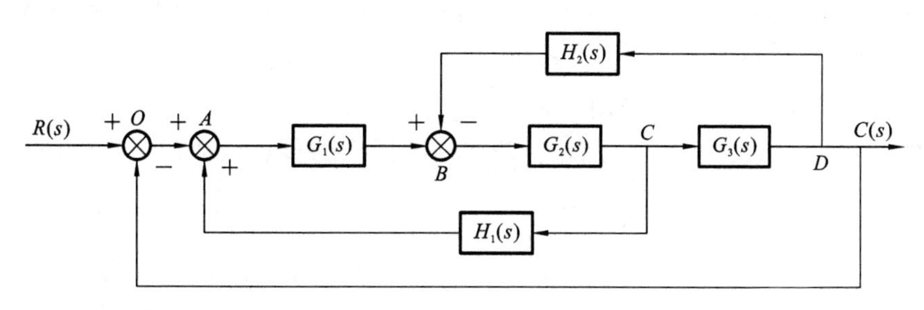

图 3-30　例 3-7 系统动态结构图

解　由于 $G_1(s)$、$G_2(s)$、$G_3(s)$之间存在交叉的分支点与相加点，无法直接应用动态结构图运算法则，必须先应用等效变换的规则进行简化。

环节 $H_2(s)$乘以 $1/G_1(s)$后越过 $G_1(s)$从 B 点前移至 A 点，为看得更清楚，由加法器次序无关规则，在 OA 线段间指定另一个相加点 B'，将 $H_2(s)/G_1(s)$的输出量从 A 点移到 B'点，如图 3-31(a)所示。为方便起见，在以下图中的加法器旁省略了信号的"＋"号。

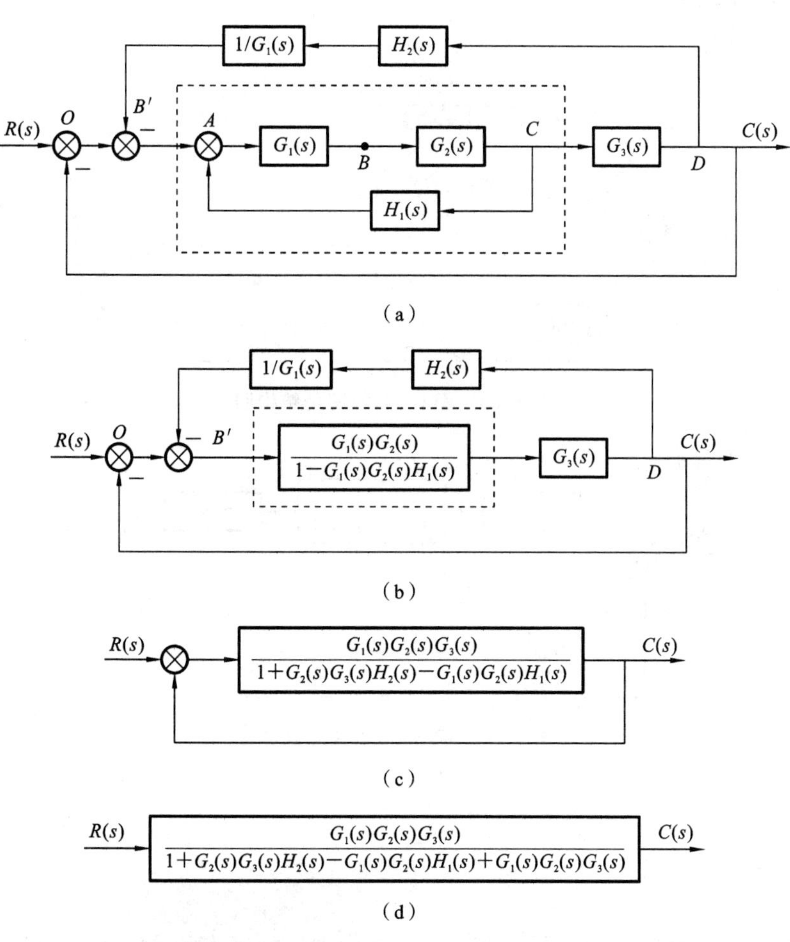

图 3-31　例 3-7 动态结构图等效变换方法过程

现在，图 3-31(a)中仅有基本的串联、并联与反馈关系，可从内环开始逐步简化，注意反馈回路的符号，区分正或负反馈。将图 3-31(a)简化至图 3-31(b)。

进一步简化至图 3-31(c)与图 3-31(d)。

显然，图 3-31(d)已经是最简形式，动态结构图中的传递函数即为要求的系统传递函数：

$$\Phi(s)=\frac{C(s)}{R(s)}=\frac{G_1(s)G_2(s)G_3(s)}{1+G_2(s)G_3(s)H_2(s)-G_1(s)G_2(s)H_1(s)+G_1(s)G_2(s)G_3(s)} \tag{3-67}$$

例 3-8 化简图 3-32 所示的动态结构图，并求出传递函数 $C(s)/R(s)$。

解 如图 3-32 所示的结构图，可以化简为如图 3-33 所示的结构图，而且可以进一步化简为如图 3-34 所示的结构图，根据图 3-34 可以求出开环传递函数为

$$G(s)=G_2(s)+\frac{[G_2(s)-1]\cdot G_1(s)\cdot[1-G_2(s)]}{1+G_1(s)G_2(s)}$$

$$=\frac{2G_1(s)G_2(s)+G_2(s)-G_1(s)}{1+G_1(s)G_2(s)} \tag{3-68}$$

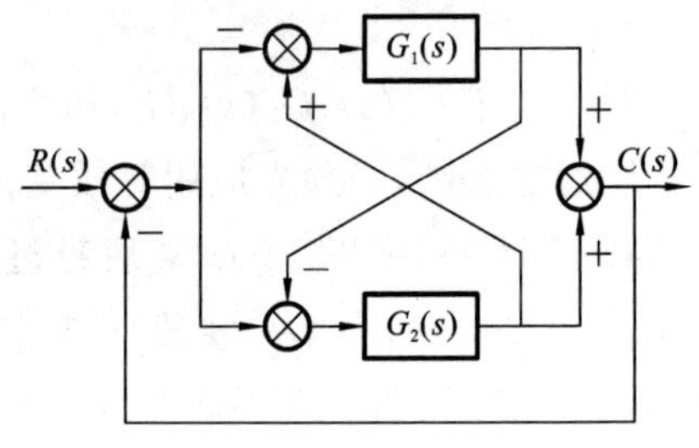

图 3-32 动态结构图

闭环传递函数为

$$\frac{C(s)}{R(s)}=\frac{G(s)}{1+G(s)}=\frac{2G_1(s)G_2(s)+G_2(s)-G_1(s)}{1+3G_1(s)G_2(s)+G_2(s)-G_1(s)} \tag{3-69}$$

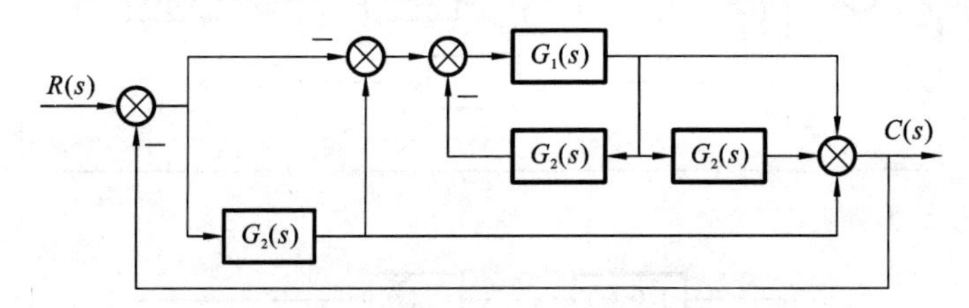

图 3-33 图 3-32 的简化结构图

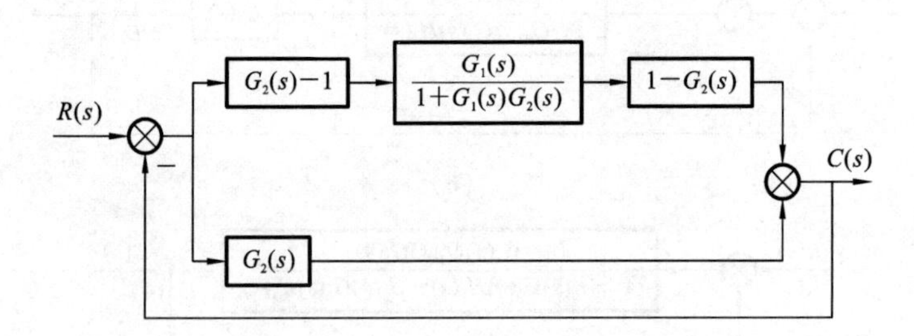

图 3-34 图 3-33 的简化结构图

3.3.4 闭环系统的传递函数

典型的闭环系统结构图如图 3-35 所示，图中 $R(s)$为系统的输入信号，$C(s)$为系统的

输出信号，$N(s)$为作用在系统前向通道上的扰动信号，$E(s)$为误差信号，$B(s)$为反馈信号。现定义以下几种传递函数。

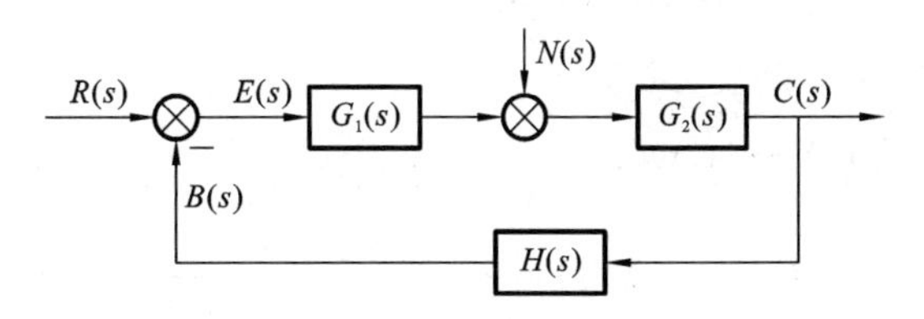

图 3-35 闭环系统结构图

1. 闭环系统的开环传递函数

闭环系统的开环传递函数是指闭环系统中反馈信号的拉氏变换与误差信号的拉氏变换之比，它相当于将反馈回路断开，即

$$G_K(s)=\frac{B(s)}{E(s)}=G_1(s)G_2(s)H(s) \tag{3-70}$$

式中：$G_1(s)G_2(s)$为系统前向通道的传递函数；$H(s)$为反馈通道的传递函数。由此可见，系统的开环传递函数即为前向通道的传递函数与反馈通道的传递函数的乘积。

2. 闭环传递函数

输入信号作用下系统的闭环传递函数是指系统输出信号的拉氏变换与输入信号的拉氏变换之比，即

$$G_B(s)=\frac{C_R(s)}{R(s)}=\frac{G_1(s)G_2(s)}{1+G_1(s)G_2(s)H(s)} \tag{3-71}$$

当 $H(s)=1$ 时，称为单位负反馈，此时

$$G_B(s)=\frac{G_1(s)G_2(s)}{1+G_1(s)G_2(s)}=\frac{G_K(s)}{1+G_K(s)} \tag{3-72}$$

式(3-72)表明了单位负反馈时系统的闭环传递函数与开环传递函数的关系。

3. 输入信号作用下系统的误差传递函数

输入信号作用下系统的误差传递函数是指输入信号与反馈信号之差(即误差信号)的拉氏变换与输入信号的拉氏变换之比，即

$$G_{ER}(s)=\frac{E(s)}{R(s)}=\frac{1}{1+G_1(s)G_2(s)H(s)} \tag{3-73}$$

4. 扰动信号作用下系统的传递函数

由于传递函数被定义为某一输入信号与其对应的输出信号在零初始条件下拉氏变换之比，因此扰动信号作用下系统的传递函数应该是扰动量与其对应的输出量在零初始条件下拉氏变换之比，即

$$G_N(s)=\frac{C_N(s)}{N(s)}=\frac{G_2(s)}{1+G_1(s)G_2(s)H(s)} \tag{3-74}$$

5. 扰动信号作用下系统的误差传递函数

扰动信号作用下系统的误差传递函数是指误差信号与扰动信号在零初始条件下的拉氏变换之比，即

$$G_{EN}(s)=\frac{E(s)}{N(s)}=\frac{-G_2(s)H(s)}{1+G_1(s)G_2(s)H(s)} \tag{3-75}$$

由式(3-71)和式(3-75)可分别求出输入信号作用下系统的输出信号和扰动信号作用下系统的输出，即

$$C_R(s)=G_B(s)R(s)=\frac{G_1(s)G_2(s)}{1+G_1(s)G_2(s)H(s)}R(s) \tag{3-76}$$

$$C_N(s)=G_N(s)N(s)=\frac{G_2(s)}{1+G_1(s)G_2(s)H(s)}N(s) \tag{3-77}$$

根据线性叠加原理，当输入信号和扰动信号同时作用时，系统输出的拉氏变换为

$$C(s)=C_R(s)+C_N(S)=\frac{G_1(s)G_2(s)}{1+G_1(s)G_2(s)H(s)}R(s)+\frac{G_2(s)}{1+G_1(s)G_2(s)H(s)}N(s) \tag{3-78}$$

例 3-9 已知系统动态结构图如图 3-36 所示。

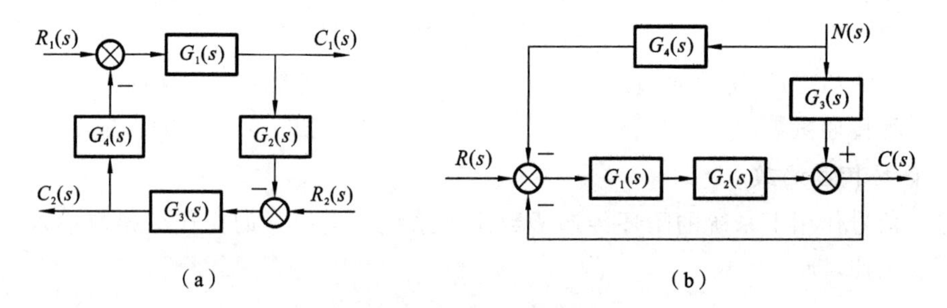

图 3-36 系统动态结构图

(1) 求图 3-36(a)所示系统的传递函数 $C_1(s)/R_1(s)$、$C_2(s)/R_2(s)$、$C_1(s)/R_2(s)$和$C_2(s)/R_1(s)$。

(2) 求图 3-36(b)所示系统的传递函数 $C(s)/R(s)$，$C(s)/N(s)$，若要消除 $N(s)$的影响，则 $G_4(s)$应为多少？

解 (1) 由图 3-36(a)所示系统可得

$$\frac{C_1(s)}{R_1(s)}=\frac{G_1(s)}{1-G_1(s)G_2(s)G_3(s)G_4(s)} \tag{3-79}$$

$$\frac{C_2(s)}{R_2(s)}=\frac{G_3(s)}{1-G_1(s)G_2(s)G_3(s)G_4(s)} \tag{3-80}$$

$$\frac{C_1(s)}{R_2(s)}=\frac{-G_1(s)G_3(s)G_4(s)}{1-G_1(s)G_2(s)G_3(s)G_4(s)} \tag{3-81}$$

$$\frac{C_2(s)}{R_1(s)}=\frac{-G_1(s)G_2(s)G_3(s)}{1-G_1(s)G_2(s)G_3(s)G_4(s)} \tag{3-82}$$

(2) 由图 3-36(b)所示系统，令 $N(s)=0$，求得

$$\frac{C(s)}{R(s)}=\frac{G_1(s)G_2(s)}{1+G_1(s)G_2(s)} \tag{3-83}$$

令 $R(s)=0$，求得

$$\frac{C(s)}{N(s)}=\frac{G_3(s)-G_4(s)G_1(s)G_2(s)}{1+G_1(s)G_2(s)} \tag{3-84}$$

若要消除 $N(s)$的影响，可令

$$G_4(s)=\frac{G_3(s)}{G_1(s)G_2(s)}$$

3.4　信号流图

信号流图和系统的动态结构图一样，都是控制系统中信号传递关系的图解描述，而且信号流图的形式更为简单，便于绘制和应用。随着控制系统日益复杂，闭环系统的回路越来越多，用结构图化简法求传递函数就显得复杂，若采用信号流图则可直接得到上述结果，因此该方法具有一定的优越性。本节主要讲述信号流图的组成和梅森公式。

3.4.1　信号流图的组成

信号流图主要由节点和支路两部分组成。节点表示系统中的变量或信号，用小圆圈表示；支路是连接两个节点的有向线段。支路上的箭头表示信号传递的方向，支路的增益(传递函数)标在支路上。支路相当于乘法器，信号流经支路后，被乘以支路增益而变为另一信号。支路增益为 1 时不标出。

下面介绍信号流图中的有关术语。

(1) 输入节点。只有输出支路的节点称为输入节点，它用来表示系统的输入变量。图 3-37 中的 X_1 节点就是输入节点。

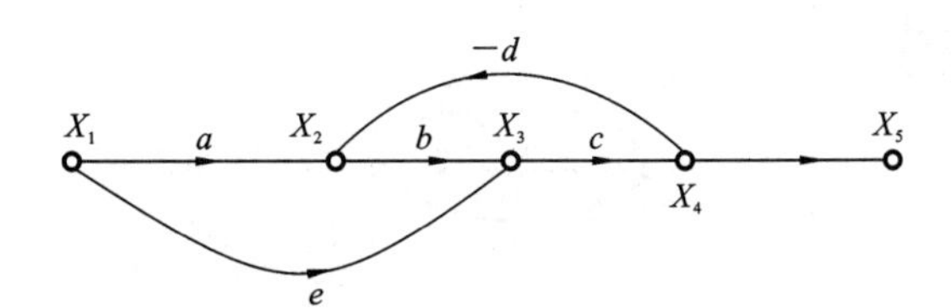

图 3-37　信号流图

(2) 输出节点。只有输入支路的节点称为输出节点，它一般表示系统的输出信号。图 3-37 中的 X_5 就是输出节点。

(3) 混合节点。既有输入支路又有输出支路的节点称为混合节点。图 3-37 中的 X_2、X_3、X_4 就是混合节点。

(4) 前向通道。从输入节点开始到输出节点终止，并且每个节点只通过一次的通道，称为前向通道。如图 3-37 中的 $X_1 \rightarrow X_2 \rightarrow X_3 \rightarrow X_4$ 和 $X_1 \rightarrow X_3 \rightarrow X_4$ 就是两条前向通道。

(5) 前向通道增益。前向通道中各个支路增益的乘积称为前向通道增益。图 3-37 中的两条前向通道的增益分别为 abc 和 ec。

(6) 回路。通道的起点和终点在同一节点上，且信号经过任一节点不多于一次的闭合通路称为回路。如图 3-37 中的 $X_2 \rightarrow X_3 \rightarrow X_4 \rightarrow X_2$ 就是一个闭合回路。

(7) 回路增益。回路中所有支路增益的乘积即为回路增益。图 3-37 中的回路增益为$-bcd$。

(8) 不接触回路。相互没有公共节点的回路称为不接触回路。

由图 3-37 可以写出描述 4 个节点变量的一组线性代数方程：

$$X_2 = aX_1 - dX_4 \tag{3-85}$$

$$X_3 = eX_1 + bX_2 \tag{3-86}$$

$$X_4 = cX_3 \tag{3-87}$$

3.4.2 信号流图的绘制

1. 根据代数方程绘制

由前面的例子可以看出，信号流图与线性代数方程组相对应，由信号流图可以写出一组代数方程式，同样由代数方程式也可以绘出对应的信号流图。例如，给出下列一组代数方程，绘出相应的信号流图。

$$\begin{cases} x_1 = x_1 \\ x_2 = a_{12}x_1 + a_{32}x_3 \\ x_3 = a_{23}x_2 + a_{43}x_4 \\ x_4 = a_{24}x_2 + a_{34}x_3 + a_{44}x_4 \\ x_5 = a_{25}x_2 + a_{45}x_4 \end{cases} \tag{3-88}$$

首先将变量 x_1、x_2、x_3、x_4、x_5 作为节点，并依次从左到右排列在图上，然后根据方程式中所给出的因果关系，逐步画出各节点之间的支路，即得信号流图，如图 3-38 所示。

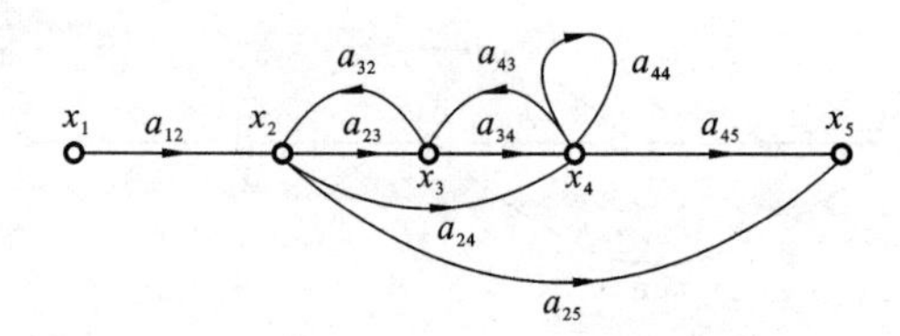

图 3-38 与式(3-88)对应的信号流图

2. 根据动态结构图绘制

动态结构图与信号流图之间也存在一一对应的关系，由系统的动态结构图同样可以绘出信号流图。

例 3-10 已知某系统的结构图如图 3-39 所示，试画出相应的信号流图。

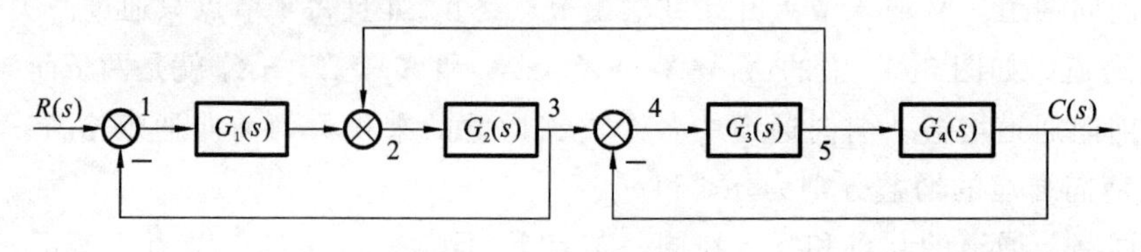

图 3-39 系统的结构图

解 由图 3-39 可以看出，若选择每个综合点和引出点作为节点信号，则共有 7 个不同的节点，绘制信号流图时，从左到右依次画出 7 个对应的节点，再按结构图中信号的传递关系用支路将它们连接起来，并标出支路的信号传递方向。结构图方框中的传递函数对应支路的增益，将它们标在对应的支路上。如果方框的输出信号在综合点取负号，在信号流图中对应的增益应加一个负号。支路增益为 1 则不标出。按上述方法绘制出的信号流图是最简化的，不需要化简。图 3-39 对应的信号流图如图 3-40 所示。

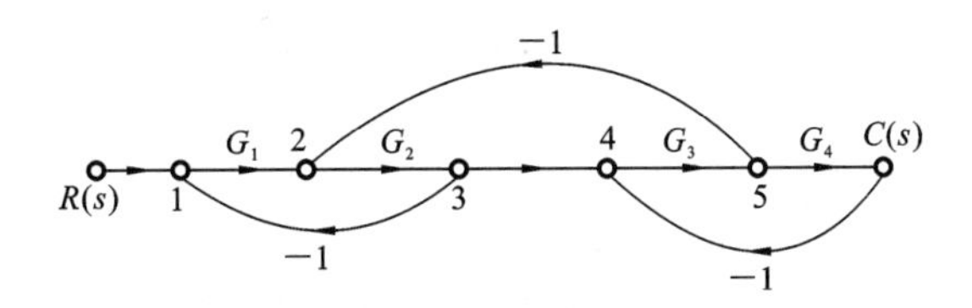

图 3-40　图 3-39 对应的信号流图

3.4.3　梅森公式

有时候绘制出的信号流图不是最简单的，还需要化简，信号流图的化简方法与结构图的化简方法相同，这里不再介绍。对于复杂的系统，无论是利用结构图化简法还是利用信号流图化简法求传递函数都是很费时的。如果只是求出系统的传递函数，则利用梅森公式更为方便，它不需要对结构图或信号流图进行任何变换，就可写出传递函数。

梅森公式的一般形式为

$$G(s)=\frac{1}{\Delta}\sum_{k=1}^{n}P_k\Delta_k \tag{3-89}$$

式中：Δ 为特征式，且 $\Delta=1-\sum L_a+\sum L_bL_e-\sum L_dL_eL_f+\cdots$；$n$ 为前向通道的个数；P_k 为从输入节点到输出节点的第 k 条前向通道的增益；Δ_k 为余因式，把与第 k 条前向通道接触的回路增益去掉以后的 Δ 值；$\sum L_a$ 为所有单回路的增益之和；$\sum L_bL_e$ 为所有两两互不接触的回路增益乘积之和；$\sum L_dL_eL_f$ 为所有三个互不接触的回路增益乘积之和。

例 3-11　已知系统的信号流图如图 3-41 所示，用梅森公式求$\dfrac{C(s)}{R(s)}$。

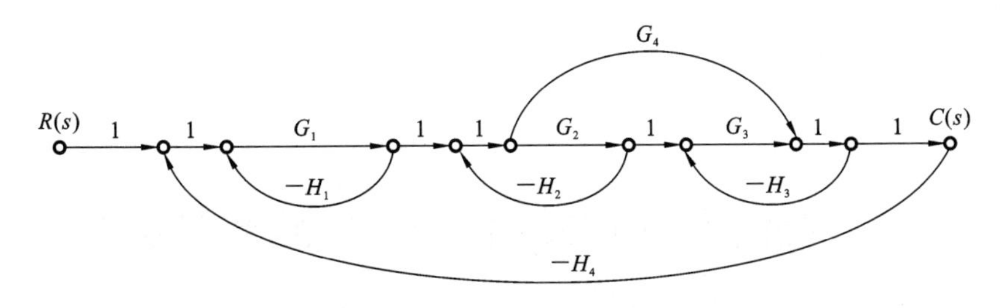

图 3-41　系统的信号流图

解　该信号流图有五个回路：

$L_1=-G_1H_1$，　$L_2=-G_2H_2$，　$L_3=-G_3H_3$，　$L_4=-G_1G_4H_4$，　$L_5=-G_1G_2G_3H_4$

其中，L_1 和 L_2、L_2 和 L_3、L_1 和 L_3 两两互不接触，L_1、L_2 和 L_3 三个为互不接触回路。

两个前向通路：

$$p_1=G_1G_2G_3,\quad \Delta_1=1,\quad p_2=G_1G_4,\quad \Delta_2=1$$

$$\frac{C(s)}{R(s)}=\frac{1}{\Delta}(p_1\Delta_1+p_2\Delta_2)$$

$$=\frac{G_1G_2G_3+G_1G_4}{1+G_1H_1+G_2H_2+G_3H_3+G_1G_4H_4+G_1G_2G_3H_4+G_1H_1G_2H_2+G_2H_2G_3H_3+G_1H_1G_3H_3+G_1H_1G_2H_2G_3H_3}$$

例 3-12 系统的信号流图如图 3-42 所示，试求：

(1) 用梅森公式求传递函数$\dfrac{C(s)}{R(s)}$；

(2) 说明在什么条件下，输出 $C(s)$不受扰动 $D(s)$的影响。

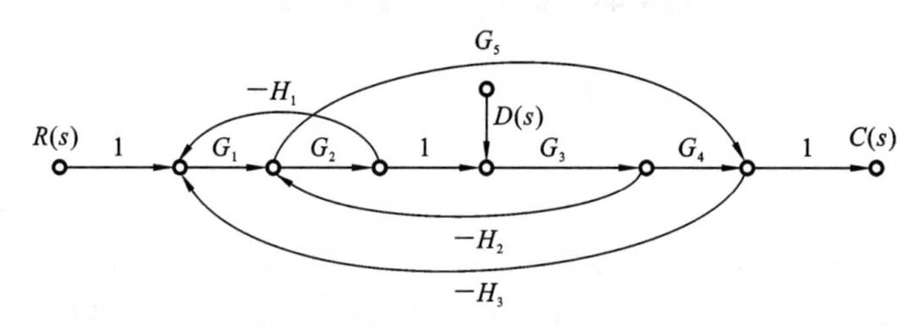

图 3-42　系统的信号流图

解 (1) 四条回路：

$$L_1=-G_1G_2H_1,\quad L_2=-G_2G_3H_2,\quad L_3=-G_1G_5H_3,\quad L_4=-G_1G_2G_3G_4H_3$$

两条前向通路：

$$p_1=G_1G_2G_3G_4,\quad \Delta_1=1,\quad p_2=G_1G_5,\quad \Delta_2=1$$

所以 $$\frac{C(s)}{R(s)}=\frac{G_1G_2G_3G_4+G_1G_5}{1+G_1G_2H_1+G_2G_3H_2+G_1G_5H_3+G_1G_2G_3G_4H_3}$$

(2) 扰动 $D(s)$到 $C(s)$有两条通路：

$$p_1=G_3G_4,\quad \Delta_1=1+G_1G_2H_1,\quad p_2=-G_3G_5H_2,\quad \Delta_2=1$$

所以 $$\frac{C(s)}{D(s)}=\frac{G_3G_4(1+G_1G_2H_1)-G_3G_5H_2}{1+G_1G_2H_1+G_2G_3H_2+G_1G_5H_3+G_1G_2G_3G_4H_3}$$

要使 $D(s)$不影响 $C(s)$，应使$\dfrac{C(s)}{D(s)}=0$，令

$$G_3G_4(1+G_1G_2H_1)-G_3G_5H_2=0$$

即 $$G_4(1+G_1G_2H_1)=G_5H_2$$

3.5 控制系统建模相关命令/函数与实例

1. 系统传递函数模型描述

函数语法：

```
sys=tf(num, den, Ts)
```

其中，num，den 分别为传递函数分子、分母多项式降幂排列的系数向量；Ts 表示采样时间，缺省时描述的是连续系统。用函数 tf()来建立控制系统的传递函数模型，用函数 printsys()来输出控制系统的函数，其命令调用格式为

```
sys= tf(num,den)
printsys(num,den)
```

tips：对于已知的多项式模型传递函数，其分子、分母多项式系数向量可分别用 sys.num{1}与 sys.den{1}命令求出，这在 MATLAB 程序设计中非常有用。

采用多项式相乘函数 conv( )可表示尾一型描述的传递函数。

例 3-13　已知系统传递函数为

$$G(s)=\frac{3s+5}{s^3+2s^2+2s+1} \tag{3-90}$$

建立系统的传递函数模型。

解　MATLAB 程序如下：

```
num=[03 5];               %分子多项式系数向量
den=[1 2 2 1];            %分母多项式系数向量
print sys(num,den)        %构造系统传递函数 G(s)并输出显示
```

例 3-14　已知系统传递函数为

$$G(s)=\frac{6\ (s+3)^2\ (s^2+5s+8)}{s\ (s+2)^3\ (s^3+2s+1)} \tag{3-91}$$

建立系统的传递函数模型。

解　MATLAB 程序：

```
S=tf('s');
Gs= (6* (s+ 3)^2* (s^2+ 5* s+ 8))/(s* (s+ 2)^3* (s^3+ 2* s+ 1))
```

2. 系统零极点模型描述

函数语法：

```
sys=zpk(z, p, k, Ts)
```

其中，z、p、k、Ts 分别为系统的零点、极点及增益，若无零极点，则用[ ]表示；Ts 表示采样时间，缺省时描述的是连续系统。

例 3-15　已知系统传递函数为

$$G(s)=\frac{4(s+8)}{(s+0.1)(s+0.5)(s+7)} \tag{3-92}$$

建立系统的零极点增益模型。

解　MATLAB 程序：

```
k=4;                  %赋增益值,标量
z=[-8];               %赋零点值,向量
p=[-0.1 -0.5 -7];     %赋极点值,向量
```

```
sys=zpk(z,p,k)
```

3. 系统状态空间模型描述

函数语法：

```
sys=ss(A, B, C, D, Ts)
```

其中，A、B、C、D分别为系统的状态矩阵、输入矩阵、输出矩阵和前馈矩阵；Ts表示采样时间，缺省时描述的是连续系统。

4. 模型转换

模型转换函数分两类，第一类函数为把其他类型的模型转换为本函数表示的模型。

函数语法：

```
tfsys=tf(sys)
```

将sys转换为tf多项式传递函数模型。

```
zsys=zpk(sys)
```

将sys转换为zpk零极点传递函数模型。

```
sys_ss=ss(sys)
```

将sys转换为ss状态空间模型。

第二类函数为把本类型模型的参数转换为其他类型模型的参数。

函数语法：

```
[num, den]=zp2tf(z, p, k)
```

zpk模型参数转换为tf模型参数。

```
[z, p, k]=tf2zp(num, den)
```

tf模型参数转换为zpk模型参数。

```
[A, B, C, D]=tf2ss(num, den)
```

tf模型参数转换为ss模型参数。

```
[num, den]=ss2tf(A, B, C, D, i)
```

ss模型参数转换为tf模型参数，i表示第i路输入对应传递函数。

```
[A, B, C, D]=zp2ss(z, p, k)
```

zpk模型参数转换为ss模型参数。

```
[z, p, k]=ss2zp(A, B, C, D, i)
```

ss模型参数转换为zpk模型参数，i表示第i路输入对应传递函数。

```
sysT=ss2ss(sys, T)
```

将指定系统 sys 经矩阵 $\boldsymbol{T}$ 进行非奇异线性变换得到相似系统 sysT。

例 3-16 将系统 $G(s)=\dfrac{s^2+5s+6}{s^3+2s^2+s}$ 转化为部分分式展开式。

解 MATLAB 程序：

```
num= [1,5,6];den=[1,2,1,0];
[r,p,k]=residue(num,den)
```

运行后可得结果为：分子系数向量 r=[−5,−2,6]，分母系数向量 p=[−1,−1,0]，商(即余数向量)k=0。

例 3-17 已知系统传递函数 $G(s)=\dfrac{s+4}{s^3+3s^2+2s}$，求其等效的零极点模型。

解 MATLAB 程序：

```
num=[1,4];den=[1,3,2,0];
[z,p,k]=tf2zp(num,den);
sys=zpk(z,p,k)
```

5. 系统连接

1) 环节的并联

函数语法：

```
sys=parallel(sys1, sys2)
```

2) 环节的串联

函数语法：

```
sys=series(sys1, sys2)
```

例 3-18 已知三个模型的传递函数为

$$G_1(s)=\frac{5}{s^2+2s+5},\quad G_2(s)=\frac{s+10}{2s},\quad G_3(s)=\frac{7}{4s+32}$$

试求出这三个模型串联后的等效传递函数模型。

解 MATLAB 程序：

```
num1=[5];den1=[1 2 5];
num2=[1 10];den2=[2 0];
num3=[7];den3=[4 32];
[num0,den0]=series(num1,den1,num2,den2);
[num,den]=series(num0,den0,num3,den3);
printsys(num,den)
```

3) 反馈连接

函数语法：

```
sys=feedback(sys1, sys2, sign)
```

其中，sys1 为前向通道传递函数，sys2 为反馈通道传递函数，sign 为反馈性质（正、负），sign 缺省时为负反馈，即 sign=−1。

例 3-19 已知系统

$$G(s)=\frac{4s^2+5s+1}{2s^2+7s+3},\quad H(s)=\frac{5(s+3)}{2s+10}$$

求其负反馈闭环传递函数。

解 MATLAB 程序：

```
numG=[4 5 1];denG=[2 7 3];
numH=[5 15];denH=[2 10];
[num,den]=feedback(numG,denG,numH,denH);
printsys(num,den)
```

习 题

3.1 若系统在阶跃输入 $r(t)=1(t)$ 时，零初始条件下的输出响应 $c(t)=5-5e^{-2t}+5e^{-t}$，试求系统的传递函数和脉冲响应。

3.2 设系统的微分方程为

$$\frac{d^2c(t)}{dt^2}+3\frac{dc(t)}{dt}+2c(t)=2r(t)$$

初始条件 $c(0)=-1, \dot{c}(0)=0$。试求：

(1) 系统的传递函数；

(2) 单位阶跃输入 $r(t)=5\cdot 1(t)$ 时系统的输出响应 $c(t)$。

3.3 设系统的微分方程式如下：

(1) $\frac{dc(t)}{dt}(t)=10r(t)$；

(2) $\frac{d^2c(t)}{dt^2}+6\frac{dc(t)}{dt}(t)+25c(t)=25r(t)$。

已知全部初始条件为零，试求系统的单位脉冲响应 $c_1(t)$ 和单位阶跃响应 $c_2(t)$。

3.4 求题 3.4 图所示的有源网络的传递函数 $U_o(s)/U_i(s)$。

3.5 试构建如题 3.5 图所示系统的传递函数或微分方程。

(1) 如题 3.5 图(a)所示，系统的输入量为 $u_1(t)$，系统的输出量为 $u_2(t)$，求传递函数。

(2) 如题 3.5 图(b)所示，系统的输入量为 $p(t)$，系统的输出量为位移 $x(t)$，求传递函数。

(3) 如题 3.5 图(c)所示，求系统微分方程。

(4) 如题 3.5 图(d)所示，系统的输入量为 $f(t)$，系统的输出量为位移 x_1，求传递函数。

(5) 如题 3.5 图(e)所示，系统的输入量为轴 1 的转矩 M，系统的输出量为角速度 ω，求传递函数。

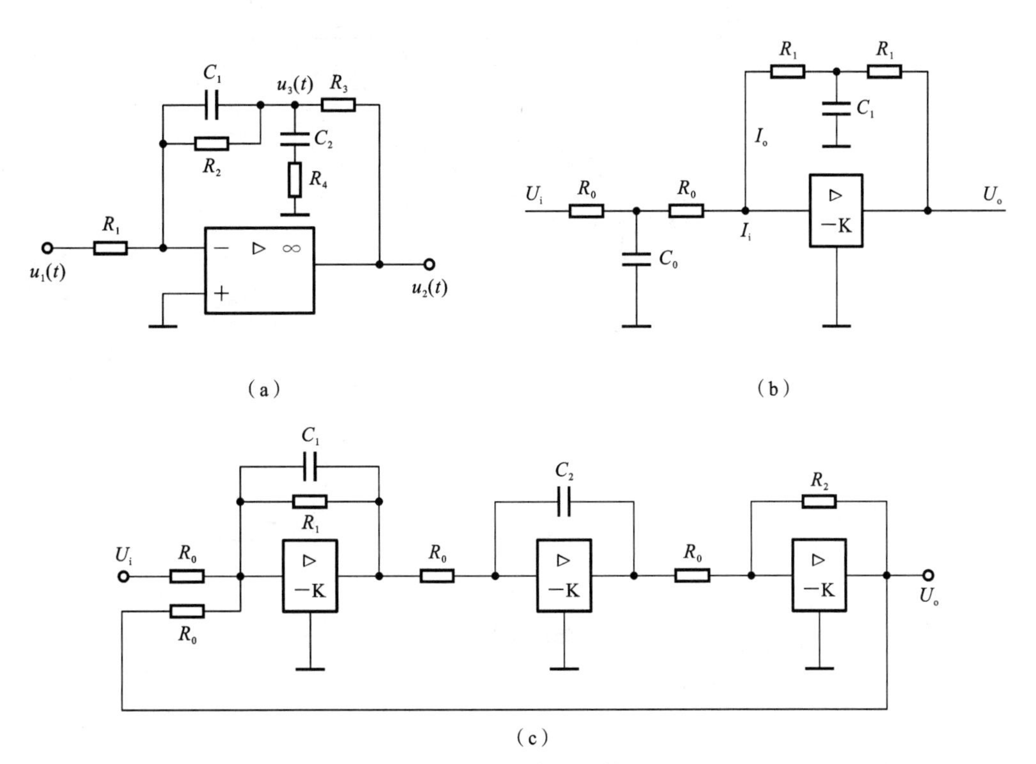

题 3.4 图　有源网络

(6) 如题 3.5 图(f)所示，系统的输入量为干扰力矩 M_H，系统的输出量为电机转速 $\Omega(s)$，求传递函数。

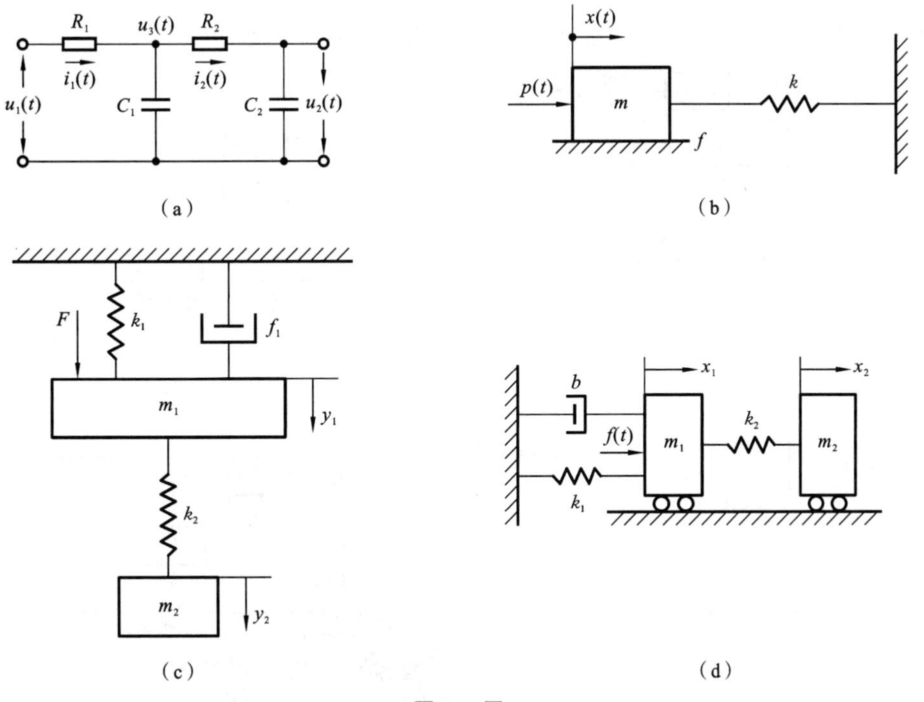

题 3.5 图

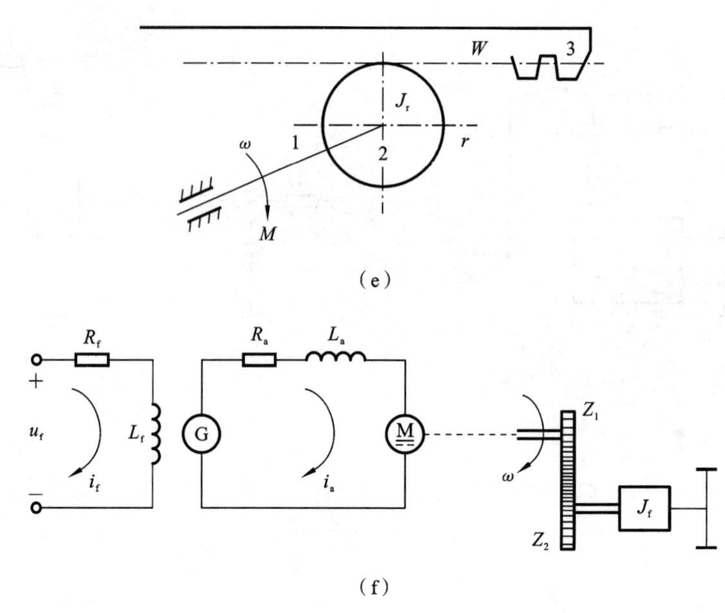

续题 3.5 图

3.6 系统的微分方程组为

$$x_1=r-c+n_1,\quad x_2=K_1x_1,\quad x_3=x_2-x_5$$

$$T\frac{\mathrm{d}x_4}{\mathrm{d}t}=x_3,\quad x_5=x_4-K_2n_2,\quad K_0x_5=\frac{\mathrm{d}^2c}{\mathrm{d}t^2}+\frac{\mathrm{d}c}{\mathrm{d}t}$$

式中:K_0、K_1、K_2、T 均为正常数。试建立系统动态结构图,并求出传递函数 $C(s)/R(s)$、$C(s)/N_1(s)$、$C(s)/N_2(s)$。

3.7 化简如题 3.7 图所示的动态结构图,并求出传递函数 $C(s)/R(s)$。

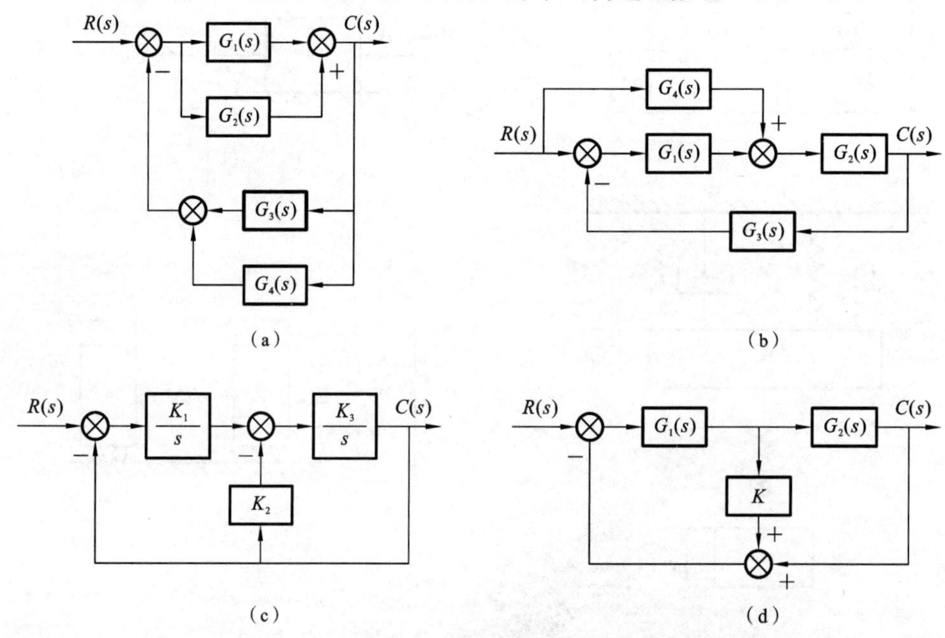

题 3.7 图　动态结构图

3.8　已知系统动态结构图如题 3.8 图所示，求系统的传递函数 $C_1(s)/R_1(s)$、$C_2(s)/R_2(s)$、$C_1(s)/R_2(s)$和 $C_2(s)/R_1(s)$。

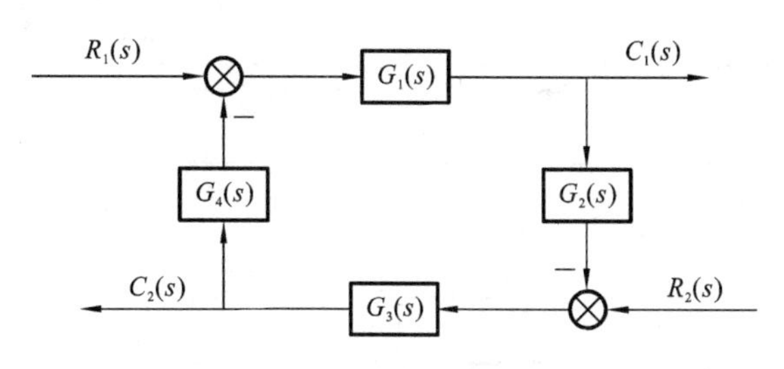

题 3.8 图　动态结构图

3.9　系统的动态结构图如题 3.9 图所示，求传递函数 $C(s)/R(s)$、$E(s)/R(s)$。

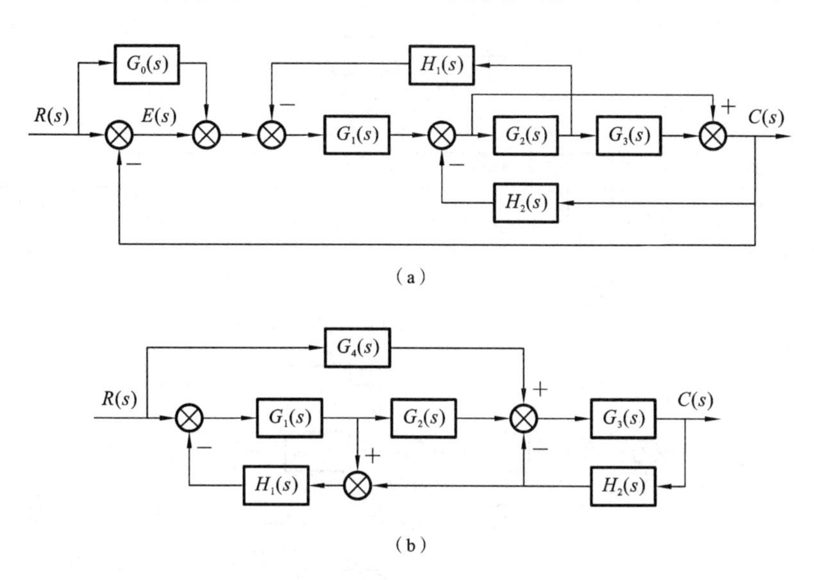

题 3.9 图　动态结构图

3.10　系统动态结构图如题 3.10 图所示。

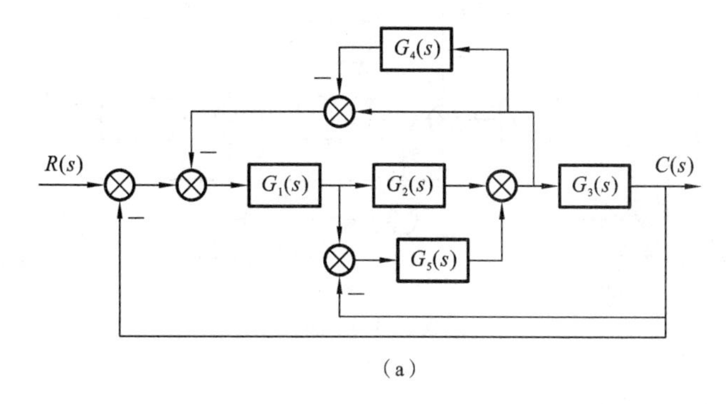

题 3.10 图　动态结构图

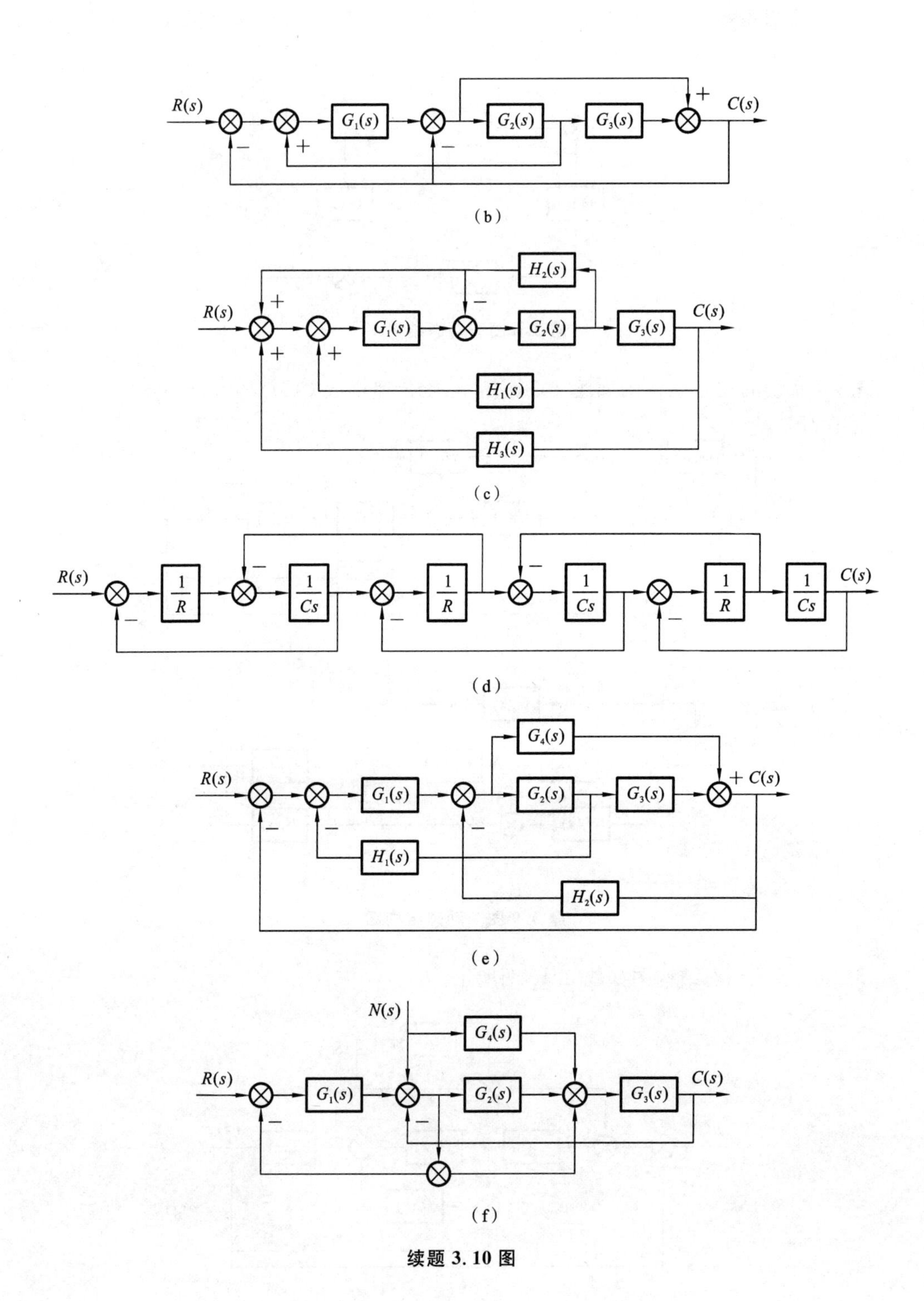

续题 3.10 图

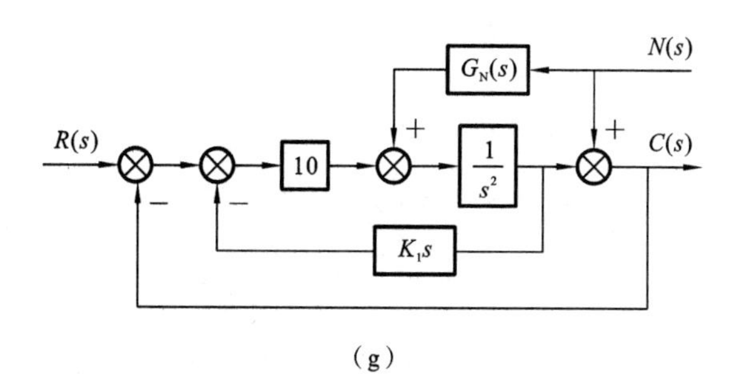

(g)

续题 3.10 图

(1) 求题 3.10 图(a)、(b)、(c)、(d)和(e)所示系统的传递函数 $C(S)/R(S)$；

(2) 求题 3.10 图(f)、(g)所示系统的传递函数 $C(s)/R(s)$和 $C(s)/N(s)$。

3.11　系统的动态结构图如题 3.11 图所示，绘出信号流图。

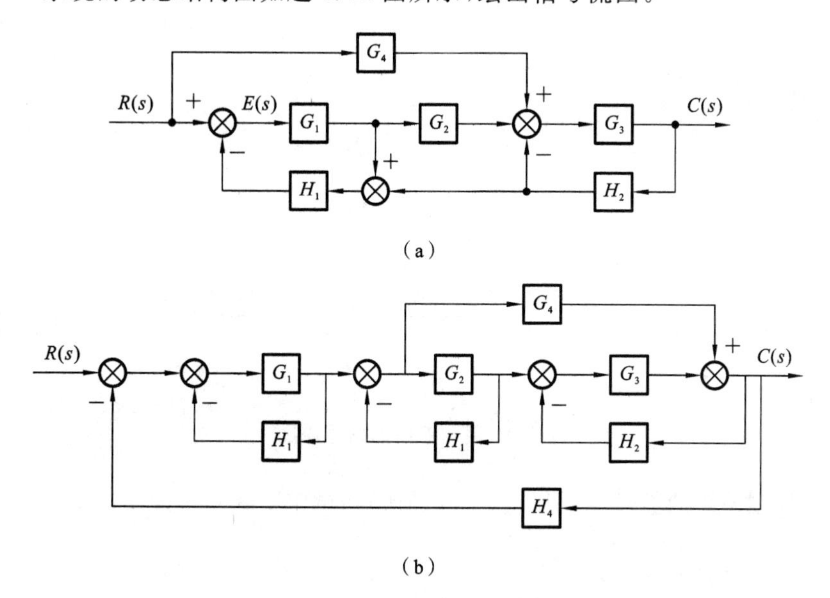

题 3.11 图　系统的动态结构图

3.12　试利用题 3.11 求出的信号流图，求出系统传递函数。

3.13　系统的信号流图如题 3.13 图所示，试求$\frac{C(s)}{R(s)}$。

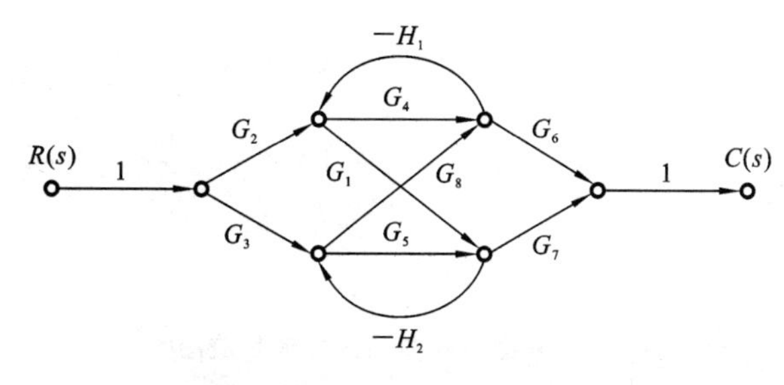

题 3-13 图　系统的信号流图

3.14 系统的动态结构图如题 3.14 图所示。

(1) 画出信号流图，用梅森公式求出传递函数$\dfrac{C(s)}{R(s)}$；

(2) 说明在什么条件下，输出 $C(s)$不受扰动 $D(s)$的影响。

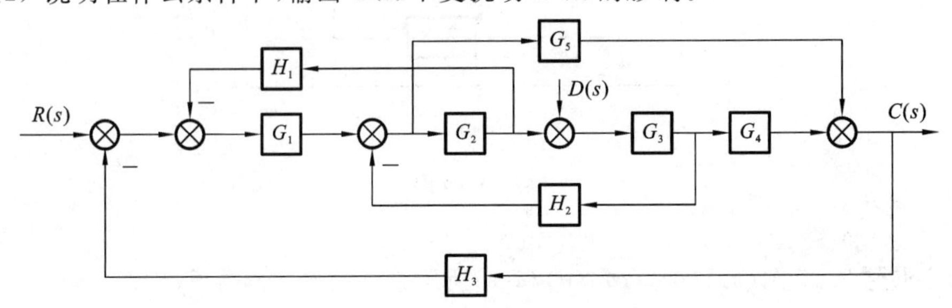

题 3.14 图　系统的动态结构图

3.15 试求题 3.15 图所示系统的输出 $C_1(s)$及 $C_2(s)$的表达式。

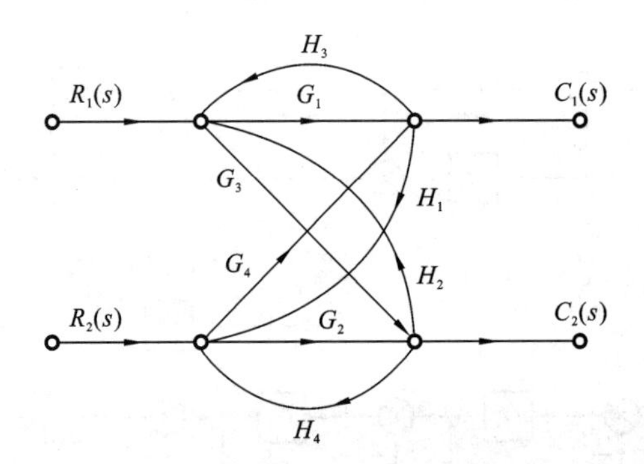

题 3.15 图　系统的信号流图

3.16 控制系统的信号流图如题 3.16 图所示，试求闭环系统的传递函数。

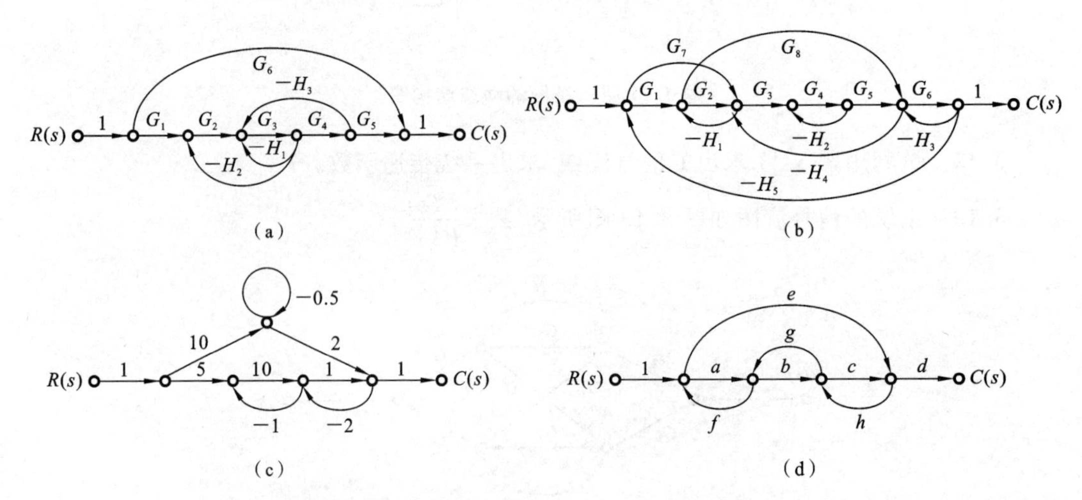

题 3.16 图　控制系统的信号流图

第4章

时域分析法

时域分析法是以拉普拉斯变换作为数学工具，从系统的微分方程(或传递函数)入手，对给定输入信号求控制系统的时间响应，并据此来评价系统性能的方法。工程中的控制系统总是在时域中运行的。时域分析方法是一种直接在时间域中对系统进行分析的方法，它可以提供系统时间响应的全部信息，具有直观、准确的优点，符合人们对系统行为表现的观察习惯，它已成为最基本的系统分析方法。当系统输入为某些典型信号时，需要了解加入输入信号后其输出随时间变化的情况和当时间$t\to\infty$时系统的输出；此外，也希望研究各类系统随时间变化而变化的运动规律。这些就是控制系统时域分析所要解决的问题。

4.1 典型输入信号

系统的时间响应不仅取决于系统本身的固有特性，还与输入信号的形式有关。在分析和评价控制系统时，通常选取具有典型意义的实验信号作为基准，对控制系统的性能进行比较。在符合实际情况的基础上，为了便于实现和分析计算，人们抽象出一些具有代表性的输入信号作为系统典型测试信号。首先这些信号应在形式上可以反映系统在实际工作过程中所遇到的输入信号或者它们的叠加；其次考虑所选输入信号在数学描述形式上应尽可能简单，以便对系统响应进行数学分析和实验研究；最后应考虑选取那些能使系统工作在最不利情况下的输入信号作为典型输入信号。经常采用的典型输入信号有以下几种类型。

4.1.1 阶跃函数

阶跃函数的表达式为

$$r(t)=\begin{cases}0 & (t<0)\\ A & (t\geqslant 0)\end{cases} \tag{4-1}$$

它表示一个在 $t=0$ 时出现的，幅值为 A 的阶跃函数，如图 4-1 所示。$A=1$ 的函数称为单位阶跃函数，记作 $1(t)$。

4.1.2 斜坡函数(或速度函数)

斜坡函数从 $t=0$ 时刻开始以恒定速度增加，如图 4-2 所示。当 $A=1$ 时，$r(t)=t$，称为单位斜坡函数。

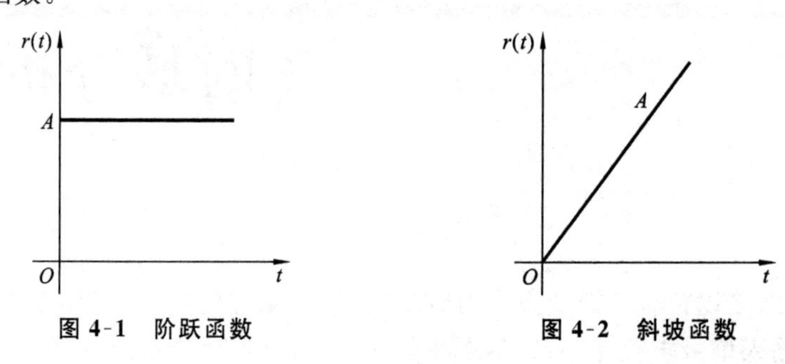

图 4-1 阶跃函数　　图 4-2 斜坡函数

4.1.3 加速度函数

加速度函数的表达式为

$$r(t)=\begin{cases}0 & (t<0)\\ \dfrac{1}{2}At^2 & (t\geqslant 0)\end{cases} \tag{4-2}$$

加速度函数的特点是$\dfrac{\mathrm{d}^2 r(t)}{\mathrm{d}t^2}=A$（$A$ 为常数），说明加速度函数表征匀加速信号，曲线如图 4-3 所示。当 $A=1$ 时，称为单位加速度函数。

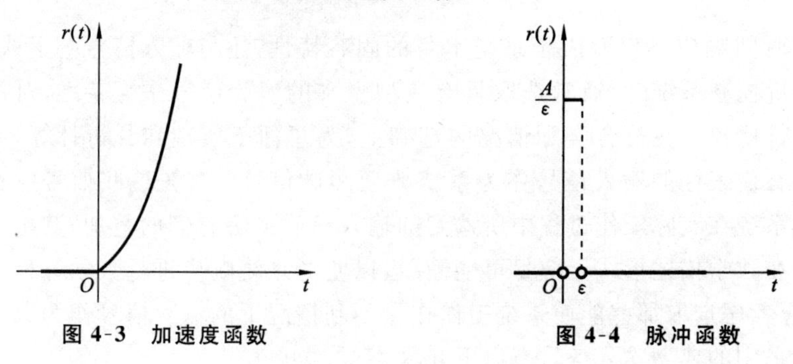

图 4-3 加速度函数　　图 4-4 脉冲函数

4.1.4 脉冲函数

脉冲函数的表达式一般为

$$r(t)=\begin{cases}0 & (t<0)\\ \dfrac{A}{\varepsilon} & (0\leqslant t\leqslant\varepsilon)\\ 0 & (t>\varepsilon)\end{cases} \tag{4-3}$$

式中：ε 为脉冲宽度，A 为脉冲面积，即 $\int_{-\infty}^{\infty} r(t)\mathrm{d}t = A$。脉冲函数的图形如图 4-4 所示。

若对脉冲的宽度取趋于零的极限，则有

$$\delta(t)=\begin{cases}0 & (t\neq 0), \\ \infty & (t=0), \end{cases}\quad \int_{-\infty}^{\infty}\delta(t)\mathrm{d}t=1 \tag{4-4}$$

此脉冲函数称为理想单位脉冲函数，记作 $\delta(t)$。于是，强度为 A 的脉冲函数可表示为 $A\delta(t)$。

4.1.5　正弦函数

正弦函数的表达式为

$$r(t)=\begin{cases}0 & (t<0)\\ A\sin(\omega t) & (t\geqslant 0)\end{cases} \tag{4-5}$$

式中：A 为振幅；ω 为角频率。正弦函数为周期函数。

应用这些简单的时间函数作为典型输入信号，可以很容易地对控制系统进行分析和实验研究。选取实验输入信号时应注意，实验输入信号的典型形式应反映系统工作的大部分实际情况，并尽可能简单，便于分析处理。

4.2　线性定常系统的时域响应与性能指标

4.2.1　线性定常系统的时域响应

对于单输入单输出 n 阶线性定常系统，可用 n 阶常系数线性微分方程描述，即

$$\begin{aligned}&a_0\frac{\mathrm{d}^n c(t)}{\mathrm{d}t^n}+a_1\frac{\mathrm{d}^{n-1}c(t)}{\mathrm{d}t^{n-1}}+\cdots+a_{n-1}\frac{\mathrm{d}c(t)}{\mathrm{d}t}+a_n c(t)\\ &=b_0\frac{\mathrm{d}^m r(t)}{\mathrm{d}t^m}+b_1\frac{\mathrm{d}^{m-1}r(t)}{\mathrm{d}t^{m-1}}+\cdots+b_{m-1}\frac{\mathrm{d}r(t)}{\mathrm{d}t}+b_m r(t)\end{aligned} \tag{4-6}$$

式中：$r(t)$为输入信号；$c(t)$为输出信号；$a_0, a_1, \cdots, a_n$ 和 $b_0, b_1, \cdots, b_m$ 是由系统本身结构和参数决定的系数。

在输入作用下，系统的输出响应通常由动态响应和稳态响应两部分组成。若以 $y(t)$ 表示系统的时间响应，则有

$$y(t)=y_{\mathrm{t}}(t)+y_{\mathrm{ss}}(t) \tag{4-7}$$

式中：$y_{\mathrm{t}}(t)$表示动态响应部分；$y_{\mathrm{ss}}(t)$表示稳态响应部分。对于稳定系统而言，$y_{\mathrm{t}}(t)$随时间增大逐渐趋于零（故又称为暂态响应、过渡过程）；$y_{\mathrm{ss}}(t)$是指当时间趋于无穷大时系统

达到一个新稳态或某一变化规律。

$$\lim_{t\to\infty} y_t(t) = 0 \tag{4-8}$$

$$\lim_{t\to\infty} y_{ss}(t) = y_{ss}(\infty) \tag{4-9}$$

若要了解控制系统的性能，需要在同样的输入条件激励下比较系统的行为。在符合实际情况的基础上，为了便于实现和分析计算，时域分析方法一般选择若干典型测试信号作为激励，分析系统对这些输入信号的响应。从系统时域响应的两部分看，稳态分量（特解）是系统在时间 $t\to\infty$ 时系统的输出，衡量其好坏采用稳态性能指标——稳态误差。系统响应的暂态分量是指从 $t=0$ 开始到进入稳态之前的这一段过程，采用动态性能指标（瞬态响应指标）衡量，如稳定性、快速性、平稳性等。

4.2.2 控制系统时域响应的性能指标

性能指标用来衡量一个系统的性能。时域内的性能指标分为稳态性能指标和动态性能指标两种，它们通常采用时域响应曲线上的一些特征点的函数来衡量。

1. 稳态性能指标

稳态响应是时间 $t\to\infty$ 时系统的输出状态。稳态性能指标采用稳态误差 e_{ss} 衡量，其定义为：当时间 $t\to\infty$ 时，系统输出响应的期望值与实际值之差，即

$$e_{ss} = \lim_{t\to\infty}[r(t) - c(t)] \tag{4-10}$$

稳态误差 e_{ss} 反映控制系统复现或跟踪输入信号的能力。

2. 动态性能指标

动态响应是系统从初始状态到接近稳态的响应过程，即过渡过程。通常动态性能指标是以系统对单位阶跃输入的瞬态响应形式给出的，如图 4-5 所示。

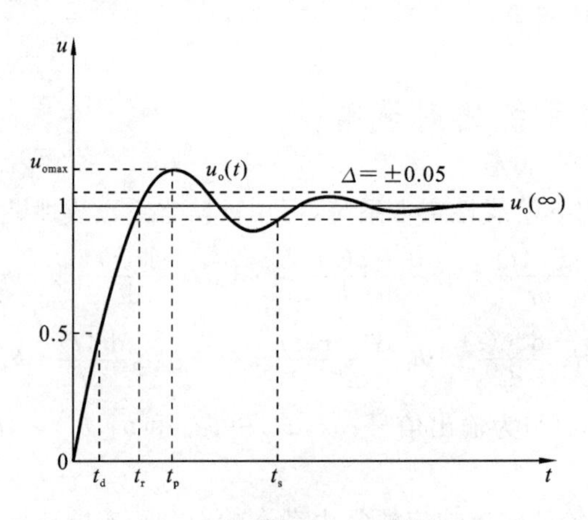

图 4-5　系统瞬态响应指标

(1) 上升时间 t_r：从零时刻首次到达稳态值的时间，即阶跃响应曲线从 $t=0$ 开始第一次上升到稳态值所需要的时间。对于无超调系统，将上升时间 t_r 定义为响应曲线从稳态值的 10%上升到稳态值的 90%所需的时间。

（2）峰值时间 t_p：过渡过程曲线达到第一个峰值所需的时间称为峰值时间，即阶跃响应曲线从 $t=0$ 开始上升到第一个峰值所需要的时间。

（3）超调量 δ：

$$\delta=\frac{c(t_p)-c(\infty)}{c(\infty)}\times 100\% \tag{4-11}$$

（4）调节时间 t_s：阶跃响应曲线进入允许的误差带（一般取稳态值附近 $\pm 5\%$ 作为误差带，也有取 $\pm 2\%$ 的情况，当不作特殊说明时，一般取 $\pm 5\%$ 作为误差带），并不再超出该误差带的最小时间，调节时间又称过渡过程时间。

（5）振荡次数 N：在调节时间 t_s 内响应曲线振荡的次数。

以上各性能指标中，上升时间 t_r、峰值时间 t_p 和调节时间 t_s 反映系统的快速性，超调量 δ 和振荡次数 N 反映系统的平稳性。

4.3　一阶系统的时域响应

一阶控制系统简称一阶系统，其输出信号与输入信号之间的关系可用一阶微分方程描述。一阶系统微分方程的标准形式为

$$T\frac{\mathrm{d}c(t)}{\mathrm{d}t}+c(t)=r(t) \tag{4-12}$$

式中：T 为一阶系统的时间常数，表示系统的惯性，称为惯性时间常数。

由式(4-12)求得一阶系统的闭环传递函数

$$\Phi(s)=\frac{C(s)}{R(s)}=\frac{1}{Ts+1} \tag{4-13}$$

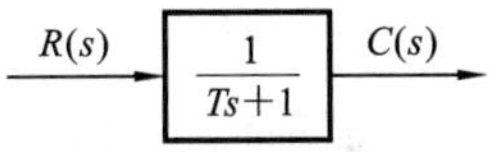

$R(s)$ → $\frac{1}{Ts+1}$ → $C(s)$

图 4-6　一阶系统动态结构图

一阶系统动态结构图如图 4-6 所示。它实际上就是一阶惯性环节。

下面分析一阶系统的单位阶跃响应。如果无特殊说明，则假设初始条件为零。

4.3.1　一阶系统的单位阶跃响应及动态性能指标

当输入信号 $r(t)=1(t)$ 时，系统的输出称为单位阶跃响应，记为 $h(t)$。当 $r(t)=1(t)$，即 $R(s)=1/s$ 时，有

$$C(s)=R(s)\cdot\Phi(s)=\frac{1}{s(Ts+1)} \tag{4-14}$$

对上式取拉普拉斯逆变换，得到单位阶跃响应为

$$h(t)=\mathcal{L}^{-1}[C(s)]=\mathcal{L}^{-1}\left[\frac{1}{s(Ts+1)}\right]=1-\mathrm{e}^{-t/T}\quad(t\geqslant 0) \tag{4-15}$$

一阶系统的单位阶跃响应为一条由零开始按指数规律上升的曲线，如图 4-7 所示。时间常数 T 是表示一阶系统响应的唯一结构参数，它反映系统的响应速度。显然，时间常数 T 越小，一阶系统的过渡过程越快；反之，越慢。

在 $t=0$ 处，响应曲线的切线斜率为 $1/T$，即

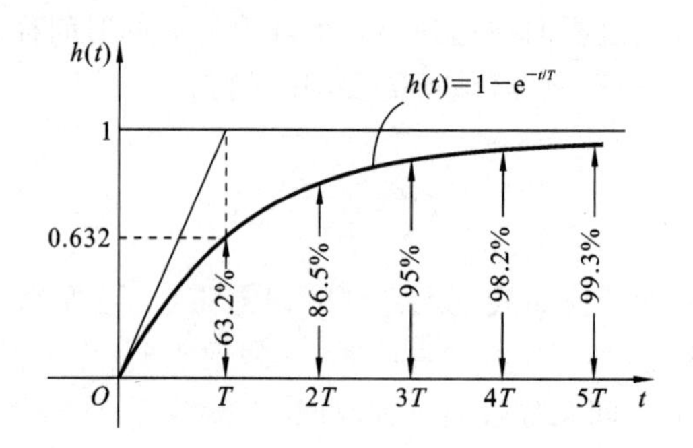

图 4-7　一阶系统的单位脉冲响应

$$\left.\frac{\mathrm{d}c(t)}{\mathrm{d}t}\right|_{t=0}=\left.\frac{1}{T}\mathrm{e}^{-t/T}\right|_{t=0}=\frac{1}{T} \tag{4-16}$$

它是一阶系统在单位阶跃信号作用下过渡过程曲线的重要特性，也是用实验方法求取一阶系统时间常数的重要特征点。

当 $t=3T$ 时，$c(3T)=0.95$，即过渡过程曲线 $c(t)$ 的数值与稳态输出值比较，仅相差5%。在工程实践中，认为此刻过渡已告结束，即 $t_s=3T$。

由上述分析可以确定，一阶系统单位阶跃响应性能指标如下。

(1) 调节时间 t_s：经过时间 $3T$，响应曲线已达稳态值的95%，可以认为其调节过程已完成，故一般取 $t_s=3T$。

(2) 稳态误差 e_{ss}：系统的实际输出 $h(t)$ 在时间 $t\to\infty$ 时，接近于输入值，即

$$e_{ss}=\lim_{t\to\infty}[c(t)-r(t)]=0 \tag{4-17}$$

(3) 超调量 δ：一阶系统的单位阶跃响应为非周期响应，故系统无振荡、无超调，$\delta=0$。

4.3.2　线性定常系统的重要特性

在4.3.1节中，我们得到了一阶系统的单位阶跃响应，那么一阶系统的单位脉冲响应是怎样的呢？

当系统输入信号为单位脉冲函数 $r(t)=\delta(t)$ 时，$R(s)=1$，此时系统的响应为单位脉冲响应，记为 $g(t)$，即

$$g(t)=\mathcal{L}^{-1}[C(s)]=\mathcal{L}^{-1}[\Phi(s)R(s)]=\mathcal{L}^{-1}[\Phi(s)] \tag{4-18}$$

由此可知，系统的脉冲响应函数就是系统闭环传递函数的原函数。反过来，系统的闭环传递函数等于系统单位脉冲响应的拉普拉斯变换，即

$$\Phi(s)=\mathcal{L}[g(t)] \tag{4-19}$$

对于一阶系统，当 $r(t)=\delta(t)$，即 $R(s)=1$ 时，有

$$C(s)=\frac{C(s)}{R(s)}R(s)=\frac{1}{Ts+1} \tag{4-20}$$

对上式求拉普拉斯逆变换，得到单位脉冲响应为

$$g(t)=\mathcal{L}^{-1}\left[\frac{1}{Ts+1}\right]=\frac{1}{T}\mathrm{e}^{-t/T}\quad(t\geqslant0) \tag{4-21}$$

一阶系统的单位脉冲响应曲线如图 4-8 所示。

比较一阶系统阶跃响应和脉冲响应，可以发现它们的关系为

$$g(t)=\frac{\mathrm{d}}{\mathrm{d}t}[h(t)] \quad 或 \quad h(t)=\int g(t)\mathrm{d}t \tag{4-22}$$

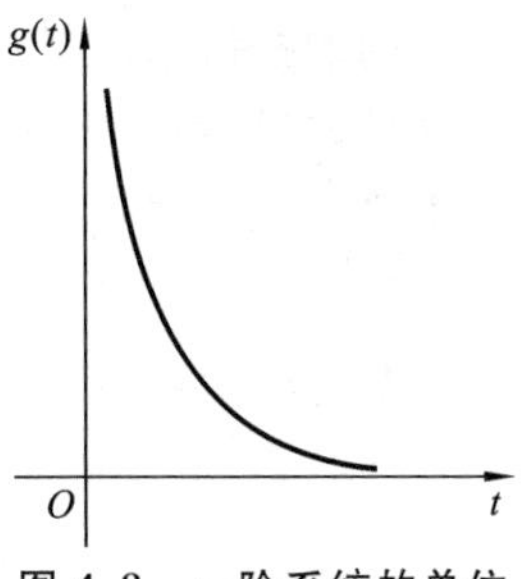

图 4-8　一阶系统的单位脉冲响应曲线

将这个关系进行推广（证明过程略），可以得到结论：对于一给定的系统，如果其不同的输入信号之间有如下关系：

$$\frac{\mathrm{d}r_1(t)}{\mathrm{d}t}=r_2(t) \quad 或 \quad \int r_2(t)\mathrm{d}t=r_1(t) \tag{4-23}$$

则其过渡过程之间一定有如下关系与之对应：

$$\frac{\mathrm{d}c_1(t)}{\mathrm{d}t}=c_2(t) \quad 或 \quad \int c_2(t)\mathrm{d}t=c_1(t) \tag{4-24}$$

这个对应关系说明：系统对输入信号导数的响应等于系统对该输入信号响应的导数。反之，系统对输入信号积分的响应等于系统对该输入信号响应的积分，而积分常数由零输入初始条件确定。注意：这是线性定常系统的一个重要特性，适用于线性定常系统，但不适用于线性时变系统和非线性系统。

由上述结论可以直接推导出，当一阶系统的输入为单位速度信号 $r(t)=t$，$R(s)=1/s^2$ 时的响应为

$$c(t)=\int(1-\mathrm{e}^{-t/T})\mathrm{d}t=t+C+T\mathrm{e}^{-t/T} \quad (t\geqslant 0) \tag{4-25}$$

式中：C 为积分常数，由初始条件 $c(0)=C+T=0$，得到 $C=-T$。因而，一阶系统的单位速度响应为

$$c(t)=(t-T)+T\mathrm{e}^{-t/T} \quad (t\geqslant 0) \tag{4-26}$$

4.4　二阶系统的时域响应

4.4.1　二阶系统的数学模型

当系统输出与输入之间的特性由二阶微分方程描述时，称为二阶系统，也称为二阶振荡环节。它在控制工程中应用极为广泛，如 RLC 网络、电枢电压控制的直流电动机转速系统等。此外，许多高阶系统在一定条件下常常可以近似作为二阶系统来研究，该部分内容我们将在 4.5 节中介绍。

典型二阶系统的结构图如图 4-9 所示，其闭环传递函数为

$$\frac{C(s)}{R(s)}=\frac{\omega_\mathrm{n}^2}{s^2+2\zeta\omega_\mathrm{n}s+\omega_\mathrm{n}^2} \tag{4-27}$$

$$\frac{C(s)}{R(s)}=\frac{1}{T^2s^2+2\zeta Ts+1} \tag{4-28}$$

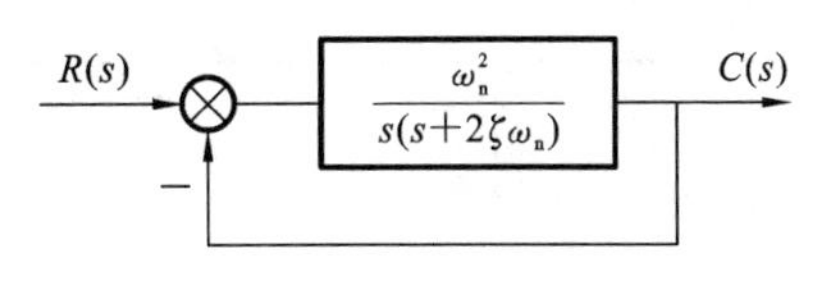

图 4-9　典型二阶系统的结构图

式中：ζ 为系统的阻尼比；ω_n 为系统的无阻尼自然振荡角频率；$T=1/\omega_\mathrm{n}$ 为系统振荡周期。

不同的控制系统具有不同的系统参数，但总可以变成式(4-27)或式(4-28)的标准形式。这样，二阶系统的过渡过程就可以用 ζ 和 ω_n 这两个参数描述。

由式(4-27)得到系统的特征方程为

$$D(s)=s^2+2\zeta\omega_n s+\omega_n^2=0 \tag{4-29}$$

由上式解得二阶系统的特征根(即闭环极点)为

$$s_{1,2}=-\zeta\omega_n\pm\omega_n\sqrt{\zeta^2-1} \tag{4-30}$$

由式(4-30)可以发现，随着阻尼比 ζ 取值的不同，二阶系统的特征根(闭环极点)也不相同，系统特征也不同。

(1) $0<\zeta<1$(欠阻尼)。

在这种取值情况下，系统的两个特征根为 $s_{1,2}=-\zeta\omega_n\pm j\omega_n\sqrt{1-\zeta^2}$，它们是一对共轭复根，其在 s 平面的位置分布如图 4-10(a)所示。

(2) $\zeta=1$(临界阻尼)。

系统的两个特征根为 $s_{1,2}=-\omega_n$，它们是一对相等的负实根，位于 s 平面负实轴上相同的实极点，如图 4-10(b)所示。

(3) $\zeta>1$(过阻尼)。

系统的两个特征根为

$$s_{1,2}=-\zeta\omega_n\pm\omega_n\sqrt{\zeta^2-1} \tag{4-31}$$

特征方程具有两个不相等的负实根，它们位于 s 平面负实轴上的两个不同的实极点，如图 4-10(c)所示。

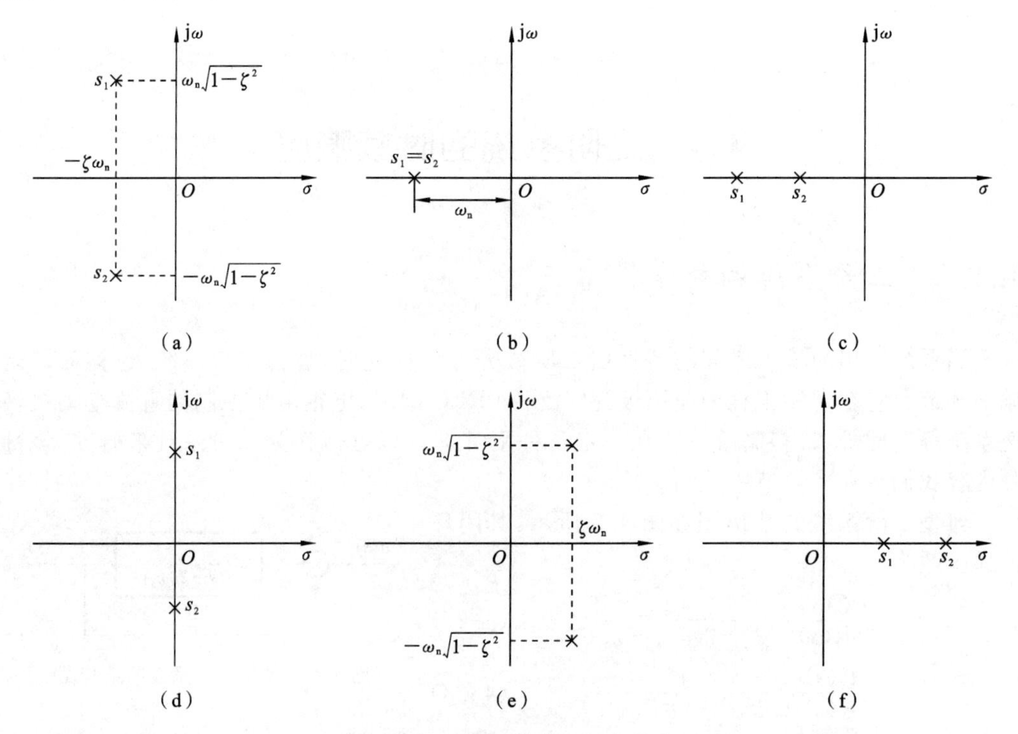

图 4-10 二阶系统闭环极点分布

(4) $\zeta=0$(无阻尼)。

特征方程的两个根为

$$s_{1,2}=\pm \mathrm{j}\omega_{\mathrm{n}} \tag{4-32}$$

系统的特征根为共轭纯虚根,它们是位于 s 平面虚轴上一对共轭极点,如图 4-10(d)所示。

(5) $-1<\zeta<0$。

系统特征方程的两个根为

$$s_{1,2}=-\zeta\omega_{\mathrm{n}}\pm \mathrm{j}\omega_{\mathrm{n}}\sqrt{1-\zeta^2} \tag{4-33}$$

两个特征根为具有正实部的共轭复数根,它们位于 s 平面右半平面,如图 4-10(e)所示。

(6) $\zeta<-1$。

系统特征方程的两个根为

$$s_{1,2}=-\zeta\omega_{\mathrm{n}}\pm \omega_{\mathrm{n}}\sqrt{\zeta^2-1} \tag{4-34}$$

两个特征根为正实根,它们位于 s 平面正实轴上,特征根分布情况如图 4-10(f)所示。

4.4.2 二阶系统的单位阶跃响应

令 $r(t)=1(t)$,则有 $R(s)=1/s$,由式(4-31)求得二阶系统在单位阶跃函数作用下输出信号的拉氏变换为

$$C(s)=\frac{\omega_{\mathrm{n}}^2}{s^2+2\zeta\omega_{\mathrm{n}}s+\omega_{\mathrm{n}}^2}\cdot\frac{1}{s} \tag{4-35}$$

对上式进行拉氏逆变换,可得二阶系统在单位阶跃函数作用下的过渡过程,即

$$h(t)=\mathcal{L}^{-1}[C(s)] \tag{4-36}$$

1. 欠阻尼系统阶跃响应

当 $0<\zeta<1$ 时,两个特征根分别为 $s_{1,2}=-\zeta\omega_{\mathrm{n}}\pm \mathrm{j}\omega_{\mathrm{n}}\sqrt{1-\zeta^2}$,它们是一对共轭复数根,称为欠临界阻尼(简称欠阻尼)状态,如图 4-11 所示。图 4-11 中,$\varphi=\arctan\frac{\sqrt{1-\zeta^2}}{\zeta}$。

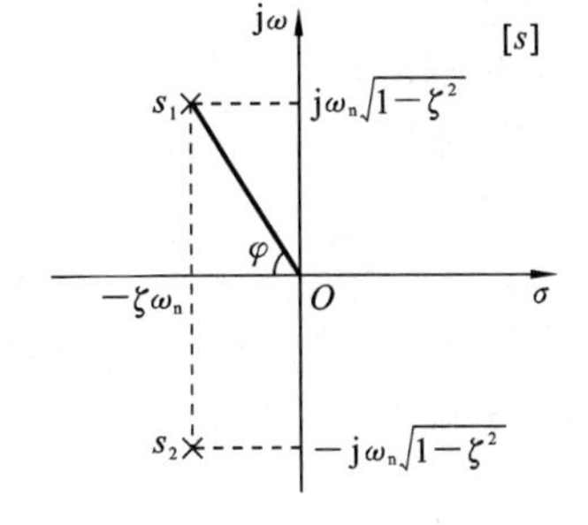

图 4-11 欠阻尼状态的闭环极点分布

此时,式(4-36)可以展成如下的部分分式:

$$\begin{aligned}C(s)&=\frac{1}{s}-\frac{s+2\zeta\omega_{\mathrm{n}}}{(s+\zeta\omega_{\mathrm{n}}+\mathrm{j}\omega_{\mathrm{d}})(s+\zeta\omega_{\mathrm{n}}-\mathrm{j}\omega_{\mathrm{d}})}\\&=\frac{1}{s}-\frac{s+\zeta\omega_{\mathrm{n}}}{(s+\zeta\omega_{\mathrm{n}})+\omega_{\mathrm{d}}^2}-\frac{\zeta\omega_{\mathrm{n}}}{\omega_{\mathrm{d}}}\cdot\frac{\omega_{\mathrm{d}}}{(s+\zeta\omega_{\mathrm{n}})+\omega_{\mathrm{d}}^2}\end{aligned} \tag{4-37}$$

式中:$\omega_{\mathrm{d}}=\omega_{\mathrm{n}}\sqrt{1-\zeta^2}$为有阻尼自振角频率。对式(4-37)进行拉氏逆变换,得

$$h(t)=1-\mathrm{e}^{-\zeta\omega_{\mathrm{n}}t}\cos(\omega_{\mathrm{d}}t)-\frac{\zeta\omega_{\mathrm{n}}}{\omega_{\mathrm{d}}}\mathrm{e}^{-\zeta\omega_{\mathrm{n}}t}\sin(\omega_{\mathrm{d}}t)=1-\mathrm{e}^{-\zeta\omega_{\mathrm{n}}t}\left[\cos(\omega_{\mathrm{d}}t)-\frac{\zeta\omega_{\mathrm{n}}}{\omega_{\mathrm{d}}}\sin(\omega_{\mathrm{d}}t)\right]\quad(t\geqslant 0) \tag{4-38}$$

将上式进行变换得到

$$h(t)=1-\frac{e^{-\varphi\omega_n t}}{\sqrt{1-\zeta^2}}\left[\sqrt{1-\zeta^2}\cos(\omega_d t)-\zeta\sin(\omega_d t)\right]$$

$$=1-\frac{e^{-\zeta\omega_n t}}{\sqrt{1-\zeta^2}}\sin(\omega_d t+\varphi)\quad(t\geqslant 0)\qquad(4\text{-}39)$$

式(4-39)表明,欠阻尼($0<\zeta<1$)状态对应的过渡过程为衰减的正弦振荡过程,如图 4-12 所示。

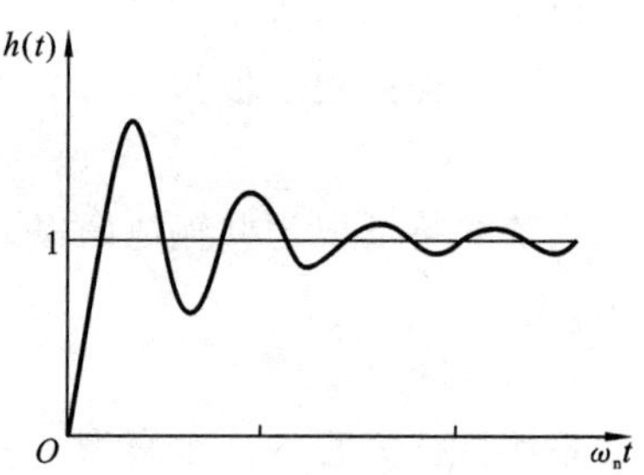

图 4-12　欠阻尼状态下系统的单位阶跃响应

系统响应由稳态分量和瞬态分量两部分组成,稳态分量为 1,瞬态分量是一个随时间衰减的振荡过程。其衰减速度取决于 $\zeta\omega_n$ 值的大小,其衰减振荡的频率便是有阻尼自振角频率 ω_d,相应的衰减振荡周期为

$$T_d=\frac{2\pi}{\omega_d}=\frac{2\pi}{\omega_n\sqrt{1-\zeta^2}}\qquad(4\text{-}40)$$

$\zeta=0$ 是欠阻尼的一种特殊情况,将其代入式(4-40),可直接得到

$$h(t)=1-\cos(\omega_n t)\quad(t\geqslant 0)\qquad(4\text{-}41)$$

从上式可以看出,无阻尼($\zeta=0$)时二阶系统的阶跃响应是等幅正弦振荡曲线,振荡角频率为 ω_n。

综上分析,可以看出频率 ω_n 和 ω_d 的鲜明物理意义。ω_n 是 $\zeta=0$ 时二阶系统过渡过程为等幅正弦振荡时的角频率,称为无阻尼自振角频率。ω_d 是欠阻尼($0<\zeta<1$)时二阶系统过渡过程为衰减正弦振荡时的角频率,称为有阻尼自振角频率,而 $\omega_d=\omega_n\sqrt{1-\zeta^2}$,显然 $\omega_d<\omega_n$,且随着 ζ 值增大,ω_d 的值减小。

2. 临界阻尼系统单位阶跃响应

当 $\zeta=1$ 时,特征方程有两个相同的负实根,即 $s_{1,2}=-\omega_n$,系统的特征根为两个相等的负实根,称为临界阻尼状态。此时的 s_1、s_2 的位置如图 4-13 所示。

此时系统在单位阶跃函数作用下,输出的拉氏变换为

$$C(s)=\frac{\omega_n^2}{s(s+\omega_n)^2}=\frac{1}{s}-\frac{\omega_n}{(s+\omega_n)^2}-\frac{1}{s+\omega_n}\qquad(4\text{-}42)$$

可以看出,当阻尼比 $\zeta=1$ 时,二阶系统在单位阶跃函数作用下的过渡过程是一条无超调的单调上升曲线,如图 4-14 所示。

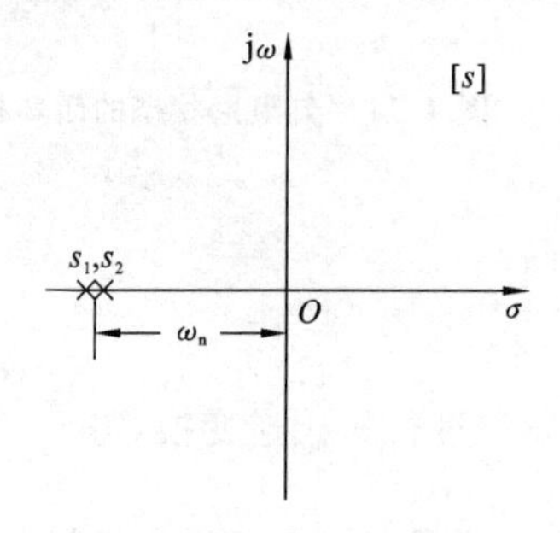

图4-13　临界阻尼的闭环极点分布

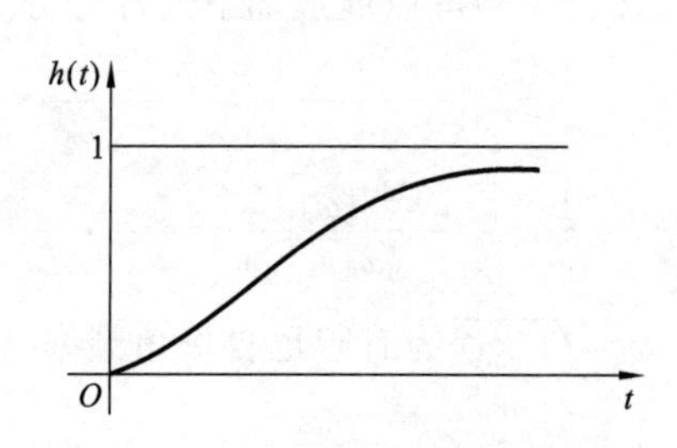

图 4-14　临界阻尼系统阶跃响应

在临界阻尼状态，系统的超调量 $\delta=0$，调节时间 $t_s=4.7/\omega_n$（对应于 $\Delta=5\%$）。

3. 过阻尼系统单位阶跃响应

当 $\zeta>1$ 时，两个特征根分别为 $s_{1,2}=-\zeta\omega_n\pm\omega_n\sqrt{\zeta^2-1}$，它们是两个不同的负实根，称为过阻尼状态，如图 4-15 所示。

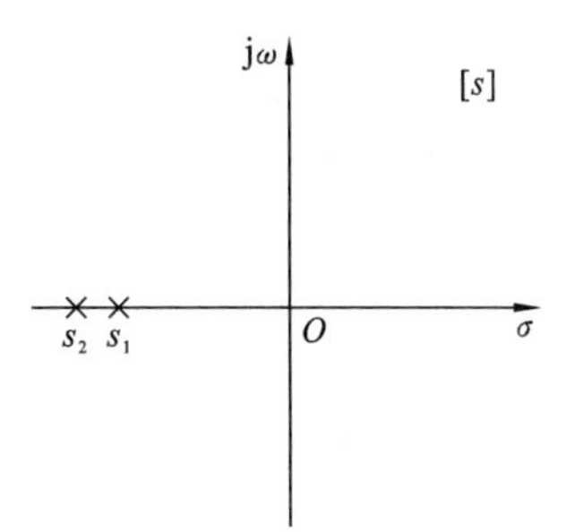

图 4-15 过阻尼的闭环极点分布

两个不相等的负实根为

$$\begin{cases} s_1=-\zeta\omega_n+\omega_n\sqrt{\zeta^2-1} \\ s_2=-\zeta\omega_n-\omega_n\sqrt{\zeta^2-1} \end{cases} \tag{4-43}$$

此时系统在单位阶跃函数作用下，输出的拉氏变换为

$$C(s)=\frac{\omega_n^2}{s^2+2\zeta\omega_n s+\omega_n}\cdot\frac{1}{s}=\frac{\omega_n^2}{s(s-s_1)(s-s_2)}=\frac{1}{s}+\frac{A_1}{s-s_1}+\frac{A_2}{s-s_2} \tag{4-44}$$

式中：

$$A_1=\frac{-1}{2\sqrt{\zeta^2-1}(\zeta-\sqrt{\zeta^2-1})},\quad A_2=\frac{1}{2\sqrt{\zeta^2-1}(\zeta+\sqrt{\zeta^2-1})}$$

对式(4-44)求拉氏逆变换，得到过阻尼系统的单位阶跃响应为

$$h(t)=1+A_1e^{s_1t}+A_2e^{s_2t}=1+\frac{1}{2\sqrt{\zeta^2-1}}\left[\frac{1}{\zeta+\sqrt{\zeta^2-1}}e^{s_1t}-\frac{1}{\zeta-\sqrt{\zeta^2-1}}e^{s_2t}\right] \tag{4-45}$$

分析式(4-45)可知，由于 s_2 和 s_1 均为负实数，这时系统的阶跃响应包含两个衰减的指数项，输出的稳态值为 1，所以系统不存在稳态误差，其阶跃响应如图 4-16 所示。当 $\zeta=1$ 时，闭环极点 s_2 比 s_1 距虚轴远得多，在式(4-45)中，s_2 对应的指数项的衰减速度比 s_2 对应的指数项快得多，所以 s_2 对系统过渡过程的影响比 s_1 对系统过渡过程的影响要小得多。

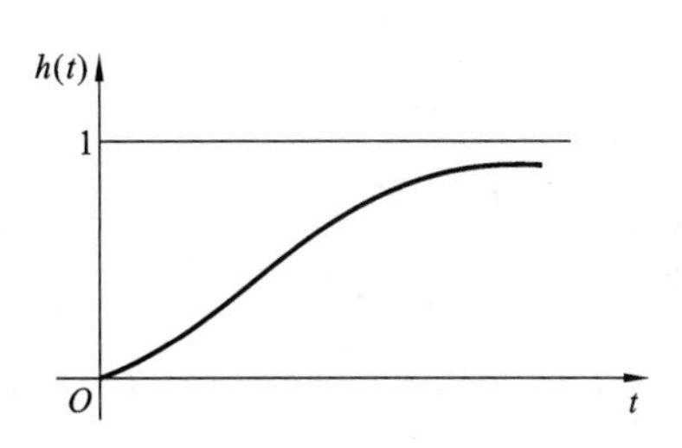

图 4-16 过阻尼二阶系统阶跃响应

因此，在求取输出信号的近似解时，可以忽略 s_2 对系统的影响，把二阶系统近似看成一阶系统，对应的一阶传递函数为

$$\Phi(s)=\frac{-s_1}{s-s_1}=\frac{\zeta\omega_n-\omega_n\sqrt{\zeta^2-1}}{s+\zeta\omega_n-\omega_n\sqrt{\zeta^2-1}} \tag{4-46}$$

其对应阶跃响应为

$$h(t)\approx1-e^{s_1t}=1-e^{(-\zeta\omega_n+\omega_n\sqrt{\zeta^2-1})t} \tag{4-47}$$

当 $\zeta>1.25$ 时，系统的过渡过程时间可近似为 $t_s=3/s_1\sim4/s_1$，系统的超调量 $\delta=0$。

例 4-1 已知控制系统的闭环传递函数为

$$\Phi(s)=\frac{s+2}{(s+1)(s+3)}$$

求该系统的单位阶跃响应。

解 单位阶跃输入的拉氏变换为 $R(s)=\frac{1}{s}$，传递函数为 $\Phi(s)=\frac{C(s)}{R(s)}$，故

$$C(s)=\Phi(s)R(s)=\frac{s+2}{(s+1)(s+3)}\cdot\frac{1}{s}=\frac{A_0}{s}+\frac{A_1}{s+1}+\frac{A_2}{s+3} \tag{4-48}$$

上式具有实数单极点，属于二阶过阻尼系统，首先确定上式待定系数

$$A_0=\frac{2}{3},\quad A_1=-\frac{1}{2},\quad A_2=-\frac{1}{6}$$

通过求输出拉氏变换 $C(s)$ 的逆变换，可得到系统的单位阶跃响应

$$c(t)=\frac{2}{3}-\frac{1}{2}\mathrm{e}^{-t}-\frac{1}{6}\mathrm{e}^{-3t}$$

4. 无阻尼系统单位阶跃响应

当 $\zeta=0$ 时，是欠阻尼的特殊情况，特征方程具有一对共轭纯虚根，即 $s_{1,2}=\pm\mathrm{j}\omega_{\mathrm{n}}$，称为无阻尼状态，无阻尼的闭环极点分布如图 4-17 所示。

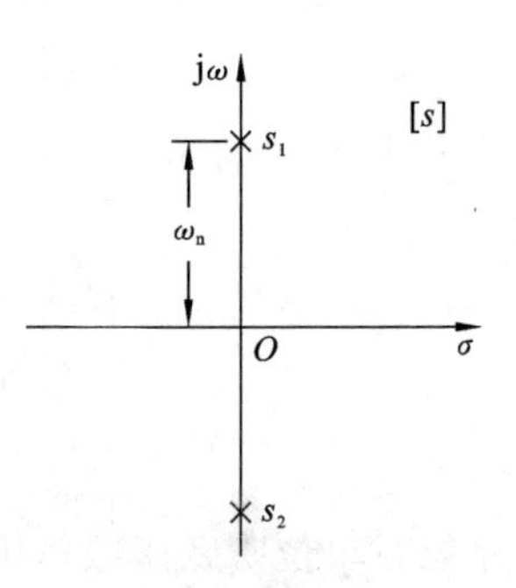

图 4-17 无阻尼的闭环极点分布

在控制工程中，除了那些不容许产生振荡响应的系统外，人们通常希望选择系统的参数，将控制系统运行于欠阻尼的工作状态下，使得系统的动态响应具有适当的振荡特性、较快的响应速度和较短的调节时间，以期获得满意的系统控制效果。下面对欠阻尼二阶系统时域响应的性能指标进行分析。

4.4.3 欠阻尼二阶系统单位阶跃响应的性能指标

1. 上升时间 t_{r}

在式(4-39)中，令 $t=t_{\mathrm{r}}$，$h(t_{\mathrm{r}})=1$，即

$$h(t_{\mathrm{r}})=1-\frac{\mathrm{e}^{-\zeta\omega_{\mathrm{n}}t_{\mathrm{r}}}}{\sqrt{1-\zeta^2}}\sin(\omega_{\mathrm{d}}t_{\mathrm{r}}+\varphi)=1 \tag{4-49}$$

因为 $\mathrm{e}^{-\zeta\omega_{\mathrm{n}}t_{\mathrm{r}}}\neq0$，所以 $\omega_{\mathrm{d}}t_{\mathrm{r}}+\varphi=k\pi$。又由 t_{r} 的定义知，$k=1$，因此得到上升时间为

$$t_{\mathrm{r}}=\frac{\pi-\varphi}{\omega_{\mathrm{d}}}=\frac{\pi-\varphi}{\omega_{\mathrm{n}}\sqrt{1-\zeta^2}} \tag{4-50}$$

2. 峰值时间 t_{p}

在式(4-41)中，将 $h(t)$ 对时间求导，并令其等于零，即

$$\left.\frac{\mathrm{d}h(t)}{\mathrm{d}t}\right|_{t=t_{\mathrm{p}}}=0 \tag{4-51}$$

得到

$$\frac{\zeta\omega_{\mathrm{n}}\mathrm{e}^{-\zeta\omega_{\mathrm{n}}t_{\mathrm{p}}}}{\sqrt{1-\zeta^2}}\sin(\omega_{\mathrm{d}}t_{\mathrm{p}}+\varphi)-\frac{\omega_{\mathrm{d}}\mathrm{e}^{-\zeta\omega_{\mathrm{n}}t_{\mathrm{p}}}}{\sqrt{1-\zeta^2}}\cos(\omega_{\mathrm{d}}t_{\mathrm{p}}+\varphi)=0 \tag{4-52}$$

化简得

$$\sin(\omega_{\mathrm{d}}t_{\mathrm{p}}+\varphi)=\frac{\sqrt{1-\zeta^2}}{\zeta}\cos(\omega_{\mathrm{d}}t_{\mathrm{p}}+\varphi) \tag{4-53}$$

进一步化简得

$$\tan(\omega_{\mathrm{d}}t_{\mathrm{p}}+\varphi)=\tan\varphi \tag{4-54}$$

所以

$$\omega_d t_p = k\pi \quad (k=0,1,2,\cdots) \tag{4-55}$$

又因峰值时间 t_p 为第一个峰值时间，所以取 $k=1$，从而得

$$t_p = \frac{\pi}{\omega_d} = \frac{\pi}{\omega_n\sqrt{1-\zeta^2}} \tag{4-56}$$

3. 超调量 δ

将峰值时间 t_p 的表达式(4-56)代入式(4-39)中，得到输出的最大值为

$$h(t)_{\max} = h(t_p) = 1 - \frac{e^{-\zeta\omega_n t_p}}{\sqrt{1-\zeta^2}}\sin(\omega_d t_p + \varphi) = 1 - \frac{e^{-\zeta\omega_n t_p}}{\sqrt{1-\zeta^2}}\sin(\pi+\varphi) \tag{4-57}$$

而

$$\sin(\pi+\varphi) = -\sin\varphi = -\sqrt{1-\zeta^2} \tag{4-58}$$

所以

$$h(t_p) = 1 + e^{-\zeta\omega_p t_p} = e^{-\zeta\pi/\sqrt{1+\zeta^2}} \tag{4-59}$$

代入超调量公式得

$$\delta = \frac{h(t_p) - h(\infty)}{h(\infty)} = e^{-\zeta\omega_n t_p} \times 100\%$$

$$= e^{-\zeta\pi/\sqrt{1-\zeta^2}} \times 100\% \tag{4-60}$$

由式(4-60)知，超调量 δ 只与阻尼比 ζ 有关，它们的关系如图 4-18 所示。

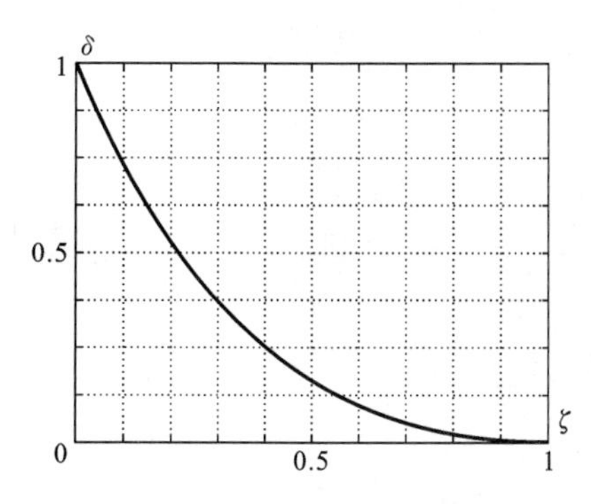

图 4-18　超调量与阻尼比的关系

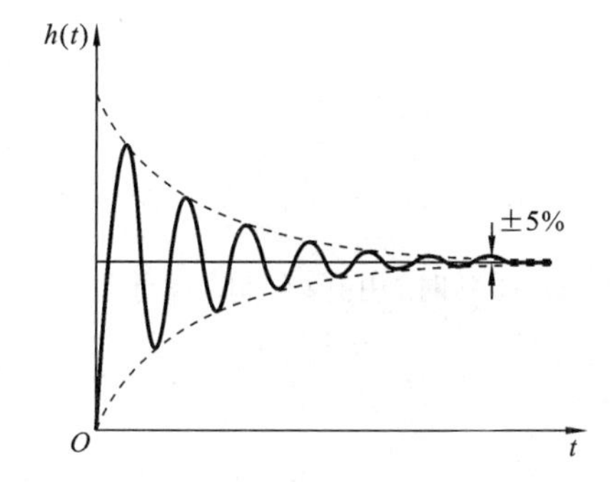

图 4-19　二阶系统的单位阶跃响应及其包络线

4. 过渡过程时间(调节时间) t_s

欠阻尼二阶系统的单位阶跃响应(见式(4-39))的幅值为随时间衰减的振荡过程，其过渡过程曲线是包含在一对包络线之间的振荡曲线，如图 4-19 所示。包络线方程为

$$c(t) = 1 \pm \frac{e^{-\zeta\omega_n t}}{\sqrt{1-\zeta^2}} \tag{4-61}$$

包络线按指数规律衰减，衰减的时间常数为 $1/\zeta\omega_n$。

由过渡过程时间 t_s 的定义可知，t_s 是过渡过程曲线进入并永远保持在规定的允许误差($\Delta=2\%$或 $\Delta=5\%$)范围内，进入允许误差范围所对应的时间，可近似认为 Δ 就是包络线衰减到区域所需的时间，则有

$$\frac{e^{-\zeta\omega_n t_s}}{\sqrt{1-\zeta^2}}=\Delta \tag{4-62}$$

解得

$$t_s=\frac{1}{\zeta\omega_n}\left(\ln\frac{1}{\Delta}+\ln\frac{1}{\sqrt{1-\zeta^2}}\right) \tag{4-63}$$

若取 $\Delta=5\%$，并忽略 $\ln\frac{1}{\sqrt{1-\zeta^2}}(0<\zeta<0.9)$ 项，则得

$$t_s\approx\frac{3}{\zeta\omega_n} \tag{4-64}$$

若取 $\Delta=2\%$，并忽略 $\ln\frac{1}{\sqrt{1-\zeta^2}}$ 项，则得

$$t_s\approx\frac{4}{\zeta\omega_n} \tag{4-65}$$

从以上可以看出，上升时间 t_r、峰值时间 t_p、过渡过程时间 t_s 均与阻尼比 ζ 和无阻尼自然振荡频率 ω_n 有关，而超调量 δ 只是阻尼比 ζ 的函数，与 ω_n 无关。当二阶系统的阻尼比确定后，即可求得所对应的超调量。反之，如果给出了超调量的要求值，也可求出相应的阻尼比的数值。图 4-18 为 δ 与 ζ 的关系曲线。

5. 振荡次数 N

根据振荡次数的定义，有

$$N=\frac{t_s}{t_d}=\frac{t_s}{2\pi/\omega_d}=\frac{\omega_n t_s\sqrt{1-\zeta^2}}{2\pi} \tag{4-66}$$

当 $\Delta=5\%$ 时，由式(4-66)，有

$$N=\frac{1.5\sqrt{1-\zeta^2}}{\pi\zeta} \tag{4-67}$$

当 $\Delta=2\%$ 时，由式(4-66)，有

$$N=\frac{2\sqrt{1-\zeta^2}}{\pi\zeta} \tag{4-68}$$

若已知 δ，由 $\delta=e^{-\zeta\pi/\sqrt{1-\zeta^2}}$，有 $\ln\delta=-\frac{\pi\zeta}{\sqrt{1-\zeta^2}}$，求得振荡次数 N 与超调量 δ 的关系为

$$N=\frac{-1.5}{\ln\delta}\ (\Delta=5\%),\quad N=\frac{-2}{\ln\delta}\ (\Delta=2\%) \tag{4-69}$$

4.4.4 二阶系统单位阶跃响应的主要特征

由前面的分析和计算可知，阻尼比 ζ 和无阻尼自然振荡频率 ω_n 决定了系统的单位阶跃响应特性，特别是阻尼比 ζ 的取值确定了响应曲线的形状。在单位阶跃函数作用下对应不同阻尼比时，二阶系统的过渡过程曲线如图 4-20 所示。

由图 4-20 可以看出，二阶系统在不同阻尼比时的单位阶跃响应如下。

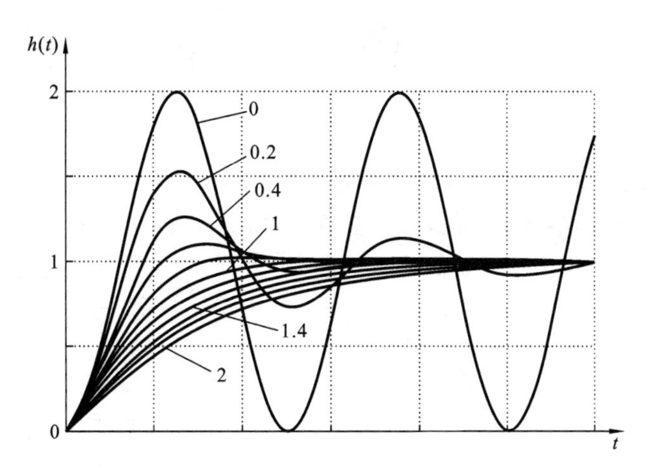

图4-20 二阶系统在不同阻尼比时的单位阶跃响应

(1) 阻尼比ζ越大，超调量越小，响应的平稳性越好。反之，阻尼比ζ越小，振荡越强，平稳性越差。当$\zeta=0$时，系统为具有频率为ω_n的等幅振荡。

(2) 过阻尼状态下，系统响应迟缓，过渡过程时间长，系统快速性差；ζ过小，响应的起始速度快，但因振荡强烈，衰减缓慢，所以调节时间t_s长，快速性差。

(3) 当$\zeta=0.707$时，系统的超调量$\delta<5\%$，调节时间t_s也最短，即平稳性和快速性最佳，故称$\zeta=0.707$为最佳阻尼比。

(4) 当阻尼比ζ保持不变时，ω_n越大，调节时间t_s越短，快速性越好。

(5) 系统的超调量δ和振荡次数N仅仅由阻尼比ζ决定，它们反映了系统的平稳性。

(6) 在实际工程中，二阶系统多数设计成$0<\zeta<1$的欠阻尼情况，且常取$\zeta=0.4\sim0.8$。

例4-2 已知单位负反馈控制系统的开环传递函数$G(s)=\dfrac{K}{s(0.1s+1)}$。

(1) 开环增益$K=10$，求系统的动态性能指标；

(2) 确定使系统阻尼比$\zeta=0.707$的K值。

解 (1) 当$K=10$时，系统的闭环传递函数为

$$\Phi(s)=\frac{G(s)}{1+G(s)}=\frac{100}{s^2+10s+100}$$

与二阶系统传递函数标准形式比较，得

$$\omega_n=\sqrt{100},\quad \zeta=\frac{10}{2\times10}=0.5$$

$$t_p=\frac{\pi}{\sqrt{1-\zeta^2}\omega_n}=\frac{\pi}{\sqrt{1-0.5^2}\times10}=0.363$$

$$\sigma=e^{-\zeta\pi/\sqrt{1-\zeta^2}}\times100\%=e^{-0.5\pi/\sqrt{1-0.5^2}}\times100\%=16.3\%$$

$$t_s=\frac{3}{\zeta\omega_n}=\frac{3}{0.5\times10}=0.6$$

(2) $\Phi(s)=\dfrac{G(s)}{1+G(s)}=\dfrac{10K}{s^2+10s+10K}$，与二阶系统传递函数的标准形式比较，得

$$\omega_n=\sqrt{10K},\quad \zeta=\frac{10}{2\sqrt{10K}}$$

令 $\zeta=0.707$，得 $K=\frac{100\times2}{4\times10}=5$。

例 4-3 已知控制系统的动态结构如图 4-21 所示，要求系统具有性能指标 $\sigma=20\%$，$t_p=1$ s。试确定系统的参数 K 和 τ，并计算单位阶跃响应的特征量 t_r 和 t_s。

解 由图 4-21 求得闭环系统的传递函数为

$$\frac{C(s)}{R(s)}=\frac{K}{s^2+(1+K\tau)s+K}$$

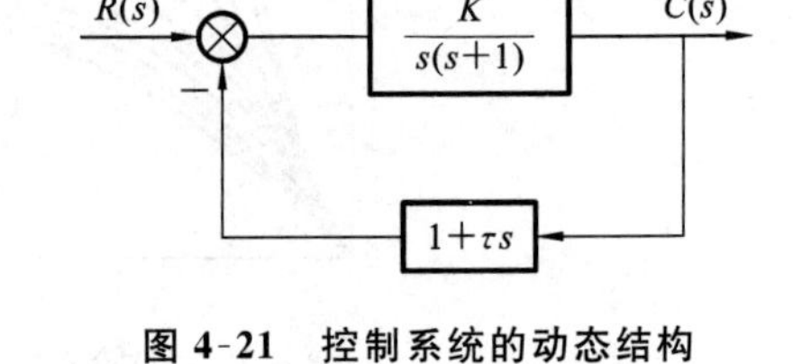

图 4-21 控制系统的动态结构

与传递函数的标准形式相比，可得

$$\omega_n=\sqrt{K},\quad \zeta=\frac{1+K\tau}{2\sqrt{K}}$$

由 ζ 与 σ 的关系式知

$$\zeta=\frac{\ln(1/\sigma)}{\sqrt{\pi^2+\left(\ln\frac{1}{\sigma}\right)^2}}=0.456$$

再由峰值时间计算公式可以计算

$$\omega_n=\frac{\pi}{t_p\sqrt{1-\zeta^2}}=3.54\ \text{rad/s}$$

从而解得

$$K=\omega_n^2=12.53\ (\text{rad/s})^2,\quad \tau=\frac{2\zeta\omega_n-1}{K}=0.178\ \text{s}$$

最后，计算得

$$t_r=\frac{\pi-\theta}{\omega_n\sqrt{1-\zeta^2}}=0.65\ \text{s},\quad t_s=\frac{3}{\zeta\omega_n}=1.86\ \text{s}$$

式中：$\theta=\arccos\zeta=1.10$。

4.4.5 二阶系统的动态性能改善

常用的改善二阶系统性能的方法有比例-微分控制和测速反馈控制两种。

1. 比例-微分控制

比例-微分控制系统的结构如图 4-22 所示。

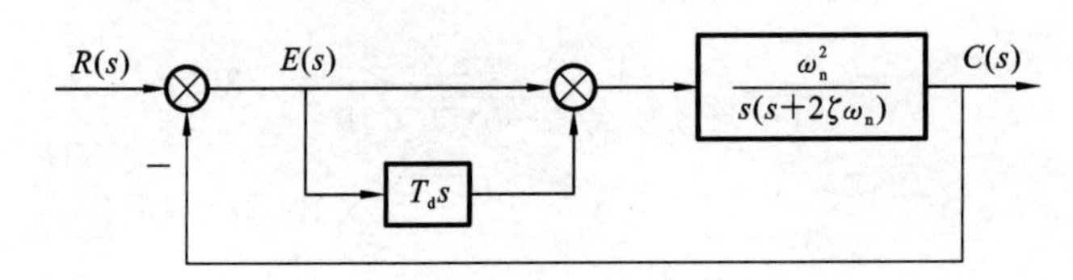

图 4-22 比例-微分控制系统的结构

由图 4-22 可得系统开环传递函数为

$$G(s)H(s)=\frac{\omega_n^2(1+T_d s)}{s(s+2\zeta\omega_n)},\quad K_v=\frac{\omega_n}{2\zeta} \tag{4-70}$$

而其闭环传递函数

$$\Phi(s)=\frac{\omega_n^2(1+T_d s)}{s^2+(2\zeta+\omega_n T_d)\omega_n s+\omega_n^2}=\frac{\omega_n^2(1+T_d s)}{s^2+2\left(\zeta+\frac{\omega_n T_d}{2}\right)\omega_n s+\omega_n^2} \tag{4-71}$$

令 $\zeta_d=\zeta+\frac{\omega_n T_d}{2}(\zeta_d<1)$，则 $\Phi(s)=\frac{\omega_n^2(1+T_d s)}{s^2+2\zeta_d\omega_n s+\omega_n^2}$，它为一带有零点的二阶系统。

可以看出，比例-微分控制不改变系统的自然频率，但可以增大系统的阻尼比。通过适当选择开关增益和微分器时间常数，既可以减小系统在斜坡输入时的稳态误差，又可以使得系统在阶跃输入时有满意的动态性能。

2. 测速反馈控制

测速反馈控制系统的结构如图4-23所示，由图可得系统的开环传递函数为

$$G(s)H(s)=\frac{\omega_n^2}{s(s+2\zeta\omega_n+K_t\omega_n^2)},\quad K_v=\frac{\omega_n}{2\zeta+K_t\omega_n} \tag{4-72}$$

而其闭环传递函数为

$$\Phi(s)=\frac{\omega_n^2}{s^2+2\left(\zeta+\frac{K_t\omega_n}{2}\right)\omega_n s+\omega_n^2} \tag{4-73}$$

令 $\zeta_t=\zeta+\frac{K_t\omega_n}{2}$，则

$$\Phi(s)=\frac{\omega_n^2}{s^2+2\zeta_t\omega_n s+\omega_n^2} \tag{4-74}$$

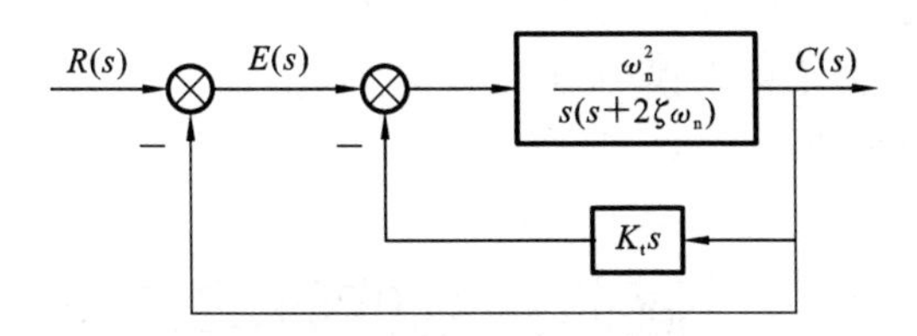

图4-23 测速反馈控制系统的结构

系统为一个不带零点的典型二阶系统，测速反馈使系统的速度误差系数降低，从而导致稳态误差上升，但这一缺点可通过减小原系统的阻尼系数 ζ 弥补，使测速反馈后系统的 ζ_t 满足动态性能的要求。

例4-4 设控制系统结构如图4-24所示，试确定使系统阻尼比为0.5的 K_t 值，并比较系统采用测速反馈控制策略前后的动态性能指标。

解 系统在未施加测速反馈时的闭环传递函数为

$$\Phi_1(s)=\frac{10}{s^2+s+10}$$

因此可以求得 $K=10$，$\omega_n=\sqrt{10}=3.16$ rad/s，$\zeta=1/2\omega_n=0.158$，在单位阶跃函数作用下，其动态性能为

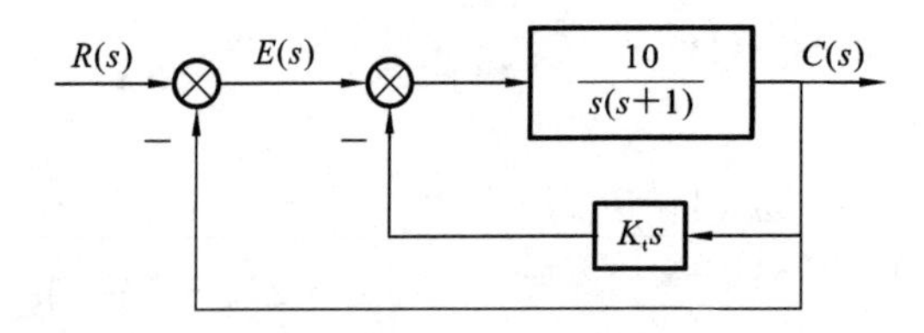

图 4-24　控制系统结构

$$t_r=\frac{\pi-\theta}{\omega_n\sqrt{1-\zeta^2}}=0.55\ \text{s},\quad t_p=\frac{\pi}{\omega_n\sqrt{1-\zeta^2}}=1.01\ \text{s}$$

$$\sigma=e^{-\pi\zeta/\sqrt{1-\zeta^2}}\times100\%=60.47\%,\quad t_s=\frac{4}{\zeta\omega_n}=8\ \text{s}$$

在加入局部微分负反馈控制策略后，系统的闭环传递函数为

$$\Phi_2(s)=\frac{10}{s^2+(1+10K_t)s+10}$$

此时 $\omega_n=\sqrt{10}=3.16\ \text{rad/s}$，$\zeta_t=0.5$，由式(4-56)得

$$K_t=\frac{2(\zeta_t-\zeta)}{\omega_n}=0.22$$

由式(4-54)得系统开环增益为

$$K=\frac{\omega_n}{2\zeta+K_t\omega_n}=3.125$$

于是得到系统的各项动态性能指标为

$$t_r=0.77\ \text{s},\quad t_p=1.15\ \text{s},\quad \sigma=16.3\%,\quad t_s=2.22\ \text{s}$$

上例计算表明，测速反馈可以改善系统的动态性能，但由于开环增益的下降，使得系统稳态误差增大。为了减小稳态误差，可以加大原系统的开环增益，通过单纯调整反馈增益 K_t 增大系统的阻尼比。

4.5　高阶系统的时域响应

在实际应用中，大部分控制系统都是高阶系统，即用高于二阶的微分方程描述的系统。对于不能用一阶、二阶系统近似的高阶系统来说，其动态性能指标比较复杂。工程上常采用闭环主导极点对高阶系统近似，从而得到高阶系统动态性能指标的估算公式。

4.5.1　高阶系统单位阶跃响应

设 n 阶系统的闭环传递函数为

$$\Phi(s)=\frac{C(s)}{R(s)}=\frac{b_0s^m+b_1s^{m-1}+\cdots+b_{m-1}s+b_m}{a_0s^n+a_1s^{n-1}+\cdots+a_{n-1}s+a_n}=\frac{K(s-z_1)(s-z_2)\cdots(s-z_m)}{(s-p_1)(s-p_2)\cdots(s-p_n)}\tag{4-75}$$

当输入为单位阶跃函数 $r(t)=1(t)$，即 $R(s)=1/s$ 时，有

$$C(s)=\frac{K\prod_{j=1}^{m}(s-z_j)}{\prod_{i=1}^{n}(s-p_i)}\cdot\frac{1}{s} \tag{4-76}$$

当所有闭环零点和极点互不相等，且均为实数时，上式可以分解为

$$C(s)=\frac{K\prod_{j=1}^{m}(s-z_j)}{\prod_{i=1}^{n}(s-p_i)}\cdot\frac{1}{s}=\frac{a_0}{s}+\sum_{i=1}^{n}\frac{a_i}{s-p_i} \tag{4-77}$$

式中：

$$a_0=\lim_{s\to 0}sC(s)=\frac{K\prod_{j=1}^{m}(-z_j)}{\prod_{i=1}^{n}(-p_i)} \tag{4-78}$$

$$a_i=\lim_{s\to p_i}(s-p_i)C(s)=\lim_{s\to p_i}(s-p_i)\frac{K\prod_{j=1}^{m}(s-z_j)}{\prod_{i=1}^{n}(s-p_i)}\cdot\frac{1}{s} \tag{4-79}$$

对式(4-79)取拉氏逆变换，可以得到系统的单位阶跃响应

$$h(t)=a_0+\sum_{i=1}^{n}a_i e^{p_i t}\quad (t\geqslant 0) \tag{4-80}$$

当极点中还包含共轭复极点时，有

$$\begin{aligned}C(s)&=\frac{K\prod_{j=1}^{m}(s-z_j)}{s\prod_{i=1}^{n}(s-p_i)\prod_{k=1}^{r}(s^2+2\zeta_k\omega_k s+\omega_k^2)}\\&=\frac{a_0}{s}+\sum_{i=1}^{q}\frac{a_i}{s-p_i}+\sum_{k=1}^{r}\frac{b_k(s+\zeta_k\omega_k)+c_k\omega_k\sqrt{1-\zeta_k^2}}{s^2+2\zeta_k\omega_k s+\omega_k^2}\end{aligned} \tag{4-81}$$

式中：$q+2r=n_0$。对式(4-47)进行拉氏逆变换可得系统的单位阶跃响应

$$h(t)=a_0+\sum_{i=1}^{q}a_i e^{p_i t}+\sum_{k=1}^{r}b_k e^{-\zeta_k\omega_k t}\cos(\omega_k\sqrt{1-\zeta_k^2}t)+\sum_{k=1}^{r}c_k e^{-\zeta_k w_k t}\sin(\omega_k\sqrt{1-\zeta_k^2}t) \tag{4-82}$$

由式(4-80)和式(4-82)可以看出，系统的单位阶跃响应是由一阶系统和二阶系统的单位阶跃响应函数项组成的，并分别由闭环极点 p_i 和系数 a_i、b_i、c_i 决定，而系数 a_i、b_i、c_i 也与闭环零、极点的分布有关。如果系统的闭环极点均位于根平面左半平面，则阶跃响应的暂态分量随时间衰减，此时系统是稳定的。只要有一个极点位于右半平面，则对应的响应是发散的，系统不能稳定工作。

4.5.2 闭环主导极点

对于稳定的高阶系统来说，其闭环极点和零点在左半 s 平面上有各种分布模式，而极

点离实轴的距离远近决定了该极点对应的系统输出的衰减快慢。

图 4-25 表示了闭环极点 s_i 在 s 平面上的不同分布及各个特征根所对应的暂态分量（s 平面的下半部分为闭环极点的复共轴，图中未作标记），其规律可以总结如下。

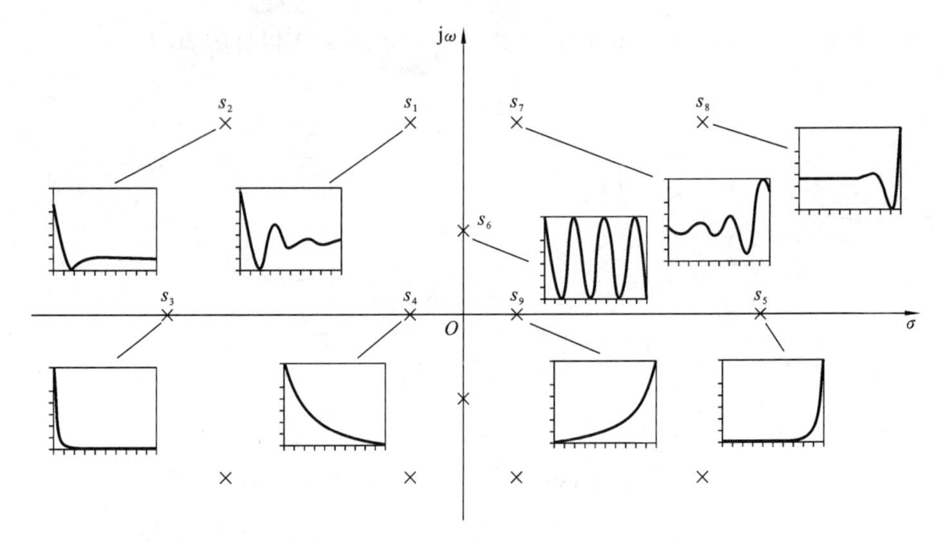

图 4-25　闭环极点的不同分布及各个特征根所对应的暂态分量

（1）闭环极点 s_i 在 s 平面的左右分布（实部）决定过渡过程的终值。位于虚轴左边的闭环极点对应的暂态分量最终衰减到零，位于虚轴右边的闭环极点对应的暂态分量一定发散，位于虚轴（除原点）的闭环极点对应的暂态分量为等幅振荡。

（2）闭环极点的虚实决定过渡过程是否振荡。s_i 位于实轴上时暂态分量为非周期运动（不振荡），s_i 位于虚轴上时暂态分量为周期运动（振荡）。

（3）闭环极点离虚轴的远近决定过渡过程衰减的快慢。s_i 位于虚轴左边时，离虚轴越远，过渡过程衰减得越快；离虚轴越近，过渡过程衰减得越慢。所以，离虚轴最近的闭环极点“主宰”系统响应的时间最长，称为主导极点。

一般地，若离虚轴较远的闭环极点的实部与离虚轴最近的闭环极点的实部的比值大于等于 5，且在离虚轴最近的闭环极点附近不存在闭环零点，则这个离虚轴最近的闭环极点在系统的过渡过程中起主导作用，称为闭环主导极点。它常以一对共轭复数极点的形式出现。

应用闭环主导极点的概念，常常可把高阶系统近似地看成具有一对共轭复数极点的二阶系统来研究。需要注意的是，将高阶系统化为具有一对闭环主导极点的二阶系统，是忽略非主导极点引起的过渡过程暂态分量，而不是忽略非主导极点本身，这样能简化对高阶系统过渡过程的分析，同时又力求准确地反映高阶系统的特性。

需要指出的是，应用闭环主导极点的概念分析、设计控制系统时，使分析和设计工作得到很大的简化，且易于进行，但必须满足假设条件。若高阶系统不满足应用闭环主导极点的条件，则高阶系统不能近似为二阶系统，这时高阶系统的过渡过程必须具体求解。

例 4-5　已知单位负反馈系统的开环传递函数为

$$G_0(s)=\frac{1}{s(0.5s+1)(0.2s+1)}$$

试用主导极点的概念，描述闭环系统的时域动态特性。(提示：$s^3+7s^2+10s+10=(s+5.52)(s^2+1.48s+1.8304)$)

解　系统的闭环传递函数为

$$G(s)=\frac{G_0(s)}{1+G_0(s)}=\frac{10}{s^3+7s^2+10s+10}=\frac{5.52\times 1.8304}{(s+5.52)(s^2+1.48s+1.8304)}$$

$$=\frac{5.52\times 1.8304}{(s+5.52)(s+0.74+\mathrm{j}2.265)(s+0.74-\mathrm{j}2.265)}$$

因所具有的负实根远离共轭复根，故这对共轭复根可作为系统的主导极点，该闭环系统的时域动态特性可由标准二阶系统来近似，其中 $\zeta=0.55$，$\omega_n=1.35$，故系统的主要时域动态特性：

$$\sigma_p=\mathrm{e}^{\frac{-\pi k}{\sqrt{1-\zeta^2}}}=12.65\%,\quad t_p=\frac{\pi}{\omega_n\sqrt{1-\zeta^2}}=2.785,\quad t_s=\frac{3}{\zeta\omega_n}=4.71$$

例 4-6　系统的传递函数为

$$G(s)=\frac{10}{(s+5)(s^2+2s+2)}$$

用主导极点法求系统的单位阶跃响应。

解

$$G(s)=\frac{10}{(s+5)(s+1+\mathrm{j})(s+1-\mathrm{j})}$$

主导极点 $s_{1,2}=-1\pm\mathrm{j}$，$s_3=-5$，其特征多项式为 s^2+2s+2，放大系数为 1。

用主导极点法表示的传递函数为

$$G(s)=\frac{2}{s^2+2s+2}$$

单位阶跃响应

$$C(s)=G(s)R(s)=\frac{2}{s(s^2+2s+2)}=\frac{1}{s}-\frac{s+1+1}{(s+1)^2+1}$$

$$c(t)=1-\mathrm{e}^{-t}\cos t-\mathrm{e}^{-t}\sin t$$

4.6　线性定常系统的稳定性

稳定是控制系统的重要性能，也是系统正常工作的首要条件。分析系统的稳定性、研究系统稳定的条件是控制理论的重要组成部分。

4.6.1　控制系统稳定性的概念与条件

在分析线性系统的稳定性时，人们所关心的是系统的运动稳定性，即系统方程在不受任何外界输入作用下，系统方程的解在时间 t 趋于无穷大时的渐近行为。这种解是系统齐次微分方程的解，这个解通常称为系统运动方程的一个“运动”，因而称为运动稳定性。

一个稳定的系统在受到扰动作用后，有可能会偏离原来的平衡状态。所谓稳定性，是指当扰动消除后系统由初始偏差状态恢复到原平衡状态的性能。对于一个控制系统，假设其具有一个平衡状态，如果系统受到有界扰动作用偏离了原平衡点，当扰动消除后，经过一段时间，系统又能逐渐回到原来的平衡状态，则称该系统是稳定的；否则，称这个系统不稳定。

4.6.2 线性定常系统稳定的充分必要条件

设线性系统的输出信号 $c(t)$ 对干扰信号 $f(t)$ 的闭环传递函数为

$$\Phi(s)=\frac{M_f(s)}{D(s)}=\frac{K(s-z_1)(s-z_2)\cdots(s-z_m)}{(s-p_1)(s-p_2)\cdots(s-p_n)} \tag{4-83}$$

式中：$D(s)=0$，称为系统的特征方程；$s=p_i(i=1,2,\cdots,n)$ 是 $D(s)=0$ 的根，称为系统的特征根，假定它们为单根。

令 $f(t)=\delta(t)$，并设系统的初始条件为零，则系统的输出信号的拉氏变换式为

$$C(s)=\Phi(s)F(s)=\frac{M_f(s)}{D(s)}=\frac{K(s-z_1)(s-z_2)\cdots(s-z_m)}{(s-p_1)(s-p_2)\cdots(s-p_n)} \tag{4-84}$$

将上式分解成如下的部分分式：

$$C(s)=\frac{c_1}{s-p_1}+\frac{c_2}{s-p_2}+\cdots+\frac{c_n}{s-p_n}=\sum_{i=1}^{n}\frac{c_i}{s-p_i} \tag{4-85}$$

式中：

$$c_i=\left[\frac{M_f(s)}{D(s)}(s-p_i)\right]_{s=p_i} \quad (i=1,2,\cdots,n)$$

取 $C(s)$ 的拉氏逆变换，求得

$$c(t)=\sum_{i=1}^{n}c_i e^{p_i t} \tag{4-86}$$

从上式不难看出，欲满足 $c(t)=\sum_{i=1}^{n}c_i e^{p_i t}\lim\limits_{t\to\infty}(t)=0$ 的条件，必须使系统的特征根全部具有负实部，即

$$\mathrm{Re}p_i<0 \quad (i=1,2,\cdots,n) \tag{4-87}$$

由此得出控制系统稳定的充分必要条件：系统特征方程式的根的实部均小于零，或系统的特征根均在根平面的左半平面。

系统特征方程式的根就是闭环极点，所以控制系统稳定的充分必要条件又可说成是闭环传递函数的极点全部具有负实部，或者说闭环传递函数的极点全部在左半 s 平面。

上述结论对于任何初始状态（只要不超出系统的线性工作范围）都是成立的，而且当系统的特征根具有相同值时，也是成立的。还可以看出，系统输入信号的形式不影响系统的稳定性，因为它只反映了系统与外界作用的关系，而不影响系统本身固有的特性稳定性。

对于一个线性定常系统而言，其稳定性完全取决于特征根在 s 复数平面的位置分布，因此判别线性系统稳定性问题最直接的方法是解出系统闭环特征方程，以获得其全部特征根，根据特征根的实部情况判定系统稳定情况。根据稳定的充分必要条件判别系统的稳定性，需要求出系统的全部特征根，但当系统阶数高于 4 时，求解特征方程会遇到较大困难，计算工作相当难。对于系统稳定性判别问题而言，主要关注系统所有特征根在 s 平面虚轴左右的分布情况，而对特征根的确切数值并不一定感兴趣。建立一种间接判断方法以考察系统特征根是否全部严格位于 s 左半平面，具有工程应用价值。劳斯(Routh)和赫尔维茨(Hurwitz)分别与 1877 年和 1895 年独立提出了判断系统稳定性的代数判据，称为劳斯-赫尔维茨稳定判据。它只需根据特征方程的根与系数的关系，直接利用代数方法判别特征方程的根是否全在 s 平面的左半部分。

4.6.3　劳斯稳定判据

劳斯稳定判据(也称为劳斯判据)是一种不用求解特征方程式的根，而直接根据特征方程式的系数就判断控制系统是否稳定的间接方法。它不仅能提供线性定常系统稳定性的信息，还能指出在 s 平面虚轴和右半平面上特征根的个数。

劳斯判据是基于方程式的根与系数的关系而建立的。设 n 阶系统的特征方程为

$$\begin{aligned} D(s) &= a_0 s^n + a_1 s^{n-1} + a_2 s^{n-2} + \cdots + a_{n-1} s + a_n \\ &= a_0 (s-p_1)(s-p_2)\cdots(s-p_n) = 0 \end{aligned} \tag{4-88}$$

式中：$p_1, p_2, \cdots, p_n$ 为系统的特征根。由根与系数的关系可知，欲使全部特征根 $p_1, p_2, \cdots, p_n$ 均具有负实部(即系统稳定)，就必须满足以下两个条件(必要条件)。

(1) 特征方程的各项系数 $a_0, a_1, \cdots, a_n$ 均不为零。

(2) 特征方程的各项系数的符号相同。

也就是说，系统稳定的必要条件是特征方程的所有系数 $a_0, a_1, \cdots, a_n$ 均大于零(或同号)，而且也不缺项。

为了利用特征多项式判断系统的稳定性，将式(4-88)中的系数排成下面的行和列，即为劳斯阵列表。其中，系数按下列公式计算：

$$b_1 = -\frac{\begin{vmatrix} a_0 & a_2 \\ a_1 & a_3 \end{vmatrix}}{a_1}, \quad b_2 = -\frac{\begin{vmatrix} a_0 & a_4 \\ a_1 & a_5 \end{vmatrix}}{a_1}, \quad b_3 = -\frac{\begin{vmatrix} a_0 & a_6 \\ a_1 & a_7 \end{vmatrix}}{a_1}, \quad \cdots$$

$$c_1 = -\frac{\begin{vmatrix} a_1 & a_3 \\ b_1 & b_2 \end{vmatrix}}{b_1}, \quad c_2 = -\frac{\begin{vmatrix} a_1 & a_5 \\ b_1 & b_3 \end{vmatrix}}{b_1}, \quad c_3 = -\frac{\begin{vmatrix} a_1 & a_7 \\ b_1 & b_4 \end{vmatrix}}{b_1}, \quad \cdots$$

这种过程一直进行到第 n 行被算完为止。

劳斯判据就是利用上述劳斯阵列来判断系统的稳定性的。劳斯判据给出了控制系统稳定的充分条件：劳斯阵列表中第 1 列所有元素均大于零。劳斯判据还表明，特征方程式(4-88)中实部为正的特征根的个数等于劳斯表中第 1 列的元素符号改变的次数。

例 4-7　设系统特征方程式为 $s^3+2s^2+s+2=0$，试分析该系统是否稳定。

解　利用劳斯稳定判据来判定系统的稳定性，列出劳斯表如下所示：

s^3	1	1	
s^2	2	2	（辅助方程 $F(s)=2s^2+2=0$ 的系数）
s^1	0(4)	0(0)	（$\mathrm{d}F(s)/\mathrm{d}s=4s=0$ 的系数）
s^0	2		

由上表可见，劳斯表中的第1列元素全部大于零，所以系统在 s 右半平面无根。由于辅助方程 $2s^2+2=0$ 的解为 $s_{1,2}=\pm\mathrm{j}$，所以系统有一对纯虚根 $s_{1,2}=\pm\mathrm{j}$，该系统不稳定。

例 4-8　设系统特征方程式如下，试用劳斯判据确定系统正实部根的个数。

(1) $s^4+3s^3+s^2+3s+1=0$；

(2) $s^3+10s^2+16s+160=0$。

解　(1) 列劳斯表

s^4	1	1	1
s^3	3	3	0
s^2	0	1	

由于第3行中的第1项为零，所以用 $s+1$ 乘以原特征方程，得新的特征方程

$$s^5+4s^4+4s^3+4s^2+4s+1=0$$

重新列劳斯表

s^5	1	4	4
s^4	4	4	1
s^3	3	3.75	
s^2	−1	1	
s^1	6.75		
s^0	1		

因为上述劳斯表中第1列元素不同号，所以系统不稳定。由于第1列中计算值符号改变两次，所以特征方程有两个具有正实部的根。

(2) 列特征方程系的劳斯表

s^3	1	16
s^2	10	160
s^1	0	

由于出现全零行，故用行系数组成如下辅助方程：

$$F(s)=10s^2+160$$

取辅助方程对变量 s 的导数，得新方程

$$\frac{\mathrm{d}F(s)}{\mathrm{d}s}=20$$

用上述方程的系数替代原劳斯表中的 s^1 行，然后再按正常规则计算下去，得

s^3	1	16
s^2	10	160
s^1	20	
s^0	160	

劳斯表中的第1列元素同号，所以系统没有实部为正的根，但通过解辅助方程可以求出产生全零行的根为$\pm j4$。实际上，该系统的特征方程可以分解成因式$s+10$与s^2+16的乘积。

例 4-9 设单位负反馈系统的开环传递函数分别为

(1) $G(s)=\dfrac{K(s+1)}{s(s-1)(0.2s+1)}$；

(2) $G(s)=\dfrac{K}{s(s-1)(0.2s+1)}$。

试确定使闭环系统稳定的开环增益K的取值范围。

解 (1) 闭环特征方程为

$$0.2s^3+0.8s^2+(K-1)s+K=0$$

令二阶赫尔维茨行列式为

$$D_2=0.8(K-1)-0.2K>0$$

得到使系统稳定的条件是$K>4/3$。

(2) 闭环特征方程为

$$0.2s^3+0.8s^2-s+K=0$$

由于上述方程中的一次项系数为-1，所以不论K取何值，系统都不稳定。

例 4-10 设单位负反馈系统的开环传递函数为

$$G(s)=\frac{K}{s\left(\frac{1}{3}s+1\right)\left(\frac{1}{6}s+1\right)}$$

若要求闭环特征方程根的实部分别小于0、-1、-2，问K值应如何选取？

解 (1) 系统的闭环特征多项式为

$$D(s)=s^3+9s^2+18s+18K$$

由二阶赫尔维茨行列式

$$D_2=9\times18-18K>0$$

得$K<9$，由待求特征方程的各项系数均要大于零得$K>0$，于是使闭环特征方程根的实部均小于零的条件是$0<K<9$。

(2) 将$s=s_1-1$代入上述(1)中的特征多项式$D(s)$，得

$$D(s_1)=s_1^3+6s_1^2+3s_1-10+18K$$

令上述$D(s_1)$中的常数项大于零，有$K>0.56$，再令二阶赫尔维茨行列式大于零，即

$$D_2=3\times6-18K+10>0$$

得$K<1.56$，于是要使闭环特征方程$D(s)$的根的实部均小于-1，参数K的值应满足的条件是$0.56<K<1.56$。

(3) 将$s=s_1-2$代入上述(1)中的特征多项式$D(s)$，得

$$D(s_1)=s_1^3+3s_1^2-6s_1+18K-8$$

由于上述方程中一次项的系数为-6，所以不论K取何值，均不能使闭环特征方程$D(s)$的根的实部小于-2。

4.6.4 劳斯稳定判据的特殊情况

若劳斯阵列中某一行的第一个元素为零或者某一行元素全为零，那么标准的劳斯阵列就无法建立，这时就要用到下面将要介绍的特殊方法。

1. 特殊情况Ⅰ

若只是某一行的第一个元素为零(特殊情况Ⅰ)，那么可以用一个非常小的正的常数 $\varepsilon(\varepsilon>0)$ 代替，执行和以前一样的操作，然后通过求极限 $\varepsilon\to 0$ 来应用稳定性判据。

例 4-11 用劳斯判据检验多项式 $D(s)=s^5+3s^4+2s^3+6s^2+6s+9$，确定其是否有根位于非 s 平面右半面。

解 该系统方程的劳斯阵列为

$$
\begin{array}{lccc l}
s^5 & 1 & 2 & 6 & \\
s^4 & 3 & 6 & 9 & \\
s^3 & 0 & 3 & 0 & \\
\text{New}:s^3 & \varepsilon & 3 & 0 & \\
s^2 & \dfrac{6\varepsilon-9}{\varepsilon} & 3 & 0 & \\
s & 3-\dfrac{3\varepsilon^2}{2\varepsilon-3} & 0 & 0 & \\
s^0 & 9 & 0 & & \leftarrow \text{使用 } \varepsilon \text{ 替换 } 0
\end{array}
$$

在该阵列的第1列中，有两次符号变化，这说明有两个正实部极点。

2. 特殊情况Ⅱ

另一种特殊情况是劳斯阵列的某一行全为零(特殊情况Ⅱ)。这种情况说明存在关于虚轴镜像对称的共轭复根。若第 i 行为零，那么可由其前面一行(非零)建立下面的辅助方程：

$$a_1(s)=\beta_1 s^{i+1}+\beta_2 s^{i-1}+\beta_3 s^{i-3}+\cdots \tag{4-89}$$

式中：$\{\beta_i\}$ 为阵列中第 $i+1$ 行的系数。然后用辅助方程求导之后得到的系数来代替第 i 行，从而完成整个阵列。不过，辅助多项式(4-89)的根也是特征方程的根，因此对这些根必须分别进行检验。

例 4-12 用劳斯判据检验多项式 $a(s)=s^5+5s^4+11s^3+23s^2+28s+12$ 是否有根在 $j\omega$ 轴上。

解 该系统方程的劳斯阵列为

$$
\begin{array}{lccc l}
s^5 & 1 & 11 & 28 & \\
s^4 & 5 & 23 & 12 & \\
s^3 & 6.4 & 25.6 & 0 & \\
s^2 & 3 & 12 & & \\
s & 0 & 0 & & \leftarrow a_1(s)=3s^2+12 \\
\text{New}:s & 6 & 0 & & \leftarrow \dfrac{da_1(s)}{ds}=6s \\
s^0 & 12 & & &
\end{array}
$$

第 1 列中没有发生符号变化，因此除了在虚轴上有一对根之外，其他所有的根都有负实部。我们可以对该问题进行简化：若将第 1 列中的 0 用 ε(ε>0)代替，则没有发生符号变化；若令 ε<0，则存在两次符号变化。因此，若 ε=0，则在虚轴上存在两个极点，它们是 $a_1(s)=s^2+4=0$ 的根，即 $s=\pm j2$。

4.7　控制系统的稳态误差

自动控制系统的输出量一般包含两个分量：一个是稳态分量，另一个是暂态分量。暂态分量反映控制系统的动态性能。对于稳定的系统，暂态分量随着时间的推移，将逐渐减小并最终趋向于零。稳态分量反映系统的稳态性能，它反映控制系统跟随给定量和抑制扰动量的能力和准确度。稳态性能的优劣一般以稳态误差的大小来度量。

稳态误差始终存在于系统的稳态工作状态之中，一般来说，系统长时间的工作状态是稳态，因此在设计系统时，除了要保证系统能稳定运行外，还要求系统的稳态误差小于规定的容许值。

4.7.1　系统稳态误差的概念

1. 系统误差 $e(t)$

现以图 4-26 所示的典型系统来说明系统误差的概念。

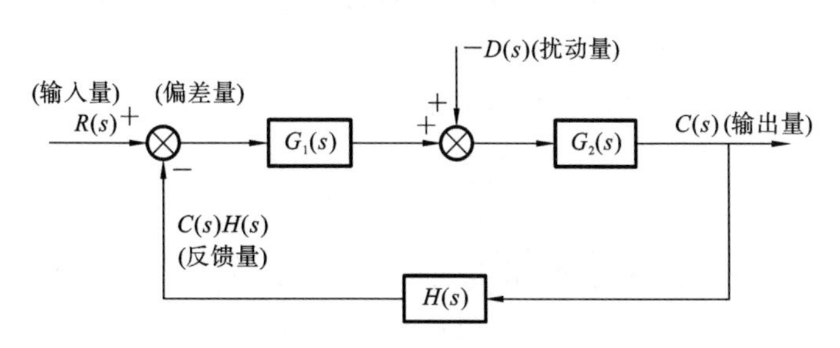

图 4-26　典型系统结构

系统误差 $e(t)$ 的一般定义是希望值 $c_r(t)$ 与实际值 $c(t)$ 之差，即 $e(t)=c_r(t)-c(t)$。

系统误差的拉普拉斯变换式为

$$E(s)=C_r(s)-C(s) \tag{4-90}$$

通常以偏差信号 e 为零来确定希望值，即

$$E(s)=R(s)-H(s)C_r(s)=0$$

于是，输出希望值(拉普拉斯变换式)为

$$C_r(s)=\frac{R(s)}{H(s)}$$

将输出希望值代入式(4-90)，系统的误差(拉普拉斯变换式)为

$$E(s)=\frac{R(s)}{H(s)}-C(s) \tag{4-91}$$

系统的实际输出量

$$C(s)=\frac{G_1(s)G_2(s)}{1+G_1(s)G_2(s)H(s)}R(s)+\frac{G_2(s)}{1+G_1(s)G_2(s)H(s)}[-D(s)] \tag{4-92}$$

式中:$R(s)$为输入量(拉普拉斯变换式);$-D(s)$为扰动量(拉普拉斯变换式)。

于是,将 $C_r(s)$及 $C(s)$的值代入式(4-91)可得系统误差

$$\begin{aligned}E(s)&=C_r(s)-C(s)\\&=\frac{R(s)}{H(s)}-\left[\frac{G_1(s)G_2(s)}{1+G_1(s)G_2(s)H(s)}R(s)-\frac{G_2(s)}{1+G_1(s)G_2(s)H(s)}D(s)\right]\\&=\frac{1}{[1+G_1(s)G_2(s)H(s)]H(s)}R(s)+\frac{G_2(s)}{1+G_1(s)G_2(s)H(s)}D(s)=E_r(s)+E_d(s)\end{aligned}$$

式中:$E_r(s)$为输入量产生的误差(拉普拉斯变换式),有

$$E_r(s)=\frac{1}{[1+G_1(s)G_2(s)H(s)]H(s)}R(s) \tag{4-93}$$

$E_d(s)$为扰动量产生的误差(拉普拉斯变换式),有

$$E_d(s)=\frac{G_2(s)}{1+G_1(s)G_2(s)H(s)}D(s) \tag{4-94}$$

对 $E_r(s)$进行拉氏逆变换,即可得 $e_r(t)$,$e_r(t)$为跟随动态误差。

对 $E_d(s)$进行拉氏逆变换,即可得 $e_d(t)$,$e_d(t)$为扰动动态误差。

两者之和即为系统误差

$$e(t)=e_r(t)+e_d(t) \tag{4-95}$$

式(4-95)表明,系统误差 $e(t)$为时间的函数,是动态误差,它是跟随动态误差 $e_r(t)$和扰动动态误差 $e_d(t)$的代数和。

对稳定的系统,当 $t\to\infty$时,$e(t)$的极限值即为稳态误差 e_{ss},即

$$e_{ss}=\lim_{t\to\infty}e(t) \tag{4-96}$$

2. 稳态误差 e_{ss}

利用拉氏变换终值定理可以直接由拉普拉斯变换式 $E(s)$求得稳态误差,即

$$e_{ss}=\lim_{t\to\infty}e(t)=\lim_{s\to0}sE(s) \tag{4-97}$$

由式(4-93)~式(4-97)可得给定稳态误差(又称跟随稳态误差),即

$$e_{ssr}=\lim_{s\to0}sE_r(s)=\lim_{s\to0}\frac{sR(s)}{[1+G_1(s)G_2(s)H(s)]H(s)} \tag{4-98}$$

扰动稳态误差

$$e_{ssd}=\lim_{s\to0}sE_d(s)=\lim_{s\to0}\frac{sG_2(s)D(s)}{1+G_1(s)G_2(s)H(s)} \tag{4-99}$$

于是系统的稳态误差为

$$e_{ss}=e_{ssr}+e_{ssd} \tag{4-100}$$

由式(4-98)~式(4-100)可知,$G_1(s)$、$G_2(s)$、$H(s)$取决于系统的结构、参数;$R(s)$取决于输入;$D(s)$取决于外界扰动的影响;式(4-99)分子中的 $G_2(s)$取决于扰动量的作用点。因此由以上分析可知:系统的稳态误差由跟随稳态误差和扰动稳态误差两部分组成,它们不仅与系统的结构、参数有关,还与作用量(输入量和扰动量)的大小、变化规律

和作用点有关(当然,这个结论对系统误差(动态误差)也是适用的,因为稳态误差仅是系统误差在 $t\to\infty$ 时的极限)。

4.7.2 系统稳态误差与系统型别、系统开环增益间的关系

一个复杂的控制系统通常可看成由一些典型的环节组成。设控制系统的传递函数为

$$G(s)=\frac{K\prod(\tau s+1)(b_0s^2+b_1s+1)}{s^{\nu}\prod(Ts+1)(a_0s^2+a_1s+1)} \tag{4-101}$$

在这些典型环节中,当 $s\to 0$ 时,除 K 和 s^{v} 外,其他各项均趋于1。这样,系统的稳态误差主要取决于系统中的比例和积分环节。

可以得出以下结论。

(1) 系统的稳态误差与系统中所包含的积分环节的个数 ν(或 ν_1,下同)有关,因此工程上往往把系统中所包含的积分环节的个数 ν 称为型别(Type)。

若 $\nu=0$,称为0型系统;若 $\nu=1$,称为Ⅰ型系统;若 $\nu=2$,称为Ⅱ型系统。

由于含两个以上积分环节的系统不易稳定,所以很少采用Ⅱ型以上的系统。

(2) 对同一个系统,由于作用量和作用点不同,一般来说,其跟随稳态误差和扰动稳态误差是不同的。对于随动系统,前者是主要的;对于恒值控制系统,后者是主要的(对动态误差也大致如此)。

① 跟随稳态误差 e_{ssr} 与前向通路积分个数 ν 和开环增益 K 有关。若 ν 越多,K 越大,则跟随稳态精度越高(对跟随信号,系统为 ν 型系统)。

② 扰动稳态误差 e_{ssd} 与扰动量作用点前的前向通路的积分个数 ν_1 和增益 K_1 有关,若 ν_1 越多,K_1 越大,则系统对该扰动信号的稳态精度越高(对该扰动信号,系统为 ν_1 型系统)。

由以上分析可知,对不同的作用量,系统的型别不一定是相同的。

系统型别与稳度误差如表4-1所示。

表4-1 系统型别与稳态误差

系统型别	误差系数			典型输入信号作用下的稳态误差		
				位置阶跃(阶跃信号)A	速度阶跃(斜波信号)Bt	加速度信号 $\frac{1}{2}Ct^2$
	K_p	K_v	K_a	$e_{ss}=\frac{A}{1+K_p}$	$e_{ss}=\frac{B}{K_v}$	$e_{ss}=\frac{C}{K_a}$
0型系统 $\nu=0$	k	0	0	$\frac{A}{1+k}$	∞	∞
Ⅰ型系统 $\nu=1$	∞	k	0	0	$\frac{B}{k}$	∞
Ⅱ型系统 $\nu=2$	∞	∞	k	0	0	$\frac{C}{k}$

由表 4-1 可以看出，在同一输入信号的作用下，增大系统的型别，即增加积分环节的个数（增大 y 的值）和开环放大系数 k 的值可以减少稳态误差，但是增加开环放大系数和系统的型别往往会导致系统的稳定性变差。

如果系统输入的是复合信号，即可以描述成 $u_i(t)=A+Bt+\frac{1}{2}Ct^2$，则可利用线性系统叠加原理求得系统的稳态误差为

$$e_{ss}=\frac{A}{1+K_p}+\frac{B}{K_v}+\frac{C}{K_a} \tag{4-102}$$

例 4-13 反馈控制系统如图 4-27 所示，试判别系统闭环稳定性，并确定系统的稳态误差 e_{ssr} 及 e_{ssn}。

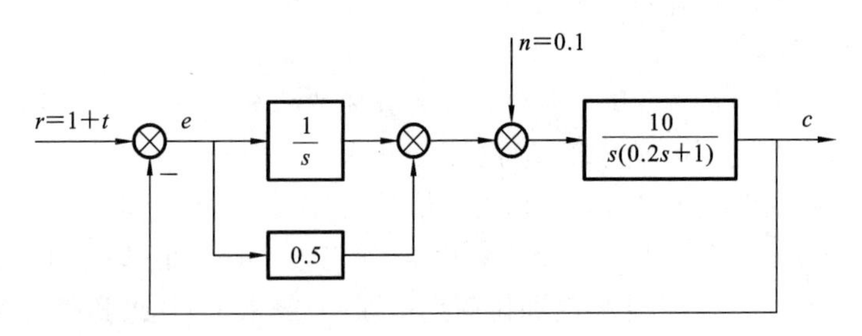

图 4-27 反馈控制系统

解 系统的闭环特征方程为

$$0.2s^3+s^2+5s+10=0$$

上述方程的各项系数均大于零，且 $D_2=5-0.2\times10=3>0$，所以该系统稳定。

(1) 若 $n(t)=0$，则 $e_{ssr}=0$。

(2) 若 $r(t)=0$，则

$$\frac{E(s)}{N(s)}=-\frac{10s}{s^2(0.2s+1)+10(0.5s+1)}$$

稳态误差为

$$e_{ssn}=-\lim_{s\to0}s\cdot\frac{10s}{s^2(0.2s+1)+10(0.5s+1)}\cdot\frac{0.1}{s}=0$$

例 4-14 试求如图 4-28 所示系统的稳态误差。

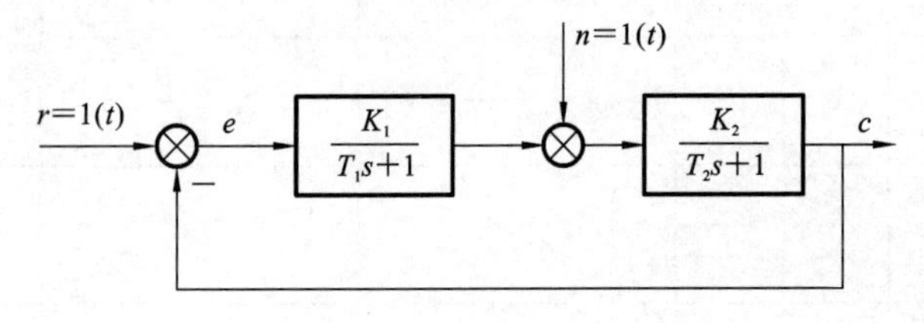

图 4-28 反馈控制系统

解 当参数 $T_1>0,T_2>0,K_1>0,K_2>0$ 时，系统稳定。传递函数 $E(s)/R(s)$ 为

$$\frac{E(s)}{R(s)}=\frac{(T_1s+1)(T_2s+1)}{(T_1s+1)(T_2s+1)+K_1K_2}$$

在输入 $r(t)=1(t)$ 的作用下，稳态误差

$$e_{ssr}=\lim_{s\to 0}s\cdot\frac{(T_1s+1)(T_2s+1)}{(T_1s+1)(T_2s+1)+K_1K_2}\cdot\frac{1}{s}=\frac{1}{1+K_1K_2}$$

传递函数 $E(s)/N(s)$ 为

$$\frac{E(s)}{N(s)}=-\frac{K_2(T_1s+1)}{(T_1s+1)(T_2s+1)+K_1K_2}$$

在干扰 $n(t)=1(t)$ 的作用下，稳态误差

$$e_{ssn}=\lim_{s\to 0}E(s)=-\lim_{s\to 0}s\cdot\frac{K_2(T_1s+1)}{(T_1s+1)(T_2s+1)+K_1K_2}\cdot\frac{1}{s}=-\frac{K_2}{1+K_1K_2}$$

根据叠加原理，在上述 $r(t)$ 和 $n(t)$ 共同作用下，系统的稳态误差为

$$e_{ss}=e_{ssr}+e_{ssn}=\frac{1-K_2}{1+K_1K_2}$$

例 4-15 已知 $r(t)=t\cdot 1(t)$，$n(t)=1(t)$，$e=r-c$。

(1) 试求如图 4-29(a)所示系统的稳态误差；

(2) 若把图 4-29(a)中所示系统改变为图 4-29(b)中的形式，说明稳态误差有何变化；

(3) 比较(1)、(2)的结果，说明积分环节和干扰作用点的影响；

(4) 说明图 4-29(a)、(b)两图中 K_1、K_2 对系统稳态误差的影响。

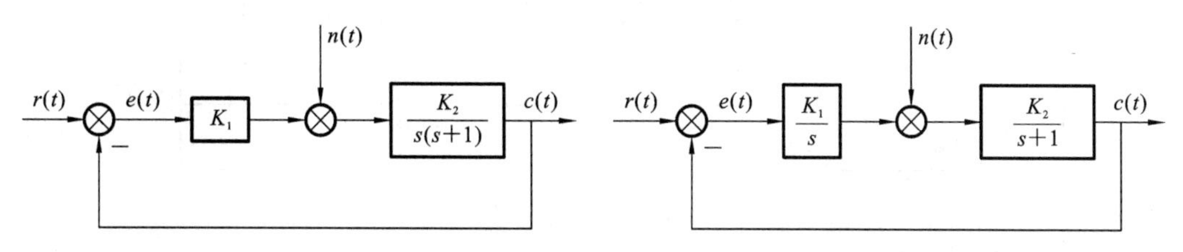

(a) 干扰作用点在积分环节前　　(b) 干扰作用点在积分环节后

图 4-29 干扰作用点与稳态误差

解 假定如图 4-29(a)和(b)所示系统的参数满足稳定的条件。

(1) 对于如图 4-29(a)所示系统，传递函数 $E(s)/R(s)$ 为

$$\frac{E(s)}{R(s)}=\frac{s(s+1)}{s(s+1)+K_1K_2}$$

在 $r(t)=t\cdot 1(t)$ 作用下的稳态误差为

$$e_{ssr}=\lim_{s\to 0}s\cdot\frac{s(s+1)}{s(s+1)+K_1K_2}\cdot\frac{1}{s^2}=\frac{1}{K_1K_2}$$

传递函数 $E(s)/N(s)$ 为

$$\frac{E(s)}{N(s)}=-\frac{K_2}{s(s+1)+K_1K_2}$$

在 $n(t)=1(t)$ 作用下，稳态误差为

$$e_{ssn}=-\lim_{s\to 0}s\cdot\frac{K_2}{s(s+1)+K_1K_2}\cdot\frac{1}{s}=-\frac{1}{K_1}$$

(2) 对于如图 4-29(b)所示系统，在输入 $r(t)=t\cdot 1(t)$ 作用下的稳态误差 e_{ssr} 与如图

4-29(a)所示系统相同，但传递函数 $E(s)/N(s)$ 为

$$\frac{E(s)}{N(s)}=-\frac{K_2 s}{s(s+1)+K_1K_2}$$

在 $n(t)=1(t)$ 作用下，稳态误差为

$$e_{ssn}=-\lim_{s\to 0}s\cdot\frac{K_2 s}{s(s+1)+K_1K_2}\cdot\frac{1}{s}=0$$

(3) 若在误差与干扰作用点之间放置一个积分环节，则可以消除阶跃干扰引起的稳态误差。

(4) 对于如图 4-29(a)所示系统，增大 K_1、K_2 可以减小稳态误差 e_{ssr}，而 K_2 与稳态误差 e_{ssn} 无关，增大 K_1 可以减小 $|e_{ssn}|$。对于如图 4-29(b)所示系统，增大 K_1、K_2 可以减小稳态误差 e_{ssr}，但 K_1、K_2 与稳态误差 e_{ssn} 无关。

例 4-16 对于图 4-30 所示系统，$K_2>0$，$J>0$，$T>0$。

(1) 求系统稳定时参数应满足的条件；

(2) 设 $N(s)=0$，$r(t)=t$，求误差 e_{ssr}；

(3) 设 $r(t)=0$，$n(t)=1(t)$，求误差 e_{ssn}。

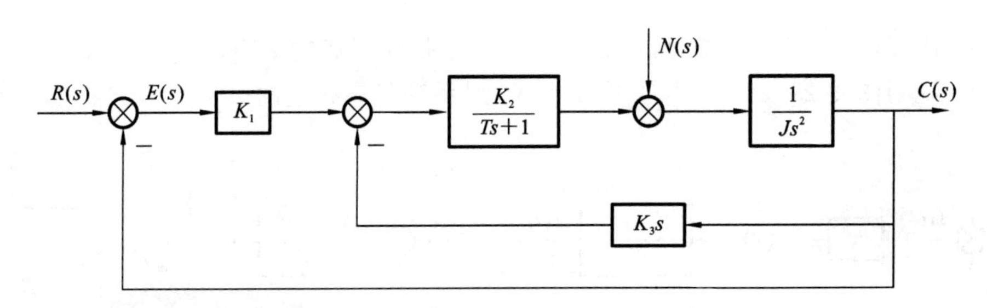

图 4-30 系统框图

解 (1) 系统开环传递函数为

$$G(s)=\frac{K_1K_2}{s(JTs^2+Js+K_2K_3)}$$

系统特征方程为

$$JTs^3+Js^2+K_2K_3s+K_1K_2=0$$

列出劳斯表后，可知稳定的条件是 $0<K_1<K_3/T$。

(2) Ⅰ型系统，放大系数为 $K=K_1/K_3$，故有

$$e_{ssr}=\frac{1}{K}=\frac{K_3}{K_1}$$

(3) 由梅森公式可求得误差传递函数为

$$\frac{E(s)}{N(s)}=\frac{-\dfrac{1}{Js^2}}{1+\dfrac{K_1K_2}{Js^2(Ts+1)}+\dfrac{K_2K_3s}{Js^2(Ts+1)}}=\frac{-(Ts+1)}{Js^2(Ts+1)+K_2K_3s+K_1K_2}$$

由终值定理可得

$$e_{ssn}(\infty)=\lim_{s\to 0}s\cdot\frac{E(s)}{N(s)}\cdot N(s)=\lim_{s\to 0}s\cdot\frac{-(Ts+1)}{Js^2(Ts+1)+K_2K_3s+K_1K_2}\cdot\frac{1}{s}=-\frac{1}{K_1K_2}$$

例 4-17 反馈控制系统如图 4-31 所示，试判别系统闭环稳定性，并确定系统的稳态误差 e_{ssr} 及 e_{ssn}。

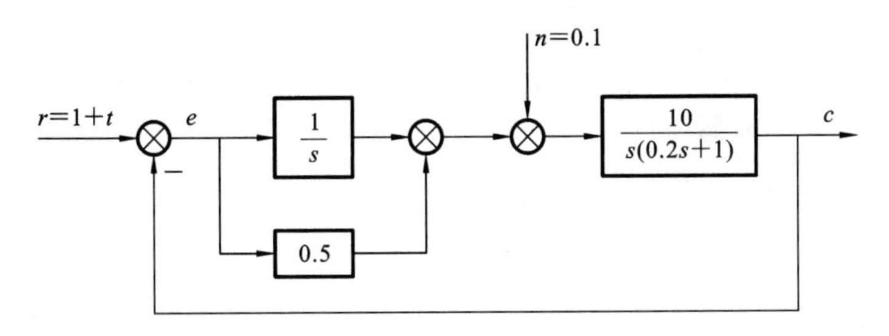

图 4-31 反馈控制系统

解 系统的闭环特征方程为

$$0.2s^3+s^2+5s+10=0$$

上述方程的各项系数均大于零，且 $D_2=5-0.2\times10=3>0$，所以该系统稳定。

(1) 若 $n(t)=0$，则 $e_{ssr}=0$。

(2) 若 $r(t)=0$，则

$$\frac{E(s)}{N(s)}=-\frac{10s}{s^2(0.2s+1)+10(0.5s+1)}$$

稳态误差为

$$e_{ssn}=-\lim_{s\to0}s\cdot\frac{10s}{s^2(0.2s+1)+10(0.5s+1)}\cdot\frac{0.1}{s}=0$$

4.8 时域分析法相关命令/函数与实例

1. 单位脉冲响应

函数语法 1：y=impulse(sys, t)

函数语法 2：impulse(num, den, t)

当不带输出变量 y 时，impulse 函数可直接绘制脉冲响应曲线。t 用于设定仿真时间，可缺省。

例 4-18 控制系统的传递函数为 $\Phi(s)=\dfrac{s+6}{s^2+5s+64}$，绘出其单位脉冲响应曲线。

解 MATLAB 程序：

```
num=[1 6];den=[1 5 64];
sys=tf(num,den)
impulse(sys,2)
hold on
step(sys,2)
hold off
```

2. 单位阶跃响应

函数语法 1:y=step(sys1, sys2,…, t)

函数语法 2:step(num, den, t)

当不带输出变量 y 时,step 函数可直接绘制系统 sys1 到系统 sysn 的单位阶跃响应曲线。t 用于设定仿真时间,可缺省。

例 4-19 系统单位负反馈系统的前向通道传递函数为 $G(s)=\dfrac{12s+1}{s^3+2s^2+7s}$,求单位阶跃响应曲线。

解 MATLAB 程序:

```
sys=tf([12 1],[1 2 7 0]);
sysc=feedback(sys,1);
step(sysc)
```

例 4-20 已知系统的闭环传递函数为 $\Phi(s)=\dfrac{10(s+3)}{(s+5)(s^2+2s+4)}$,编写 MATLAB 程序,求取系统单位阶跃响应。

解 MATLAB 程序:

```
num1=conv([0 5],conv([1 3]));
den1=conv([1 5],[1 2 4]);
step(num1,den1)
```

3. 任意输入响应

函数语法 1:y=lsim(sys, u, t, x0)

函数语法 2:y=lsim(num, den, u, t, x0)

当不带输出变量 y 时,lsim 函数可直接绘制响应曲线。其中,u 表示任意输入信号,x0 用于设定初始状态,缺省时为 0,t 用于设定仿真时间,可缺省。

例 4-21 当输入信号为 $u(t)=10t+5t^2$ 时,求系统 $G(s)=\dfrac{10}{s^3+3s^2+2s+1}$ 的输出响应曲线。

解 MATLAB 程序:

```
num=10;den=[1 3 2 1];G=tf(num,den);
t=[0:0.1:20];u=10*t+5*t.^2;
lsim(G,u,t),hold on,plot(t,u,'r');grid on;
```

4. 零输入响应

函数语法:y=initial(sys, x0, t)

当不带输出变量 y 时,initial 函数可直接绘制响应曲线。其中,sys 必须为状态空间模型,x0 用于设定初始状态,缺省时为 0,t 用于设定仿真时间,可缺省。

5. 稳定性分析

在 MATLAB 中可以调用 roots 函数求取系统的闭环特征根，进而判别系统的稳定性。

函数语法：p=roots(den)

den 为闭环系统特征多项式降幂排列的系数向量，p 为特征根。

例 4-22 系统闭环传递函数为 $\Phi(s)=\dfrac{10(s+2)}{(s+4)(s^2+2s+2)}$，将原极点 $s=-4$ 改成 $s=0.5$，求出特征根，并得到单位阶跃响应，观察稳定性。

解 MATLAB 程序：

```
num2=conv(10,[1 2]);
den1=conv([1 -0.5],[1 2 2]);
den2=conv([1 4],[1 2 2]);
roots(den1)
roots(den2)
step(num2,den1)
step(num2,den2)
```

基于 Simulink 的控制系统稳态误差分析如下。

(1) 启动 Simulink。在 MATLAB 命令行窗口输入命令“Simulink”并回车，或者在 MATLAB 中打开主菜单“File”，选择命令“New”下的子命令“Model”。

(2) 使用功能模块组。用鼠标单击模块图标，即选中该模块，双击模块图标，即打开该模块的子窗口，用于选择需要的模块，也可单击模块图标前的“+”号。

(3) 创建结构图文件。在 Simulink 中打开主菜单“File”，选择命令“New”，打开名为 Untitled 的结构图模型窗口。

(4) 结构图模型程序设计。在 Simulink 功能模块组中，激活(双击)信号源模块组“Sources”，选中(单击)信号单元，如阶跃信号模块“Step”，拖动到结构图模型窗口释放成相应图标。

(5) 在结构图模型窗口的主菜单中选择“Simulation”下的命令“Parameters”，设置仿真参数，如仿真开始时间、结束时间、步长等。

(6) 在结构图模型窗口的主菜单中选择“Simulation”下的命令“Start”，启动仿真，再双击示波器模块图标，即可观察到系统仿真的结果。

习　题

4.1 设某系统的传递函数为$\dfrac{C(s)}{R(s)}=\dfrac{s+1}{2s+1}$，试求系统的动态性能指标 t_r，$t_s(\Delta=0.05)$。

4.2 题 4.2 图表示一个 RL 电路，其中 $R=20\ \Omega$，$L=5\ \text{H}$。取电压 u 为输入量，电流 i 为输出量，试计算该线圈的调节时间 t_s。

4.3 一阶系统如题 4.3 图所示，其中 $G(s)=5/(0.1s+1)$。今欲采用加负反馈的办法，将调节时间 t_s 减少为原来的 1/5，并保证 $R(s)$ 至 $C(s)$ 的总放大系数不变，试确定如何

调整参数 K_H 和 K_0。

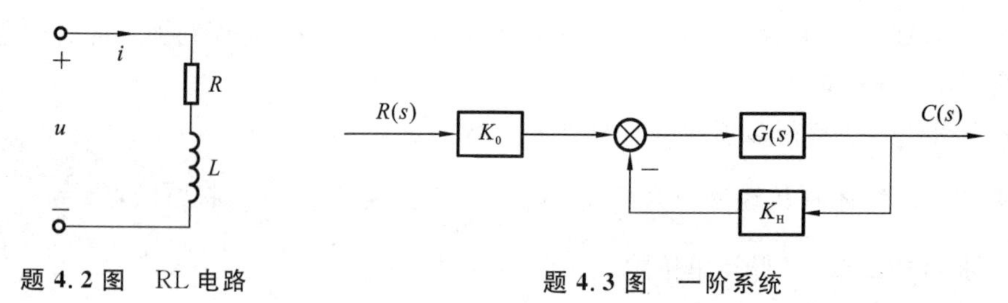

题 4.2 图　RL 电路　　　　题 4.3 图　一阶系统

4.4　已知二阶系统的单位阶跃响应为

$$c(t)=1-1.25e^{-1.2t}\sin(1.6t+53.1°)$$

试求系统的超调量 σ_p、峰值时间 t_p 和调节时间 t_s。

4.5　设单位反馈系统的微分方程为

$$c''(t)+c'(t)+c(t)=0.4r'(t)+r(t)$$

试求系统在单位阶跃输入下的峰值时间和超调量。

4.6　已知控制系统的单位阶跃响应为

$$c(t)=-12e^{-60t}+12e^{-10t}$$

试确定系统的阻尼比 ζ 和自然频率 ω_n。

4.7　设题 4.7 图是某系统动态结构图，试选择参数 K_1 和 K_t，使系统的 $\omega_n=25$，$\zeta=0.8$。

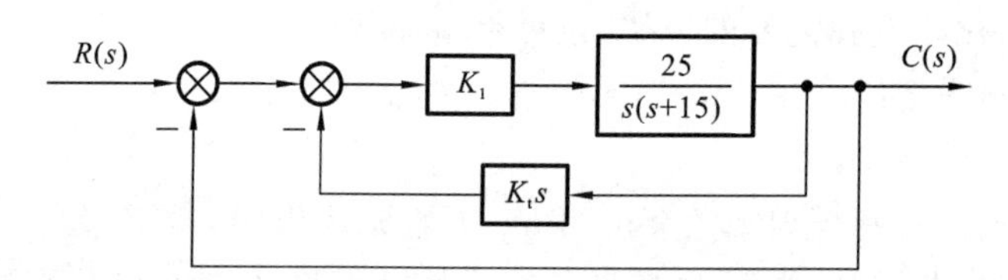

题 4.7 图　某控制系统动态结构图

4.8　设二阶系统的单位阶跃响应曲线如题 4.8 图所示，试确定系统的传递函数。

4.9　系统动态结构如题 4.9 图所示，若要求 $\zeta=0.8$，试确定参数 K_f 的值。

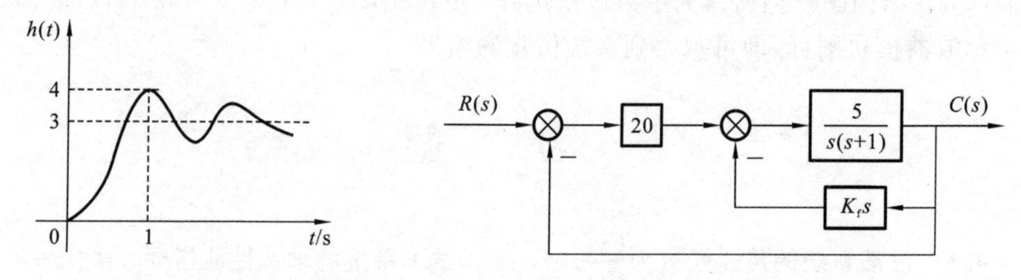

题4.8 图　二阶系统的单位阶跃响应曲线　　　　题 4.9 图　系统动态结构图

4.10　设单位负反馈系统的闭环传递函数为 $G(s)=\dfrac{4}{s(s+2)+4}$，试写出该系统的单位阶跃响应和单位斜坡响应的表达式。

4.11　设单位负反馈系统的开环传递函数为

$$G(s)=\frac{K}{s(s+10)}$$

试分别求出当 $K=100$ 和 $K=200$ 时系统的阻尼比 ζ、无阻尼自然频率 ω_n、单位阶跃响应的超调量 σ_p、峰值时间 t_p 及调节时间 t_s，并讨论 K 的大小对性能指标的影响。

4.12　已知系统闭环传递函数为 $G(s)=\dfrac{k_1k_2}{s^2+as+k_2}$，其单位阶跃响应曲线如题4.12图所示。求 k_1、k_2 和 a。

4.13　系统的结构图如题4.13图所示。

(1) 已知 $G_1(s)$ 的单位阶跃响应为 $\frac{1}{2}(1-e^{-2t})$，试求 $G_1(s)$；

(2) 由(1)得 $G_1(s)$，若 $R(t)=5\cdot 1(t)$，试求：① 系统的稳态输出；② 系统的 σ_p、t_p 和 $t_s(\Delta=\pm 5\%)$。

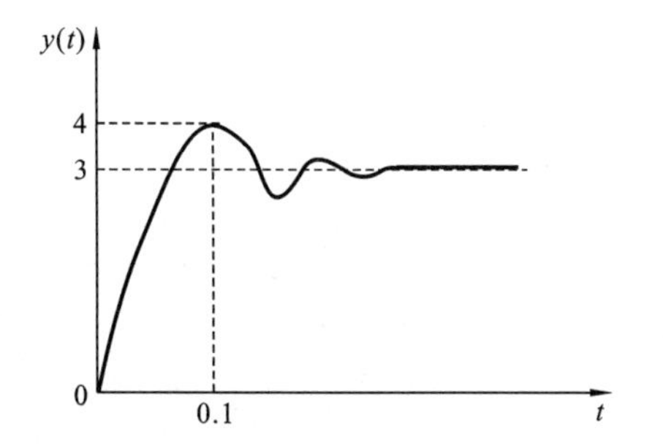

题4.12图　系统单位阶跃响应曲线

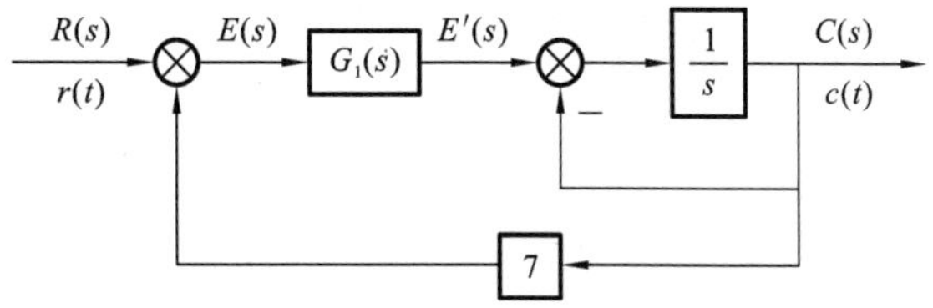

题4.13图　系统的结构图

4.14　一个单位负反馈三阶系统的开环传递函数为 $G_0(s)$，试求同时满足下述条件的系统的开环传递函数 $G_0(s)$：

(1) 在 $r(t)=t$ 作用下的稳态误差为2.5；

(2) 三阶系统的一对闭环极点为 $s_{1,2}=-2\pm 2j$。

4.15　系统的传递函数为 $G(s)=\dfrac{20}{(s+10)(s^2+2s+2)}$，用主导极点法求系统的单位阶跃响应。

4.16　单位负反馈系统的开环传递函数为

$$G(s)=\frac{3(s+2)}{s(s-2)}$$

该系统是几阶系统？系统是否稳定？系统是否存在振荡周期和频率？

4.17　试用稳定性判据确定具有下列特征方程式的系统稳定性。

(1) $s^3+20s^2+9s+100=0$；

(2) $s^3+20s^2+9s+200=0$；

(3) $3s^4+10s^3+5s^2+s+2=0$；

(4) $s^4+3s^3+s^2+3s+1=0$；

(5) $s^3+10s^2+16s+160=0$。

4.18 设单位负反馈系统的开环传递函数分别为

(1) $G(s)=\dfrac{K}{s\left(\frac{1}{3}s+1\right)\left(\frac{1}{6}s+1\right)}$;

(2) $G(s)=\dfrac{K}{s(s-1)(0.2s+1)}$。

试确定使闭环系统稳定的开环增益 K 的取值范围。

4.19 已知系统闭环特性方程,试确定使闭环系统稳定的 K 的数值范围。

(1) $D(s)=s^3+4s^2+(K-5)s+K=0$;

(2) $D(s)=s^3+4s^2-5s+K=0$;

(3) $D(s)=s^3+0.1Ks^2+(0.2K+0.09)s+0.1K=0$;

(4) $D(s)=s^4+2s^3+Ks^2+10s+100=0$;

(5) $D(s)=s^3+3s^2+2s+K=0$。

4.20 已知系统特征方程式如下,试求系统在 s 右半平面的根数及虚根值。

(1) $s^5+6s^4+3s^3+2s^2+s+1=0$;

(2) $s^3+3s^2+2s+20=0$;

(3) $s^5+2s^4+3s^3+6s^2-4s-8=0$。

4.21 已知控制系统的特征方程如下,试用劳斯判据判别系统的稳定性。如果系统不稳定,指出位于右半 s 平面的根的数目。如有对称于原点的根,求出其值。

(1) $s^4+7s^3+25s^2+42s+30=0$;

(2) $s^3+3s^2+2s+24=0$;

(3) $s^5+8s^4+25s^3+40s^2+34s+12=0$;

(4) $2s^5+s^4+3s^3+2s^2+6s-4=0$;

(5) $s^6+2s^5+5s^4+28s^3+27s^2+66s+63=0$;

(6) $s^5+2s^4+3s^3+6s^2-4s-8=0$。

4.22 已知单位负反馈系统的开环传递函数如下,试确定使系统稳定的 k 值范围。

(1) $G(s)=\dfrac{k}{s(s^2+s+1)(s+2)}$;　　(2) $G(s)=\dfrac{k(0.5s+1)}{s(s+1)(0.5s^2+s+1)}$;

(3) $G(s)=\dfrac{k(s+1)}{s(s-1)(s+5)}$;　　(4) $G(s)=\dfrac{k}{(0.2s+1)(0.5s+1)(s-1)}$。

4.23 已知单位负反馈控制系统的开环传递函数为 $G_0(s)=\dfrac{k}{s(s^2+7s+17)}$。

(1) 确定使系统产生持续振荡的 k 值,并求出振荡频率;

(2) 若要求闭环极点全部位于 $s=-1$, $s=-2$ 垂线的左侧,求 k 的取值范围。

4.24 设单位反馈系统的开环传递函数为

$$G(s)=\frac{K}{s(1+s/3)(1+s/6)}$$

若要求闭环特征方程的根的实部均小于-2,问 K 值应取什么范围?

4.25 零初始条件,单位负反馈系统的输入信号 $r(t)=1(t)+t$,输出信号 $c(t)=0.75+t-0.75e^{-4t}$。求系统的开环传递函数,计算单位斜坡响应的稳态误差、单位阶跃响应的稳态误差、调节时间和最大超调量。

4.26　已知系统的传递函数为$\Phi(s)=\dfrac{K}{s^2+as+bK}$，若单位阶跃响应的稳态值$c(\infty)=2.5$，最大值$c(t_p)=2.7$，峰值时间$t_p=0.3$ s，求K、a、b的值。

4.27　已知单位负反馈系统开环传递函数：

(1) $G(s)=\dfrac{10}{(0.1s+1)(0.5s+1)}$；

(2) $G(s)=\dfrac{7(s+1)}{s(s+4)(s^2+2s+2)}$；

(3) $G(s)=\dfrac{8(0.5s+1)}{s^2(0.1s+1)}$。

试分别求出当$r(t)=3\cdot 1(t)+2t+t^2$时，系统的稳态误差($e=r-c$)。

4.28　设速度控制系统如题4.28图所示。为了消除系统的稳态误差，使斜坡信号通过由比例-微分环节组成的滤波器后再进入系统。

(1) 当$K_d=0$时，求系统的稳态误差($e=r-c$)；

(2) 选择K_d，使系统的稳态误差小于0.1。

4.29　已知反馈控制系统如题4.29图所示，误差定义为$e=r-c$。若使系统对$r(t)=1(t)$无稳态误差，试确定K_2的值。

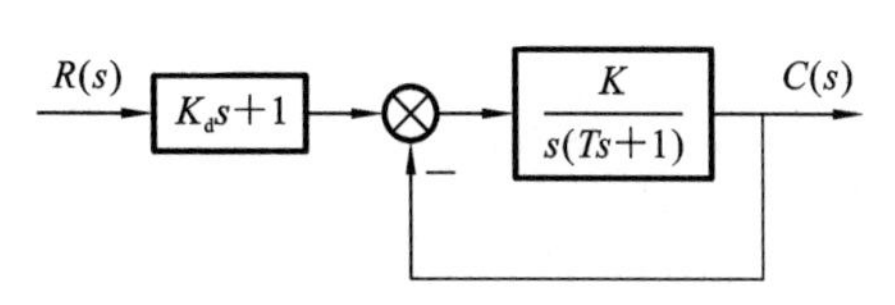

题4.28图　速度控制系统

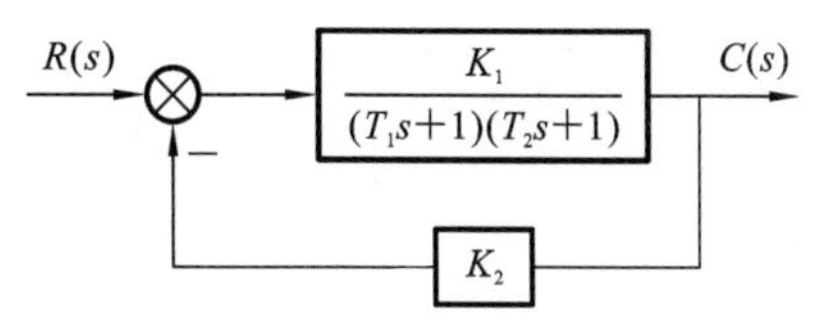

题4.29图　反馈控制系统

4.30　设系统如题4.30图所示，其中扰动信号$n(t)=0.1\cdot 1(t)$。是否可以选择某一合适的K值，使系统在扰动作用下的稳态误差为$e_{ss}<\dfrac{1}{11}$？

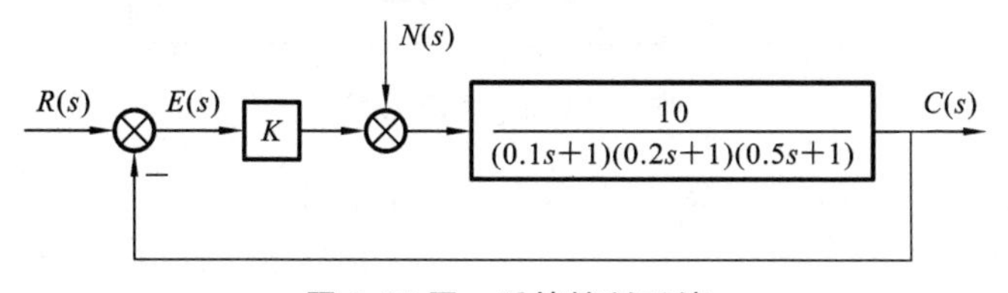

题4.30图　反馈控制系统

4.31　系统如题4.31图所示，试判别系统闭环稳定性，并确定系统的稳态误差e_{ssr}(输入$r(t)$作用下的稳态误差)及e_{ssn}(输入$n(t)$作用下的稳态误差)。

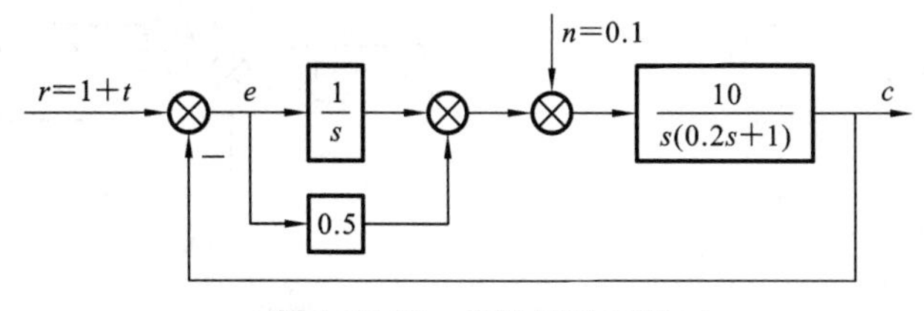

题4.31图　反馈控制系统

4.32 已知 $r(t)=3t, n(t)=5\cdot 1(t), e=r-c$。

(1) 试求如题 4.32 图(a)所示系统的稳态误差(e_{ssr} 为输入 $r(t)$ 作用下的稳态误差，e_{ssn} 为输入 $n(t)$ 作用下的稳态误差)；

(2) 若把题 4.32 图(a)所示系统改为题 4.32 图(b)中的形式，说明稳态误差有何变化。

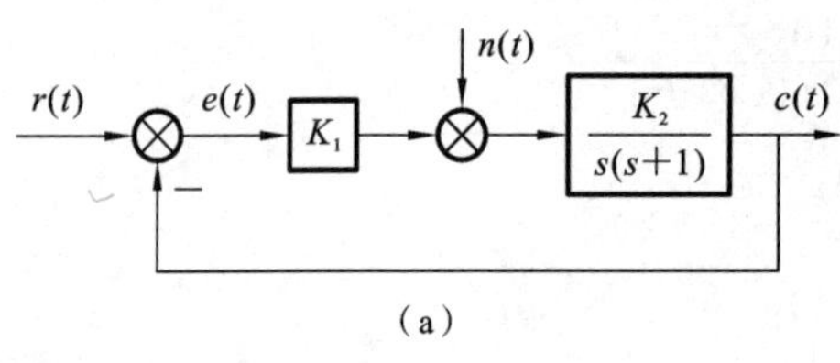

(a)

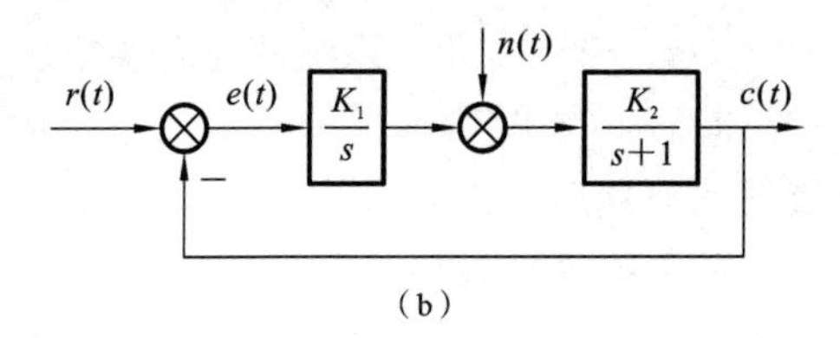

(b)

题 4.32 图　干扰作用点与稳态误差

4.33 对于题 4.33 图所示系统，$K_2>0, J>0, T>0$(e_{ssr} 和 e_{ssn} 分别为输入 $r(t)$ 和 $n(t)$ 作用下的稳态误差)。

(1) 使系统稳定，参数应满足什么条件？

(2) 设 $n(t)=3\cdot 1(t), r(t)=2t$，求系统总误差 e_{ss}。

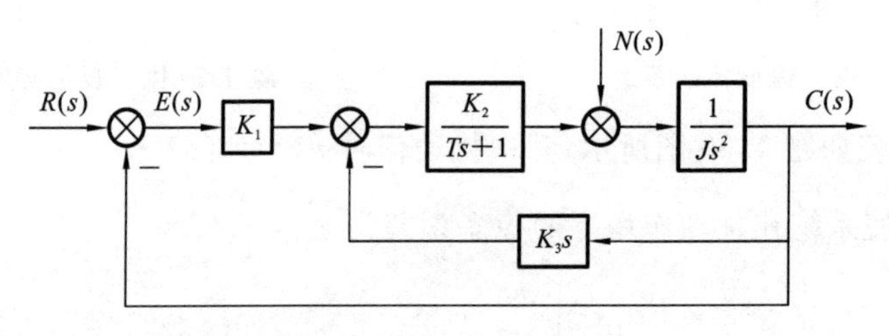

题 4.33 图　系统框图

4.34 控制系统的结构图如题 4.34 图(a)所示，试求：

(1) 希望系统所有特征根位于 s 平面上 $s=-2$ 的左侧区域，且 $\zeta\geqslant 0.5$，求 K, T 的取值范围；

(2) 单位斜坡输入时的稳态误差 e_{ssv}；

(3) 将系统改为如题 4.34 图(b)所示，求使系统对斜坡输入的稳态误差为零的 k_c 值。

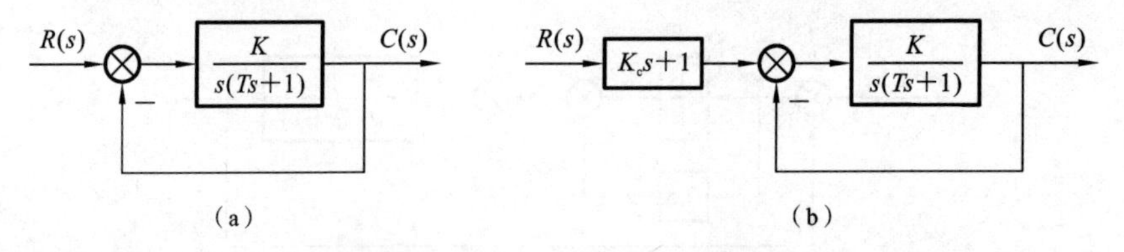

题 4.34 图　控制系统的结构图

4.35　设控制系统的结构图如题4.35图所示，当要求闭环系统的阻尼比$\zeta=0.6$时，试确定系统中的k_f值和$r(t)=3\cdot1(t)+2t$作用下的系统的稳态误差e_{ssr}。

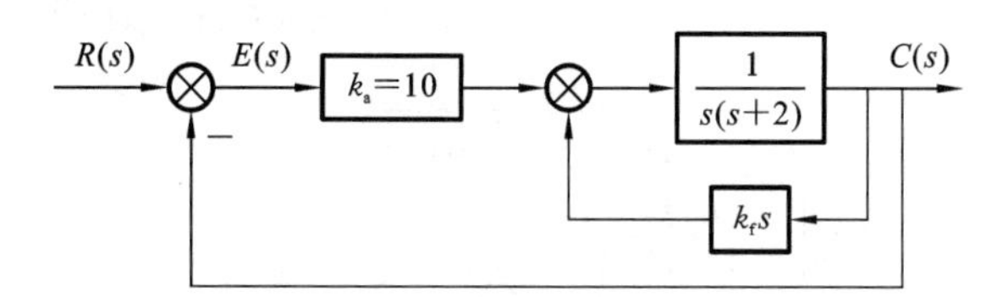

题4.35图　控制系统的结构图

4.36　设复合控制系统如题4.36图所示。

(1) 计算$n(t)=1(t)+3t$引起的稳态误差；

(2) 设计k_c，使系统在$r(t)=t+\frac{1}{2}t^2$作用下无稳态误差。

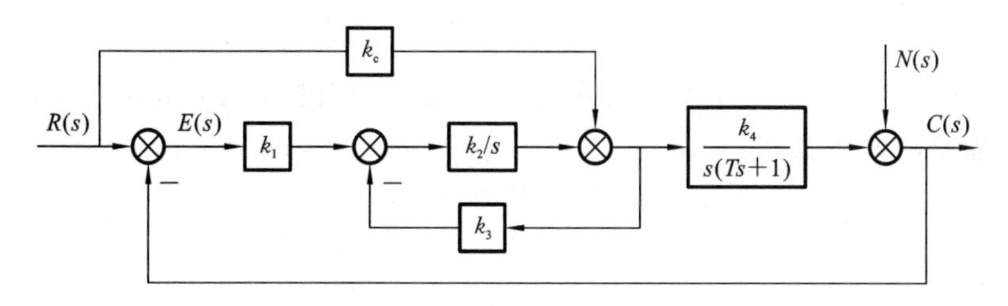

题4.36图　复合控制系统的结构图

4.37　设单位反馈系统的开环传递函数为$G(s)=\frac{10}{s(s+1)}$，试求当输入信号$r(t)=1(t)+5t+\frac{1}{2}t^2$时，系统的稳态误差。

4.38　设单位反馈系统的开环传递函数为$G(s)=\frac{1}{\sqrt{2}s}$，试用动态误差系数法求出当输入信号为$r(t)=\sin(2t)$时，控制系统的稳态误差。

4.39　某测速反馈控制系统如题4.39图所示。若要求超调量$\sigma_p=15\%$，峰值时间$t_p=0.8$，试确定参数K和K_f，并计算相应的上升时间t_r和调节时间t_s。

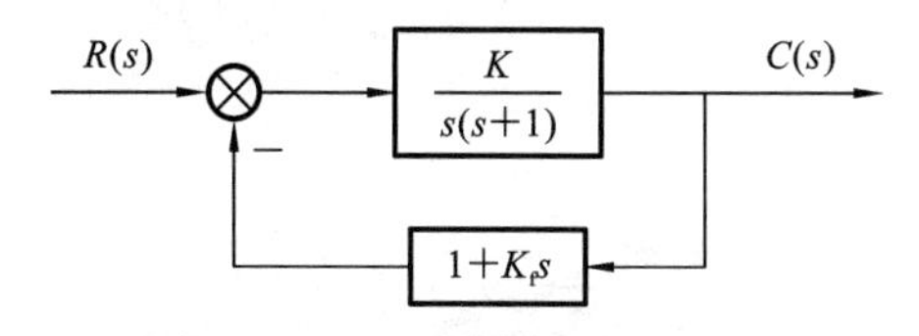

题4.39图　某测速反馈控制系统

4.40　设单位负反馈系统的开环传递函数为$G(s)=\frac{K(s+\tau)}{s^2(Ts+1)}$，$K$为大于零的已知常数。当输入信号$r(t)=t\left(1+\frac{1}{2}t\right)$时，若要求系统稳态误差值$e_{ss}\leqslant1$，试确定$\tau$、$T$、$K$之间的关系，并说明调整$\tau$、$T$的合理步骤。

4.41 设复合控制系统如题 4.41 图所示，图中 $r(t)=1(t)+3t+\frac{1}{2}t^2$，$n(t)=3t^2+\sin(50t)+\cos(100t)$，试求系统在 $r(t)$ 和 $n(t)$ 同时作用下的稳态误差。

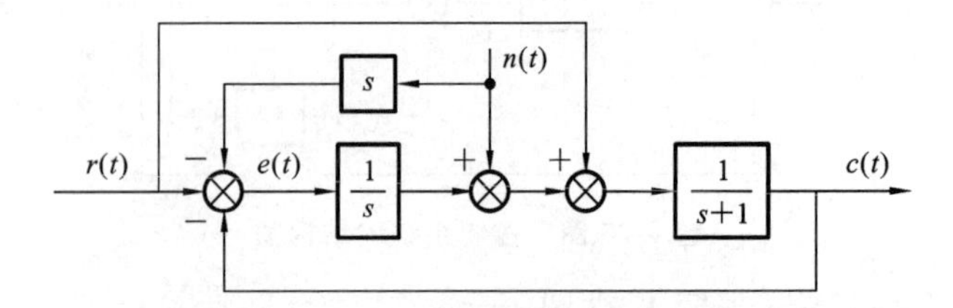

题 4.41 图　复合控制系统动态结构图

4.42 已知单位反馈系统的开环传递函数如下：

$$G(s)=\frac{K}{s^3(0.5s+1)(0.8s+1)}$$

试求位置误差系数 K_p、速度误差系数 K_v 和加速度误差系数 K_a，并确定在输入为 $r(t)=2t+3t^2$ 时系统的稳态误差 e_{ss}。

4.43 设控制系统如题 4.43 图所示，其中

$$G(s)=\frac{s+K}{s},\quad F(s)=\frac{1}{K_v s}$$

试求：(1) 在 $r(t)=3\cdot 1(t)$ 作用下系统的稳态误差；

(2) 在 $n_1(t)=1(t)+3t$ 作用下系统的稳态误差。

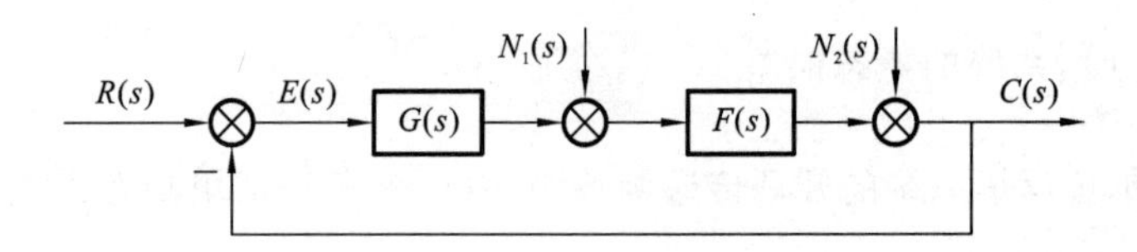

题 4.43 图　控制系统动态结构图

4.44 某系统动态结构图如题 4.44 图所示。已知 $K_r=0$，$r(t)=1(t)$ 时，系统的超调量 $\sigma_p=16.3\%$；而当 $K_r=0$，$r(t)=t$ 时，系统的稳态误差 $e_{ss}=0.2$。试确定系统的结构参数 K 及 K_t。

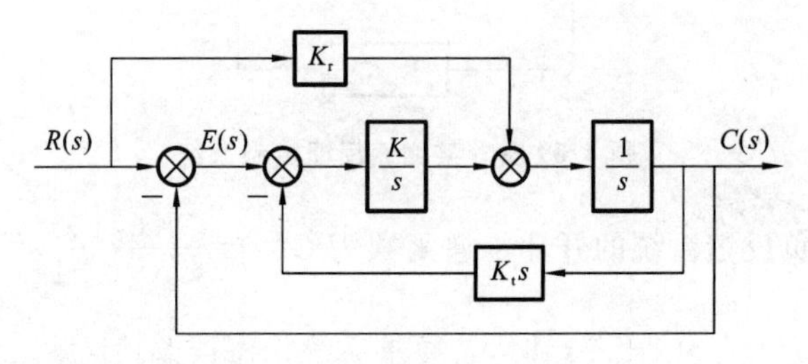

题 4.44 图　系统动态结构图

第5章

根轨迹法

通过前面章节的分析,线性定常系统稳定的充分必要条件是:系统闭环极点均应位于 s 平面的左半平面上。从系统的时间响应中可以看出,系统动态响应也是由系统闭环极点决定的。因此,确定系统闭环极点在 s 平面上的位置对分析系统的性能具有重要意义。另外,从设计的观点来看,我们可以通过调整开环增益,调整或增加开环零点、极点使系统闭环极点移动到希望的位置,从而满足系统性能指标要求。这些都涉及系统闭环极点的求取问题。系统闭环极点就是系统闭环特征方程的根,通过高阶代数方程直接求取是很困难的,可以借助计算机。但是每当参数有变化时,都要对代数方程重新进行求解,而且在此过程中不能直观看出闭环极点的变化趋势,这在工程上很不方便。

1948 年,美国人伊文思(W. R. Evans)提出了根轨迹法,他根据系统开环传递函数极点和零点分布,依照一套完整的规则,由作图的方法求出闭环极点随系统某个参数(如开环增益)变化时的运动轨迹,从而避免了复杂的数学计算。因为系统的稳定性由其闭环极点唯一确定,而系统的稳态性能和动态性能又与闭环极点、零点在 s 平面上的位置密切相关,所以根轨迹图不仅可以直接给出闭环系统时域响应的全部信息,还可以指明开环零点、极点应该怎样变化才能满足给定的闭环系统性能指标要求。这种方法给系统分析与设计带来了极大方便,在控制工程中得到了广泛应用。

随着相关仿真软件及 MATLAB 的发展,这些手工描绘根轨迹的详细规则已经不那么重要了,但是对于一个控制系统设计者而言,了解增加系统开环零点、极点对系统根轨迹的影响或者草绘根轨迹来指导设计过程及规则还是很有必要的;同时,这些规则可以帮助我们检查计算机生成的结果。本章主要介绍根轨迹的基本概念、绘制根轨迹的基本规则、参量根轨迹和用根轨迹分析系统的方法。通过本章相关内容可以看到,根轨迹方法可以作为一种实用的工程化工具对控制系统的稳定性及动态和稳态性能特性开展有效分析。在后续章节,我们将了解并学习根轨迹法。根轨迹法也是控制系统设计工作的有效手段之一,在经典控制理论中发挥重要作用。

5.1 根轨迹的基本概念

所谓根轨迹是指开环系统某一参数(如开环增益为 K,但是不限定为 K)由零变化到无穷大时,闭环系统特征方程式的根(闭环极点)在 s 平面上变化的轨迹。控制系统框图如图 5-1 所示。

为了具体说明根轨迹的概念,以图 5-2 所示的二阶控制系统为例来观察当开环增益 K 由 0 变化到 $+\infty$ 时,闭环极点在 s 平面的变化轨迹。

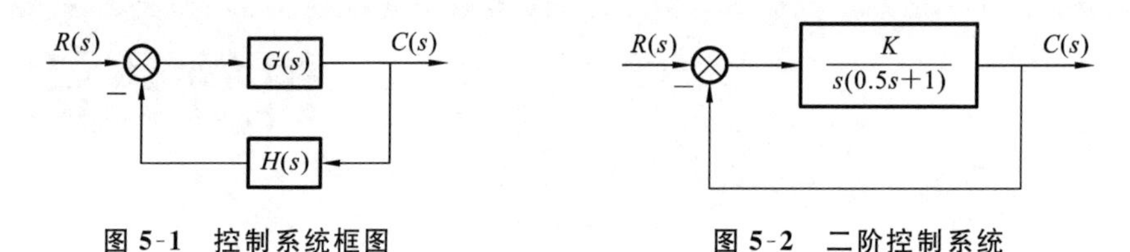

图 5-1　控制系统框图　　　　图 5-2　二阶控制系统

系统的闭环传递函数为

$$\Phi(s)=\frac{C(s)}{R(s)}=\frac{2K}{s^2+2s+2K} \tag{5-1}$$

系统的闭环特征方程为

$$D(s)=s^2+2s+2K=0 \tag{5-2}$$

特征方程的根(闭环极点)为

$$s_{1,2}=-1\pm\sqrt{1-2K} \tag{5-3}$$

当 K 取不同值时,可以求得相对应的不同特征根,如果令开环增益 K 从零变到无穷,可以利用解析的方法求出闭环极点的全部数值,将这些数值标注在 s 平面上,并连成光滑的粗实线,如图 5-3 所示。这条粗实线就是该系统的根轨迹。根轨迹上的箭头表示随着 K 值的增加,系统闭环极点移动的趋势,而根轨迹上某点所标注的值表示与该闭环极点相对应的开环增益的值。

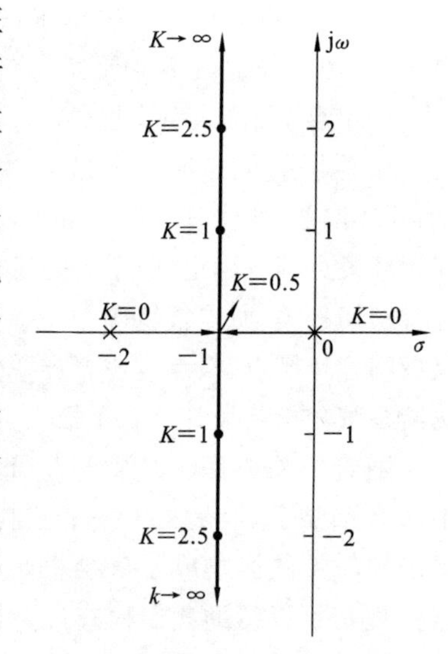

图 5-3　二阶控制系统的根轨迹

在图 5-3 中,系统的开环极点为 $s=0$ 和 $s=-2$,它们在 s 平面上的位置以“×”标出。当 $K=0$ 时,系统两个闭环极点与开环极点一致,当 K 从 0→0.5 连续变化时,两个闭环极点汇合于 $s=-1$ 处,当 K 从 0.5→$+\infty$ 时,两个闭环极点从 $s=-1$ 处分离,并分别沿箭头方向转移到无穷远处。

依据图 5-3 的根轨迹,可以分析系统的性能随参数变化的规律。

1. 稳定性

根据前面章节所获得的结论，从图 5-3 可以看出，对于图 5-1 所示的控制系统，只要开环增益 $K>0$，系统的闭环极点均分布在虚轴的左侧，系统必然稳定；如果系统根轨迹越过虚轴进入右半 s 平面，则在相应的 K 值下，系统是不稳定的；根轨迹与虚轴交点处的 K 值就是临界开环增益。

2. 稳态性能

由图 5-3 可知，开环系统在坐标轴原点有一个极点，存在一个积分环节，系统属于 Ⅰ 型系统，因而根轨迹上的 K 值就等于静态速度误差系数 K_v。当 $r(t)=1(t)$ 时，$e_{ss}=0$；当 $r(t)=t$ 时，$e_{ss}=1/K$，增大 K 值，有利于减小稳态误差。

3. 动态性能

由图 5-3 可知，当 $0<K<0.5$ 时，系统闭环极点为实根，系统呈现过阻尼状态，阶跃响应为单调上升过程。

当 $K=0.5$ 时，系统闭环特征根为二重实根，系统呈现临界阻尼状态，阶跃响应为单调上升过程，但其响应速度较过阻尼过程快。

当 $K>0.5$ 时，闭环特征根为一对共轭复数根，系统呈现欠阻尼运动状态，阶跃响应为振荡衰减过程，且随 K 值增加，阻尼比减小，系统响应的超调量增大。由于闭环极点距虚轴的距离保持不变，系统的调节时间 t_s 基本不变。

上述分析表明，根轨迹与系统参数和性能之间有着以下密切的联系。

(1) 闭环系统根轨迹增益等于开环系统前向通路根轨迹增益。对于单位反馈系统，闭环系统根轨迹增益就等于开环系统根轨迹增益。

(2) 闭环零点由开环前向通路传递函数的零点和反馈通路传递函数的极点组成，对于单位反馈系统，闭环零点就是开环零点。

(3) 闭环极点与开环零点、开环极点以及根轨迹增益 K^* 均有关。

根轨迹法的基本任务在于由已知的开环零点、极点的分布及根轨迹增益，通过图解的方法找出系统的闭环极点。为此，伊文思提出了绘制根轨迹的一套基本规则。应用这些规则，根据已知的开环传递函数零点、极点在 s 平面上的分布，就能方便、直接地绘制闭环系统根轨迹图。

5.2　根轨迹方程

设控制系统如图 5-1 所示，一般情况下，分子阶次为 m、分母阶次为 n 的系统开环传递函数 $G(s)H(s)$ 可表示为

$$G(s)H(s)=\frac{K(\tau_1 s+1)(\tau_2 s+1)\cdots(\tau_m s+1)}{s^\nu(T_1 s+1)(T_2 s+1)\cdots(T_n s+1)}=\frac{K\prod_{j=1}^{m}(\tau_j s+1)}{s^\nu\prod_{i=1}^{n-\nu}(T_i s+1)} \tag{5-4}$$

式中：K 为系统开环增益(开环放大倍数)；τ_j 和 T_i 为时间常数；ν 为积分环节个数。

若将系统开环传递函数写成零点、极点的形式，有

$$G(s)H(s) = K_g \frac{\prod_{j=1}^{m}(s - z_j)}{\prod_{i=1}^{n}(s - p_i)} \tag{5-5}$$

其中

$$K = K_g \frac{\prod_{j=1}^{m}(-z_j)}{\prod_{i=1}^{n}(-p_i)} \tag{5-6}$$

式中：z_j 表示开环零点；p_i 表示开环极点；K_g 称为开环根轨迹增益，它与开环增益 K 之间仅相差一个比例常数。

系统的闭环传递函数为

$$\Phi_c(s)=\frac{C(s)}{R(s)}=\frac{G(s)}{1+G(s)H(s)} \tag{5-7}$$

令闭环传递函数的分母为零，得闭环系统特征方程

$$1+G(s)H(s)=0 \tag{5-8}$$

也可写成

$$G(s)H(s)=-1 \tag{5-9}$$

显然，满足式(5-9)的 s 值是系统闭环极点，也是系统闭环特征方程的根，因此，式(5-9)称为根轨迹方程，其实质就是系统的闭环特征方程。由于 s 是复数，系统开环传递函数 $G(s)H(s)$ 必然也是复数，所以式(5-9)可改写为

$$|G(s)H(s)|e^{j\angle G(s)H(s)}=1e^{\pm j(2k+1)\pi}, \quad k=0,1,2,\cdots \tag{5-10}$$

将上式分成两个方程，可以得到

$$|G(s)H(s)|=1 \tag{5-11}$$

$$\angle[G(s)H(s)]=\pm(2k+1)\pi, \quad k=0,1,2,\cdots \tag{5-12}$$

式(5-11)、式(5-12)分别称为根轨迹的幅值条件和相角条件。显然，满足式(5-9)的 s 值必然同时满足式(5-11)和式(5-12)，式(5-5)可以写成如下形式：

$$K_g \frac{\prod_{j=1}^{m}(s - z_j)}{\prod_{i=1}^{n}(s - p_i)} = -1 \quad 或 \quad \frac{\prod_{j=1}^{m}(s - z_j)}{\prod_{i=1}^{n}(s - p_i)} = \frac{1}{K_g} \tag{5-13}$$

相应的幅值条件描述为

$$\frac{|K_g| \times \prod_{j=1}^{m}|s - z_j|}{\prod_{i=1}^{n}|s - p_i|} = 1 \tag{5-14}$$

相角条件为

$$\sum_{j=1}^{m}\angle(s - z_j) - \sum_{i=1}^{n}\angle(s - p_i) = \pm(2k+1)\pi \quad (k = 0,1,2,\cdots; K_g:0 \to +\infty) \tag{5-15}$$

通常把根轨迹增益 K_g从 $0\to+\infty$变化时的根轨迹称为常规根轨迹，又称为 180°根轨迹。

幅值条件和相角条件是根轨迹上的点应同时满足的两个条件，根据这两个条件，就可以完全确定 s 平面上的根轨迹及根轨迹上各点对应的 K_g 值。由于幅值条件与 K_g 有关，而相角条件与 K_g 无关，所以满足相角条件的任一点，代入幅值条件总可以求出一个相应的 K_g 值，也就是说满足相角条件的点必须同时满足幅值条件。因此，相角条件是确定 s 平面上根轨迹的充要条件。绘制根轨迹时，只有当需要确定根轨迹上各点对应的 K_g 值时，才使用幅值条件。

例 5-1 已知系统开环传递函数

$$G(s)H(s)=\frac{K^*(s+2)}{s(s+0.5)}$$

试用相角条件检查下述各点是否是闭环极点：

$$(-1,\mathrm{j}\sqrt{2}),\quad (-0.3,\mathrm{j}0),(0.3+\mathrm{j}0),\quad (-4,\mathrm{j}0),\quad (-5,\mathrm{j}\sqrt{3})$$

解 根据系统的开环传递函数可知，系统的开环极点为 $p_1=0,p_2=-0.5$，系统的开环零点为 $z_1=-2$。

由闭环根轨迹的相角条件 $\varphi_{sz_1}-\theta_{sp_1}-\theta_{sp_2}=(2k+1)\pi$ 可得：

当 $s=-1+\mathrm{j}\sqrt{2}$时，有

$$\begin{aligned}\varphi_{sz_1}-\theta_{sp_1}-\theta_{sp_2}&=\arctan\frac{\sqrt{2}}{1}-\left(180°-\arctan\frac{\sqrt{2}}{0.5}\right)-\left(180°-\arctan\frac{\sqrt{2}}{1}\right)\\&=54.7356°-(180°-70.5288°)-(180°-54.7356°)\\&=-180°\end{aligned}$$

当 $s=-0.3+\mathrm{j}0$ 时，$\varphi_{sz_1}-\theta_{sp_1}-\theta_{sp_2}=-180°$。

当 $s=0.3+\mathrm{j}0$ 时，$\varphi_{sz_1}-\theta_{sp_1}-\theta_{sp_2}=0°$。

当 $s=-4+\mathrm{j}0$ 时，$\varphi_{sz_1}-\theta_{sp_1}-\theta_{sp_2}=-180°$。

当 $s=-5+\mathrm{j}\sqrt{3}$时，

$$\begin{aligned}\varphi_{sz_1}-\theta_{sp_1}-\theta_{sp_2}&=\left(180°-\arctan\frac{\sqrt{3}}{3}\right)-\left(180°-\arctan\frac{\sqrt{3}}{4.5}\right)-\left(180°-\arctan\frac{\sqrt{3}}{5}\right)\\&=(180°-30°)-(180°-21.05°)-(180°-19.11°)\\&=-169.84°\end{aligned}$$

则点$(-1,\mathrm{j}\sqrt{2})$、$(-0.3,\mathrm{j}0)$、$(-4,\mathrm{j}0)$在根轨迹上，点$(0.3,\mathrm{j}0)$、$(-5,\mathrm{j}\sqrt{3})$不在根轨迹上。

例 5-2 系统的开环传递函数为

$$G(s)H(s)=\frac{K^*}{(s+1)(s+2)(s+4)}$$

试证明点 $s_1(-1,\mathrm{j}\sqrt{3})$点在根轨迹上，并求出相应的 K^* 和系统开环增益 K。

证明 根据系统的开环传递函数可知，系统的开环极点为 $p_1=-1,p_2=-2,p_3=-4$。由闭环根轨迹的相角条件$-\theta_{sp_1}-\theta_{sp_2}-\theta_{sp_3}=(2k+1)\pi$ 可得，当 $s_1=-1+\mathrm{j}\sqrt{3}$时，有

$$
\begin{aligned}
-\theta_{sp_1}-\theta_{sp_2}-\theta_{sp_3} &= -90^\circ-\arctan(\sqrt{3}/1)-\arctan(\sqrt{3}/3)\\
&= -90^\circ-60^\circ-30^\circ=-180^\circ
\end{aligned}
$$

故点 $s_1(-1,\mathrm{j}\sqrt{3})$ 在根轨迹上。

由闭环根轨迹的幅值条件可知

$$
K^* = |s_1-p_1|\cdot|s_1-p_2|\cdot|s_1-p_3|=12
$$

即相应的根轨迹增益 $K^*=12$ 和系统开环增益 $K=K^*/8=1.5$。

5.3 常规根轨迹绘制规则

为了获得绘制根轨迹的实用工程化方法，基于根轨迹方程建立起一整套法则，通过应用这些法则提取根轨迹的轮廓及特征信息，能够高效率地绘制较高精度的系统根轨迹。

绘制根轨迹需将开环传递函数化为用零点、极点表示的标准形式，即式(5-7)的形式。根轨迹增益 K_g 从 $0\to+\infty$ 变化时的常规根轨迹是根轨迹绘制中最为常见的情况。

下面介绍绘制常规根轨迹的基本规则。

规则 1 根轨迹的起始点和终止点：当开环有限极点数 n 大于开环有限零点数 m 时，根轨迹起始于系统的 n 个开环极点，其中 m 条终止于系统开环零点，$n-m$ 条终止于无穷远处。

根轨迹的起始点是指 $K_g=0$ 时闭环极点在 s 平面上的分布位置；根轨迹的终止点是指 $K_g\to+\infty$ 时闭环极点在 s 平面上的分布位置。

对于实际的物理系统，开环零点数 m 一般小于或等于开环极点数 n。当 $m\leqslant n$ 时，可认为有 $n-m$ 条根轨迹的终点位于无穷远处；如果 $m>n$，则可认为有 $m-n$ 条根轨迹的起点在无穷远处。如果把有限数值的零点、极点分别称为有限零点、极点，而把无穷远处的零点、极点分别称为无限零点、极点，那么开环零点数和开环极点数是相等的，根轨迹必然起始于开环极点，终止于开环零点。根轨迹的起点和终点表示图如图 5-4 所示。

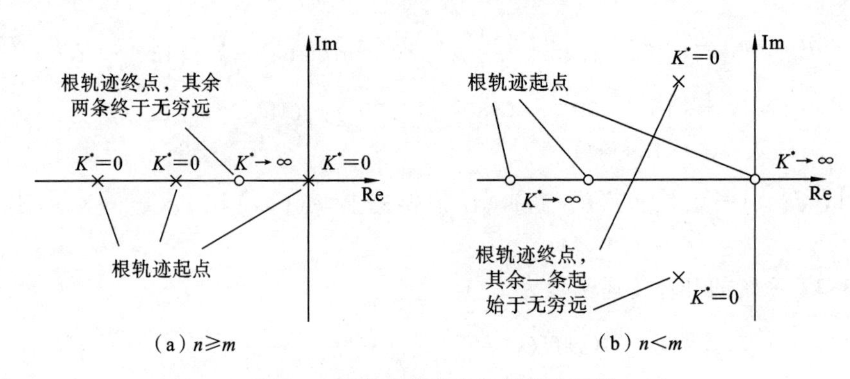

图 5-4 根轨迹的起点和终点表示图

规则 2 根轨迹的分支数、对称性和连续性：根轨迹的分支数与开环有限零点数 m 和有限极点数 n 中的较大者相等，并且根轨迹是连续并且对称于实轴的。

根轨迹是开环系统某一参数从零变到无穷时，闭环特征根在 s 平面上变化的轨迹，因此根轨迹的分支数必与闭环特征根的个数一致。特征根的数目就等于闭环特征方程的阶数，即为开环有限零点个数 m 和开环有限极点个数 n 中的较大者。

系统特征方程式的某些系数是开环根轨迹增益 K_g 的函数，所以当 K_g 在零到无穷之间连续变化时，这些系数也随之连续变化，因此，闭环特征根的变化是连续的，即根轨迹也是连续的。

又由于系统闭环特征方程式的系数仅与系统的参数有关，对实际的物理系统，这些参数都是实数，而对具有实系数的代数方程式，其根要么为实数，要么为复数。实根位于实轴上，复根必共扼，而根轨迹是根的集合，因此根轨迹必对称于实轴。

规则3 根轨迹的渐近线：当开环有限极点数 n 大于开环有限零点数 m 时，有 $n-m$ 条根轨迹分支沿着与实轴交角为 φ_a、交点为 σ_a 的一组渐近线趋向无穷远处，且有

$$\varphi_a=\frac{\pm(2k+1)\pi}{n-m},\quad k=0,1,2,\cdots,n-m-1 \tag{5-16}$$

$$\sigma_a=\frac{\sum_{i=1}^{n}p_i-\sum_{j=1}^{m}z_j}{n-m} \tag{5-17}$$

从规则1可知，当 $m<n$ 时，有 $n-m$ 条根轨迹终止于 s 平面的无穷远处。

规则4 实轴上的根轨迹：判断实轴上的某一区域是否为根轨迹的一部分，就是要看其右边开环实数零点、极点个数之和是否为奇数，否则该区域不是根轨迹的一部分。

根据根轨迹方程的相角条件来确定实轴上某一区域是否为根轨迹。设系统的开环零点、极点分布如图5-5所示。在实轴上任取一实验点 s_0，由图5-5可知：共轭复数极点 p_3 和 p_4（或零点）到这一点的向量相角和为 2π，而位于考察点 s_0 左侧的开环实数零点、极点到这一点的向量的相角均为零，故它们均不影响根轨迹方程的相角条件。因此，在确定实轴上的根轨迹时，只需考虑实验点 s_0 右侧实轴上的开环零点、极点。

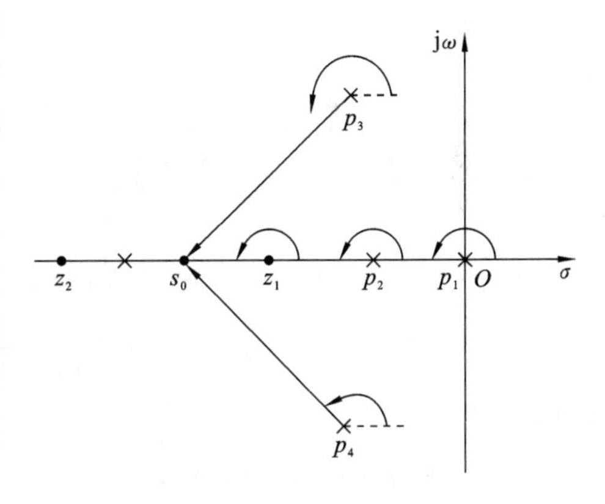

图5-5 实轴上的根轨迹

s_0 点右侧开环实数零点、极点到 s_0 点的向量相角均等于 π，如果令 $\sum_j\varphi_j$ 代表 s_0 点右侧所有开环实数零点到 s_0 点的向量相角和，$\sum_i\theta_i$ 代表 s_0 点右侧所有开环实数极点到 s_0 点的向量相角和，则 s_0 点位于根轨迹上的充分必要条件是下列相角条件成立：

$$\sum_j\varphi_j-\sum_i\theta_i=\pm(2k+1)\pi \tag{5-18}$$

由于 φ_j 与 θ_i 中的每一个相角都等于 π，而 π 与 $-\pi$ 代表相同的角度，因此减去 π 就等于加上 π，于是 s_0 点位于根轨迹上的充分必要条件可等效为

$$\sum_j \varphi_j + \sum_i \theta_i = \pm(2k+1)\pi \tag{5-19}$$

欲使上式成立，应有 $j+i=2k+1$（$2k+1$ 为奇数），故有规则 4 成立。

规则 5 根轨迹的分离点和分离角：两条或两条以上根轨迹分支在 s 平面上相遇又立即分开的点，称为根轨迹的分离点。分离点的坐标 d 是下列方程的解：

$$\sum_{j=1}^{m} \frac{1}{d-z_j} = \sum_{i=1}^{n} \frac{1}{d-p_i} \tag{5-20}$$

分离角定义为根轨迹进入分离点的切线方向与离开分离点的切线方向之间的夹角。当一条根轨迹分支进入并立即离开分离点时，分离角为$(2k+1)\pi/l$。

例 5-3 设反馈系统开环传递函数为 $G(s)H(s)=\dfrac{K_g}{s^3(s+4)}$，试确定分离点坐标。

解 根据系统的开环传递函数，可知根轨迹的分离点坐标满足

$$\frac{3}{d}+\frac{1}{d+4}=0$$

解得 $d=-3$，故分离点的坐标为 $d=-3$。

规则 6 根轨迹的出射角和入射角：起始于开环复数极点处的根轨迹的出射角 θ_{pk} 和终止于开环复数零点处的根轨迹的入射角 φ_{z_1} 分别为

$$\theta_{p_k} = \mp(2k+1)\pi - \sum_{j=1}^{m} \angle(p_k - z_j) + \sum_{\substack{i=1\\ i\neq k}}^{n} \angle(p_k - p_i) \tag{5-21}$$

$$\varphi_{z_1} = \pm(2k+1)\pi + \sum_{i=1}^{n} \angle(z_1 - p_i) - \sum_{\substack{j=1\\ j\neq k}}^{m} \angle(z_1 - z_j) \tag{5-22}$$

式中：θ_{p_k} 为复平面极点 p_k 出射角；φ_{z_1} 为复平面零点 z_1 入射角。

在实际计算中，式(5-21)中的$\mp(2k+1)\pi$ 及式(5-22)中的$\pm(2k+1)\pi$ 常以 $180°$ 代替。

例 5-4 已知反馈系统开环传递函数为

$$G(s)H(s)=\frac{K_g(s+20)}{s(s+10+j10)(s+10-j10)}$$

试计算起始角和终止角。

解 系统的开环传递函数为

$$G(s)H(s)=\frac{K_g(s+20)}{s(s+10+j10)(s+10-j10)}$$

则开环实极点为 $p_1=-10-j10$，$p_2=-10+j10$，$p_3=0$，开环实零点为 $z_1=-20$。

根轨迹的起始角

$$\theta_{p_1}=180°+\varphi_{z_1p_1}-\theta_{p_2p_1}-\theta_{p_3p_1}=180°-45°+90°+135°=0°$$
$$\theta_{p_2}=180°+\varphi_{z_1p_2}-\theta_{p_1p_2}-\theta_{p_3p_2}=180°+45°-90°-135°=0°$$

不需计算根轨迹的终止角。

规则 7 根轨迹与虚轴的交点：若根轨迹与虚轴相交，令闭环特征方程中的 $s=j\omega$，然后分别使得其实部和虚部为零即可求得根轨迹与虚轴的交点，也可用劳斯判据确定。

根轨迹与虚轴相交，意味着控制系统有位于虚轴上的闭环极点，即闭环特征方程含

有共轭纯虚根，此时系统必处于临界稳定状态，所以有必要确定根轨迹与虚轴的交点。确定根轨迹与虚轴交点的方法有很多：可用解析法令 $s=j\omega$，将其代入特征方程中求得，也可利用劳斯判据求得，还可根据相角条件用图解法试探求得。

规则 8 闭环根轨迹走向规则：在 $n-m\geqslant 2$ 的情况下，系统的开环 n 个极点之和总是等于闭环 n 个极点之和，即

$$\sum_{i=1}^{n} s_i = \sum_{i=1}^{n} p_i \tag{5-23}$$

在开环极点确定的情况下，这是一个不变的常数。所以，随着 K_g 的增大(或减小)，若一些闭环极点在 s 平面上向左移动，则另一些闭环极点必向右移动，且在任一 K_g 下，闭环极点之和保持常数不变。这一性质可用于估计根轨迹分支的变化趋向。

同理，由式(5-21)、式(5-22)的常数项相等，可得闭环极点之积与开环零点、极点之间的关系：

$$\prod_{i=1}^{n}(-s_i)=\prod_{i=1}^{n}(-p_i)+K_g\prod_{j=1}^{m}(-z_j) \tag{5-24}$$

对应于某一 K_g 值，如果已知部分闭环极点，则利用式(5-23)、式(5-24)可有助于求出其他闭环极点。

在已知系统的开环零点、极点的情况下，利用以上绘制根轨迹的基本法则就可以迅速确定根轨迹的主要特征和大致图形。

例 5-5 已知单位负反馈系统的开环传递函数为

$$G(s)H(s)=\frac{K_g}{s(s+1)(s+2)}$$

试绘制 K_g 由 $0\to+\infty$ 变化时的根轨迹图。

解 由题意可知系统闭环传递函数为

$$\Phi(s)=\frac{G(s)H(s)}{1+G(s)H(s)}$$

则系统闭环传递函数为 $1+G(s)H(s)=0$，即

$$1+\frac{K_g}{s(s+1)(s+2)}=0$$

绘制根轨迹图的步骤如下。

(1) 确定系统闭环根轨迹的起始点和终止点。令开环传递函数分母多项式 $s(s+1)(s+2)=0$，求得三个开环极点 $p_1=0$，$p_2=-1$，$p_3=-2$。将它们标注在复平面上，以“×”表示开环极点，以“○”表示开环零点(本例无开环零点)。

(2) 根轨迹分支数为 3，三条根轨迹起点分别是$(0,j0)$、$(-1,j0)$、$(-2,j0)$，终点均为无穷远处。

(3) 确定实轴上的根轨迹：$(-\infty,-2]\cup[-1,0]$。

(4) 根轨迹的渐近线：由于 $n=3$，$m=0$，所以系统共有三条渐近线，它们在实轴上的交点坐标为

$$\sigma_a = \frac{\sum_{i=1}^{n} p_i - \sum_{j=1}^{m} z_j}{n-m} = \frac{(0-1-2)-0}{3} = -1$$

渐近线与实轴正方向的夹角为

$$\varphi_a = \frac{(2k+1)\pi}{3}, \quad k=0,1,2$$

当 $k=0,1,2$ 时，计算得 φ_a 分别为 60°，180°，−60°。

(5) 确定分离点和会合点：由 $K_g=-s(s+1)(s+2)$，令 $dK_g/ds=0$，解得 $s_1=-0.42$，$s_2=-1.58$。由于 s_2 不是根轨迹实轴上的点，故不是分离点和会合点；分离点和会合点坐标为 $s_1=-0.42$。

(6) 确定根轨迹与虚轴的交点，设系统闭环特征方程变形如下：

$$s^3+3s^2+2s+K_g=0 \tag{5-25}$$

令 $s=j\omega$，将其代入上式得

$$-j\omega^3-3\omega^2+j2\omega+K_g=0 \tag{5-26}$$

令实部、虚部分别为零，则 $\begin{cases} K_g-3\omega^2=0, \\ 2\omega-\omega^3=0, \end{cases}$ 可求得 $\begin{cases} \omega=\pm\sqrt{2} \\ K_g=6 \end{cases}$ 或 $\begin{cases} \omega=0, \\ K_g=0。 \end{cases}$

因此，根轨迹在 $\omega=\pm\sqrt{2}$ 处必与虚轴相交，交点处的增益 $K_g=6$；另外，实轴上的根轨迹分支在 $\omega=0$ 处与虚轴相交。

由于本例无开环复数零点、极点，所以不用计算出射角和入射角。最后画出概略根轨迹图，如图 5-6 所示。

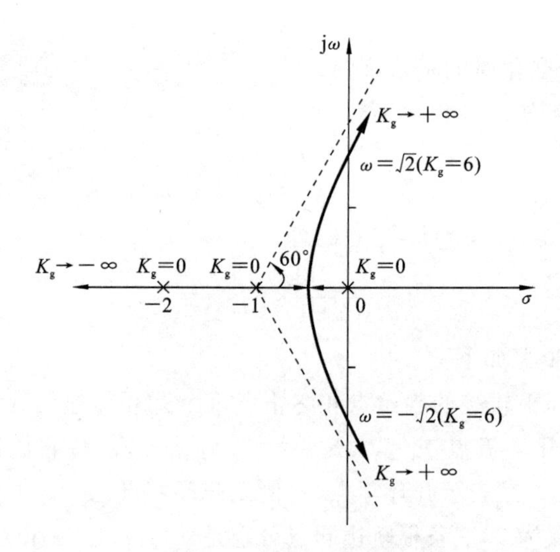

图 5-6　系统的根轨迹

例 5-6　单位负反馈系统的开环传递函数为

$$G(s)H(s)=\frac{K(0.5s+1)}{s\left(\frac{1}{3}s+1\right)\left(\frac{1}{2}s^2+s+1\right)}$$

试绘制 K 由 0→+∞变化时的根轨迹图。

解　由系统的开环传递函数得

$$G(s)H(s)=\frac{3K(s+2)}{s(s+3)(s^2+2s+2)}=\frac{K_g(s+2)}{s(s+3)(s^2+2s+2)}$$

式中：$K_g=3K$。因此，系统闭环特征方程为

$$1+G(s)H(s)=1+\frac{K_g(s+2)}{s(s+3)(s^2+2s+2)}=0$$

绘制根轨迹图的步骤如下。

(1) 确定系统闭环根轨迹的起始点和终止点。系统有一个开环零点 $z_1=-2$；4 个开环极点 $p_1=0, p_2=-3, p_{3,4}=-1\pm j$。将它们标注在复平面上。

(2) 根轨迹分支数为 4，起点分别是(0,j0)、(−3,j0)、(−1,j)、(−1,−j)，其中一条根轨迹分支终止于有限零点(−2,j0)，另外 3 条根轨迹分支终点为无穷远处。

(3) 确定实轴上的根轨迹：$(-\infty,-3]\cup[-2,0]$。

(4) 确定渐近线。有 3 条渐近线，它们与实轴的交点、交角为

$$\sigma_a=\frac{\sum_{i=1}^{n}p_i-\sum_{j=1}^{m}z_j}{n-m}=\frac{(0-3-1+j-1-j)-(-2)}{4-1}=-1$$

$$\varphi_a=\frac{(2k+1)\pi}{n-m}=\frac{(2k+1)\pi}{3},\quad k=0,1,2$$

当 $k=0,1,2$ 时，交角分别为 60°，180°，−60°。

(5) 根轨迹出射角

$$\begin{aligned}\theta_{p_3}&=-\theta_{p_4}=180^\circ+\sum_{j=1}^{1}\varphi_{z_jp_3}-\sum_{\substack{j=1\\ j\neq 3}}^{4}\theta_{p_jp_3}\\&=180^\circ+[45^\circ-(135^\circ+26.6^\circ+90^\circ)]\\&=-26.6^\circ\end{aligned}$$

(6) 根轨迹与虚轴的交点：写出系统的闭环特征方程式为

$$s^4+5s^3+8s^2+(6+K_g)s+2K_g=0 \tag{5-27}$$

将 $s=j\omega$ 代入上式，整理可得

$$(\omega^4-8\omega^2+2K_g)+j[-5\omega^3+(6+K_g)\omega]=0 \tag{5-28}$$

令实部、虚部分别为零，则

$$\begin{cases}\omega^4-8\omega^2+2K_g=0\\-5\omega^3+(6+K_g)\omega=0\end{cases} \tag{5-29}$$

求解上述方程可得

$$\begin{cases}K_g=0\\\omega=0\end{cases}\quad 或 \quad\begin{cases}K_g\approx 7\\\omega\approx\pm 1.61\end{cases}$$

画出概略根轨迹，如图 5-7 所示。

例 5-7　已知开环零点、极点分布如图 5-8 所示，试概略画出相应的闭环根轨迹图。

解　根据图 5-8 给出的开环零点、极点分布图，可以概略绘制闭环根轨迹，如图 5-9 所示。

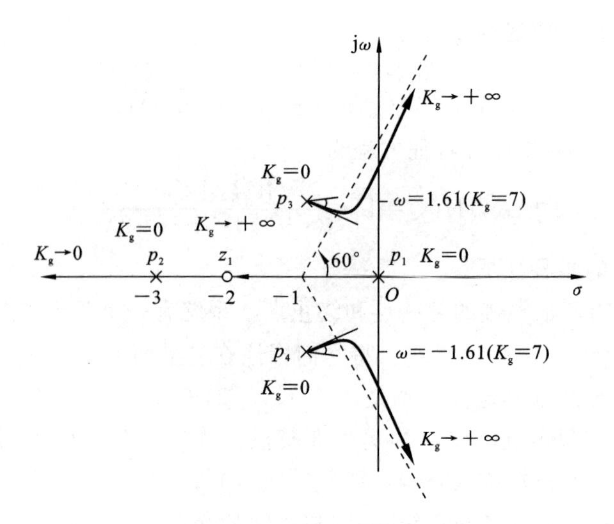

图 5-7 系统的根轨迹

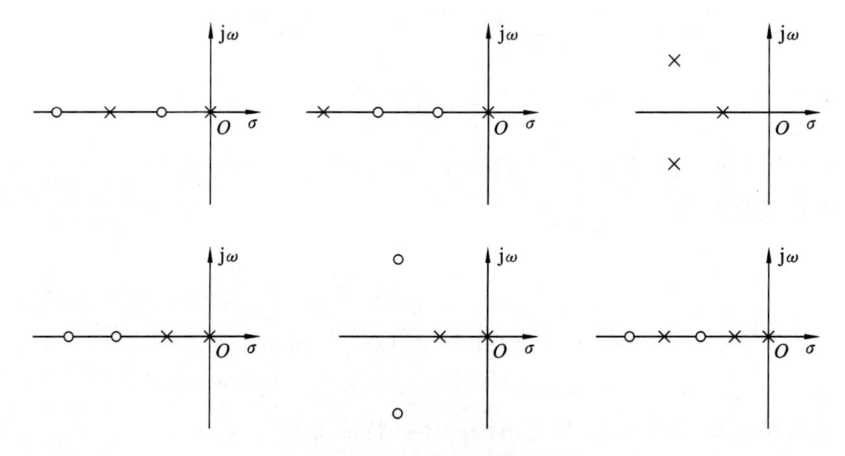

图 5-8 开环零点、极点分布图

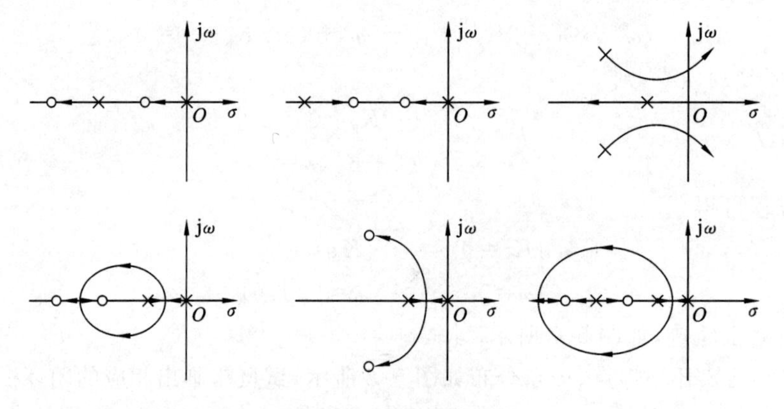

图 5-9 闭环根轨迹

5.4 参数根轨迹及其绘制

前面所述的根轨迹都是以根轨迹增益 K_g(或开环增益 K)为可变参数,这在实际系统中是最常见的,但有时需要研究除 K_g(或 K)以外的其他可变参数(如系统开环零点、极点、时间常数)对系统性能的影响,这时就需要绘制这些参数变化时的根轨迹。其中,以非根轨迹增益为可变参数绘制的根轨迹称为参数根轨迹。

参数根轨迹的绘制规则与常规根轨迹完全相同,但在绘制之前需要对系统闭环特征方程进行等效变换。设系统闭环特征方程为

$$1+G(s)H(s)=0 \tag{5-30}$$

假设系统除 K_g 之外的任意变化参数为 A,则需要用闭环特征方程中不含 A 的各项去除该方程,使原特征方程式变为

$$1+G_{等效}(s)=0 \tag{5-31}$$

式中:$G_{等效}(s)$为系统的等效开环传递函数。它具有如下形式:

$$G_{等效}(s)=K_g^*\frac{P(s)}{Q(s)} \tag{5-32}$$

式中:$P(s)$和 $Q(s)$为两个与 A 无关的多项式。显然,参变量 A 所处的位置与原开环传递函数中的 K_g 所处位置完全相同。经过上述处理后,就可以按照 $G_{等效}(s)$的零点、极点去绘制以 A 为参变量的根轨迹。这一处理方法和结论对绘制开环零点、极点变化时的根轨迹同样适用。

例 5-8 已知双闭环控制系统框图如图 5-10 所示,试绘制以 α 为参变量的根轨迹。

解 系统的开环传递函数为

$$G(s)H(s)=2\times\frac{\frac{2}{s(s+1)}}{1+\frac{2}{s(s+1)}\cdot\alpha s}=\frac{4}{s(s+1+2\alpha)}$$

由于 α 为参变量,因而不能根据 $G(s)H(s)$的极点来绘制根轨迹。闭环系统特征方程为

$$s^2+(1+2\alpha)s+4=0$$

方程两边同除以 s^2+s+4,则上式可化为

$$1+\frac{2\alpha s}{s^2+s+4}=0$$

显然,等效开环传递函数为

$$G_{等效}(s)=\frac{2\alpha s}{s^2+s+4}=\frac{K_g^* s}{\left(s+\frac{1}{2}+\mathrm{j}\frac{\sqrt{15}}{2}\right)\left(s+\frac{1}{2}-\mathrm{j}\frac{\sqrt{15}}{2}\right)}$$

式中:$K_g^*=2\alpha$。等效开环传递函数的极点为 $p_{1,2}=-\frac{1}{2}\pm\mathrm{j}\frac{\sqrt{15}}{2}$,零点为 $z_1=0$。于是可利用常规根轨迹的绘制法则画出根轨迹,如图 5-11 所示。

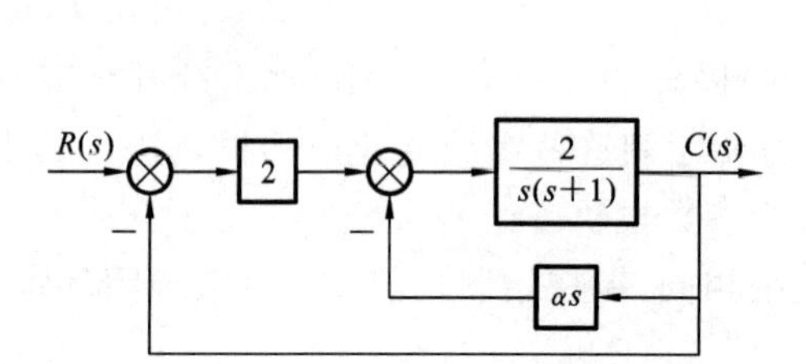

图 5-10　双闭环控制系统框图

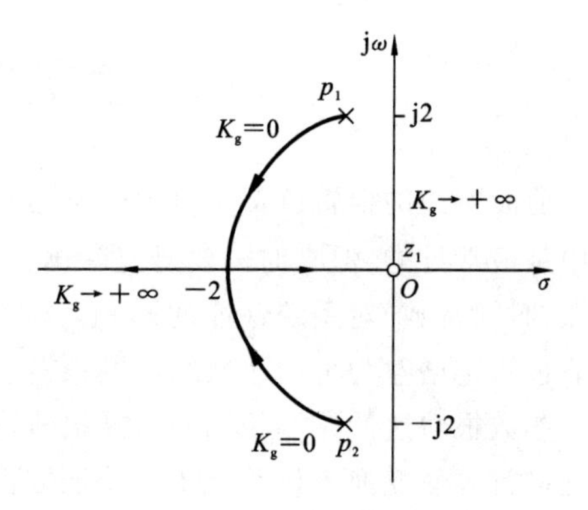

图 5-11　系统的根轨迹

例 5-9　单位反馈系统开环传递函数为 $G(s)=\dfrac{\frac{1}{4}(s+a)}{s^2(s+1)}$，试绘制 $a\to\infty$ 时的根轨迹。

解　系统闭环特征方程为

$$D(s)=s^3+s^2+\frac{1}{4}s+\frac{1}{4}a=0$$

构造等效开环传递函数，即

$$G_1(s)=\frac{a/4}{s(s^2+s+1/4)}=\frac{a}{4s(s+1/2)^2}$$

等效开环传递函数有 3 个开环极点，系统有 3 条根轨迹，均趋于无穷远处。

(1) 实轴上的根轨迹：$[-1/2,0]$和$(-\infty,-1/2]$。

(2) 根轨迹的渐近线：$\sigma_a=\dfrac{-1/2-1/2}{3}=-\dfrac{1}{3}$，$\varphi_a=\dfrac{(2k+1)\pi}{3}$，$k=-1,0,1$，故 $\varphi_a=-\dfrac{\pi}{3},\dfrac{\pi}{3},\pi$。

(3) 分离点：$\dfrac{1}{d}+\dfrac{1}{d+\frac{1}{2}}+\dfrac{1}{d+\frac{1}{2}}=0$，解得 $d=-\dfrac{1}{6}$。

由根轨迹的幅值条件可以计算分离点处的 a 值：

$$\frac{a_d}{4}=|d|\left|d+\frac{1}{2}\right|^2=\frac{1}{54},\quad 即\quad a_d=\frac{2}{27}$$

(4) 与虚轴的交点：将 $s=j\omega$ 代入闭环特征方程，得

$$D(j\omega)=(j\omega)^3+(j\omega)^2+\frac{1}{4}(j\omega)+\frac{a}{4}=0$$

即

$$\left(-\omega^2+\frac{a}{4}\right)+j\left(-\omega^3+\frac{1}{4}\omega\right)=0$$

则有

$$\mathrm{Re}[D(j\omega)]=-\omega^2+\frac{a}{4}=0$$

$$\mathrm{Im}[D(j\omega)]=-\omega^3+\frac{1}{4}\omega=0$$

解得 $\omega=\pm\frac{1}{2}, a=1$。

系统的根轨迹如图5-12所示，从根轨迹可以看出参数 a 的变化对系统性能的影响：当 $0<a\leqslant 2/27$ 时，闭环系统极点落在实轴上，系统的阶跃响应为单调上升过程；当 $2/27<a\leqslant 1$ 时，离虚轴近的一对复数闭环极点逐渐向虚轴靠近，系统的阶跃响应为振荡收敛过程；当 $a>1$ 时，系统有闭环极点落在右半 s 平面，系统不稳定，阶跃响应应振荡发散。

另外，在某些场合需要研究几个参量同时变化对系统性能的影响，此时就需要绘制几个参量同时变化的根轨迹。以两个参量同时变化为例，绘制时一般是先将其中一个参量在 $(0,+\infty)$ 内取一组常数，然后针对每一个常数绘制以另一个参量为变量的根轨迹，最终得到一组曲线，称为根轨迹簇。

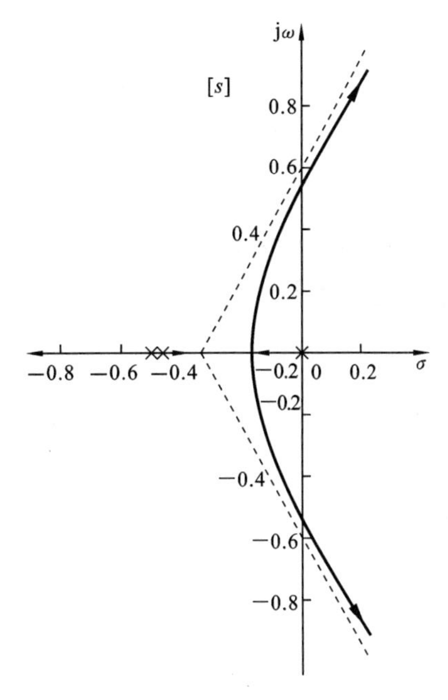

图5-12 系统的根轨迹

5.5 控制系统的根轨迹分析

绘制系统的根轨迹，可以方便地利用其分析控制系统的性能，即通过系统根轨迹的形状、走向和一些关键点（如与虚轴的交点、与实轴的交点等），对控制系统的稳定性、稳态特性和动态特性进行分析。

5.5.1 基于根轨迹的系统稳定性分析

控制系统闭环稳定的充要条件是系统闭环极点均在 s 平面的左半平面，而根轨迹描述的是系统闭环极点跟随参数在 s 平面变化的情况。因此，只要控制系统的根轨迹位于 s 平面的左半平面，控制系统就是稳定的，否则就是不稳定的。当系统的参数变化引起系统的根轨迹从左半平面变化到右半平面时，系统从稳定变为不稳定，根轨迹与虚轴交点处的参数值就是系统稳定的临界值。因此，根据根轨迹与虚轴的交点可以确定保证系统稳定的参数取值范围。根轨迹与虚轴之间的相对位置反映了系统稳定程度，根轨迹越是远离虚轴，系统的稳定程度越好，反之则越差。

5.5.2 基于根轨迹的系统稳态性能分析

对于典型输入信号，系统的稳态误差与开环放大倍数 K 和系统的型别 ν 有关。在根轨迹图上，位于原点处的根轨迹起点数对应于系统的型别 ν，根轨迹增益 K_g 与开环增益

K 仅仅相差一个比例常数，有

$$K = K_g \frac{\prod_{j=1}^{m}(-z_j)}{\prod_{i=1}^{n}(-p_i)} \tag{5-33}$$

根轨迹上任意点的 K_g 值可由根轨迹方程的幅值条件在根轨迹上图解求取。根轨迹的幅值条件为

$$K_g \frac{\prod_{j=1}^{m}(-z_j)}{\prod_{i=1}^{n}(-p_i)} = 1 \tag{5-34}$$

由此可得

$$K_g \frac{\prod_{i=1}^{n}|s-p_i|}{\prod_{j=1}^{m}|s-z_j|} = \frac{|s-p_1||s-p_2|\cdots|s-p_n|}{|s-z_1||s-z_2|\cdots|s-z_m|} \tag{5-35}$$

因为 $p_i(i=1,2,\cdots,n)$，$z_j(j=1,2,\cdots,m)$为已知，而 s 为根轨迹上的考察点。所以利用上式，在根轨迹上用图解法可求出任意点的 K_g 值。根轨迹上的每一组闭环极点都唯一地对应着一个 K_g 值（或 K 值），知道了开环增益 K 和系统型别 ν，就可以求得系统稳态误差。

5.5.3 基于根轨迹的系统动态性能分析

对于图 4-26 所示的典型闭环控制系统，若将前向通道传递函数 $G(s)$及反馈通道传递函数 $H(s)$都写成零点、极点的形式：

$$G(s) = K_G^* \frac{\prod_{i=1}^{f}(s-z_i)}{\prod_{i=1}^{q}(s-p_i)}, \quad H(s) = K_H^* \frac{\prod_{j=1}^{l}(s-z_j)}{\prod_{j=1}^{h}(s-p_j)} \tag{5-36}$$

则开环传递函数为

$$G(s)H(s) = K_G^* K_H^* \frac{\prod_{i=1}^{f}(s-z_i)\prod_{j=1}^{l}(s-z_j)}{\prod_{i=1}^{q}(s-p_i)\prod_{j=1}^{h}(s-p_j)} = K_g \frac{\prod_{j=1}^{m}(s-z_j)}{\prod_{i=1}^{n}(s-p_i)} \tag{5-37}$$

式中：$f+l=m$；$q+h=n$。系统闭环传递函数为

$$\Phi_c(s) = \frac{G(s)}{1+G(s)H(s)} = K_G^* \frac{\prod_{i=1}^{f}(s-z_i)\prod_{j=1}^{h}(s-p_j)}{\prod_{i=1}^{n}(s-p_i)+K_g\prod_{j=1}^{m}(s-z_j)} \tag{5-38}$$

由系统时域单位阶跃响应分析可知

$$c(t)=\mathcal{L}^{-1}[\Phi_c(s)R(s)]=a_0+\sum_{i=1}^{q}a_i e^{p_i t}+\sum_{k=1}^{r}A_k e^{-\zeta_k\omega_k t}\sin(\omega_k t+\varphi_k) \quad (5\text{-}39)$$

系统单位阶跃响应由系统闭环零点、极点决定。显然，闭环零点由前向通道零点和反馈通道的极点组合而成，对单位反馈系统，闭环零点就是开环零点，所以闭环零点很容易确定。而闭环极点与开环零点、极点及开环根轨迹增益 K_g 均有关，无法直接得到。根轨迹法的基本任务就是根据已知开环零点、极点的分布及开环根轨迹增益，通过图解的方法找出系统的闭环极点。由系统的根轨迹图确定指定 K_g 值(或 K 值)时的闭环极点。

控制系统的总体要求是，系统输出尽可能跟踪给定输入，系统响应具有平稳性和快速性，这样在设计系统时就要考虑到系统闭环零点、极点在 s 平面的位置来满足下列要求。

(1) 要求系统快速性好，应使阶跃响应中的每个分量 $e^{p_i t}$、$e^{-\zeta_k\omega_k t}$ 衰减得快，即闭环极点应远离虚轴。

(2) 要求系统平稳性好，就是要求复数极点应在 s 平面中与负实轴成±45°夹角线附近。由二阶系统动态响应分析可知，共轭复数极点位于±45°线时，对应的阻尼比 $\zeta=0.707$为最佳阻尼比，这时系统的平稳性和快速性都较理想，超过±45°线，阻尼比减小，振荡性加剧。

(3) 要求系统尽快结束动态过程，闭环极点离虚轴的远近决定过渡过程衰减的快慢，要求极点之间的距离要大，零点应靠近极点。工程上往往只用主导极点估算系统的动态性能，把系统近似看成一阶或者二阶系统。

例 5-10 设负反馈控制系统的开环传递函数为 $G(s)=\dfrac{K_g(s+2)}{s(s+1)(s+3)}$。

(1) 作 K_g 从 0→∞的闭环根轨迹图。

(2) 当 $\zeta=0.5$ 时求闭环的一对主导极点，并求其相应的 K_g 值。

解 (1) 系统的开环零点是 $z_1=-2$，开环极点是 $p_1=0, p_2=-1, p_3=-3$。实轴上区间[−3,−2]和[−1,0]是根轨迹段，根轨迹的分离点由下式确定：

$$\frac{1}{d}+\frac{1}{d+1}+\frac{1}{d+3}=\frac{1}{d+2}$$

利用试探法可以确定分离点 $d=-0.53$。根轨迹如图 5-13 所示。

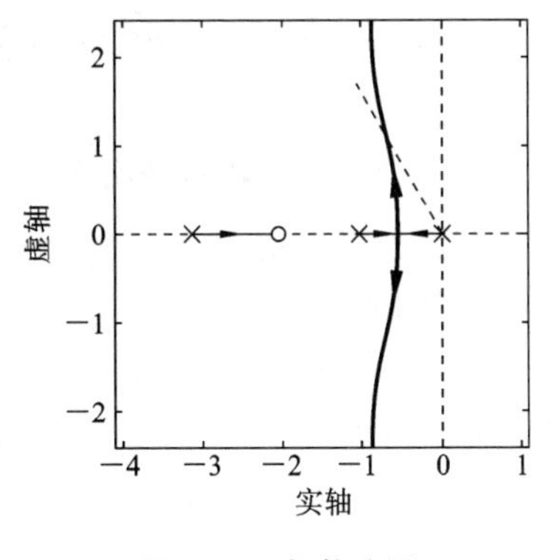

图 5-13 根轨迹图

(2) 在 s 平面上作 $\zeta=0.5$ 的阻尼线，该阻尼线与根轨迹的交点为主导极点，并且满足以下相角方程：

$$\angle(\sigma+2+j\omega)-\angle(\sigma+j\omega)-\angle(\sigma+1+j\omega)-\angle(\sigma+3+j\omega)=(2k+1)\pi$$

利用试探法确定主导极点为 $s_d=0.7\pm j1.2$，代入下述模值方程：

$$\frac{K_d\,|s_d+2|}{|s_d|\,|s_d+1|\,|s_d+3|}=1$$

可以确定根轨迹增益 $K_g=2.52$。

例 5-11 已知系统的结构图如图 5-14 所示。

(1) 绘制根轨迹图。

(2) 求出系统稳定的 k 值范围。

(3) 确定使系统欠阻尼状态时的 k 的取值范围。

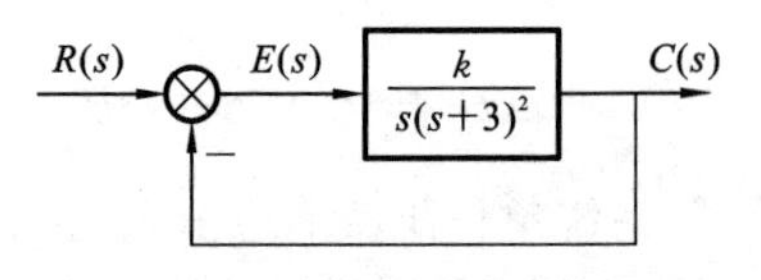

图 5-14　系统的结构图

解　(1) 绘制系统根轨迹。

开环极点：$p_1=0, p_{2,3}=-3$。开环零点：无。

零极点数：$n=3, m=0$。实轴上的根轨迹：$(-\infty,-3]$，$[-3,0]$。

渐近线：$-\sigma_a=\dfrac{0-3-3}{3-0}=-2$，即 $\sigma_a=2$；$\varphi_a=\dfrac{(2k+1)\pi}{3-0}$，$k=-1,0,1$，故 $\varphi_a=-\dfrac{\pi}{3},\dfrac{\pi}{3},\pi$。

分离点：令 $\dfrac{\mathrm{d}}{\mathrm{d}s}\left[\dfrac{1}{G(s)H(s)}\right]=\dfrac{\mathrm{d}}{\mathrm{d}s}\left[s(s+3)^2\right]=0$，则 $(3s^2+12s+9)=0$。

分离点及 k 值：$d_1=-1, k_1=4$；$d_2=-3, k_2=0$。

与虚轴的交点：特征方程为

$$s(s+3)^2+k=0 \Rightarrow s^3+6s^2+9s+k=0$$

将 $s=\mathrm{j}\omega$ 代入以上特征方程得

$(\mathrm{j}\omega)^3+6(\mathrm{j}\omega)^2+9(\mathrm{j}\omega)+k=0$，即 $k-6\omega+\mathrm{j}(9\omega-\omega^3)=0$

令 $\begin{cases}k-6\omega=0,\\ 9\omega-\omega^3=0,\end{cases}$ 解得 $\begin{cases}\omega=\pm3,0\\ k=18。\end{cases}$

绘制根轨迹，如图 5-15 所示。

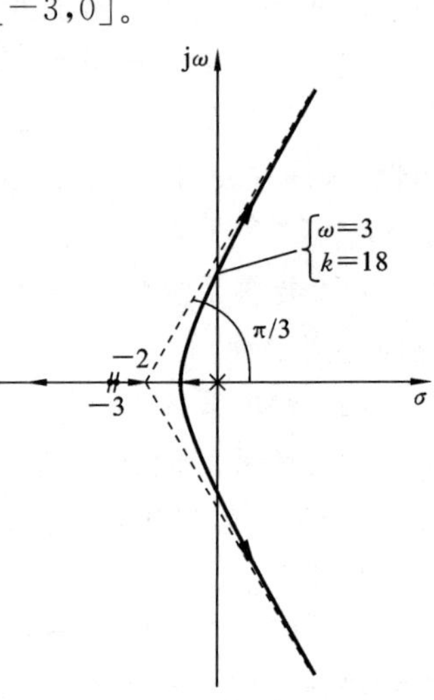

图 5-15　根轨迹图

(2) 系统稳定 k 值：$0<k<18$。

(3) 系统欠阻尼 k 值：$4<k<18$（分离点 $d_1=-1$ 时，k 值为 4）。

5.6　根轨迹分析相关命令/函数与实例

1. 绘制零点、极点分布图

函数语法 1：[p, z]=pzmap(sys)

函数语法 2：[p, z]=pzmap(num, den)

计算所有零点、极点并作图。当不带输出变量时，[p, z]，pzmap 命令可直接在复平面内标出传递函数的零点、极点，极点用“×”表示，零点用“○”表示。

例 5-12　已知系统的开环传递函数为

$$G(s)H(s)=\frac{s^3+2s^2+5s+5}{(s+2)(s+10)(s^2+2s+6)}$$

绘制系统的零极点图。

解　MATLAB 程序：

```
num=[1 2 5 5];
den=conv([1,2],conv([1 10],[1 2 6]));
pzmap(num,den)
```

2. 绘制根轨迹图

函数语法1:rlocus(G)

函数语法2:rlocus(num, den)

例5-13 若已知系统的开环传递函数为

$$G(s)H(s)=\frac{K(s+2)}{s(s+3)(s+4)}$$

绘制控制系统的根轨迹图。

解 MATLAB程序:

```
k=1;z=[-2];p=[0 -3 -4];
[num,den]=zp2tf(z,p,k);
rlocus(num,den),grid
```

3. 绘制指定系统的根轨迹

函数语法1:rlocus(G1, G2, …)

将多个系统根轨迹绘于同一图上。

函数语法2:rlocus(G,k)

绘制指定系统的根轨迹,k为给定取值范围的增益向量函数。

函数语法3:[r, k]=rlocus(G)

函数语法4:[r, k]=rlocus(num, den)

返回根轨迹参数,计算所得的闭环根r(矩阵)和对应的开环增益k(向量),不作图。

例5-14 已知一负反馈系统的开环传递函数为

$$G(s)H(s)=\frac{Ks(s+7)}{s(s+8)(s+9)}$$

绘制其根轨迹图,确定根轨迹的分离点与相应的增益K。

解 MATLAB程序:

```
k=1;z=[0 -7];p=[0 -8 -9];
[num,den]=zp2tf(z,p,k);
rlocus(num,den),grid
```

4. 绘制等阻尼比线和等自然角频率线函数

函数语法1:sgrid

在零极点图或根轨迹图上绘制等阻尼线或等自然角频率线。阻尼线间隔为0.1,范围为0～1,自然振荡角频率间隔为1 rad/s,范围为0～10。

函数语法2:sgrid(z, wn)

按指定的阻尼比值z和自然振荡角频率值wn在零极点图或根轨迹图上绘制等阻尼线和等自然振荡角频率线。

5. 根轨迹分析

函数语法1:[k, r]=rlocfind(G)

函数语法2:[k, r]=rlocfind(num, den)

交互式选取根轨迹增益。执行该命令后，图中出现一个“+”形光标，用此光标在根轨迹图上单击一个极点，即可返回该点增益 k 对应的所有闭环极点值。注意：在该函数执行前必须先用 rlocus 函数绘制系统的根轨迹。

函数语法 3：`[k, r]= rlocfind(G, P)`

返回极点 P 所对应根轨迹增益 k 及该 k 值所对应的全部极点值。

利用根轨迹法校正系统，设计步骤如下。

(1) 建立未校正系统传递函数，打开控制系统设计器窗口。

(2) 设置校正约束条件。在打开的根轨迹区域单击鼠标右键，打开快捷菜单，选择“Design Requirements”→“New”，打开设计要求设置对话框，在“Design Requirement type”下拉列表中选择“Damping Ratio”，设置阻尼比后单击“OK”按钮确认。用同样方式设置自然频率“Natural Frequency”。

(3) 设置补偿器传递函数的形式。在“CONTROL SYSTEM”选项卡中，单击主菜单“Preference”，在“Options”选项卡选择零极点形式。

(4) 添加补偿器的零极点。

(5) 检查校正后观察系统性能指标，单击主菜单“ANALYSIS”→“New Plot”命令，根据需要选择待观察性能的图形。

1) 熟悉 MATLAB 相关命令/函数

MATLAB 提供了 rlocus 函数，可以直接用于系统的根轨迹绘制，还允许用户交互式选取根轨迹上的值，其用法参见表 5-1。

表 5-1　绘制根轨迹相关函数用法说明

函数用法	说明
rlocus(G)或 rlocus(num, den)	绘制指定系统的根轨迹
rlocus(G1, G2, …)	
rlocus(G, k)	绘制指定系统的根轨迹，多个系统根轨迹绘于同一图上
[r, k]=rlocus(G) 或[r, k]= rlocus (num, den)	绘制指定系统的根轨迹，k 为给定取值范围的增益向量返回根轨迹参数，计算所得的闭环根 r(矩阵)和对应的开环增益 k，不作图
[k, r]=rlocfind(G) 或[k, r]=rlocfind(num, den)	交互式选取根轨迹增益。执行该命令后，图中出现一个“+”形光标，用此光标在根轨迹图上单击一个极点，即可返回该点增益 k 对应的所有闭环极点值。注意：在该函数执行前必须先用 rlocus 函数绘制系统的根轨迹
[k, r]=rlocfind(G, P)	返回极点 P 所对应根轨迹增益 k 及该 k 值所对应的全部极点值
pzmap(G)或 pzmap(num, den)	计算所有零极点并作图
[p, z]=pzmap(num, den)	计算所得零极点 p、z 后返回 MATLAB 窗口，不作图
sgrid	在零极点图或根轨迹图上绘制等阻尼线或等自然振荡角频率线。阻尼线间隔为 0.1，范围为 0～1，自然振荡角频率间隔为 1 rad/s，范围为 0～10
sgrid(z, wn)	按指定的阻尼比值 z 和自然振荡角频率值 wn 在零极点图或根轨迹图上绘制等阻尼线和等自然振荡角频率线

2）参考程序

（1）绘制闭环系统根轨迹，已知单位反馈系统的开环传递函数为

$$G(s)=\frac{1}{(s^2+s)(s+2)}$$

参考程序如下：

```
clear num=1;
den=conv([1 1 0],[1, 2]);
G=tf(num,den); rlocus(G)
Axis([-5 5 -5 5])
```

程序运行结果如图 5-16 所示。

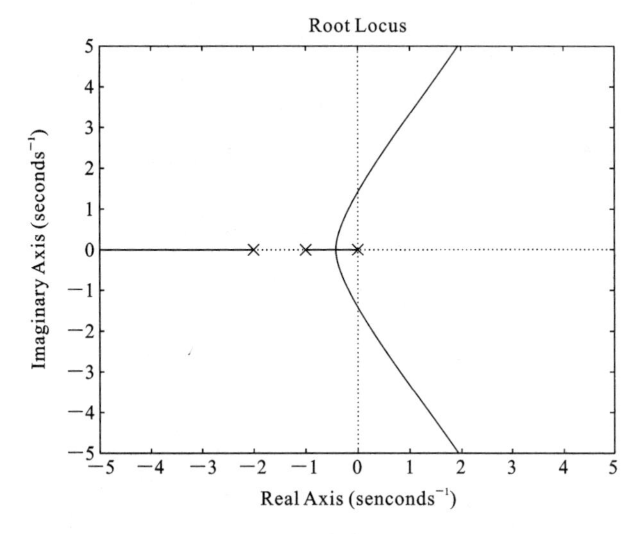

图 5-16 根轨迹图

（2）根轨迹分析。

参考程序如下：

```
clear num=1;
den=conv([1 1 0],[1, 2]); G=tf(num,den); rlocus(G)
axis([-5 5 -5 5])
[k, r]=rlocfind(sys)
```

将“＋”形光标移动并对准根轨迹与虚轴交点处点击鼠标，程序运行结果如图 5-17 所示。

通过交互选取系统临界稳定时的极点（应为根轨迹与虚轴交点）$-0.0038+j1.4206$，给出对应的增益值 $K=6.0391$，如图 5-18 所示。由此知系统临界稳定时的 K 值约为 6。

验证系统稳定性：

```
figure(2)      %新开一个图形窗口 K=6
sys=feedback(tf(K*num, den),1);
step(sys)
```

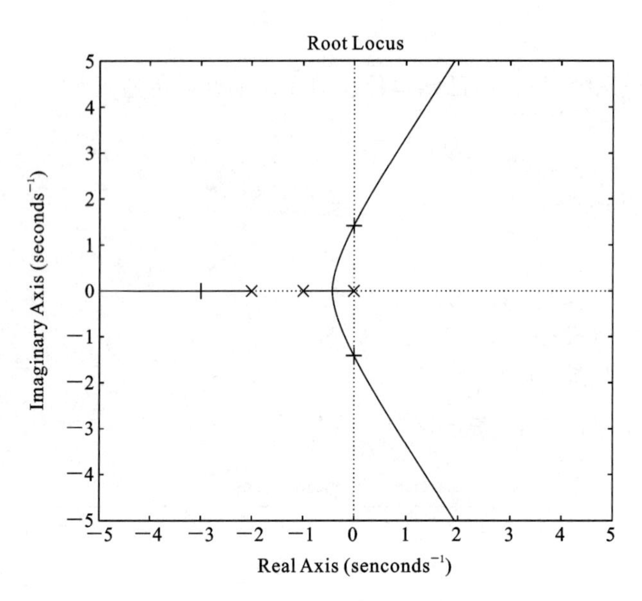

图 5-17　交互选取临界稳定极点图

```
Select a point in the graphics window

selected_point =

  -0.0038 + 1.4206i


k =

    6.0391


r =

  -3.0035 + 0.0000i
   0.0018 + 1.4180i
   0.0018 - 1.4180i
```

图 5-18　返回临界稳定增益值及对应全部极点结果

确定使系统 $\zeta=0.707$ 时的 K 值，并求此时系统的超调量：

```
clear
num=1;
den=conv([1 1 0],[1, 2]);
G=tf(num,den); rlocus(G)
axis([-5 3 -3 3])
sgrid(0.707,[ ])
```

程序运行后在根轨迹图上将光标移动到根轨迹分支与 0.707 等阻尼线的交点处，点击鼠标左键，程序给出对应的增益值、极点和超调量等信息，如图 5-19 所示。由图 5-19 可知，使系统 $\zeta=0.707$ 时的 K 值约为 0.682，超调量为 5.19%。

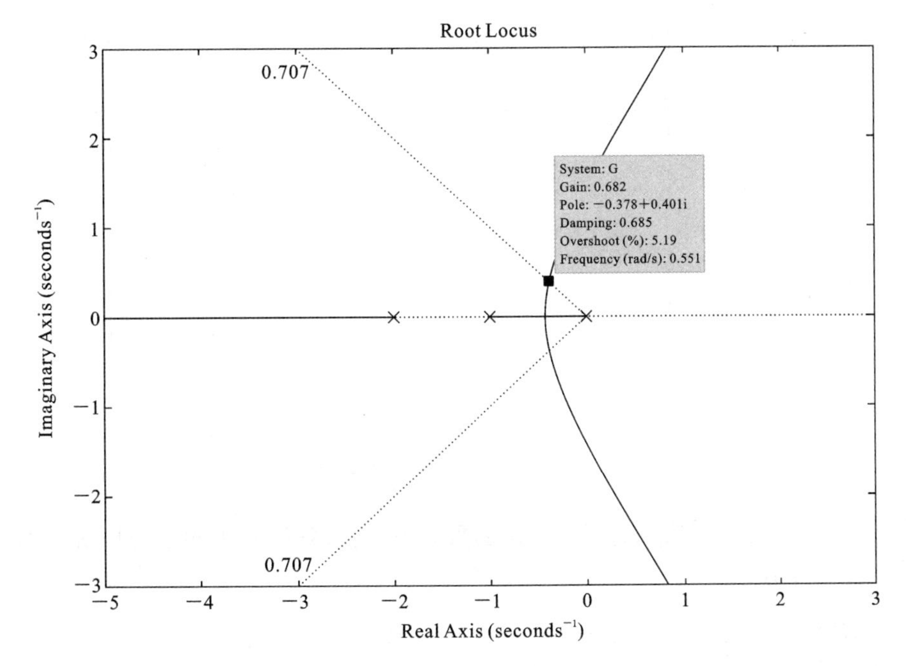

图 5-19 使 $\zeta=0.707$ 时的 K 值及阶跃响应超调量

习 题

5.1 已知单位负反馈系统的开环传递函数，试证明 K^* 从零变化到无穷大时，根轨迹的复数部分为圆弧，并求出圆心及半径。

(1) $G(s)=\dfrac{K^*(s+1)}{s^2+s+1}$； (2) $G(s)=\dfrac{K(\frac{1}{4}s+1)}{(s+1)(s+2)}$；

(3) $G(s)=\dfrac{K^*(s+2)}{s(s+1)}$； (4) $G(s)=\dfrac{K(s^2+6s+4)}{s^2+2s+4}$。

5.2 设反馈系统开环传递函数为 $G(s)H(s)=\dfrac{K^*}{s^3(s+4)}$，试确定分离点坐标。

5.3 已知反馈系统开环传递函数如下，试计算起始角和终止角。

(1) $G(s)H(s)=\dfrac{K^*(s+2)}{(s+1+\mathrm{j}2)(s+1-\mathrm{j}2)}$；

(2) $G(s)H(s)=\dfrac{K^*(s^2+2s+2)}{(s+5)(s^2+s+4)}$。

5.4 负反馈系统的开环传递函数为

$$G(s)H(s)=\frac{k}{s(s+1)(s+2)}$$

绘制闭环系统的根轨迹，并求出特征数据。

5.5 已知开环零点、极点分布如题5.5图所示，请大致画出相应的闭环根轨迹图。

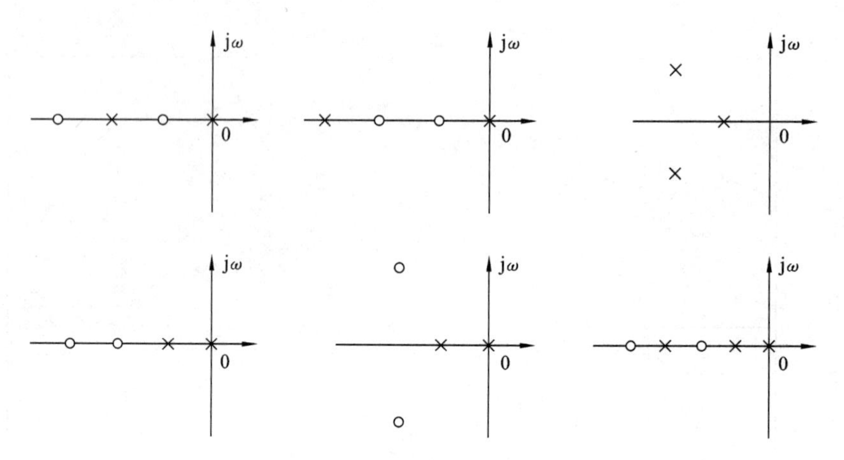

题5.5图 开环零点、极点分布图

5.6 设单位负反馈系统的开环传递函数如下，请大致绘制出相应的根轨迹图（要求确定分离点 d 坐标）。

(1) $G(s)=\dfrac{K}{s(0.2s+1)(0.5s+1)}$； (2) $G(s)=\dfrac{K(s+1)}{s(2s+1)}$；

(3) $G(s)=\dfrac{K^*(s+5)}{s(s+2)(s+3)}$； (4) $G(s)=\dfrac{K^*(s+1)^3}{(s+2)^3}$；

(5) $G(s)=\dfrac{K^*(s+2)}{(s+1+\mathrm{j}2)(s+1-\mathrm{j}2)}$； (6) $G(s)=\dfrac{K^*(s+20)}{(s+10+\mathrm{j}10)(s+10-\mathrm{j}10)}$；

(7) $G(s)=\dfrac{K^*(s+3)}{s(s+2)(s^2+10s+50)}$； (8) $G(s)=\dfrac{1.6K(s+10)}{s(s+1)(s+4)^2}$；

(9) $G(s)H(s)=\dfrac{K(s^2+4)}{(s^2-1)(s^2-9)}$。

5.7 设单位负反馈控制系统开环传递函数为

$$G(s)=\frac{K^*(s+K)}{s^2(s+10)(s+20)}$$

确定产生纯虚根为$\pm\mathrm{j}1$的 K 值和 K^* 值。

5.8 设系统的闭环特征方程为 $D(s)=3s^2(s+a)+K(s+1)=0(0<K<\infty)$，试确定根轨迹有两个分离点情况下 a 的范围，并作出其根轨迹图。

5.9 设负反馈控制系统中 $G(s)=\dfrac{K^*}{s^2(0.5s+1)(0.2s+1)}$，$H(s)=1$。要求：

(1) 粗略绘制系统根轨迹图($0<K^*<\infty$)，并判定闭环系统的稳定性。

(2) 如果改变反馈通道的传递函数，使 $H(s)=0.1+0.2s$，绘制系统的根轨迹图，并讨论 $H(s)$的变化对系统稳定性的影响。

5.10 设负反馈控制系统的开环传递函数为

$$G(s)=\frac{K^*(s+2)}{s(s+1)(s+3)}$$

绘制 K^* 从 $0\to\infty$ 的闭环根轨迹图，并求出使系统稳定的 K^* 的值。

5.11　已知单位负反馈控制系统的开环传递函数为

$$G(s)=\frac{s+K}{40s^2(0.1s+0.1)}$$

作以 K 为参量的根轨迹（$0<K<\infty$）。

5.12　已知单位负反馈控制系统的开环传递函数为

$$G(s)=\frac{26}{s(s+10)(Ts+1)}$$

试绘制时间常数 T 从零变到无穷时的闭环根轨迹。

5.13　已知系统的动态结构图如题 5.13 图所示。

（1）绘制系统的根轨迹图；

（2）求出使系统稳定的 k 值取值范围。

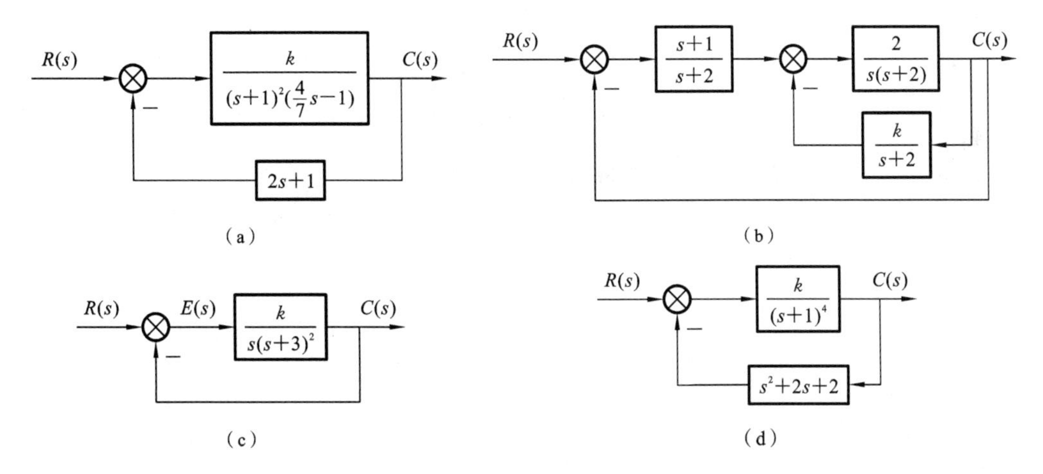

题 5.13 图　系统的动态结构图

5.14　某负反馈系统开环传递函数为

$$G(s)H(s)=\frac{K(Ts+1)}{s(s+3)}$$

其中 $G(s)=\dfrac{K}{s(s+3)}$，闭环极点为 $s_{1,2}=2\pm \mathrm{j}\sqrt{10}$。

（1）确定 K 和 T；

（2）绘制 T 为定值，K 从 $0\to\infty$ 时的根轨迹图；

（3）确定使系统稳定的 K 值范围。

5.15　某单位负反馈系统开环传递函数为 $G(s)=\dfrac{10}{s(s+1)(Ks+1)}$。

（1）绘制以 K 为变量的参数根轨迹的大致图形；

（2）求出使系统稳定的 K 值范围。

5.16　已知单位负反馈控制系统的开环传递函数为

$$G(s)H(s)=\frac{K}{(s^2+2s+2)(s^2+2s+5)},\quad K>0$$

欲保证闭环系统稳定，试确定根轨迹增益 K 的取值范围。

5.17 已知单位反馈系统的特征方程为 $3s(s+3)(s^2+2s+2)+9k(s+2)=0$。

(1) 绘制系统的 k 由 $0\to\infty$ 变化的根轨迹图；

(2) 确定使系统稳定的 k 的取值范围。

5.18 已知反馈系统的特征方程为 $s^3+3s^2+ks+k=0$，绘制以 k 为参变量的系统的根轨迹。

5.19 设单位反馈系统的开环传递函数为

$$G(s)H(s)=\frac{-\frac{20}{T}(s-1)}{(s+2)\left(s+\frac{1}{T}\right)}$$

(1) 画出 T 从 $0\to\infty$ 变化时闭环系统的根轨迹；

(2) 当 $T=20$ 时，求闭环系统的单位阶跃响应。

5.20 设系统的等效开环传递函数为

$$G(s)=\frac{K(s^2+2s+2)}{s^3}$$

试分析 K 值变化对系统输出信号在阶跃信号作用下的影响。

第6章

频域分析法

当线性定常系统的输入为正弦信号时，其稳态响应也是正弦信号，且频率与输入信号相同，只不过幅值与相位发生了变化，但它们依然是输入信号频率的函数。本章研究在输入信号的频率发生变化时，系统稳态响应（称之为频率响应）的变化情况。这种系统分析和设计的方法称为频率特性法，它是一种研究线性系统的经典方法。频域分析法是一种图解分析法，通过系统频率特性来分析系统的各种性能，与时域分析法相比具有明显的优点，即只需实验数据就可得到系统的数学模型，从而设计出满意的控制系统，具有直观性较强、计算量较小的突出优势。根据系统的开环频率特性即可定性分析闭环的特点；可以用实验方法得到控制系统的频率特性，并据此求出系统的数学模型；能方便地分析系统参数对系统性能的影响，进一步提出改善系统性能的方法。

本章首先介绍频率特性的基本概念和频率特性曲线的图示方法，然后对极坐标图和伯德（Bode）图进行分析，最后在完成控制系统开环频率特性研究的基础上，研究频域的奈奎斯特（Nyquist）稳定判据和性能的估算方法。

6.1 频率特性的基本概念

6.1.1 频率特性的定义

对线性系统（见图 6-1），若其输入信号为正弦量，则其稳态输出响应是同频率的正弦量，但是其幅值和相位一般都不同于输入量。若逐次改变输入信号的频率，则输出响应的幅值与相位都会发生变化，如图 6-2 所示。

若设输入量为

$$r(t)=A_r\sin(\omega t) \tag{6-1}$$

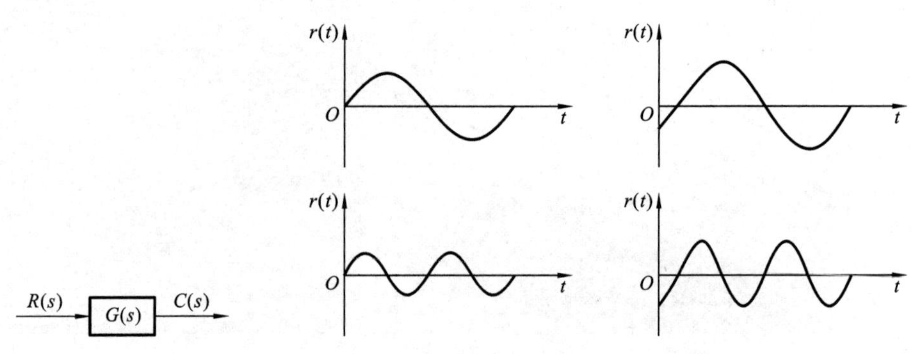

图 6-1　线性系统结构图　　　　**图 6-2　线性系统的频率特性响应示意图**

则输出量为

$$c(t)=A_{\mathrm{c}}\sin(\omega t+\varphi)=AA_{\mathrm{r}}\sin(\omega t+\varphi) \tag{6-2}$$

式(6-2)中:输出量与输入量的幅值之比用 A 表示,即 $A=\dfrac{A_{\mathrm{c}}}{A_{\mathrm{r}}}$;输出量与输入量的相位移用 φ 表示。

一个稳定的线性系统,其幅值之比 A 和相位移 φ 都是频率 ω 的函数(随 ω 的变化而改变),所以通常写成 $A(\omega)$和 $\varphi(\omega)$。这意味着,它们的值对不同的频率可能是不同的。

因此,频率特性定义为:线性定常系统在正弦输入信号作用下,输出的稳态分量与输入量的复数比。其定义式为

$$G(\mathrm{j}\omega)=A(\omega)\mathrm{e}^{\mathrm{j}\varphi(\omega)} \tag{6-3}$$

式中:$G(\mathrm{j}\omega)$为频率特性;$A(\omega)$为幅频特性;$\varphi(\omega)$为相频特性。

6.1.2　频率特性与传递函数的关系

一个线性定常系统(或环节)的频率特性就是其对应的传递函数 $G(s)$在 $s=\mathrm{j}\omega$ 时的特殊形式,即

$$G(s)\big|_{s=\mathrm{j}\omega}=G(\mathrm{j}\omega) \tag{6-4}$$

例如,惯性环节的传递函数为

$$G(s)=\frac{C(s)}{R(s)}=\frac{1}{Ts+1} \tag{6-5}$$

将 s 用 $\mathrm{j}\omega$ 代替,得到其频率特性为

$$G(\mathrm{j}\omega)=\frac{1}{\mathrm{j}\omega T+1} \tag{6-6}$$

例 6-1　某放大器的传递函数为 $G(s)=\dfrac{K}{Ts+1}$,今测得其频率响应,当 $\omega=1\ \mathrm{rad/s}$ 时,幅频 $A=6$,相频 $\varphi=-\dfrac{\pi}{4}$。放大系数 K 及时间常数 T 各为多少?

解　当 $\omega=1\ \mathrm{rad/s}$ 时,

$$|G(\mathrm{j}1)|=\frac{K}{\sqrt{T^2+1}}=6$$

$$\angle G(\mathrm{j}1)=-\arctan T=-\frac{\pi}{4}$$

由上述两式得 $T=1$ s，$K=6\sqrt{2}$。

例 6-2　设单位负反馈控制系统的开环传递函数为 $G(s)=\frac{10}{s+1}$，当把输入信号 $r(t)=\sin(t+30°)$ 作用在闭环系统上时，试求系统的稳态输出。

解　系统的闭环传递函数为 $\Phi(s)=\frac{10}{s+11}$，由输入信号的表达式可知 $\omega=1$ rad/s。当 $\omega=1$ rad/s 时，幅值及相角分别为

$$|\Phi(\mathrm{j}1)|=\frac{10}{\sqrt{1+11^2}}=0.91$$

$$\angle\Phi(\mathrm{j}1)=-\arctan\frac{1}{11}=-5.19°$$

系统的稳态输出为

$$c_{ss}=|\Phi(\mathrm{j}1)|\sin[t+30°+\angle\Phi(\mathrm{j}1)]=0.91\sin(t+24.81°)$$

6.1.3　频率特性的数学表达式

1. 指数形式

$$G(\mathrm{j}\omega)=A(\omega)\mathrm{e}^{\mathrm{j}\varphi(\omega)} \tag{6-7}$$

2. 代数形式

$$G(\mathrm{j}\omega)=P(\omega)+\mathrm{j}Q(\omega) \tag{6-8}$$

式中：$G(\mathrm{j}\omega)$ 为频率特性。它们之间的关系为

$$P(\omega)=A(\omega)\cos[\varphi(\omega)] \tag{6-9}$$

$$Q(\omega)=A(\omega)\sin[\varphi(\omega)] \tag{6-10}$$

$$A(\omega)=\sqrt{P^2(\omega)+Q^2(\omega)} \tag{6-11}$$

$$\varphi(\omega)=\arctan\frac{Q(\omega)}{P(\omega)} \tag{6-12}$$

例 6-3　试求如图 6-3 所示网络的频率特性。

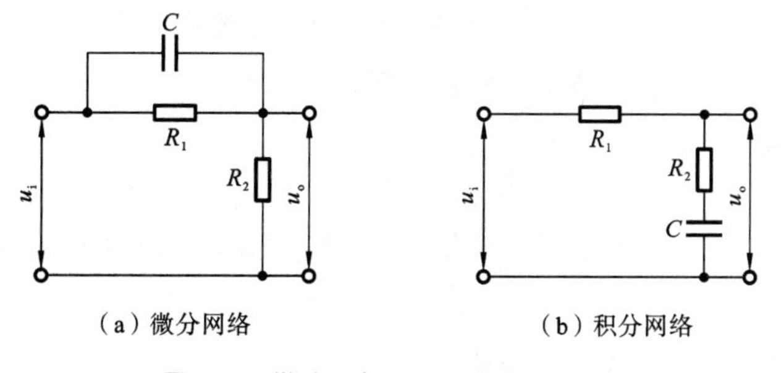

（a）微分网络　　（b）积分网络

图 6-3　微分网络和积分网络电路图

解 图 6-3 网络的频率特性可推导如下。

(1) 由图 6-1(a)微分网络可得方程

$$\frac{u_o}{R_2}=\frac{u_i-u_o}{R_1}+C\frac{d(u_i-u_o)}{dt}$$

两边在零初始状态下同时进行拉普拉斯变换,得

$$\frac{U_o(s)}{R_2}=\frac{U_i(s)-U_o(s)}{R_1}+Cs[U_i(s)-U_o(s)]$$

整理可得

$$\frac{U_o(s)}{U_i(s)}=\frac{R_2(R_1Cs+1)}{R_1+R_2+R_1R_2Cs}=\frac{R_2}{R_1+R_2}\cdot\frac{1+R_1Cs}{1+\dfrac{R_1R_2}{R_1+R_2}Cs}$$

故该网络的频率特性为

$$\frac{U_o(j\omega)}{U_i(j\omega)}=\frac{R_2}{R_1+R_2}\cdot\frac{1+jR_1C\omega}{1+j\dfrac{R_1R_2}{R_1+R_2}C\omega}$$

(2) 由图 6-1(b)积分网络可得方程

$$C\frac{d\left(u_o-\dfrac{u_i-u_o}{R_1}\cdot R_2\right)}{dt}=\frac{u_i-u_o}{R_1}$$

两边在零初始状态下同时进行拉普拉斯变换,得

$$Cs\left[U_o(s)-\frac{U_i(s)-U_o(s)}{R_1}\cdot R_2\right]=\frac{U_i(s)-U_o(s)}{R_1}$$

整理可得

$$\frac{U_o(s)}{U_i(s)}=\frac{1+R_2Cs}{1+(R_1+R_2)Cs}$$

故该网络的频率特性为

$$\frac{U_o(j\omega)}{U_i(j\omega)}=\frac{1+jR_2C\omega}{1+j(R_1+R_2)C\omega}$$

6.1.4 频率特性的几何表示

工程上对系统或环节的频率特性常用几何表示,主要有以下几种。

1. 幅相频率特性曲线(也称极坐标图或奈奎斯特图)

将频率特性写成指数形式,即

$$G(j\omega)=A(\omega)e^{j\varphi(\omega)} \tag{6-13}$$

以频率 ω 为变量,使其从零变化到无穷大时,将 $A(\omega)$、$\varphi(\omega)$ 同时表示在复数平面上所得到的曲线。

2. 对数频率特性曲线(也称伯德图)

将频率特性写成指数形式,即

$$G(j\omega)=A(\omega)e^{j\varphi(\omega)} \tag{6-14}$$

$$L(\omega)=20\lg A(\omega) \tag{6-15}$$

称为对数幅频特性。

对数频率特性曲线包括以下两个曲线。

(1) 对数幅频特性曲线 $L(\omega)$-$\lg\omega$；

(2) 对数相频特性曲线 $\varphi(\omega)$-$\lg\omega$。

对数幅频特性曲线横坐标表示频率 ω，是按对数分度的，即以 $\lg\omega$ 均匀刻度为横轴，但坐标数值标注频率 ω。对数分度的特点是频率 ω 每变化 10 倍，横坐标为一个单位长。频率 ω 变化 10 倍称为十倍频程，简记为 dec(decade)。对数分度使横轴表示的频率范围展宽，并且使低频段反映更多的信息。

对数幅频特性曲线的纵坐标表示 $L(\omega)$，$L(\omega)=20\lg A(\omega)$，均匀分度，单位是 dB。

对数相频特性曲线的纵坐标表示 $\varphi(\omega)$，均匀分度，单位是度(°)。

图 6-4 是对数频率特性的坐标。

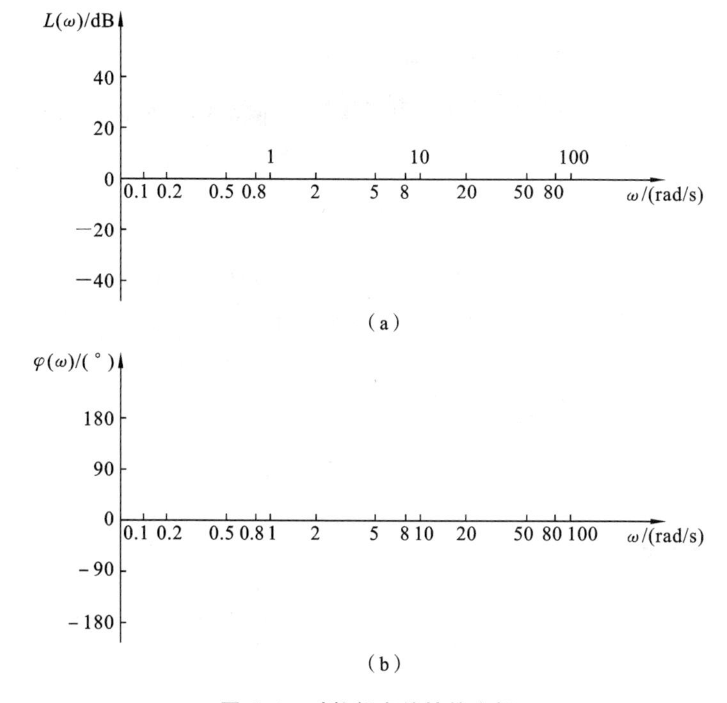

图 6-4　对数频率特性的坐标

6.2　典型环节的频率特性

一般地，系统开环传递函数可以表示为

$$G(s)H(s)=\frac{K(\tau_1 s+1)(\tau_2^2 s^2+2\zeta_1\tau_2 s+1)\cdots}{s^\nu(T_1 s+1)(T_2^2 s^2+2\zeta_2 T_2 s+1)\cdots} \tag{6-16}$$

可将上式看成是各典型环节的组合。本节介绍各典型环节的频率特性。

6.2.1 比例环节的频率特性

1. 传递函数

传递函数为

$$G(s)=K$$

2. 幅相频率特性

频率特性为

$$G(\mathrm{j}\omega)=K \tag{6-17}$$

幅频特性为

$$A(\omega)=K \tag{6-18}$$

相频特性为

$$\varphi(\omega)=0^{\circ} \tag{6-19}$$

比例环节的幅频特性和相频特性均为常数，与频率无关。幅相频率特性曲线为正实轴上的一个点(K,j0)，如图 6-5 所示。

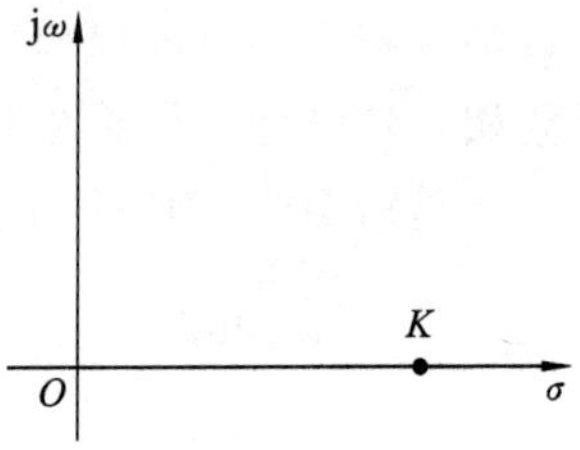

图 6-5 比例环节的幅相频率特性曲线

3. 对数频率特性

对数幅频特性为

$$L(\omega)=20\lg A(\omega)=20\lg K \tag{6-20}$$

对数幅频特性为截距是 $20\lg K$(dB)、平行于横轴的直线，如图 6-6(a)所示。若 $K>1$，则 $20\lg K>0$；若 $K=1$，则 $20\lg K=0$；若 $0<K<1$，则 $20\lg K<0$。

相频特性曲线为与横轴重合的 0°线，如图 6-6(b)所示。

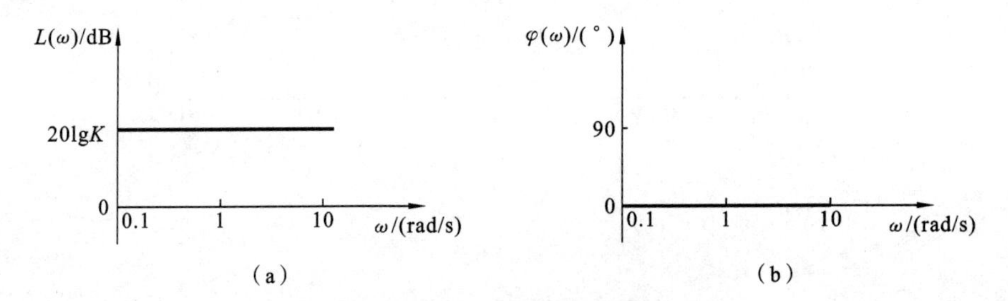

图 6-6 比例环节的对数频率特性曲线

6.2.2 积分环节的频率特性

1. 传递函数

传递函数为

$$G(s)=\frac{1}{s} \tag{6-21}$$

2. 幅相频率特性

频率特性为

$$G(j\omega)=\frac{1}{j\omega}=-j\frac{1}{\omega} \tag{6-22}$$

幅频特性为

$$A(\omega)=\frac{1}{\omega} \tag{6-23}$$

相频特性为

$$\varphi(\omega)=-90° \tag{6-24}$$

积分环节的幅频特性曲线如图 6-6 所示。

起点：$\omega=0, A(\omega)=\infty, \varphi(\omega)=-90°$。

终点：$\omega=\infty, A(\omega)=0, \varphi(\omega)=-90°$。

积分环节的相频特性为$-90°$，幅频特性与频率 ω 成反比。幅相特性曲线在负虚轴上。

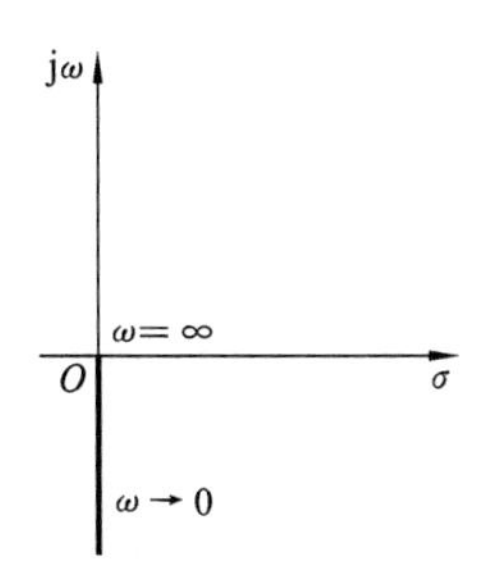

图 6-7 积分环节的幅频特性曲线

3. 对数频率特性

对数幅频特性为

$$L(\omega)=20\lg A(\omega)=20\lg\frac{1}{\omega}=-20\lg\omega \tag{6-25}$$

积分环节的对数幅频特性 $L(\omega)$与变量 $\lg\omega$ 是直线关系，其斜率为-20 dB/dec，特殊点为 $\omega=1$ 时，$A(\omega)=1$，并且 $L(\omega)=20\lg A(\omega)=0$ dB。对数幅频特性 $L(\omega)$是过点 $\omega=1$、$L(\omega)=0$ dB，斜率为-20 dB/dec 的一条直线，如图 6-8(a)所示。

相频特性曲线是一条平行于横轴、相频值为$-90°$的直线，如图 6-8(b)所示。

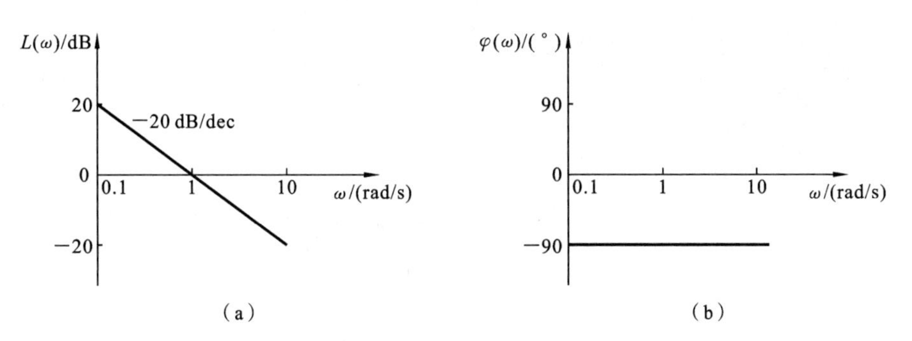

图 6-8 积分环节的对数频率特性曲线

6.2.3 微分环节(理想微分)的频率特性

1. 传递函数

传递函数为

$$G(s)=s \tag{6-26}$$

2. 幅相频率特性

频率特性为

$$G(j\omega)=j\omega \tag{6-27}$$

幅频特性为

$$A(\omega)=\omega \tag{6-28}$$

相频特性为

$$\varphi(\omega)=90^\circ \tag{6-29}$$

微分环节的幅频特性曲线如图 6-9 所示。

起点：$\omega=0, A(\omega)=0, \varphi(\omega)=90^\circ$。

终点：$\omega=\infty, A(\omega)=\infty, \varphi(\omega)=90^\circ$。

幅相频率特性曲线在正虚轴上。

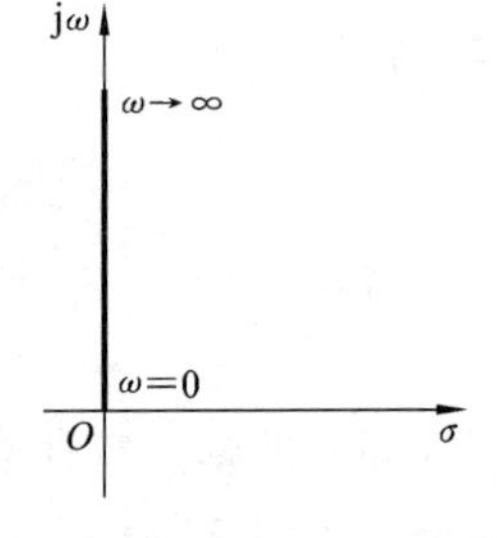

图 6-9 微分环节的幅频特性曲线

3. 对数频率特性

对数幅频特性为

$$L(\omega)=20\lg A(\omega)=20\lg\omega \tag{6-30}$$

对数幅频 $L(\omega)$为过点 $\omega=1$、$L(\omega)=0$ dB，斜率为 20 dB/dec 的一条直线，如图 6-9(a)所示。

相频特性为 $\varphi(\omega)=90^\circ$。

相频特性曲线 $\varphi(\omega)$是平行于横轴、相频值为 90°的直线，如图 6-10(b)所示。

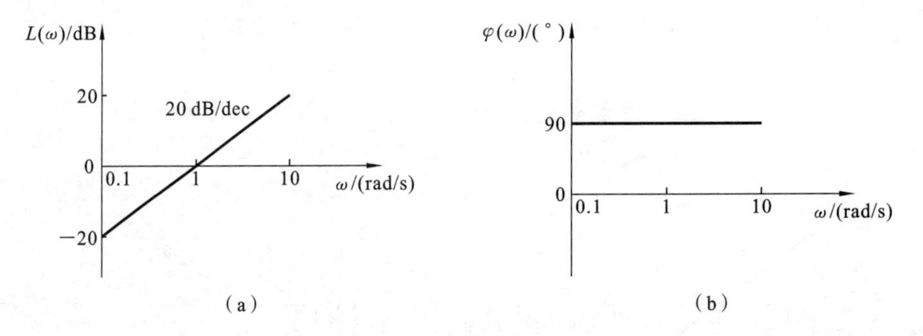

图 6-10 微分环节的对数频率特性曲线

积分环节$\frac{1}{s}$与微分环节 s 两个环节的传递函数互为倒数，它们的对数频率特性曲线是以横轴为对称轴的。

6.2.4 惯性环节的频率特性

1. 传递函数

传递函数为

$$G(s)=\frac{1}{Ts+1} \tag{6-31}$$

2. 幅相频率特性

频率特性为

$$G(\mathrm{j}\omega)=\frac{1}{\mathrm{j}\omega T+1} \tag{6-32}$$

幅频特性为

$$A(\omega)=\frac{1}{\sqrt{1+(T\omega)^2}} \tag{6-33}$$

相频特性为

$$\varphi(\omega)=-\arctan(\omega T) \tag{6-34}$$

实频特性为

$$P(\omega)=\frac{1}{1+\omega^2T^2} \tag{6-35}$$

虚频特性为

$$Q(\omega)=-\frac{\omega T}{1+\omega^2T^2} \tag{6-36}$$

经过推导得出

$$P^2(\omega)+Q^2(\omega)-P(\omega)=0 \tag{6-37}$$

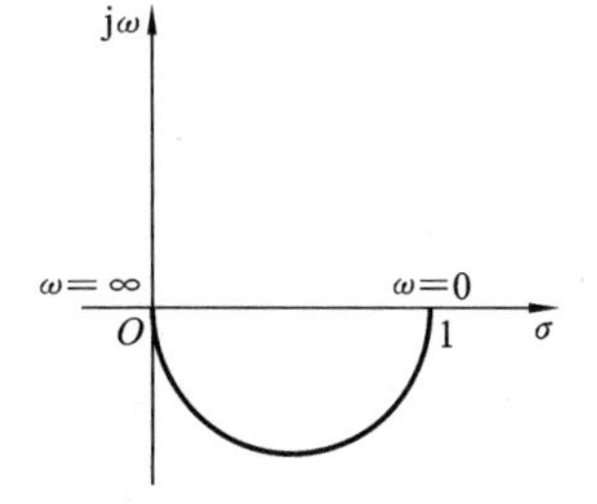

图 6-11 惯性环节的幅相频率特性曲线

幅相特性曲线是以点(0.5,$j0$)为圆心、半径为0.5的一个半圆,如图 6-11 所示。

起点:$\omega=0$,$A(\omega)=1$,$\varphi(\omega)=0°$。

终点:$\omega=\infty$,$A(\omega)=0$,$\varphi(\omega)=-90°$。

3. 对数频率特性

1) 对数幅频特性

对数幅频特性为

$$L(\omega)=20\lg A(\omega)=20\left[\lg 1-\lg\sqrt{1+(T\omega)^2}\right]=-20\lg\sqrt{1+(T\omega)^2} \tag{6-38}$$

绘制对数幅频特性,因逐点绘制很烦琐,通常采用近似的画法。先作出 $L(\omega)$的渐近线,再计算修正值,最后精确绘制实际曲线。惯性环节的对数频率特性曲线如图 6-12 所示。

由图 6-12 可知,$L(\omega)$在低频和高频时的变化规律如下。

(1) 低频段。当 $\omega\ll\frac{1}{T}$(或 $\omega T\ll 1$)时,由式(6-5)计算得 $A(\omega)=1$,则 $L(\omega)=20\lg A(\omega)\approx 0$ dB。惯性环节的对数幅频特性在低频段近似为 0 dB 的水平线,称它为低频渐近线。

(2) 高频段。当 $\omega\gg\frac{1}{T}$(或 $\omega T\gg 1$)时,计算得 $A(\omega)\approx\frac{1}{T\omega}$,则

$$L(\omega)=20\lg A(\omega)\approx 20\lg\frac{1}{T\omega}=-20\lg T-20\lg\omega \tag{6-39}$$

惯性环节的对数幅频特性在高频段的近似对数幅频曲线是一条过特殊点 $\omega=\frac{1}{T}$、$L(\omega)=0$ dB,斜率为-20 dB/dec 的直线,称它为高频渐近线。

(3) 交接频率(转折频率)。高频渐近线与低频渐近线相交于点 $\omega=\frac{1}{T}$、$L(\omega)=0$ dB,

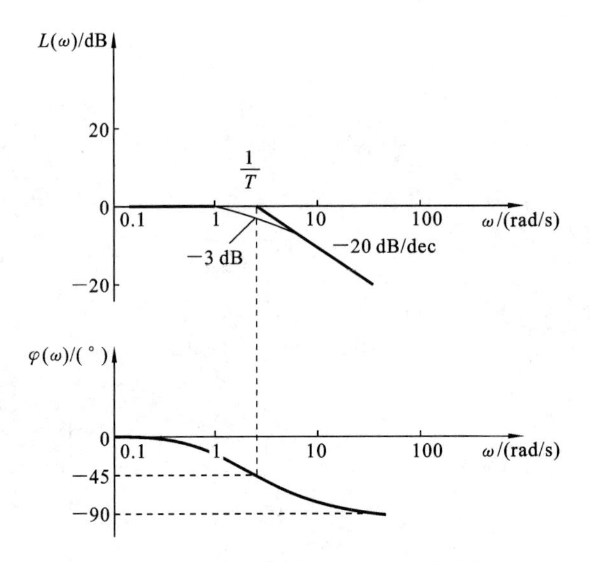

图 6-12 惯性环节的对数频率特性曲线

故横轴上 $\omega=\frac{1}{T}$的点称为交接频率或转折频率。

(4) 修正。以渐近线近似表示对数幅频曲线，在交接频率处误差最大。当 $\omega=\frac{1}{T}$时，

$$L(\omega)=-20\lg\sqrt{1+(T\omega)^2}=-20\lg\sqrt{1+1}=-20\lg\sqrt{2}=-3.01\ (\mathrm{dB})$$

2) 对数相频特性

对数相频特性为

$$\varphi(\omega)=-\arctan(\omega T) \tag{6-40}$$

相频曲线的特点：当 $\omega=\frac{1}{T}$(交接频率)时，相频值为 $-45°$，并且整条曲线对 $\omega=\frac{1}{T}$、$\varphi(\omega)=-45°$是奇对称的，以及低频时趋于 0°线(即横坐标轴)，高频时趋于 $-90°$的水平线。

由图 6-12 可看出低频信号能通过，高频信号被滤掉，是一个低通滤波器。

6.2.5 一阶微分环节的频率特性

1. 传递函数

传递函数为

$$G(s)=Ts+1 \tag{6-41}$$

2. 幅相频率特性

频率特性为

$$G(\mathrm{j}\omega)=\mathrm{j}T\omega+1 \tag{6-42}$$

幅频特性为

$$A(\omega)=\sqrt{1+(T\omega)^2} \tag{6-43}$$

相频特性为

$$\varphi(\omega)=\arctan(T\omega) \tag{6-44}$$

实频特性为

$$P(\omega)=1 \tag{6-45}$$

虚频特性为

$$Q(\omega)=T\omega \tag{6-46}$$

幅频特性曲线如图 6-13 所示。

起点：$\omega=0, P(\omega)=1, Q(\omega)=0$。

终点：$\omega=\infty, P(\omega)=1, Q(\omega)=\infty$。

由式(6-7)可知，幅相频率特性曲线是实部恒为 1 的、平行于正虚轴的直线；由相频的变化范围可知曲线在直角坐标的第一象限中，如图 6-13 所示。

3. 对数频率特性

对数幅频特性为

$$L(\omega)=20\lg\sqrt{1+(T\omega)^2} \tag{6-47}$$

相频特性为

$$\varphi(\omega)=\arctan(T\omega) \tag{6-48}$$

一阶微分环节 $Ts+1$ 与惯性环节 $\frac{1}{Ts+1}$ 两个环节的传递函数互为倒数，则它们的对数频率特性曲线是以横轴为对称的，图 6-12 为惯性环节的对数频率特性曲线，一阶微分环节对数频率特性曲线如图 6-14 所示。

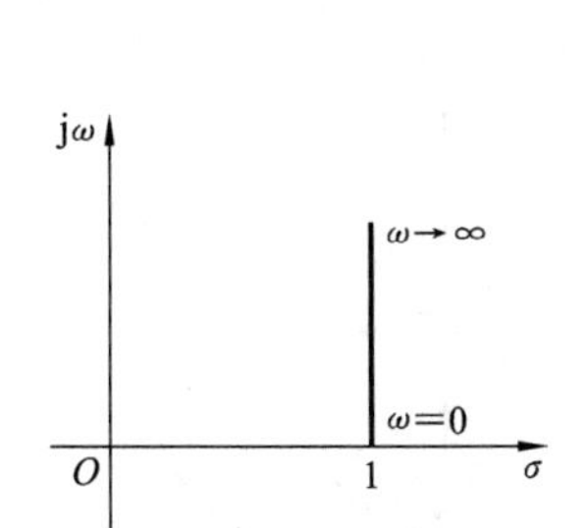

图 6-13　一阶微分环节的幅相频率特性曲线

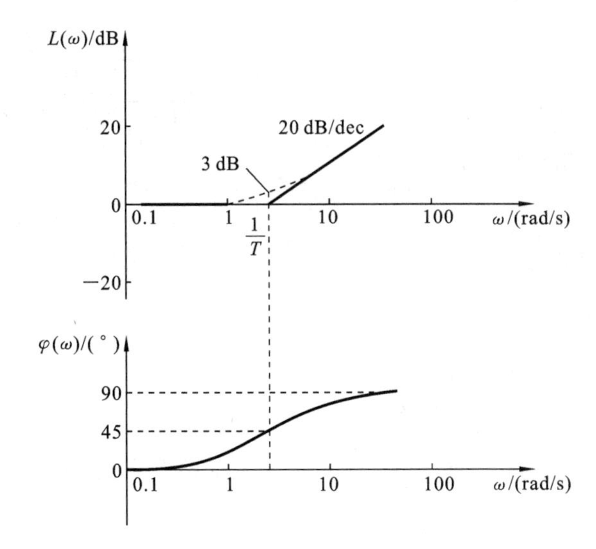

图 6-14　一阶微分环节的对数频率特性曲线

6.2.6 振荡环节

1. 传递函数

传递函数为

$$G(s)=\frac{\omega_n^2}{s^2+2\zeta\omega s+\omega_n^2} \tag{6-49}$$

或

$$G(s)=\frac{1}{T^2s^2+2\zeta Ts+1} \tag{6-50}$$

2. 幅相频率特性

频率特性为

$$G(j\omega)=\frac{\omega_n}{(\omega_n^2-\omega^2)+j2\zeta\omega_n}=\frac{1}{\left[1-\left(\frac{\omega}{\omega_n}\right)^2\right]+j2\zeta\left(\frac{\omega}{\omega_n}\right)} \tag{6-51}$$

或

$$G(j\omega)=\frac{1}{(1-T^2\omega^2)+j2\zeta T\omega} \tag{6-52}$$

幅频特性为

$$A(\omega)=\frac{1}{\sqrt{\left[1-\left(\frac{\omega}{\omega_n}\right)^2\right]^2+\left(2\zeta\frac{\omega}{\omega_n}\right)^2}} \tag{6-53}$$

或

$$A(\omega)=\frac{1}{\sqrt{(1-T^2\omega^2)^2+(2\zeta T\omega)^2}} \tag{6-54}$$

相频特性为

$$\varphi(\omega)=-\arctan\frac{2\zeta\cdot\frac{\omega}{\omega_n}}{1-\left(\frac{\omega}{\omega_n}\right)^2} \tag{6-55}$$

或

$$\varphi(\omega)=-\arctan\frac{2\zeta T\omega}{1-T^2\omega^2} \tag{6-56}$$

振荡环节的幅相频率特性曲线如图 6-15 所示。

起点：$\omega=0, A(\omega)=1, \varphi(\omega)=0$。

与坐标轴交点：$\omega=\frac{1}{T}, A(\omega)=\frac{1}{2\zeta}, \varphi(\omega)=-90°$。

终点：$\omega=\infty, A(\omega)=0, \varphi(\omega)=-180°$。

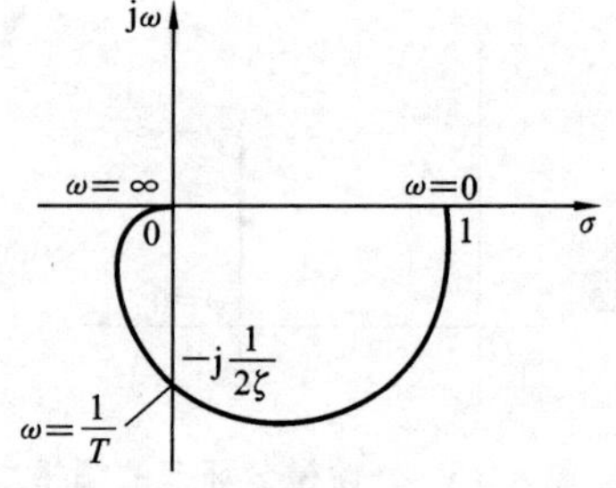

图 6-15 振荡环节的幅相频率特性曲线

3. 对数频率特性

1）对数幅频特性

对式(6-53)或式(6-54)取对数，并以 dB 为单位，则振荡环节的对数幅频特性为

$$L(\omega)=20\lg A(\omega)=-20\lg\sqrt{\left[1-\left(\frac{\omega}{\omega_n}\right)^2\right]^2+\left(2\zeta\frac{\omega}{\omega_n}\right)^2} \tag{6-57}$$

或

$$L(\omega)=-20\lg\sqrt{[1-(T\omega)^2]^2+(2\zeta T\omega)^2} \tag{6-58}$$

同时观察 $L(\omega)$曲线的两极端情况。

(1) 低频段。当 $\omega=\frac{1}{T}$或 $\omega<\omega_n$ 时，由式(6-8)或式(6-9)计算得 $A(\omega)\approx 1$，故 $L(\omega)=20\lg A(\omega)\approx 0$ dB。振荡环节的对数幅频特性在低频段近似为 0 dB 的水平线，为低频渐近线。

(2) 高频段。当 $\omega=\frac{1}{T}$或 $\omega<\omega_n$ 时，同理计算得

$$A(\omega)\approx\frac{1}{\sqrt{\left(\frac{\omega}{\omega_n}\right)^4}}=\left(\frac{\omega_n}{\omega}\right)^2 \tag{6-59}$$

或

$$A(\omega)\approx\frac{1}{(T\omega)^2} \tag{6-60}$$

对式(6-10)取对数，并以 dB 为单位，则对数幅频特性为

$$L(\omega)=20\lg A(\omega)\approx 40\lg\omega_n-40\lg\omega \tag{6-61}$$

或

$$L(\omega)=20\lg A(\omega)\approx -40\lg T-40\lg\omega \tag{6-62}$$

其斜率为-40 dB/dec。特殊点 $\omega=\omega_n=\frac{1}{T}$时，代入式(6-61)计算得 $L(\omega)=0$ dB。该直线为通过特殊点 $\omega=\omega_n=\frac{1}{T}$、$L(\omega)=0$ dB，斜率为-40 dB/dec 的直线，为振荡环节的高频渐近线。

(3) 交接频率。高频渐近线与低频渐近线在零分贝线(横轴)上相交于 $\omega=\omega_n=\frac{1}{T}$处，所以振荡环节的交接频率是无阻尼自然振荡频率 $\omega_n=\frac{1}{T}$。

(4) 修正。用渐近线近似表示对数幅频特性曲线，在交接频率处误差最大。

2）对数相频特性

相频特性 $\varphi(\omega)$低频时趋于 0°，高频时趋于$-180°$；$\omega=\omega_n=\frac{1}{T}$时为$-90°$，与 ζ 无关，如图 6-16 所示。

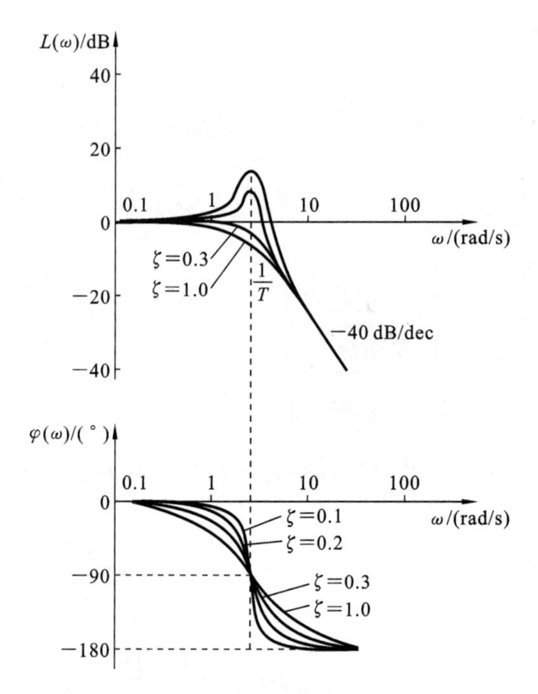

图 6-16　振荡环节的对数频率特性曲线

6.2.7　最小相位系统和非最小相位系统

当 ω 从 $0\to\infty$ 变化时，一阶不稳定环节的相频值从 $-180°$ 变化到 $-90°$，而稳定的惯性环节从 $0°$ 变化到 $-90°$，可见前者的相频绝对值大，后者的相频绝对值小，故惯性环节常常称为最小相位环节，而一阶不稳定环节又称为非最小相位环节。

传递函数中含有右极点、右零点的系统（或环节）称为非最小相位系统（或环节）；传递函数中没有右极点、右零点的系统或环节称为最小相位系统（或环节）。

对于最小相位系统或环节来说，其幅频特性与相频特性有唯一的对应关系，所以当 ω 从 $0\to\infty$ 变化时，根据幅频特性曲线就可唯一地确定其相频特性曲线，而对于非最小相位系统（或环节），则不能只根据幅频特性曲线来确定相频特性曲线，因为存在着多种可能性，故不能只依据幅频特性曲线来评价系统的响应特性。

6.3　系统频率特性曲线的绘制

开环系统是由若干个典型环节串联而成的。6.2 节讲述了典型环节的频率特性，结合绘制典型环节频率特性曲线的方法，绘制开环系统的频率特性曲线。

系统开环传递函数为

$$G_k(s) = G_1(s)G_2(s)\cdots G_n(s) \tag{6-63}$$

$$G_k(s) = \prod_{i=1}^{n} G_i(s) \tag{6-64}$$

开环频率特性为

$$G_k(j\omega) = \prod_{i=1}^{n} G_i(j\omega) \tag{6-65}$$

开环幅频特性为

$$A(\omega) = \prod_{i=1}^{n} A_i(\omega) \tag{6-66}$$

开环对数幅频特性为

$$L(\omega) = \sum_{i=1}^{n} L_i(\omega) \tag{6-67}$$

开环相频特性为

$$\varphi(\omega) = \sum_{i=1}^{n} \varphi_i(\omega) \tag{6-68}$$

系统开环传递函数的一般表达式为

$$G_k(s) = \frac{K\prod_{j=1}^{m}(\tau_j s + 1)}{s^{\nu}\prod_{i=1}^{n-\nu}(T_i s + 1)}, \quad n \geqslant m \tag{6-69}$$

式中：K 为系统的开环放大系数；ν 为积分环节的个数；τ_j、T_i 为时间常数。

6.3.1　系统开环幅相频率特性曲线的绘制

绘制开环幅相频率特性曲线，若是特殊曲线，则直接绘制；若不是特殊曲线，则一般可通过绘制起点、终点和坐标轴的交点等特殊点绘制出特性曲线的大致形状。

1. 开环幅相频率特性曲线的起点

当 $\omega \to 0$ 时，$G_k(j\omega)$ 为特性曲线的起点。

由于不同的 ν 值，特性曲线的起点来自坐标轴的 4 个不同的方向，如图 6-17 所示。

(1) 0 型系统，$\nu=0$，开环幅相频率特性曲线起始于点 K 处。

(2) Ⅰ型系统，$\nu=1$，开环幅相频率特性曲线起始于点 $-90°$ 处（负虚轴的 ∞ 处）。

(3) Ⅱ型系统，$\nu=2$，开环幅相频率特性曲线起始于点 $-180°$ 处（负实轴的 ∞ 处）。

(4) Ⅲ型系统，$\nu=3$，开环幅相频率特性曲线起始于点 $-270°$ 处（正实轴的 ∞ 处）。

开环幅相频率特性曲线的起点只与系统开环放大系数 K、积分环节个数 ν 有关，而与惯性环节、一阶微分环节、振荡环节等无关。

2. 开环幅相频率特性曲线的终点

当 $\omega \to \infty$ 时，$G_k(j\omega)$ 为特性曲线的终点。

$$\varphi(\omega) = -(n-m)90°$$

开环幅相频率特性曲线的终点如图 6-18 所示。

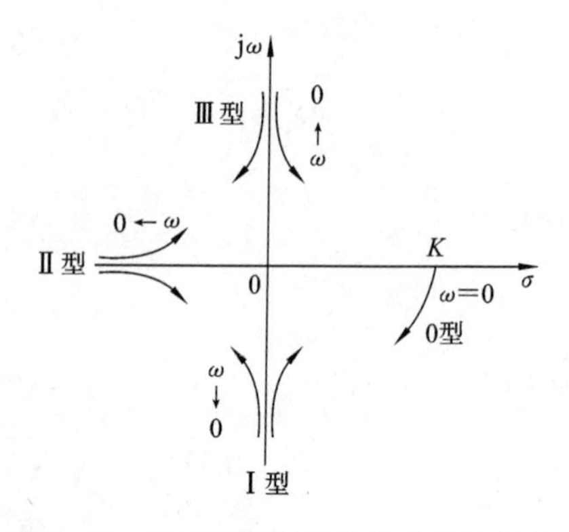

图 6-17　开环幅相频率特性曲线的起点

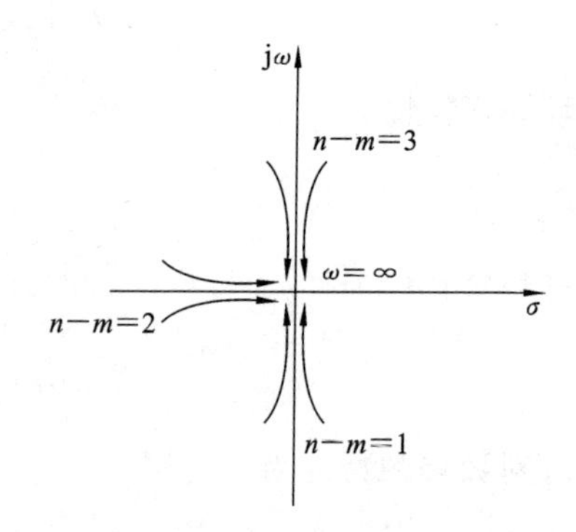

图 6-18　开环幅相频率特性曲线的终点

例 6-4　概略绘制下列传递函数的幅相特性曲线。

(1) $G(s)=\dfrac{K}{s(16s^2+6.4s+1)}$；

(2) $G(s)=\dfrac{Ks^3}{(s+0.31)(s+5.06)(s+0.64)}$；

(3) $G(s)=\dfrac{K(s+1)}{s(s^2+8s+100)}$；

(4) $G(s)=\dfrac{K(\tau_1 s+1)(\tau_2 s+1)}{s^3}$，$\tau_1,\tau_2>0$。

解　(1) 系统的频率特性为

$$G(j\omega)=\frac{K}{j\omega(-16\omega^2+j6.4\omega+1)}$$

$$=-\frac{6.4K}{(1-16\omega^2)^2+(6.4\omega)^2}-j\frac{(1-16\omega^2)K}{\omega[(1-16\omega^2)^2+(6.4\omega)^2]}$$

开环幅相特性曲线的起点为 $G(j0_+)=-6.4K-j\infty$；终点为 $G(j\infty)=0$。

与实轴的交点：令 $\mathrm{Im}[G(j\omega)]=0$，解得

$$\omega_x=0.25,\quad G(j\omega_x)=\mathrm{Re}[G(j\omega)]=-2.5K$$

式中：ω_x 为 $G(j\omega)$ 与实轴交点处的频率。概略开环幅相特性曲线在第Ⅱ和第Ⅲ象限间变化，如图 6-19 所示。

(2) 系统的频率特性为

$$G(j\omega)=\frac{-j\omega^3K}{(j\omega+0.31)(j\omega+5.06)(j\omega+0.64)}$$

$$=\frac{K\omega^4(\omega^2-5)}{(1-6\omega^2)^2+\omega^2(5-\omega^2)^2}-j\frac{K\omega^3(1-6\omega^2)}{(1-6\omega^2)^2+\omega^2(5-\omega^2)^2}$$

开环幅相特性曲线的起点为 $G(j0_+)=0$；终点为 $G(j\infty)=K$。

与实轴的交点：令 $\mathrm{Im}[G(j\omega)]=0$，解得

$$\omega_x=0.41,\quad G(j\omega_x)=\mathrm{Re}[G(j\omega)]=-0.035K$$

式中：ω_x 为 $G(j\omega)$ 与实轴交点处的频率。

与虚轴的交点：令 $\mathrm{Re}[G(j\omega)]=0$，解得

$$\omega_y=2.24,\quad G(j\omega_y)=\mathrm{Im}[G(j\omega)]=0.067K$$

式中:ω_y 为 $G(j\omega)$ 与负虚轴交点处的频率。概略开环幅相特性曲线在第Ⅰ、第Ⅱ和第Ⅲ象限间变化,如图 6-20 所示。

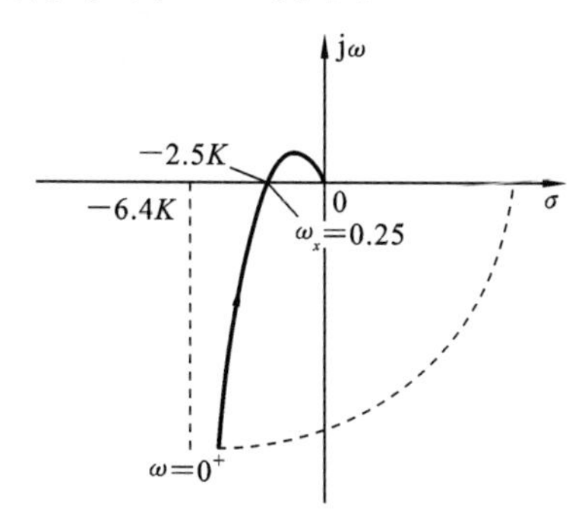

图 6-19　幅相特性曲线

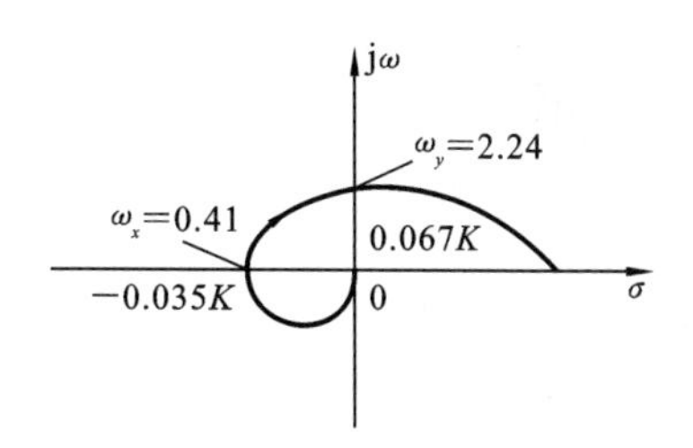

图 6-20　概略开环幅相特性曲线

(3) 系统的频率特性为

$$G(j\omega)=\frac{K(j\omega+1)}{j\omega(100+j8\omega-\omega^2)}=\frac{K(92-\omega^2)}{(100-\omega^2)^2+64\omega^2}-j\frac{K(100+7\omega^2)}{\omega[(100-\omega^2)^2+64\omega^2]}$$

开环幅相特性曲线的起点为 $G(j0_+)=0.0092K-j\infty$;终点为 $G(j\infty)=0$,

与虚轴的交点:令 $\mathrm{Re}[G(j\omega)]=0$,解得

$$\omega_y=9.59,\quad G(j\omega_y)=\mathrm{Im}[G(j\omega)]=-0.013K$$

式中:ω_y 为 $G(j\omega)$ 与负虚轴交点处的频率。概略开环幅相特性曲线在第Ⅲ和第Ⅳ象限间变化,如图 6-21 所示。

(4) 系统的频率特性为

$$G(j\omega)=\frac{K(1+j\tau_1\omega)(1+j\tau_2\omega)}{-j\omega^3}=-\frac{K(\tau_1+\tau_2)}{\omega^2}+j\frac{K(1-\tau_1\tau_2\omega^2)}{\omega^3}$$

开环幅相特性曲线的起点为 $G(j0_+)=-\infty+j\infty$;终点为 $G(j\infty)=0$。

与实轴的交点:令 $\mathrm{Im}[G(j\omega)]=0$,解得

$$\omega_x=1/\sqrt{\tau_1\tau_2},\quad G(j\omega_x)=\mathrm{Re}[G(j\omega)]=-K(\tau_1+\tau_2)\tau_1\tau_2$$

式中:ω_x 为 $G(j\omega)$ 与实轴交点处的频率。概略开环幅相特性曲线在第Ⅱ和第Ⅲ象限间变化,如图 6-22 所示。

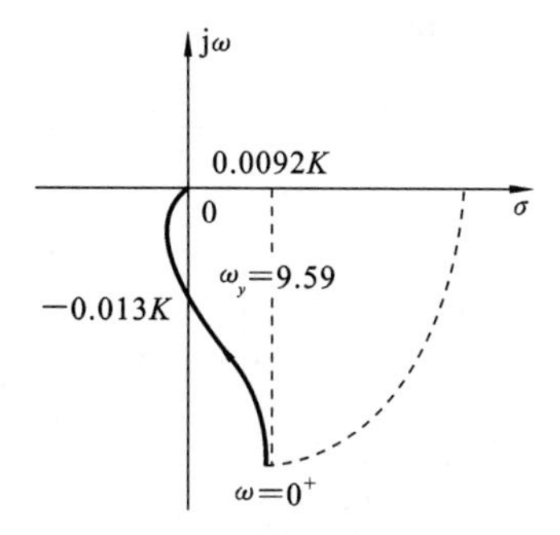

图 6-21　幅相特性曲线

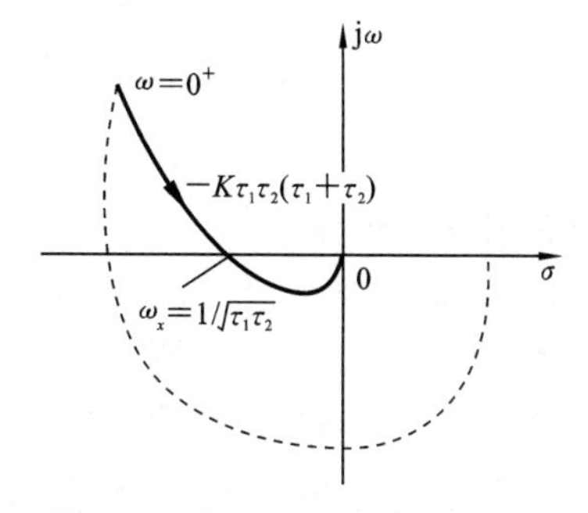

图 6-22　概略开环幅相特性曲线

6.3.2 系统开环对数频率特性曲线的绘制

开环对数幅频特性为

$$L(\omega) = \prod_{i=1}^{n} L_i(\omega) \tag{6-70}$$

开环相频特性为

$$\varphi(\omega) = \sum_{i=1}^{n} \varphi_i(\omega) \tag{6-71}$$

1. 利用叠加法绘制

绘制步骤如下。

(1) 写出系统开环传递函数的标准形式,并将开环传递函数表示成各个典型环节的乘积形式。

(2) 画出各典型环节的对数幅频特性和相频特性曲线。

(3) 在同一坐标轴下,将各典型环节的对数幅频特性和相频特性曲线叠加,即可得到系统的开环对数频率特性。

例 6-5 已知 $G_k(s)=\dfrac{10}{(s+1)(0.2s+1)}$,试绘制系统的开环伯德图。

解 由传递函数知,系统的开环频率特性为

$$G_k(j\omega)=\frac{10}{(j\omega+1)(j0.2\omega+1)}$$

它是由比例环节和两个惯性环节组成的。

幅频特性为

$$A(\omega)=\frac{10}{\sqrt{1+\omega^2}\sqrt{1+0.04\omega^2}}$$

相频特性为

$$\varphi(\omega)=-\arctan\omega-\arctan(0.2\omega)$$

对数幅频特性为

$$\begin{aligned}L(\omega)&=20\lg A(\omega)=20\left(\lg 10-\lg\sqrt{1+\omega^2}-\lg\sqrt{1+0.04\omega^2}\right)\\&=20\lg 10-20\lg\sqrt{1+\omega^2}-20\lg\sqrt{1+0.04\omega^2}\\&=L_1(\omega)+L_2(\omega)+L_3(\omega)\end{aligned}$$

对数相频特性表达式为

$$\varphi(\omega)=-\arctan\omega-\arctan(0.2\omega)=\varphi_1(\omega)+\varphi_2(\omega)+\varphi_3(\omega)$$

可以画出系统的开环对数幅频和相频特性曲线,如图 6-23 所示。

此法绘制对数频率特性曲线比较麻烦,工程上采用更简便的方法。

2. 工程绘制对数频率特性曲线的方法

不同的 ν 值的对数幅频特性曲线的低频段特点如图 6-24 所示。

(1) 0 型系统 $\nu=0$,低频段 $L(\omega)=20\lg K$。

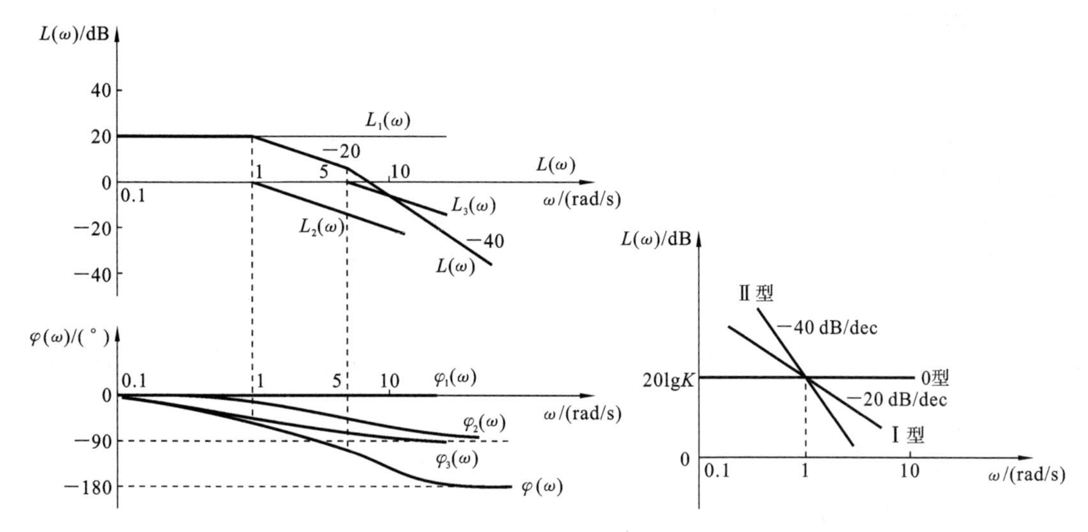

图 6-23　例 6-5 系统开环伯德图

图 6-24　对数幅频特性曲线的低频段特点

(2) Ⅰ型系统 $\nu=1$,低频段的斜率是-20 dB/dec。

(3) Ⅱ型系统 $\nu=2$,低频段的斜率是-40 dB/dec。

绘图步骤如下。

(1) 写出系统开环传递函数的标准形式,分析系统是由哪些典型环节组成的。

(2) 计算各典型环节的交接频率,按由小到大的顺序依次排列。根据比例环节的 K 值,计算 $20\lg K$。

(3) 绘制对数幅频特性曲线。

低频段:一般认为小于最小的交接频率。

过点 $\omega=1$、$L(\omega)=20\lg K$,绘制斜率为-20ν dB/dec 的低频渐近线(若第一个交接频率 $\omega_1<1$,则为其延长线)。

① 0 型系统,$\nu=0$,低频段 $L(\omega)=20\lg K$。

② Ⅰ型系统,$\nu=1$,低频段的斜率是-20 dB/dec。

③ Ⅱ型系统,$\nu=2$,低频段的斜率是-40 dB/dec。

中高频段:从低频段开始,ω 从低到高,每经过一个典型环节的交接频率,对数幅频特性曲线斜率就改变一次。

经过惯性环节的交接频率,斜率变化-20 dB/dec。

经过一阶微分环节的交接频率,斜率变化$+20$ dB/dec。

经过振荡环节的交接频率,斜率变化-40 dB/dec(按要求可对渐近线进行修正)。

(4) 绘制对数相频特性曲线。

直接计算 $\varphi(\omega)$,通常采取求出几个特殊点(如 ω 取起点、交接频率点、终点等)得到相频特性的大致曲线。

例 6-6　已知系统的开环传递函数 $G_k(s)=\dfrac{10(0.5s+1)}{s^2(0.1s+1)}$,画出其开环伯德图。

解　(1) 系统是由比例环节、惯性环节、一阶微分和两个积分环节组成的。

频率特性为

$$G_k(j\omega)=\frac{10(j0.5\omega+1)}{(j\omega)^2(j0.1\omega+1)}$$

(2) 交接频率 $\omega_1=2,\omega_2=10,K=10,20\lg K=20\lg 10=20$ (dB)。

(3) 对数幅频特性曲线：

过点 $\omega=1$、$L(\omega)=20$ dB，作斜率为 −40 dB/dec 的直线。

在 $\omega_1=2$ 处，加进一阶微分环节 $(0.5s+1)$，故 $L(\omega)$ 斜率变化 20 dB/dec，变为 −20 dB/dec。

在 $\omega_2=10$ 处，加进惯性环节 $\frac{1}{0.1s+1}$，故 $L(\omega)$ 斜率又变化 −20 dB/dec，变为 −40 dB/dec。

(4) 对数相频特性曲线。

相频特性为

$$\varphi(\omega)=-180^\circ-\arctan(0.1\omega)+\arctan(0.5\omega)$$

特殊点：

$\omega=0.1,\varphi(\omega)=-177$；

$\omega=2,\varphi(\omega)=-146$；

$\omega=5,\varphi(\omega)=-138$；

$\omega=10,\varphi(\omega)=-146$；

$\omega=\infty,\varphi(\omega)=-180$。

开环伯德图如图 6-25 所示。

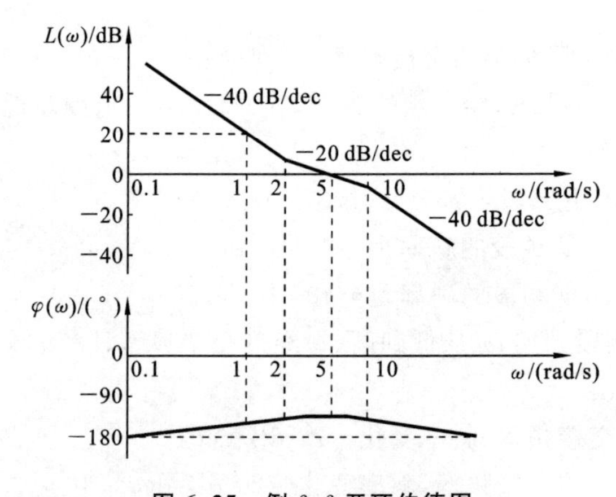

图 6-25 例 6-6 开环伯德图

6.3.3 根据对数幅频特性曲线确定传递函数

最小相位系统或环节的幅频特性与相频特性有唯一的对应关系，所以在 ω 从 0 变化到∞时，根据幅频特性曲线就可唯一确定其相频特性曲线，因此根据最小相位系统的开环对数幅频特性，可以确定系统的开环传递函数。

系统开环传递函数的一般表达式为

$$G_k(s)=\frac{K\prod_{j=1}^{m}(\tau_j s+1)}{s^{\nu}\prod_{i=1}^{n-\nu}(T_i s+1)} \quad n\geqslant m \tag{6-72}$$

式中：K 为系统的开环放大系数；ν 为积分环节的个数；τ_j、T_i 为时间常数。

根据开环对数幅频特性曲线确定传递函数，首先确定开环放大系数 K，再根据斜率变化和交接频率确定 ν、τ_j、T_i。

根据积分环节的个数 ν 不同，分别确定系统的开环放大系数 K。

1. 0 型系统($\nu=0$)

系统开环对数幅频特性曲线的低频段是一条幅值为 $20\lg K$ 的水平线，设其高度为 x，如图 6-26 所示。

$$L(\omega)=20\lg K=x \tag{6-73}$$

得

$$K=10^{\frac{x}{20}} \tag{6-74}$$

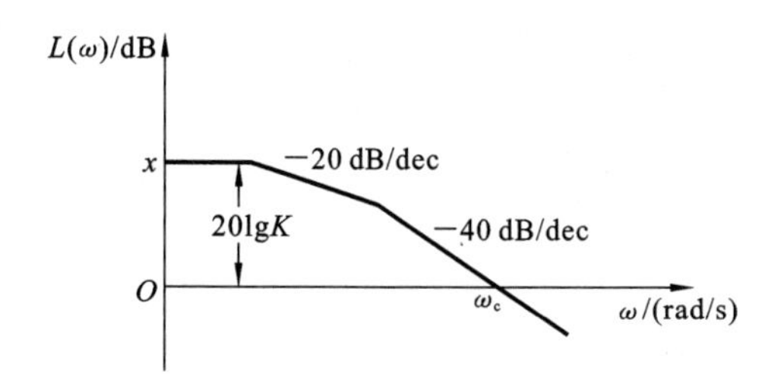

图 6-26 $\nu=0$ 开环对数幅频特性曲线

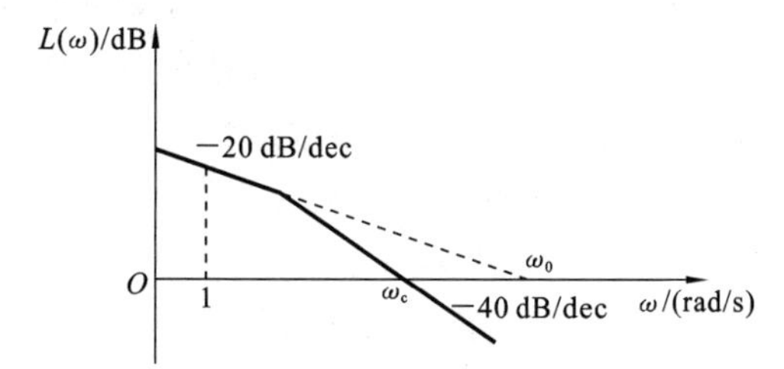

图 6-27 $\nu=1$ 开环对数幅频特性曲线

2. Ⅰ型系统($\nu=1$)

系统开环对数幅频特性曲线低频段的斜率为−20 dB/dec，它(或延长线)与横轴的交点频率为 ω_0，如图 6-27 所示。当 $\omega=1$ 时，$L(\omega)=20\lg K$。

可以证明 $K=\omega_0$。因为

$$\frac{20\lg K}{\lg 1-\lg\omega_0}=-20 \tag{6-75}$$

所以

$$K=\omega_0 \tag{6-76}$$

3. Ⅱ型系统($\nu=2$)

系统开环对数幅频特性曲线低频段的斜率为−40 dB/dec，它(或延长线)与横轴的交点频率为 ω_0，如图 6-28 所示。当 $\omega=1$ 时，$L(\omega)=20\lg K$。

可以证明 $K=\omega_0^2$。因为

$$\frac{20\lg K}{\lg 1-\lg\omega_0}=-40 \tag{6-77}$$

所以

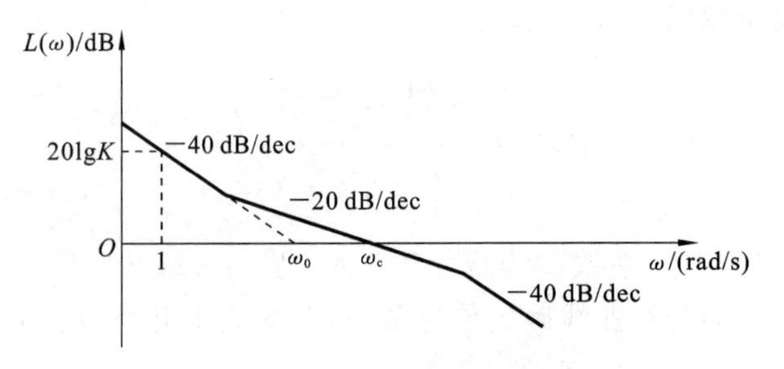

图 6-28　$\nu=2$ 开环对数幅频特性曲线

$$K=\omega_0^2 \tag{6-78}$$

4. 确定传递函数的一般步骤

(1) 确定开环系统是由哪些环节组成的。

从低频段开始，ω 从低到高，每经过一个典型环节的交接频率，对数幅频特性曲线斜率就改变一次。

若斜率变化−20 dB/dec，存在惯性环节。

若斜率变化+20 dB/dec，存在一阶微分环节。

若斜率变化−40 dB/dec，存在振荡环节。

(2) 计算开环放大系数 K。

根据积分环节的个数 ν，确定系统的开环放大系数。

(3) 求出交接频率。

根据斜率变化求出交接频率。

(4) 写出开环系统的传递函数。

根据开环放大系数 K、积分环节的个数 ν 和交接频率，确定传递函数。

例 6-7　已知最小相位系统的对数幅频渐近特性曲线如图 6-29 所示，试确定系统的开环传递函数。

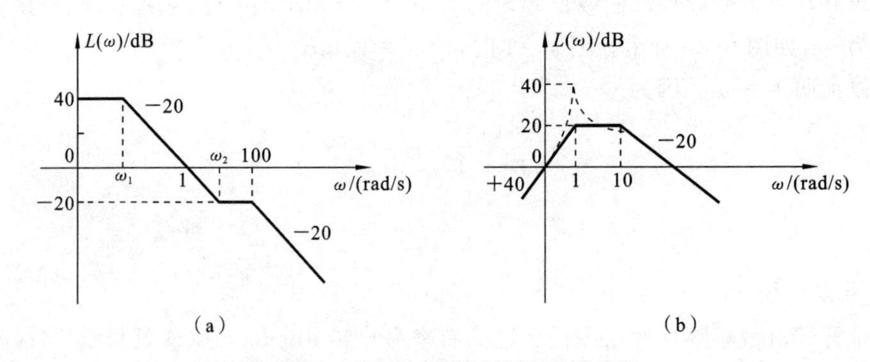

图 6-29　系统的对数幅频渐近特性曲线

解　本题主要考查由最小相位系统的对数幅频渐近特性曲线，并根据其几何性质，确定系统的传递函数。注意：对数幅频渐近特性曲线的低频渐近线的斜率反映系统所包含积分(微分)环节的个数，而对数幅频渐近特性曲线的斜率变化反映系统所包含环节的类型，斜率变化处所对应的频率即为所包含环节的交接频率。另外，还需注意振荡环节（二阶微分环节）参数的计算。

（1）图 6-29(a)系统。

① 确定系统积分环节或微分环节的个数。

因为对数幅频渐近特性曲线的低频渐近线的斜率为 0 dB/dec，故 $\nu=0$。

② 确定系统传递函数结构形式

$\omega=\omega_1$ 处，斜率变化 -20 dB/dec，对应惯性环节。

$\omega=\omega_2$ 处，斜率变化 $+20$ dB/dec，对应一阶微分环节。

$\omega=100$ 处，斜率变化 -20 dB/dec，对应惯性环节。

因此，系统应具有的传递函数为

$$G(s)=\frac{K\left(1+\frac{s}{\omega_2}\right)}{\left(1+\frac{s}{\omega_1}\right)\left(1+\frac{s}{100}\right)}$$

③ 由给定条件确定传递函数参数。

由于低频渐近线通过点$(1,20\lg K)$，故由 $20\lg K=40$ 解得 $K=100$，于是系统的传递函数为

$$G(s)=\frac{100\left(1+\frac{s}{\omega_2}\right)}{\left(1+\frac{s}{\omega_1}\right)\left(1+\frac{s}{100}\right)}$$

由 $40=20\lg\frac{1}{\omega_1}$ 解得 $\omega_1=0.01$；

由 $20=20\lg\frac{\omega_2}{1}$ 解得 $\omega_2=10$。

于是，系统的传递函数为

$$G(s)=\frac{100\left(1+\frac{s}{10}\right)}{\left(1+\frac{s}{0.01}\right)\left(1+\frac{s}{100}\right)}$$

（2）图 6-29(b)系统。

① 确定系统积分环节或微分环节的个数。

因为对数幅频渐近特性曲线的低频渐近线的斜率为 40 dB/dec，故有 $\nu=-2$。

② 确定系统传递函数结构形式。

$\omega=1$ 处，斜率变化 -40 dB/dec，对应振荡环节。

$\omega=10$ 处，斜率变化 -20 dB/dec，对应惯性环节。

因此，系统应具有的传递函数为

$$G(s)=\frac{Ks^2}{(s^2+2\zeta s+1)\left(1+\frac{s}{10}\right)}$$

③ 由给定条件确定传递函数参数。

由于低频渐近线通过点(1,20lg$K$)，故由 20lg$K$=20 解得 K=10。

再由 $20\lg M_r=20\lg\dfrac{1}{2\zeta\sqrt{1-\zeta^2}}=40-20=20$ 解得 $\zeta=0.05$(其中 $\zeta=0.9987$ 不符合题意，故舍去)。

于是，系统的传递函数为

$$G(s)=\frac{10s^2}{(s^2+0.1s+1)\left(1+\frac{s}{10}\right)}$$

例 6-8 已知一些最小相位元件的对数幅频特性曲线如图 6-30 所示，试写出它们的传递函数 $G(s)$，并计算出各参数值。

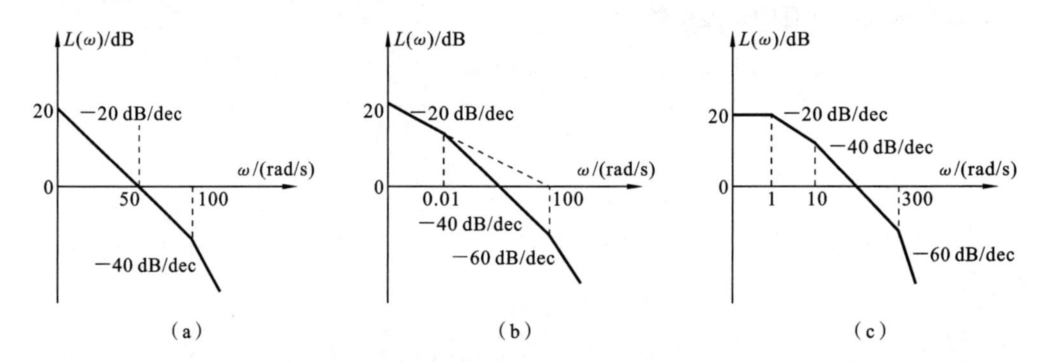

图 6-30 对数幅频特性曲线

解 (1) 在图 6-30(a)中，有

$$G(s)=K\,\frac{1}{s}\,\frac{1}{s/\omega+1}=K\,\frac{1}{s}\,\frac{1}{s/100+1}$$

由 $20\lg\dfrac{K}{50}=0$ 得 $K=50$，则

$$G(s)=K\,\frac{1}{s}\,\frac{1}{s/100+1}=\frac{50}{s(0.01s+1)}$$

(2) 在图 6-30(b)中，有

$$G(s)=K\,\frac{1}{s}\,\frac{1}{s/\omega_1+1}\,\frac{1}{s/\omega_2+1}=K\,\frac{1}{s}\,\frac{1}{s/0.01+1}\,\frac{1}{s/100+1}$$

又由 $20\lg\dfrac{K}{100}=0$ 得 $K=100$，则

$$G(s)=K\,\frac{1}{s}\,\frac{1}{s/0.01+1}\,\frac{1}{s/100+1}=\frac{100}{s(100s+1)(0.01s+1)}$$

(3) 在图 6-30(c)中，有

$$G(s)=K\,\frac{1}{s/\omega_1+1}\,\frac{1}{s/\omega_2+1}\,\frac{1}{s/\omega_3+1}=K\,\frac{1}{s+1}\,\frac{1}{s/10+1}\,\frac{1}{s/300+1}$$

由 $20\lg K=20$ 得 $K=10$，则

$$G(s)=K\,\frac{1}{s+1}\,\frac{1}{s/10+1}\,\frac{1}{s/300+1}=\frac{10}{(s+1)(0.1s+1)(0.0033s+1)}$$

6.4　系统稳定性的频域判据

在频域中只需根据系统的开环频率特性曲线(奈奎斯特图或伯德图)就可以分析、判断闭环系统的稳定性,并且还可得到系统的稳定裕量。

6.4.1　奈奎斯特稳定性判据

奈奎斯特稳定性判据是根据系统开环幅相频率特性曲线来判断闭环系统的稳定性。

(1) 当 ω 由 $0\to\infty$ 变化时,系统开环幅相频率特性曲线 $G_K(j\omega)$ 包围点$(-1,j0)$的圈数为 N(逆时针方向包围时,N 为正;顺时针方向包围时,N 为负),系统开环传递函数的右极点个数为 p。

若 $N=\frac{p}{2}$,则闭环系统稳定;否则闭环系统不稳定。

例 6-9　已知系统的开环奈奎斯特图如图 6-31 所示,试判断它们闭环系统的稳定性。

解　在图 6-31(a)中,因 $p=0$,开环稳定,而 $G_k(j\omega)$ 曲线未包围点$(-1,j0)$,$N=0=\frac{p}{2}$,所以系统稳定。

在图 6-31(b)中,$p=0$,开环稳定,而 $G_k(j\omega)$ 顺时针方向包围了点$(-1,j0)$,$N=-1\neq\frac{p}{2}$,所以系统不稳定。

在图 6-31(c)中,$p=2$,开环不稳定,但 $G_k(j\omega)$ 逆时针方向包围了点$(-1,j0)$一圈,即 $N=1=\frac{p}{2}$,所以系统稳定。

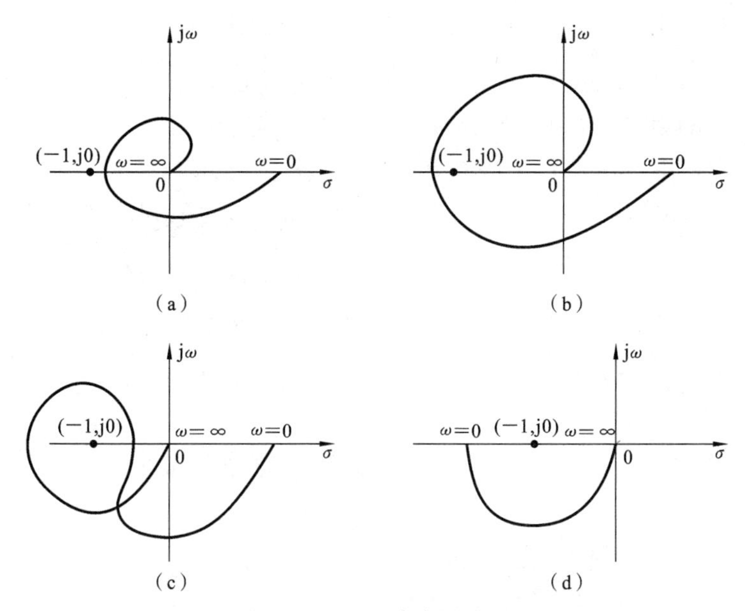

图 6-31　开环奈奎斯特图

在图 6-31(d)中，$p=1$，开环不稳定，但 $G_k(j\omega)$逆时针方向包围了点$(-1,j0)$半圈，即 $N=\frac{1}{2}=\frac{p}{2}$，所以系统稳定。

例 6-10 设系统开环频率特性如图 6-32 所示，试判别系统的稳定性，其中 P 为开环不稳定极点的个数，ν 为开环积分环节的个数。

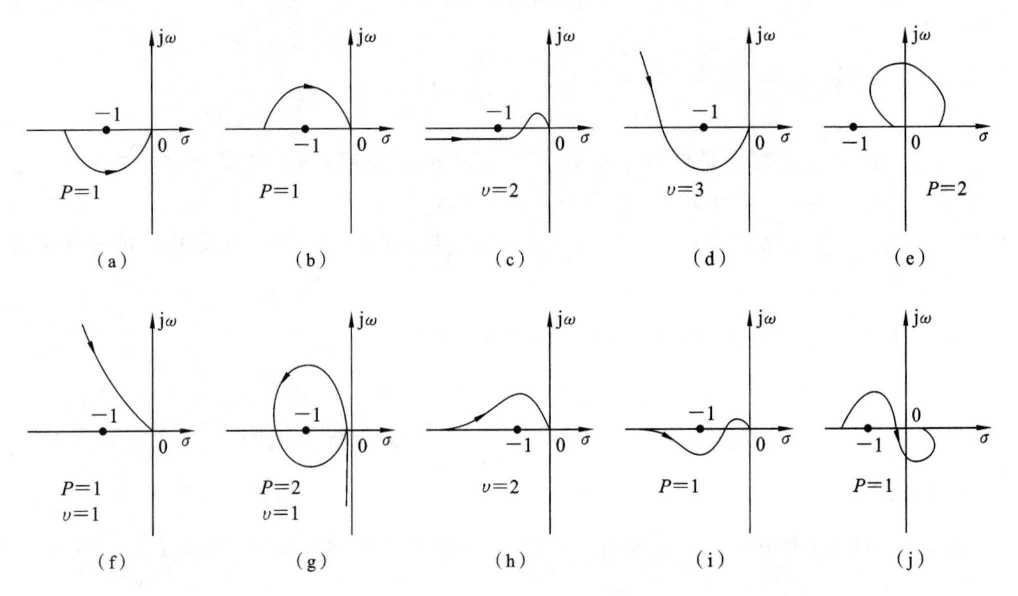

图 6-32 系统开环频率特性

解 在图 6-32(a)中，$N=\frac{1}{2}$，$P=1$，$Z=P-2N=0$，系统稳定。

在图 6-32(b)中，$N=-\frac{1}{2}$，$P=1$，$Z=P-2N=2$，系统不稳定。

在图 6-32(c)中，$N=0$，$P=0$，$Z=P-2N=0$，系统稳定。

在图 6-32(d)中，$N=0$，$P=0$，$Z=P-2N=0$，系统稳定。

在图 6-32(e)中，$N=0$，$P=2$，$Z=P-2N=2$，系统不稳定。

在图 6-32(f)中，$N=-\frac{1}{2}$，$P=1$，$Z=P-2N=2$，系统不稳定。

在图 6-32(g)中，$N=1$，$P=2$，$Z=P-2N=0$，系统稳定。

在图 6-32(h)中，$N=-1$，$P=0$，$Z=P-2N=2$，系统不稳定。

在图 6-32(i)中，$N=\frac{1}{2}$，$P=1$，$Z=P-2N=0$，系统稳定。

在图 6-32(j)中，$N=-\frac{1}{2}$，$P=1$，$Z=P-2N=2$，系统不稳定。

6.4.2 对数频率稳定性判据

对数频率稳定性判据实质为奈奎斯特稳定性判据在系统的开环伯德图上的反映，因为系统开环频率特性 $G_k(j\omega)$ 的奈奎斯特图与伯德图之间有一定的对应关系。

开环频率特性在奈奎斯特图与伯德图上正、负穿越的对应关系如图 6-33 所示。

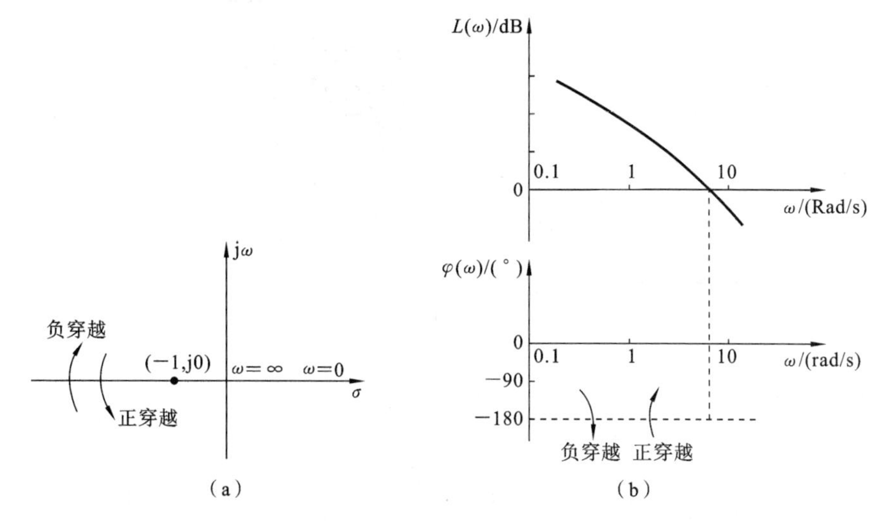

图 6-33　开环频率特性在奈奎斯特图与伯德图上正、负穿越的对应关系

在系统的开环对数频率特性曲线上，对数频率稳定性判据为：当 ω 由 $0\to\infty$ 变化时，在系统开环对数幅频曲线 $L(\omega)>0$ dB 的所有频段内，若相频曲线 $\varphi(\omega)$ 对 $-180°$ 线的正穿越与负穿越次数之差为 $\frac{p}{2}$（p 为开环不稳根的数目），则闭环系统稳定；否则系统不稳定。

用数学式表示为

$$N_+ - N_- = \frac{p}{2} \tag{6-79}$$

式中：p 为开环不稳根的数目；N_+、N_- 分别为正穿越次数和负穿越次数。

若系统满足式(6-79)，则闭环系统是稳定的；否则闭环系统不稳定。

例 6-11　已知系统开环对数频率特性曲线如图 6-34 所示，试用对数频率稳定性判据判断闭环系统的稳定性。

解　(1) 图 6-34(a)系统。由对数幅频特性曲线可知，其起始段斜率为 -20 dB/dec，故 $\nu=1$；需要在对数相频特性的低频段曲线向上补作 $1\times90°$ 的垂线。

在 $L(\omega)>0$ 的频段内，其对数相频曲线没有穿越 $(2k+1)\times180°$ 线，故 $N=0$，于是闭环极点位于 s 右半平面的个数为 $Z=P-2N=0-2\times0=0$，所以系统闭环稳定，没有正实部的闭环极点。

(2) 图 6-34(b)系统。

由对数幅频特性曲线可知其起始段斜率为 80 dB/dec，故 $\nu=-4$。

在 $L(\omega)>0$ 的频段内，其对数相频曲线两次穿越 $(2k+1)\times180°(k=0,-1)$ 线，且均为负穿越，故 $N_-=2$，$N_+=0$，则 $N=N_+-N_-=-2$，于是闭环极点位于 s 右半平面的个数为

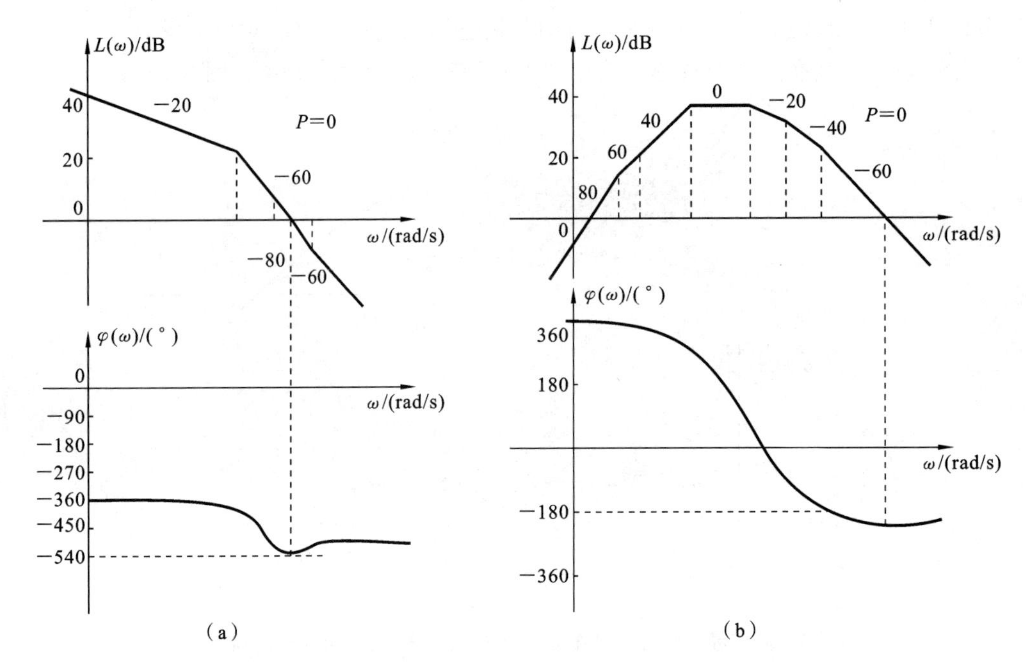

图 6-34　系统开环对数频率特性曲线

$$Z=P-2N=0-2\times(-2)=4$$

所以,系统闭环不稳定,有四个正实部的闭环极点。

6.4.3　稳定裕度

控制系统能正常工作的前提条件是系统必须稳定,除此之外,还要求具有适当的稳定裕度。也就是说,系统某一参数(或特性)在一定范围内发生变化时,系统仍然能保持稳定,即具有一定的相对稳定性。奈奎斯特稳定判据分析系统稳定性是通过闭合曲线 Γ_{GH} 绕点(−1,j0)的情况来进行判断的。假设系统在 s 右半平面无开环极点,在闭合曲线 Γ_{GH} 不包围点(−1,j0)时,闭环系统稳定;若闭合曲线 Γ_{GH} 穿过点(−1,j0),则闭环系统临界稳定。因此,在稳定性研究中,点(−1,j0)为临界点,闭合曲线 Γ_{GH} 相对于临界点的位置(即偏离临界点的程度)反映了系统的相对稳定性。闭合曲线 Γ_{GH} 离点(−1,j0)越远,系统稳定程度越高,相对稳定性越好。频域的相对稳定性常采用的稳定裕度包括相位裕度 γ 和幅值裕度 h。

1. 相位裕度 γ

称 ω_c 为系统的截止频率,满足

$$|G(j\omega_c)H(j\omega_e)|=1 \tag{6-80}$$

则相位裕度定义为

$$\gamma=180^\circ+\angle G(j\omega_c)H(j\omega_c) \tag{6-81}$$

对于最小相位系统(见图 6-35),如果相位裕度 $\gamma>0$,则系统稳定(见图 6-35(a)),且 γ 越大,系统的相对稳定性越好;如果相位裕度 $\gamma<0$,则系统不稳定(见图 6-35(b));当 γ

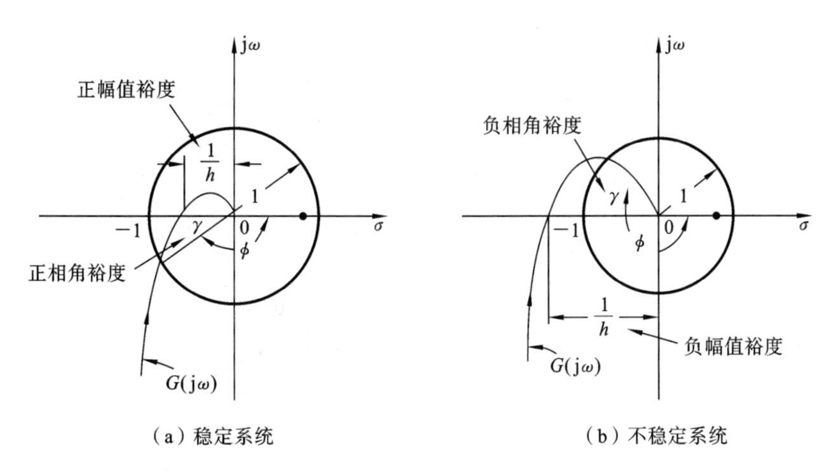

(a) 稳定系统　　(b) 不稳定系统

图 6-35　极坐标下最小相位系统的稳定裕度

=0 时，系统的开环频率特性曲线穿越点(−1,j0)，系统为临界稳定。

相位裕度的含义：使系统达到临界稳定状态时开环频率特性的相位 $G(j\omega_c)H(j\omega_c)$ 减小(对应稳定系统)或增加(对应不稳定系统)的数值；或者说对于闭环稳定系统，如果系统的开环相频特性再滞后 γ，则系统将处于临界稳定状态。

2. 幅值裕度 h

称 ω_x 为系统的穿越频率，满足

$$\angle G(j\omega_x)H(j\omega_x)=(2k+1)\pi,\quad k=0,\pm1,\cdots \tag{6-82}$$

则幅值裕度定义为

$$h=\frac{1}{|\angle G(j\omega_x)H(j\omega_x)|} \tag{6-83}$$

对于最小相位系统(见图 6-35)，如果幅值裕度 $h>1$，则系统稳定(见图 6-35(a))，且 h 越大，系统的相对稳定性越好；如果幅值裕度 $h<1$，则系统不稳定(见图 6-35(b))；当 $h=1$ 时，系统的开环频率特性曲线穿越点(−1,j0)，系统为临界稳定。

幅值裕度的含义：使系统达到临界稳定状态时开环频率特性的幅值 $|G(j\omega_x)H(j\omega_x)|$ 增大(对应稳定系统)或缩小(对应不稳定系统)的倍数；或者说对于闭环稳定系统，如果系统的开环幅频特性再增大 h 倍，则系统将处于临界稳定状态。

对数坐标下，幅值裕度的定义为

$$h=-20\lg|G(j\omega_x)H(j\omega_x)| \tag{6-84}$$

因此，对于最小相位系统(见图 6-36(a))，若 $h>0$ dB，则系统稳定；若 $h<0$ dB，则系统不稳定(见图 6-36(b))；若 $h=0$ dB，则系统临界稳定。

例 6-12　单位负反馈最小相位系统的开环对数幅频特性如图 6-37 所示，求开环传递函数及相位裕度 γ。

解　开环传递函数为

$$G(s)=\frac{K\left(\frac{1}{20}s+1\right)}{s\left(\frac{1}{10}s+1\right)\left(\frac{1}{\omega_3}s+1\right)}$$

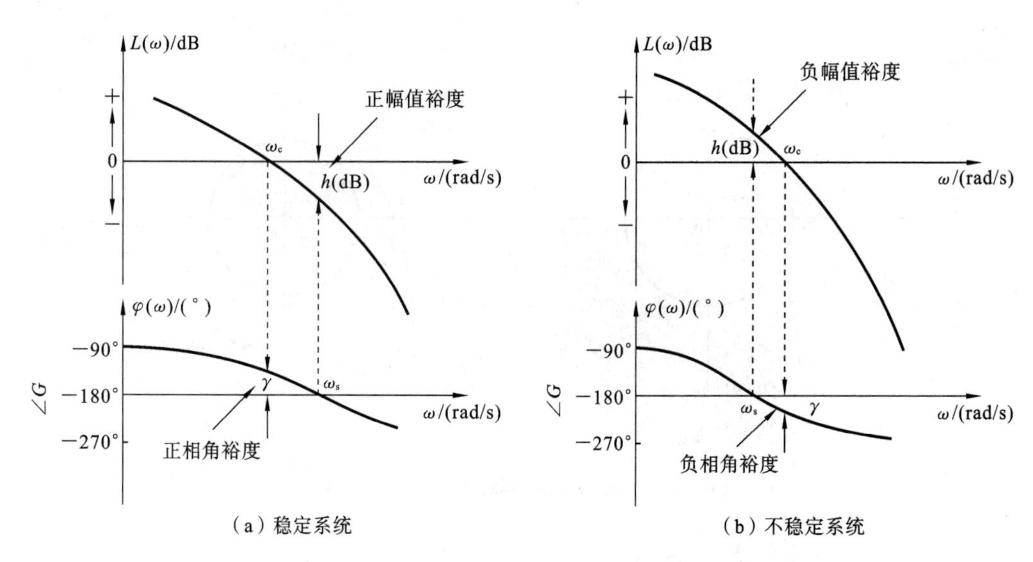

图 6-36　对数坐标下最小相位系统的稳定裕度

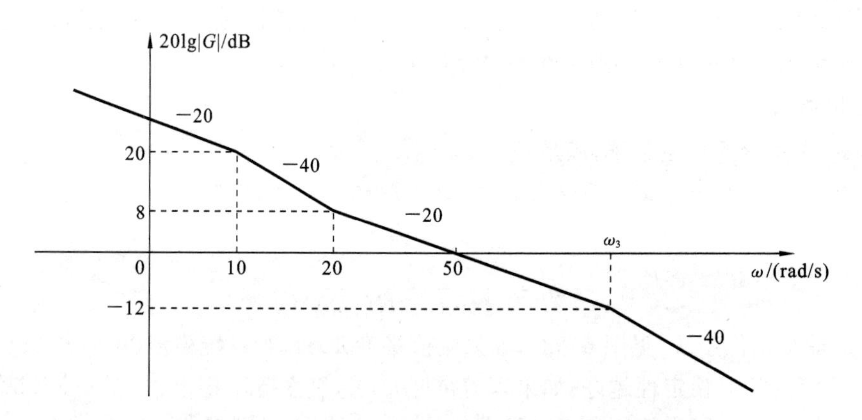

图 6-37　单位负反馈最小相位系统的开环对数幅频特性

由 $20\lg\frac{K}{20}=20$ 解得 $K=100$。

$$-12=-20(\lg\omega_3-\lg 50)=-20\lg\frac{\omega_3}{50}\Rightarrow\frac{\omega_3}{50}=4\Rightarrow\omega_3=200$$

将 $K=100$，$\omega_3=200$ 代入传递函数的表达式，得

$$G(s)=\frac{100(0.05s+1)}{s(0.1s+1)(0.005s+1)}$$

则相位裕度

$$\begin{aligned}\gamma&=180^\circ+\arctan(0.05\times50)-90^\circ-\arctan(0.1\times50)-\arctan(0.005\times50)\\&=65.5^\circ\end{aligned}$$

例 6-13　设单位负反馈系统的开环传递函数为

(1) $G(s)=\frac{\alpha s+1}{s^2}$；　　(2) $G(s)=\frac{K}{(0.01s+1)^3}$。

试确定使相位稳定裕度等于45°的α值。

解　(1) 相位稳定裕度为

$$\gamma=180°-180°+\arctan(\alpha\omega)=45°$$

由上式得$\alpha\omega=1$。又由

$$|G(j\omega)|=\frac{\sqrt{(\alpha\omega)^2+1}}{\omega^2}=1$$

解得$\omega=1.19$,$\alpha=0.84$。

(2) 相位稳定裕度为$\gamma=180°-3\times\arctan(0.01\omega)=45°$,则$\omega=100$。又由

$$|G(j100)|=\frac{K}{\sqrt{[(0.01\times100)^2+1]^3}}=1$$

解得$K=2\sqrt{2}=2.83$。

6.4.4　系统开环频率特性与系统性能的关系

根据系统的开环频率特性分析闭环系统的性能时,通常将开环频率特性曲线分成低频段、中频段和高频段三个频段,如图6-38所示。

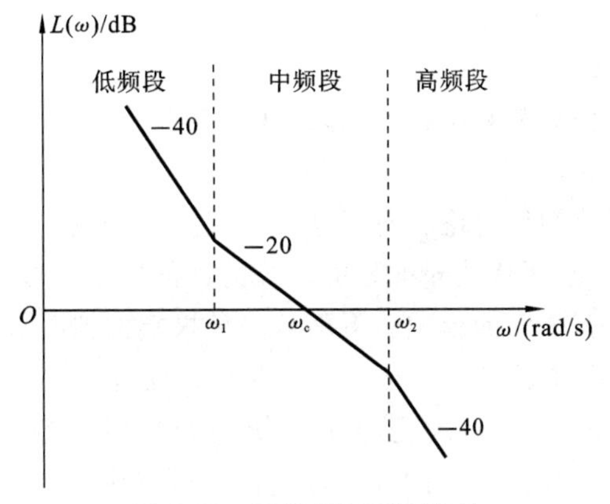

图6-38　系统开环频率特性

开环对数频率特性曲线$L(\omega)$在第一个交接频率ω_1以前的区段称为低频段,截止频率ω_c附近的区段称为中频段,中频段以后的区段称为高频段。

1. 低频段

低频段通常是指开环对数频率特性曲线$L(\omega)$在第一个交接频率ω_1以前的区段。它反映了频率特性与稳态误差的关系。这一段特性完全由系统开环传递函数中的积分环节的个数ν和开环放大系数K决定。

低频段的传递函数为

$$G(s)=\frac{K}{s^\nu} \tag{6-85}$$

式中:积分环节的个数ν决定了这一段的斜率为-20ν dB/dec;开环增益K决定了它的位

置。当 $\omega\to 0$ 时，$G(\mathrm{j}\omega)=\dfrac{K}{(\mathrm{j}\omega)^{\nu}}$。低频段的开环对数幅频特性为

$$L(\omega)=20\lg A(\omega)=20\lg\frac{K}{\omega^{\nu}}20\lg K-\nu 20\lg\omega \tag{6-86}$$

当 $L(\omega)=0$ 时，$K=\omega^{\nu}$ 或 $\omega=\sqrt[\nu]{K}$。

由图 6-39 可知，对数幅频特性曲线的位置越高，开环放大系数 K 越大。低频段的斜率越小，积分环节数越多，系统准确性越好。

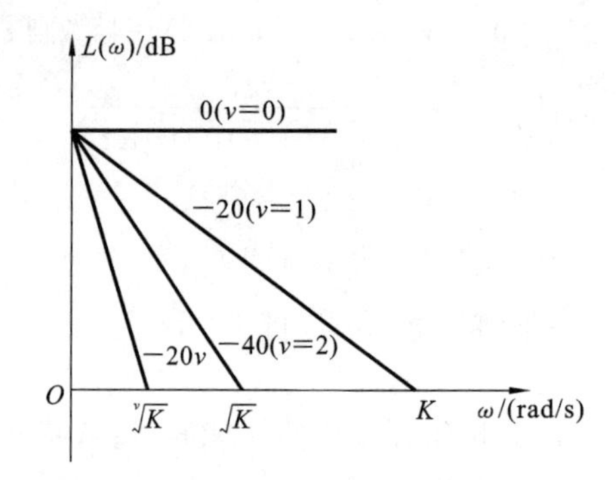

图 6-39　低频段对数幅频特性曲线

2. 中频段

中频段通常是指开环对数频率特性曲线 $L(\omega)$ 在截止频率 ω_c 附近的区段，它反映了系统动态响应的稳定性和快速性。

下面以最小相位系统为例讨论。对于这类系统，由于其幅频特性和相频特性有明确的对应关系，因此仅通过幅频特性即可分析系统的性能。中频段的幅频特性曲线斜率对系统的稳定性和快速性有很大的影响。下面从两种极端的情况加以说明。

(1) 中频段幅频特性曲线斜率为 −20 dB/dec，而且所占的频率区间较宽，如图 6-40(a)所示。在这种情况下，可近似地把整个系统的开环对数频率特性曲线看作斜率为 −20 dB/dec 的一条直线，那么系统的开环传递函数可看成

$$G(s)\approx\frac{K}{s}=\frac{\omega_c}{s} \tag{6-87}$$

对于单位反馈系统，闭环传递函数为

$$\Phi(s)=\frac{\omega_c}{\omega_c+s}=\frac{1}{\dfrac{s}{\omega_c}+1} \tag{6-88}$$

由闭环传递函数可知，该系统相当于一阶系统，其阶跃响应按指数规律变化，无振荡，具有较高的稳定程度。

调节时间为

$$t_s=\frac{3}{\omega_c} \tag{6-89}$$

在一定条件下，ω_c 越高，t_s 越小，系统快速性越好。

(2) 中频段幅频特性曲线斜率为 −40 dB/dec，而且所占的频率区间较宽，如图 6-40

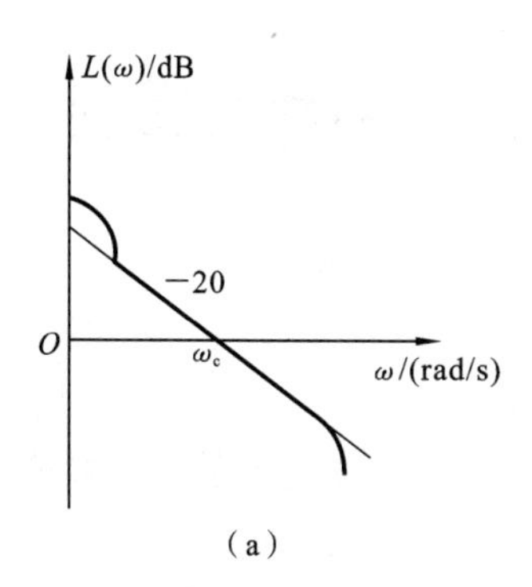

(a)

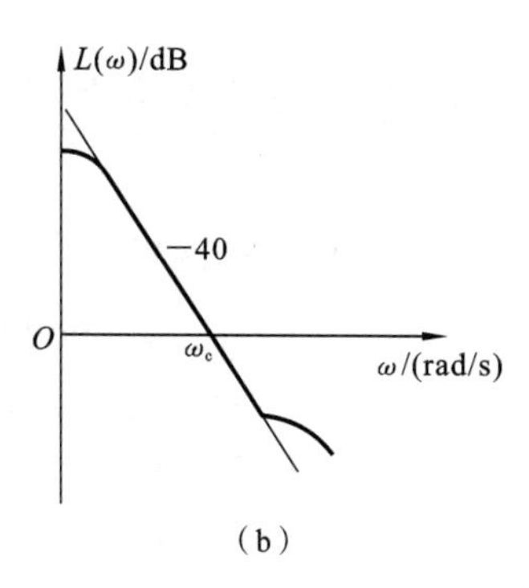

(b)

图6-40　中频段对数幅频特性曲线

(b)所示。在这种情况下,可近似地把整个系统的开环对数频率特性曲线看作斜率为−40 dB/dec的一条直线,那么系统的开环传递函数可看成

$$G(s)\approx\frac{K}{s^2}=\frac{\omega_c^2}{s^2} \tag{6-90}$$

对于单位反馈系统,闭环传递函数为

$$\Phi(s)=\frac{\omega_c^2}{s^2+\omega_c^2} \tag{6-91}$$

相当于无阻尼二阶系统,系统处于临界稳定状态。若中频段幅频特性曲线斜率为−40 dB/dec,则所占的频率区间不宜较宽,否则σ和t_s将显著增加。

因此,中频段的截止频率ω_c应适当大一些,以提高系统的响应速度,且曲线斜率以−20 dB/dec为好,而且要有一定频率宽度,以保证系统具有足够的相位裕度,使系统具有较好的稳定性。

3. 高频段

高频段通常是指开环对数频率特性曲线$L(\omega)$离截止频率ω_c较远的区段。它反映了系统抗干扰的能力。这部分的频率特性是由小时间常数的环节决定的。由于高频段远离ω_c,分贝值又低,对系统的动态响应影响不大。

由于高频段的开环幅频一般比较低,$L(\omega)\ll 0$,即$A(\omega)\ll 1$,因此闭环频率特性接近开环频率特性。

开环对数频率特性在高频段的幅值直接反映了系统对输入端高频扰动的抑制能力。高频段的分贝值越低,表明系统的抗扰动能力越强。

综上所述,对于最小相位系统,系统的开环对数幅频特性直接反映了系统的动态和稳态性能。三频段的概念为设计一个合理的控制系统提出了以下要求。

(1) 低频段的斜率要陡,放大系数要大,则系统的稳态精度高。如果系统要达到二阶无稳态误差,则$L(\omega)$线低频段斜率应为−40 dB/dec。

(2) 中频段以斜率−20 dB/dec穿越0 dB线,且具有一定中频带宽,则系统动态性能好。

(3) 要提高系统的快速性,则应提高截止频率ω_c。

(4) 高频段的斜率比低频段的斜率还要陡,以提高系统抑制高频扰动的能力。

6.5 频域分析相关命令/函数与实例

1. 伯德图(对数幅频特性图)

函数语法 1:[mag, phase, w]=bode(sys)

函数语法 2:[mag, phase, w]=bode(num, den)

如果缺省输出变量,则可直接绘制伯德图;否则只计算指定系统的幅值和相角,并将结果分别存放在向量 mag 和 phase 中,w 为对应的角频率点矢量。注意:由 bode 函数得到的幅值并不以 dB 为单位,相角以度为单位。

函数语法 3:[mag, phase, w]=bode(a, b, c, d, iu)

计算以状态方程表示的系统的第 iu 个输入到所有输出的幅值和相角,并将结果分别存放在向量 mag 和 phase 中。iu 缺省时计算系统每一个输入到输出的幅值和相角。

例 6-14 已知控制系统的开环传递函数,绘制其伯德图。

$$G(s)H(s)=\frac{5}{s^2+5s+10}$$

解 MATLAB 程序:

```
num=[5];den=[1 5 10];
bode(num,den)
```

2. 求幅值裕度与相角裕度

函数语法:[Gm, Pm, Wcg, Wcp]= margin(sys)

绘制指定系统的伯德图,并计算出幅值裕度 Gm、相角裕度 Pm 及其对应的截止频率 Wcg 和穿越频率 Wcp。注意:由 margin 算出的幅值裕度以 dB 为单位。

例 6-15 已知单位负反馈系统的开环传递函数为

$$G(s)=\frac{5(s+4)}{(s+1)(s+2)(s+3)}$$

求系统的稳定裕度。

解 MATLAB 程序:

```
k=5; z=[-4]; p=[-1 -2 -3];
[num,den]=zp2tf(z,p,k);
margin(num,den)
```

例 6-16 系统开环传递函数为

$$G(s)=\frac{k}{(0.1s+1)(0.5s+1)(0.8s+1)}$$

当 k 取不同值时,分析系统的稳定性,找出系统临界稳定时的增益 K_c。

解 MATLAB 程序:

```
num=1;d2=[0.1 1];d3=[0.5 1];d4=[0.8 1];
den=conv(d2,conv(d3,d4));
```

```
margin(num,den)
```

由插值函数 spline()确定系统稳定的临界增益,程序如下:

```
[m,p,w]=bode(num,den);
wi=spline(p,w,-180);
mi=spline(w,m,wi);
k=1/mi
```

3. 绘制奈奎斯特图(幅相特性图、极坐标图)

函数语法 1:[re, im, w]=nyquist(sys)

函数语法 2:[re, im, w]=nyquist(num, den)

如果缺省输出变量,则可直接绘制奈奎斯特图;否则只计算频率特性的实部和虚部。

函数语法 3:[re, im, w]=nyquist(a, b, c, d, iu)

计算以状态方程表示的系统的第 iu 个输入到所有输出的实频特性和虚频特性,iu 缺省时计算系统每一个输入到输出频率特性的实部和虚部;如果缺省输出变量,则直接将多个奈奎斯特图绘制在一个图内。

函数语法 4:[re, im]=nyquist(sys, w)

函数语法 5:[re, im]=nyquist(num, den, w)

函数语法 6:[re, im]=nyquist(a, b, c, d, iu, w)

用指定的角频率矢量 w 计算系统频率特性的实部和虚部。

例 6-17 系统的开环传递函数为 $G(s)=\dfrac{10}{s^3+5s^2+10s+100}$,绘制其奈奎斯特图。

解 MATLAB 程序:

```
num=10;den=[1 5 10 100];
w=0:0.1:100;
nyquist(num,den,w)
```

例 6-18 已知 $G(s)H(s)=\dfrac{10}{s^3+10s^2+10s+100}$,绘制其奈奎斯特图,判定系统的稳定性。

解 MATLAB 程序:

```
num=10;den=[1 10 5 1];
nyquist(num,den)
```

3. 尼柯尔斯图(Nichol 图)

函数语法 1:[mag, phase, w]=Nichol (sys)

函数语法 2:[mag, phase, w]=Nichol(num, den)

如缺省输出变量,则可直接绘制尼柯尔斯图。

例 6-19 系统的开环传递函数为 $G(s)=\dfrac{31.6}{s(s+100)(s+10)}$。

(1) 作伯德图。

(2) 计算系统的幅值裕度和相角裕度,并判断系统的稳定性。

解 (1) 作伯德图。

在 MATLAB 命令窗口输入程序:

```
>>G=zpk([ ],[0 -100 -10],31.6);
bode(G);grid on;
title('例 6-19 G(s)=31.6/[s(s+100) (s+10)]Bode 图');
```

运行结果如图 6-41 所示。

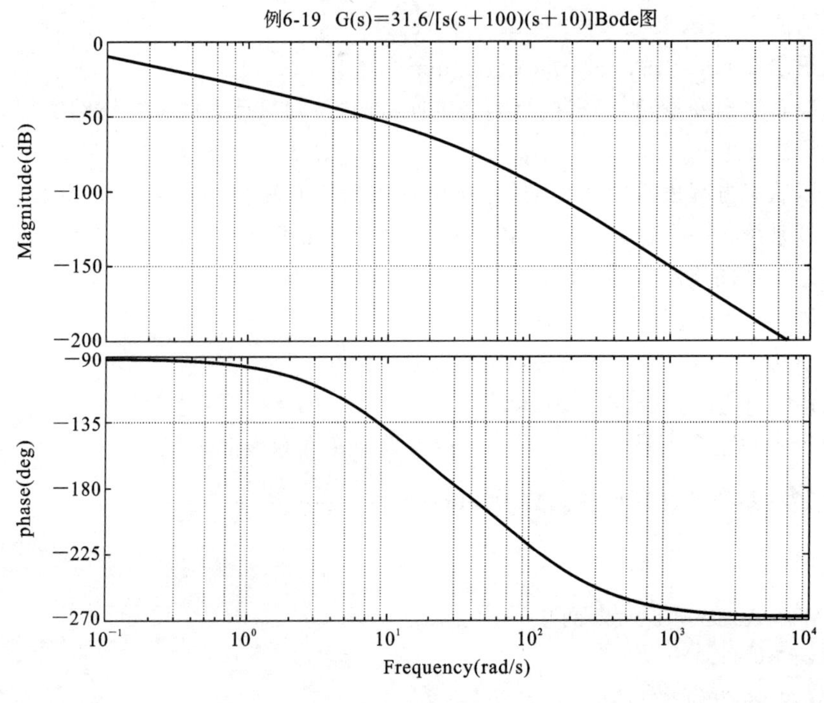

图 6-41 系统伯德图 1

(2) 计算系统的幅值裕度和相角裕度。

方法一 移动鼠标,运行结果如图 6-42 所示,在图中找出相频特性为−180°的点,可得幅值裕度约为 70.9 dB,穿越频率为 31.8 rad/s。用同样的方法,在图中找出幅频特性为 0 dB 的点,可以得到相角裕度约为 89.8°,截止频率为 0.0316 rad/s。

方法二 在 MATLAB 命令窗口输入程序:

```
>>G=zpk([ ],[0-100-10],31.6);
margin(G);grid on;
[Gm,Pm,Wcg,Wcp]=margin(G),
magdb=20*log10(Gm)
```

运行结果如图 6-43 所示,并在命令窗口显示。

可得系统的幅值裕度为 70.8341 dB,穿越频率为 31.6228 rad/s,相角裕度为 89.8008°,截止频率为 0.0316 rad/s,由此可知系统闭环稳定。

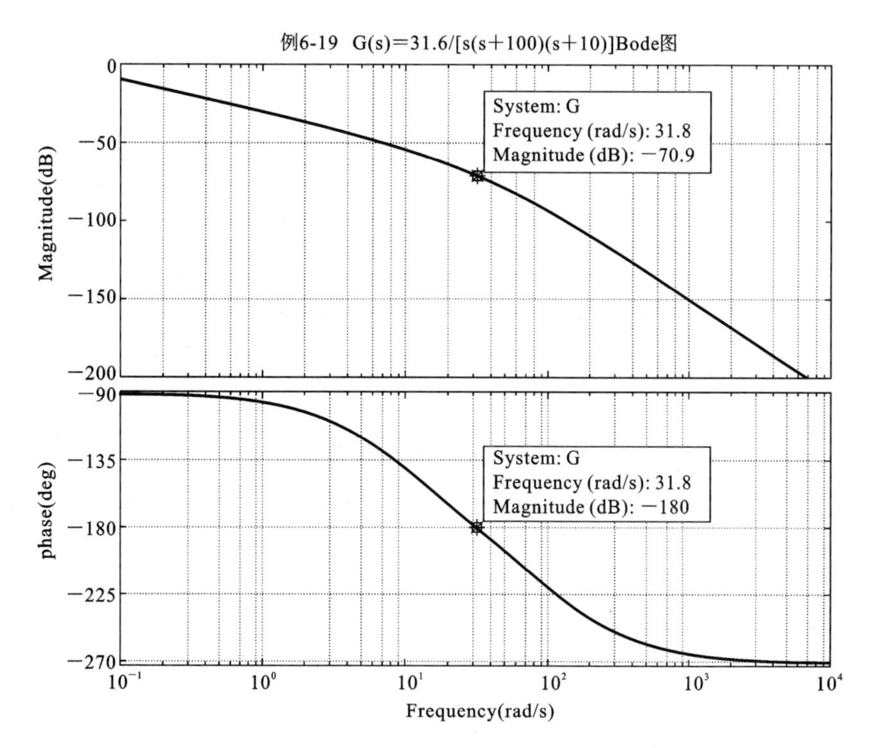

图 6-42　系统伯德图 2

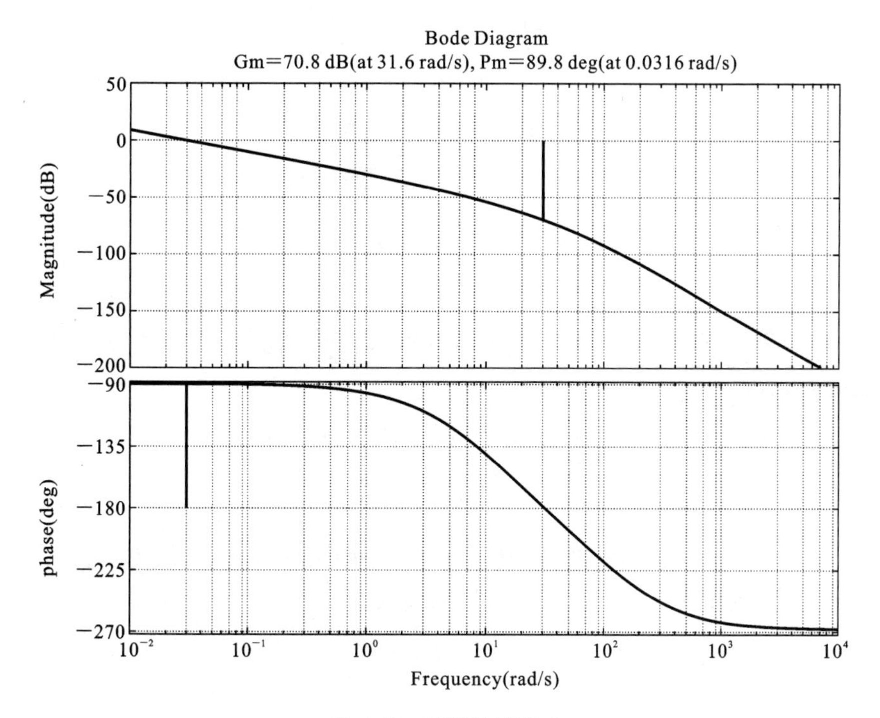

图 6-43　系统伯德图 3

习　题

6.1　粗略绘制下列传递函数的幅相特性曲线。

(1) $G(s)=\dfrac{10}{s(s+1)(s+2)}$；　　(2) $G(s)=\dfrac{10(0.1s+1)}{s^2(s+1)}$；

(3) $G(s)=\dfrac{K}{s(16s^2+6.4s+1)}$；　　(4) $G(s)=\dfrac{Ks^3}{(s+0.31)(s+5.06)(s+0.64)}$；

(5) $G(s)=\dfrac{K(s+1)}{s(s^2+8s+100)}$；　　(6) $G(s)=\dfrac{K(\tau_1 s+1)(\tau_2 s+1)}{s^3}$，$\tau_1$，$\tau_2>0$；

(7) $G(s)=\dfrac{K}{s(Ts-1)}$，$T>0$；　　(8) $G(s)=\dfrac{K(1+s)}{s^2}$。

6.2　已知 $G_1(s)$，$G_2(s)$ 和 $G_3(s)$ 均为最小相位系统，它们的对数幅频渐近特性曲线如题 6.2 图所示，试绘制传递函数

$$G_4(s)=\frac{G_1(s)G_2(s)}{1+G_2(s)G_3(s)}$$

的对数幅频、对数相频曲线和幅相特性曲线。

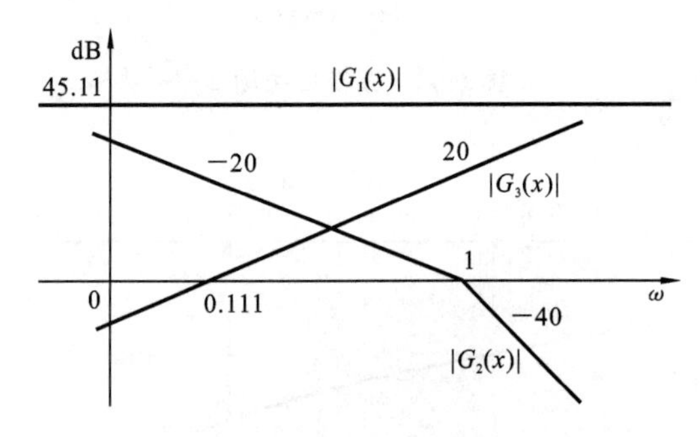

题 6.2 图　对数幅频渐近特性曲线

6.3　已知单位负反馈系统的闭环传递函数为 $\dfrac{10(s^2-2s+5)}{11s^2-18.5s+49}$，试绘制系统的概略开环幅相特性曲线。

6.4　分别作出下列传递函数的幅相特性曲线和对数频率特性曲线（$T_1>T_2>0$）：

(1) $G(s)=\dfrac{T_1 s+1}{T_2 s+1}$；　(2) $G(s)=\dfrac{T_1 s-1}{T_2 s+1}$。

6.5　试求如题 6.5 图所示网络的频率特性，并画出其对数幅频曲线。

6.6　画出下列传递函数对数幅频特性的曲线。

(1) $G(s)=\dfrac{2}{(2s+1)(8s+1)}$；　　(2) $G(s)=\dfrac{50}{s^2(s^2+s+1)(6s+1)}$；

(3) $G(s)=\dfrac{10(s+0.2)}{s^2(s+0.1)}$；　　(4) $G(s)=\dfrac{8(s+0.1)}{s^2(s^2+s+1)(s^2+4s+25)}$；

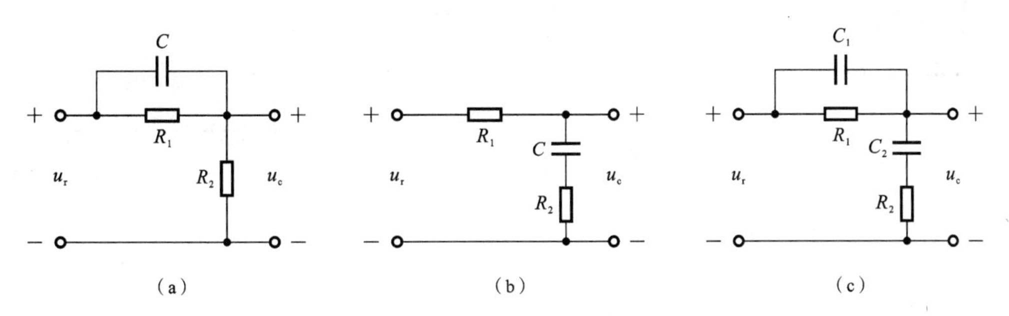

题 6.5 图　网络电路图

(5) $G(s)=\dfrac{10\left(\dfrac{s^2}{400}+\dfrac{s}{10}+1\right)}{s(s+1)\left(\dfrac{s}{0.1}+1\right)}$；　　(6) $G(s)=\dfrac{20(3s+1)}{s^2(6s+1)(s^2+4s+25)(10s+1)}$。

6.7　已知系统开环传递函数为

$$G(s)=\frac{400(10s+1)}{s(s^2+s+1)\left(\dfrac{s^2}{25}+\dfrac{4s}{25}+1\right)}$$

试计算对数幅频特性曲线与零分贝线的交点。

6.8　已知最小相位系统的对数幅频特性曲线如题 6.8 图所示，试写出它们的传递函数 $G(s)$，并计算出各参数值。

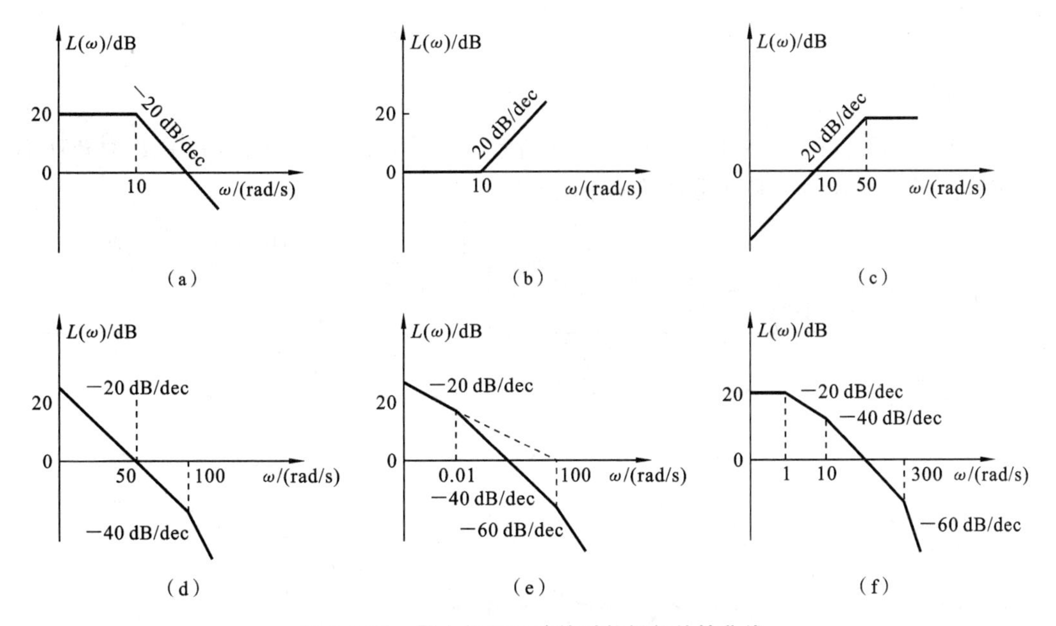

题 6.8 图　最小相位系统的对数幅频特性曲线

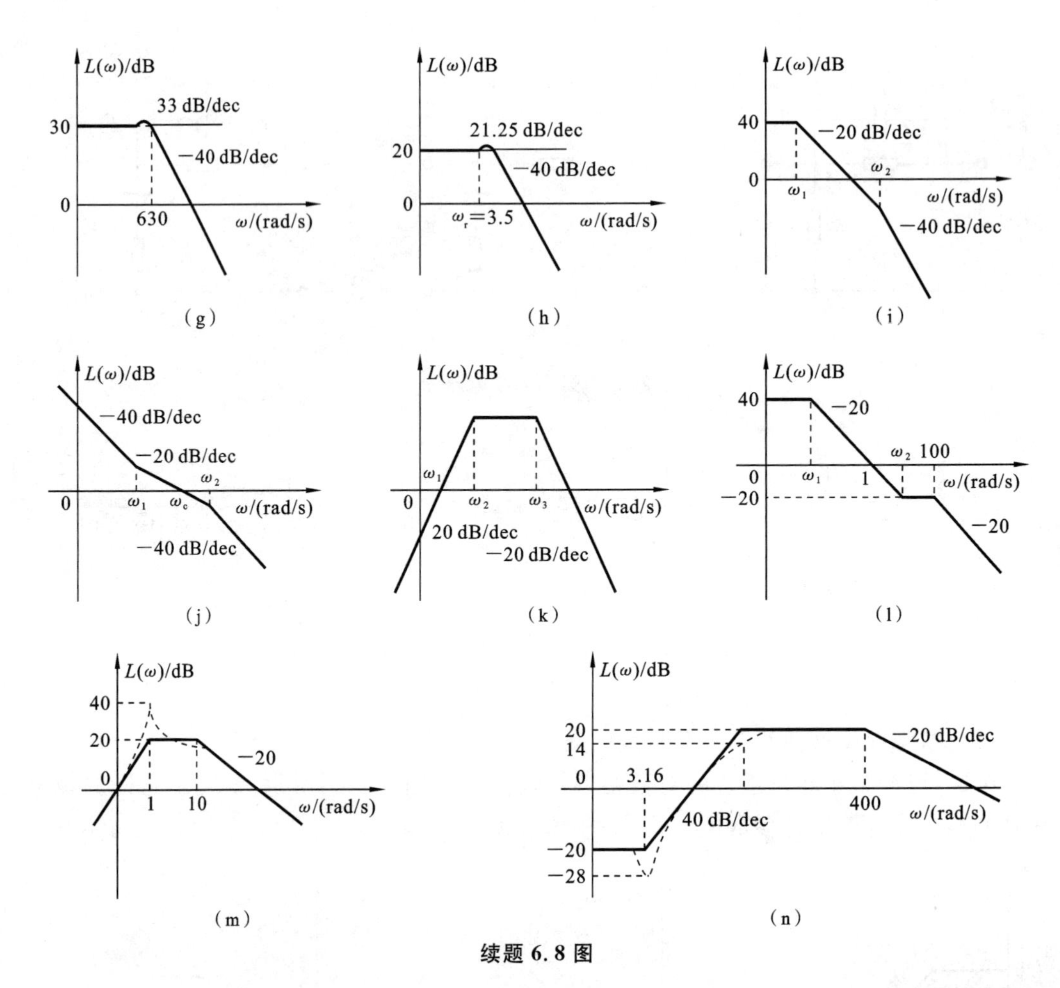

续题 6.8 图

6.9 设系统开环频率特性如题 6.9 图所示，试判别系统的稳定性，其中 P 为开环不稳定极点的个数，ν 为开环积分环节的个数。

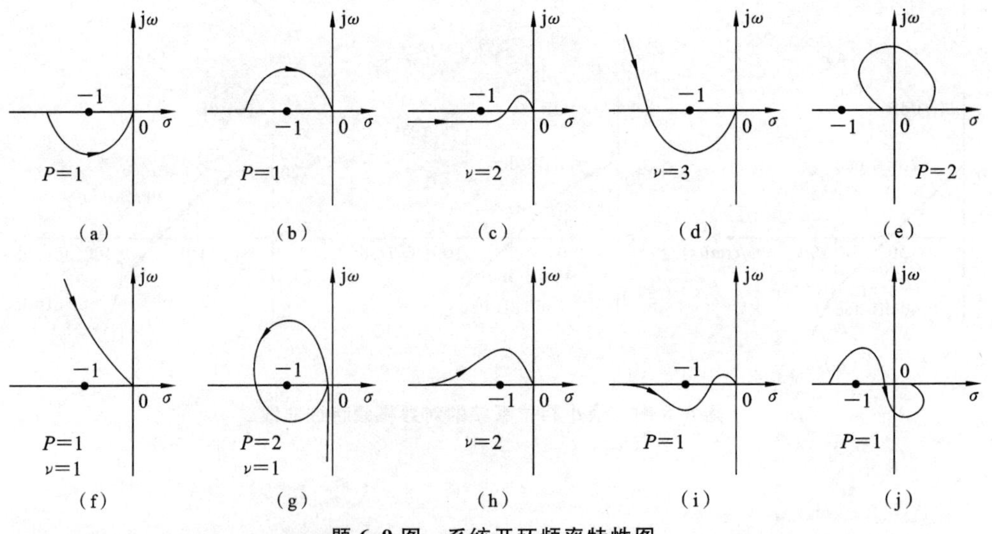

题 6.9 图　系统开环频率特性图

6.10　已知下列系统开环传递函数(参数 $K,T,T_i>0;i=1,2,\cdots,6$)：

(1) $G(s)=\dfrac{K}{(T_1s+1)(T_2s+1)(T_3s+1)}$；　(2) $G(s)=\dfrac{K}{s(T_1s+1)(T_2s+1)}$；

(3) $G(s)=\dfrac{K}{s^2(Ts+1)}$；　(4) $G(s)=\dfrac{K(T_1s+1)}{s^2(T_2s+1)}$；

(5) $G(s)=\dfrac{K}{s^3}$；　(6) $G(s)=\dfrac{K(T_1s+1)(T_2s+1)}{s^3}$；

(7) $G(s)=\dfrac{K(T_5s+1)(T_6s+1)}{s(T_1s+1)(T_2s+1)(T_3s+1)(T_4s+1)}$；

(8) $G(s)=\dfrac{K}{Ts-1}$；　(9) $G(s)=\dfrac{-K}{-Ts+1}$；

(10) $G(s)=\dfrac{K}{s(Ts-1)}$；　(11) $G(s)=\dfrac{K}{(T_1s-1)(T_2s-1)}$；

(12) $G(s)=\dfrac{K}{(T_1s-1)(T_2s+1)(T_3s+1)}$；

(13) $G(s)=\dfrac{K}{s(T_1s+1)(T_2s+1)(s^2-2\zeta\omega_n s+\omega_n^2)}$；

(14) $G(s)=\dfrac{K(T_4s+1)}{(T_1s-1)(T_2s+1)(T_3s+1)}$；

(15) $G(s)=\dfrac{K(T_4s+1)(T_5s+1)(T_6s+1)}{(T_1s-1)(T_2s+1)(T_3s+1)}$。

它们的系统开环幅相特性曲线分别如题6.10图(a)～(o)所示，试根据奈奎斯特判据判定各系统的闭环稳定性，若系统闭环不稳定，确定其 s 右半平面的闭环极点数。

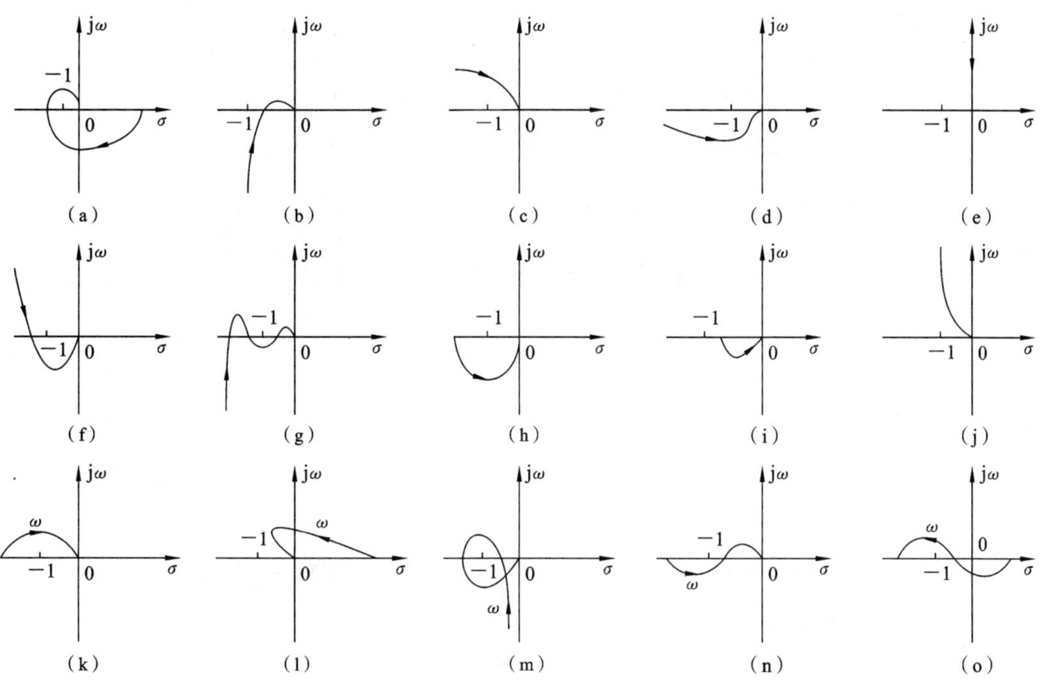

题6.10图　系统开环幅相特性曲线

6.11 题6.11图是单位负反馈系统的开环传递函数 $G(s)$ 的奈奎斯特图，确定在下述条件下开环和闭环的右半平面极点个数，并确定闭环系统稳定性。

(1) $G(s)$ 在右半平面有一个零点，$(-1,\mathrm{j}0)$ 位于 A 点；

(2) $G(s)$ 在右半平面有一个零点，$(-1,\mathrm{j}0)$ 位于 B 点；

(3) $G(s)$ 在右半平面没有零点，$(-1,\mathrm{j}0)$ 位于 A 点；

(4) $G(s)$ 在右半平面没有零点，$(-1,\mathrm{j}0)$ 位于 B 点。

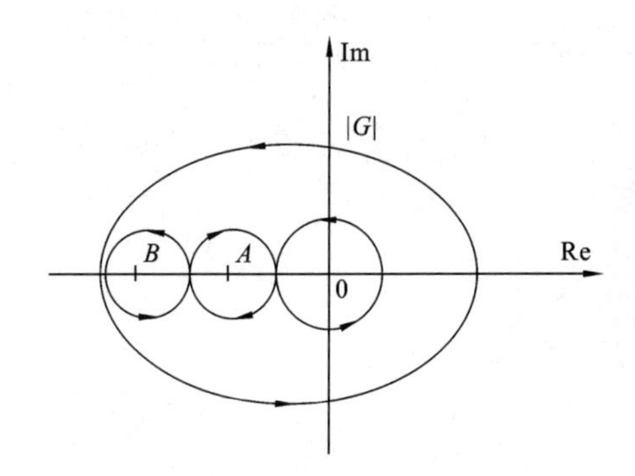

题6.11图　奈奎斯特图

6.12 若单位负反馈系统的开环传递函数分别为

(1) $G(s)=\dfrac{100}{s(0.2s+1)}$；　(2) $G(s)=\dfrac{50}{(0.2s+1)(s+2)(s+0.5)}$；

(3) $G(s)=\dfrac{100}{s(0.8s+1)(0.25s+1)}$；　(4) $G(s)=\dfrac{10}{s(0.1s+1)(0.25s+1)}$；

(5) $G(s)=\dfrac{10}{s(0.2s+1)(s-1)}$；　(6) $G(s)=\dfrac{100(0.2s+1)}{s^2(0.02s+1)}$。

试用奈奎斯特判据或对数稳定判据判别闭环系统的稳定性。

6.13 试由下述幅角计算公式确定最小相位系统的开环传递函数：

(1) $\varphi(\omega)=-90°-\arctan\omega+\arctan\dfrac{\omega}{3}-\arctan(10\omega)$，$A(5)=2$；

(2) $\varphi(\omega)=-180°+\arctan\dfrac{\omega}{5}-\arctan\dfrac{\omega}{1-\omega^2}+\arctan\dfrac{\omega}{1-3\omega^2}-\arctan\dfrac{\omega}{10}$，$A(10)=1$。

6.14 单位负反馈最小相位系统的开环对数幅频特性分别如题6.14图(a)～(c)所示，求开环传递函数及相位裕度 γ。

6.15 系统传递函数为 $G(s)=\dfrac{\mathrm{e}^{-0.5s}}{2s+1}$，绘制对数频率特性，并求出单位阶跃响应的表达式。

6.16 最小相位单位负反馈系统开环对数幅频特性如题6.16图所示。

(1) 分析闭环系统是否稳定；

(2) 求使闭环系统稳定的开环放大系数 K 的取值范围。

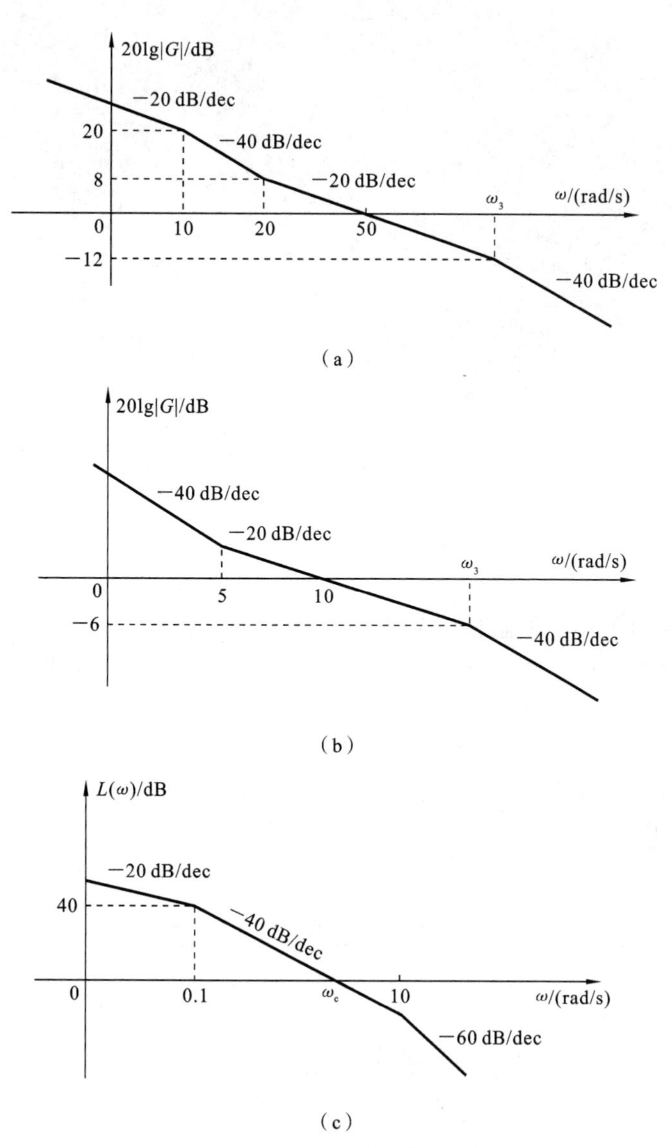

题 6.14 图　开环对数幅频特性曲线

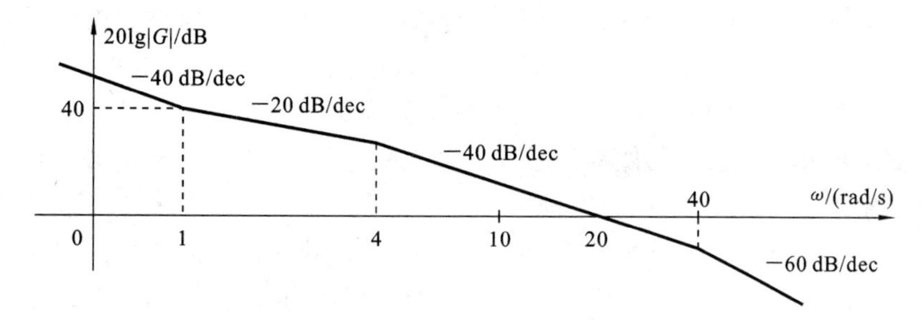

题 6.16 图　开环对数频率特性

第7章

自动控制系统的校正

前面重点介绍了自动控制系统分析的时域法、根轨迹法和频率法，即对给定的系统运用各种方法去研究其动、静态特性。校正是在系统中加入一些可以根据需要改变的机构或装置，使系统整个特性发生变化，从而满足给定的各项性能指标。工程实践中常用的三种校正方法为串联校正、反馈校正和复合校正，本章主要介绍串联校正。对控制系统的校正可以采用时域法、频率法和根轨迹法，这三种方法互为补充，且以频率法应用较多。

7.1 校正的基本概念

7.1.1 控制系统的性能指标与校正

设计控制系统一般要经过以下三步：①根据任务要求，选定控制对象；②根据性能指标要求，确定系统的控制规律，并设计出满足控制规律的控制器，初步选定构成控制器的元器件；③将选定的控制对象和控制器组成控制系统，如果构成的系统不能满足或不能全部满足设计要求的性能指标，则必须增加合适的元器件，按一定的方式连接到原系统中，使重新组合起来的系统全面满足设计要求。能使系统的控制性能满足设计要求所增添的元件称为校正元件（或校正装置）。由控制器和控制对象组成的系统称为原系统（或系统的固有部分、不可变部分），加入了校正装置的系统称为校正系统。为使原系统的性能指标得到改善，按照一定的方式接入校正装置和选择校正元件参数的过程就是控制系统设计中的校正与综合问题，图 7-1 是系统的综合与校正示意图。

必须指出的是，并非所有经过设计的系统都要经过综合与校正这个步骤，如果构成原系统的控制对象和控制规律比较简单，性能指标要求又不高，通过适当调整

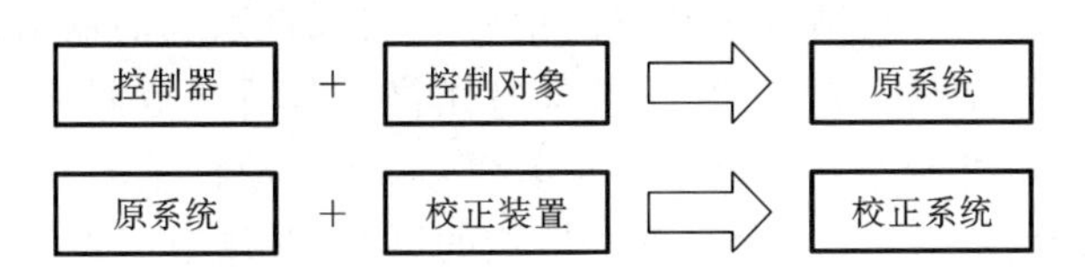

图 7-1　系统的综合与校正示意图

控制器的放大倍数就能使系统满足设计要求，就不需要在原系统的基础上增加校正装置。但在许多情况下，仅仅调整放大系数并不能使系统的性能得到充分改善，例如，增加系统的开环放大系数虽然可以提高系统的控制精度，但可能降低系统的相对稳定性，甚至使系统不稳定。因此，对于控制精度和稳定性能要求较高的系统，往往需要引入校正装置才能使原系统的性能得到充分的改善和补偿。

控制工程实践中，综合与校正的方法通常分为时域法、根轨迹法、频域法，通过校正在系统中引入适当的环节，改变系统的传递函数、零极点分布或者频率特性曲线的形状，使校正后的系统满足指标要求。一般情况下，应根据特定的性能指标确定综合与校正方法，若性能指标以稳态误差、峰值时间、最大超调量和调节时间等时域性能指标给出时，则采用时域校正法，如用根轨迹法进行综合与校正比较方便；如果性能指标是以相角裕度、幅值裕度、相对谐振峰、谐振频率和系统带宽等频域性能指标给出，则应用频率特性法进行综合与校正更合适。目前，工程技术界多习惯采用频率法进行综合与校正，故通常通过近似公式进行两种指标的互换。

7.1.2　校正方式

校正装置加入系统中的位置不同，所起的校正作用不同，通常依据校正装置与系统不可变部分的连接方式，校正方式分为串联校正、反馈校正和复合校正三种基本的校正方式。

1. 串联校正

与系统不可变部分按串联连接称为串联校正，如图 7-2 所示，其中 $G_0(s)$表示被控对象的固有特性，而 $G_c(s)$为校正装置的传递函数。由于串联校正装置位于低能源端，从设计到具体实现都比较简单，成本低、功耗比较小，因此设计中常常使用这种方式。但串联校正装置通常安装在前向通道的前端，其主要问题是对参数变化比较敏感。

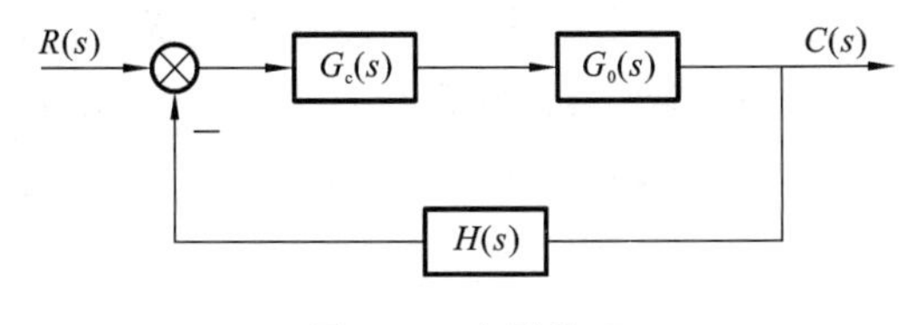

图 7-2　串联校正

2. 反馈校正

与系统的可变部分或不可变部分中的一部分按反馈方式连接称为反馈校正，也称为并联校正，如图7-3所示。反馈校正装置的信号直接取自系统的输出信号，是从高能端得到的，一般不需要附加放大器，但校正装置费用高。若适当地调整反馈校正回路的增益，可以使得校正后的性能主要取决于校正装置，因而反馈校正的一个显著优点是可以抑制系统的参数波动及非线性因素对系统性能的影响，其缺点是调整不方便，设计相对较为复杂。

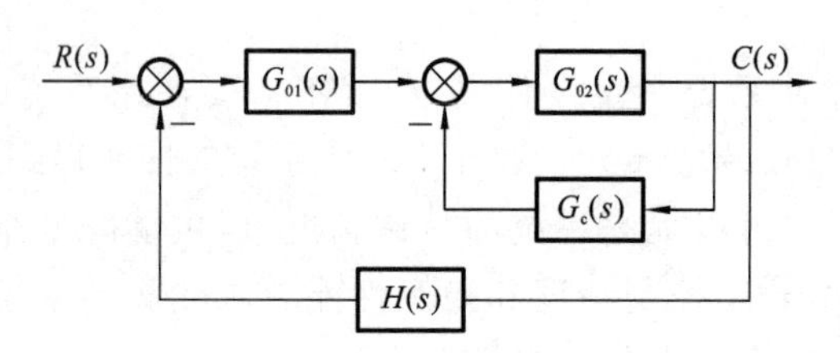

图7-3　反馈校正

3. 复合校正

校正的信号取自闭环外的系统输入信号，由输入直接去校正系统，称为前馈校正，如图7-4所示。按其所取的输入信号不同，可以分为按输入的前馈校正（见图7-4(a)）、按扰动的前馈校正（见图7-4(b)）。前馈校正由于其输入取自闭环外，是基于开环补偿的办法来提高系统的精度，因而不影响系统的闭环特征方程式，但前馈校正一般不单独使用，总是与其他校正方式结合起来构成复合控制系统，以满足某些性能要求较高的系统的需要。在工程应用中，需要采用哪一种连接方式，要根据具体情况而定。

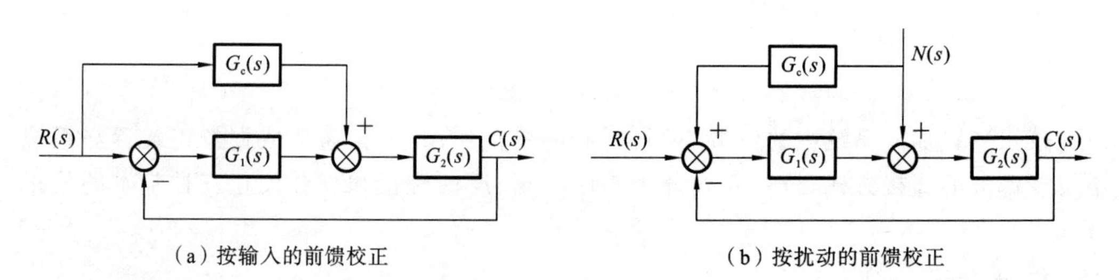

图7-4　前馈校正

7.1.3　基本校正规律

确定校正装置的具体形式时，应先了解校正装置所需提供的控制规律，以便选择相应的元件。包含校正装置在内的控制器常常采用比例、微分、积分等基本控制规律，或者采用这些基本控制规律的某些组合，如比例-微分、比例-积分、比例-积分-微分等组合控制规律，以实现对被控对象的有效控制。

1. 比例(P)控制规律

具有比例控制规律的控制器称为P控制器，如图7-5所示，K_p 称为P控制器增益。

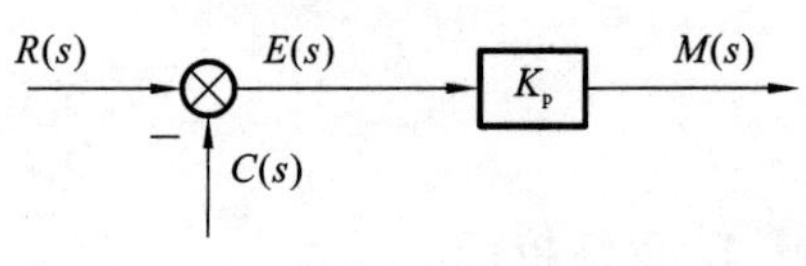

图7-5　P控制器

P控制器实质上是一个具有可调增益的放大

器。在信号变换过程中，P控制器只改变信号的增益而不影响其相角。在串联校正中，加大控制器增益，可以提高系统的开环增益，减小系统的稳态误差，从而提高系统的控制精度，但会降低系统的相对稳定性，甚至可能造成闭环系统不稳定。因此，在系统校正设计中很少单独使用比例控制规律。

2. 比例-微分(PD)控制规律

具有比例-微分控制规律的控制器，称为PD控制器，其输出$m(t)$与输入$e(t)$的关系如下：

$$m(t)=K_{p}e(t)+K_{p}T\frac{de(t)}{dt} \tag{7-1}$$

式中：K_p为比例系数；T为微分时间常数。K_p与T都是可调的参数。

对上述微分方程取拉氏变换，可得PD控制器的传递函数为

$$G_{c}(s)=\frac{M(s)}{E(s)}=K_{p}(1+Ts) \tag{7-2}$$

PD控制器如图7-6所示。

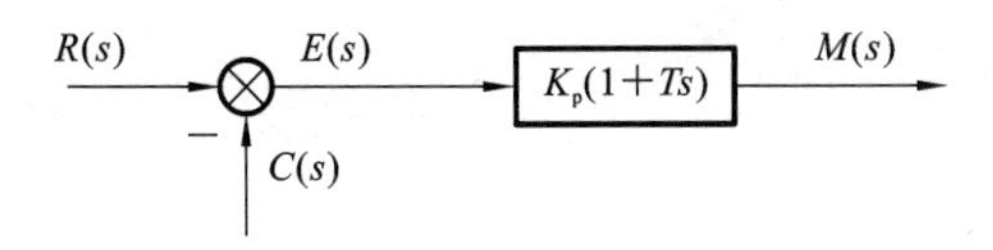

图7-6 PD控制器

PD控制器相当于系统开环传递函数增加了一个$-\frac{1}{T}$的开环零点，使系统的相角裕度提高，因而有助于系统动态性能的改善。

由于微分控制规律，$\frac{de(t)}{dt}$是$e(t)$随时间的变化率，能预见输入信号的变化趋势，产生有效的早期修正信号，以增加系统的阻尼程度，从而改善系统的稳定性，但同时也需要注意，因为微分控制作用只对动态过程起作用，而对稳态过程没有影响，且对系统噪声非常敏感，所以单一的D控制器在任何情况下都不宜与被控对象串联起来单独使用。通常微分控制规律总是与比例控制规律或比例-积分控制规律结合起来，构成组合的PD或PID控制器，应用于实际的控制系统。

3. 积分(I)控制规律

具有积分控制规律的控制器称为I控制器。I控制器的输出信号$m(t)$与其输入信号$e(t)$的积分成正比，即

$$m(t)=K_{i}\int_{0}^{t}e(t)dt \tag{7-3}$$

式中：K_i为可调比例系数。

由于I控制器的积分作用，当其输入$e(t)$消失后，输出信号$m(t)$有可能是一个不为零的常数。对上述方程取拉氏变换，可得I控制器的传递函数为

$$G_{c}(s)=\frac{M(s)}{E(s)}=\frac{K_{i}}{s} \tag{7-4}$$

在串联校正时，采样 I 控制器可以提高系统的型别(无差度)，有利于系统稳态性能的提高，但积分控制使系统增加了一个位于原点的开环极点，使信号产生 90°的相角滞后，对系统的稳定性不利。因此，在控制系统的校正设计中，通常不宜采用单一的 I 控制器。I 控制器如图 7-7 所示。

4. 比例-积分(PI)控制规律

具有比例-积分控制规律的控制器称为 PI 控制器，其输出信号 $m(t)$同时成比例地反映输入信号 $e(t)$及其积分，即

$$m(t) = K_{\mathrm{p}}e(t) + \frac{K_{\mathrm{p}}}{T_{\mathrm{i}}}\int_{0}^{t} e(t)\mathrm{d}t \tag{7-5}$$

式中：K_{p} 为可调比例系数；T_i 为可调积分时间常数。

对上述方程取拉氏变换，可得 PI 控制器的传递函数为

$$G(s)=K_{\mathrm{p}}\left(1+\frac{1}{T_{\mathrm{i}}s}\right)$$

PI 控制器如图 7-8 所示。

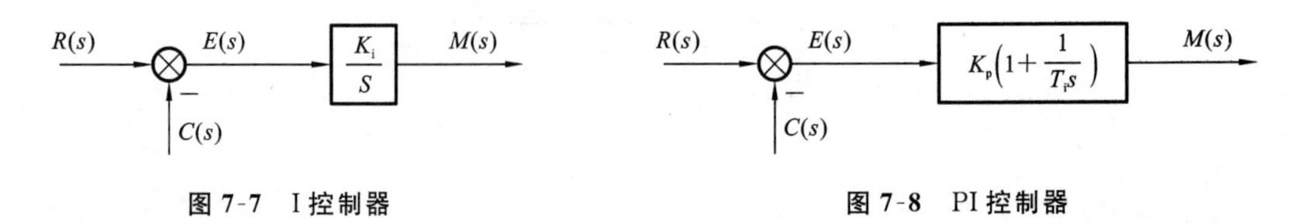

图 7-7　I 控制器　　　图 7-8　PI 控制器

在串联校正时，PI 控制器相当于在系统中增加了一个位于原点的开环极点，同时也增加了一个位于 s 左半平面的开环零点。位于原点的极点可以提高系统的型别，以消除或减小系统的稳态误差，改善系统的稳态性能；而增加的负实数零点用于减小系统的阻尼程度，缓和 PI 控制器极点对系统稳定性及动态过程产生的不利影响。只要积分时间常数 T_i 足够大，PI 控制器对系统稳定性的不利影响可大大减弱。在控制工程实践中，PI 控制器主要用于改善控制系统的稳态性能。

5. 比例-积分-微分(PID)控制规律

具有比例-积分-微分控制规律的控制器称为 PID 控制器，它兼有三种基本规律的特点，其输出信号 $m(t)$与输入信号 $e(t)$满足

$$m(t) = K_{\mathrm{p}}e(t) + \frac{K_{\mathrm{p}}}{T_{\mathrm{i}}}\int_{0}^{t} e(t)\mathrm{d}t + K_{\mathrm{p}}\tau\frac{\mathrm{d}e(t)}{\mathrm{d}t} \tag{7-6}$$

对上述方程取拉氏变换，可得 PID 控制器的传递函数为

$$G_{\mathrm{c}}(s)=\frac{M(s)}{E(s)}=K_{\mathrm{p}}\left(1+\frac{1}{T_{\mathrm{i}}s}+\tau s\right) \tag{7-7}$$

PID 控制器如图 7-9 所示。

当利用 PID 控制器进行串联校正时，除可使系统的型别提高一级外，还可提供两个负实数零点。与 PI 控制器相比，PID 控制器除了同样具有提高系统的稳态性能的优点外，还提供一个负实数零点，从而在提供系统动态性能方面具有更大的优越性。因此，在工业过程控制系统中应广泛使用 PID 控制器。PID 控制器各部分参数的选择在系统现

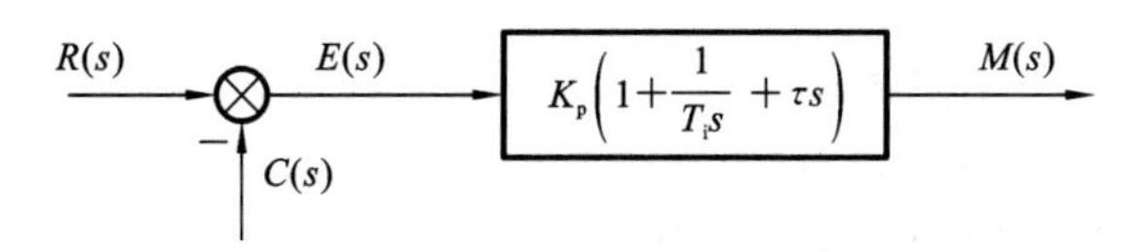

图7-9　PID控制器

场调试中最后确定。通常，应使控制器I部分发生在系统频率特性的低频段，以提高系统的稳态性能；而使D部分发生在系统频率特性的中频段，以改善系统的动态性能。

7.1.4　校正方法

常见的系统校正方法有频率法和根轨迹法两种。

1. 频率法

频率法的基本做法是利用适当的校正装置的伯德图，配合开环增益的调整，来修改原有的开环系统的伯德图，使得开环系统经校正与增益调整后的伯德图符合性能指标的要求。

2. 根轨迹法

根轨迹法是在系统中加入校正装置，即加入新的开环零点、极点，以改变原有系统的闭环根轨迹，即改变闭环极点，从而改善系统的性能。这种方法通过增加开环零点、极点，使闭环零点、极点重新布置，从而满足闭环系统的性能要求。

显然，频率法和根轨迹法都是建立在系统性能定性分析与定量估算的基础上的，而近似分析与估算的基础又是一、二阶系统，因此前几章的概念与分析方法是进行校正设计的必要基础。

系统校正设计的一个特点就是设计方案不是唯一的，即达到给定性能指标所采取的校正方式和校正装置的具体形式可以不止一种，具有较大的灵活性，这也给设计工作带来了困难。因此在设计过程中，往往运用基本概念，在粗略估算的基础上，经过若干次试凑来达到预期的目的。

7.2　校正装置

常用的校正网络有无源网络和有源网络，无源网络由电阻、电容、电感器构成，有源网络主要由直流运算放大器构成。本章主要以无源网络为例来说明校正装置及其特性。

7.2.1　超前校正装置

超前校正装置如图7-10所示，设输入信号源的内阻为零，输出端负载为无穷大，利用复阻抗的方法，可求得该校正装置的传递函数为

$$G_c(s)=\frac{1}{a}\frac{1+aTs}{1+Ts},\quad a>1 \tag{7-8}$$

式中：$a=\frac{R_1+R_2}{R_2}>1, T=\frac{R_1R_2}{R_1+R_2}C$。

在 s 平面上，无源超前校正装置传递函数的零点与极点位于负实轴上，如图 7-11 所示，a 值变化，零点与极点的位置随之变化。

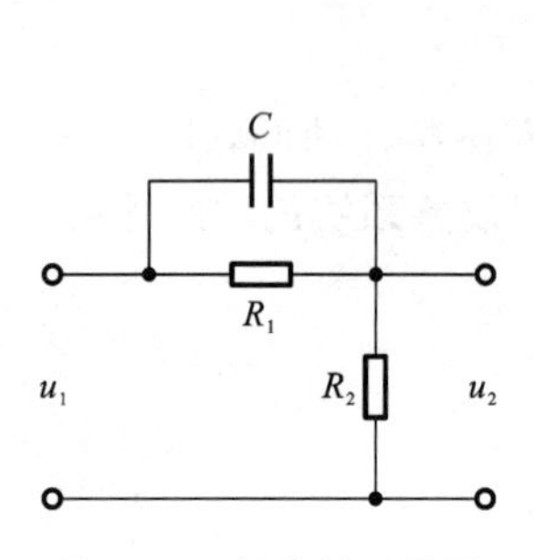

图 7-10 超前校正装置

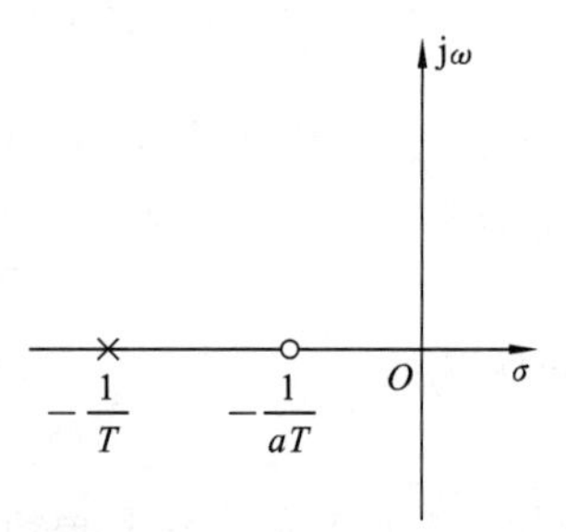

图 7-11 无源超前校正装置传递函数的零点与极点

由式(7-8)可知，若将该网络串入系统，会使系统的开环放大系数下降，即幅值衰减，但可通过提高系统其他环节的放大系数或加一个放大系数为 a 的比例放大器加以补偿。由于在工程实践中，当系统各部分部件已初步确定时，要进行放大系数较多的补偿比较困难，例如，易于引起饱和。因此，式(7-8)中的 a 值受限，不可取得太大，而 a 值的受限也就限制了 φ_m 的值，即限制了可能提供的最大超前相角。如果采用有源微分网络就没有上述放大系数的补偿问题。补偿了放大系数 a 后，校正装置的传递函数为

$$G_c(s)=\frac{1+aTs}{1+Ts}, \quad a>1 \tag{7-9}$$

由上式看出无源超前校正装置是一种带惯性的 PD 控制器，其超前相角为

$$\varphi_c(\omega)=\arctan(aT\omega)-\arctan(T\omega)=\arctan\frac{(a-1)T\omega}{1+aT^2\omega^2} \tag{7-10}$$

最大超前相角发生在 $\frac{1}{aT}$ 和 $\frac{1}{T}$ 之间，其值 φ_m 的大小取决于 a 值的大小。对于式(7-10)求极值，求出最大超前频率 $\omega_m=\frac{1}{T\sqrt{a}}$。当 $\omega=\omega_m=\frac{1}{T\sqrt{a}}$（$\omega_m$ 是 $\frac{1}{aT}$ 和 $\frac{1}{T}$ 的几何中点）时，最大超前相角为

$$\varphi_c(\omega)=\arcsin\frac{a-1}{a+1} \tag{7-11}$$

此时，无源超前校正装置的幅值为

$$20\lg|G_c(j\omega)|=10\lg a \tag{7-12}$$

无源超前校正装置的伯德图如图 7-12 所示。

由伯德图能更清楚地看到无源超前装置的高通特性，其最大的幅值增益为

$$|G_c(j\omega)|=20\lg\sqrt{1+(a\omega_m T_c)^2}-20\lg\sqrt{1+(\omega_m T_c)^2}=20\lg\sqrt{a}=10\lg a \tag{7-13}$$

一般情况下，a 值的选择范围在 5～10 比较合适。

在采用无源超前校正装置时，需要确定 a 和 T 两个参数。如果选定了 a，就容易确定参数 T。

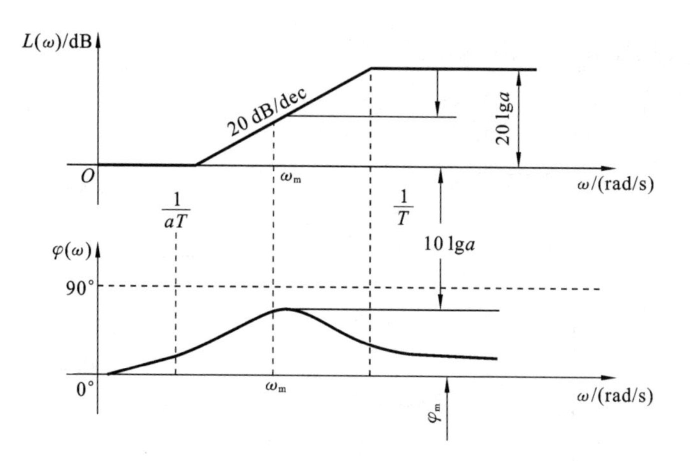

图 7-12　无源超前校正装置的伯德图

7.2.2　滞后校正装置

典型的无源滞后校正装置及其零点、极点分布图如图 7-13 所示。滞后校正装置的传递函数为

$$G_c(s)=\frac{1+bTs}{1+Ts}\quad (b<1) \tag{7-14}$$

式中：$b=\frac{R_2}{R_1+R_2}<1$；$T=(R_1+R_2)C$。

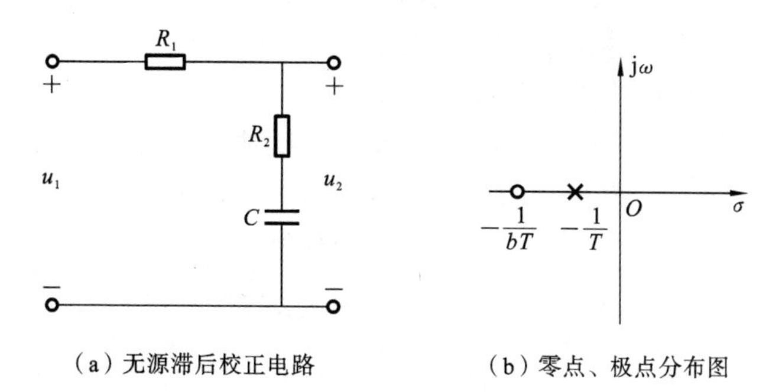

（a）无源滞后校正电路　　（b）零点、极点分布图

图 7-13　无源滞后校正装置及其零点、极点分布图

滞后网络的相角为

$$\varphi_c(\omega)=\arctan(bT\omega)-\arctan(T\omega)=\arctan\frac{(b-1)T\omega}{1+bT^2\omega^2}<0 \tag{7-15}$$

当 $\omega=\omega_m=\frac{1}{T\sqrt{b}}$（$\omega_m$ 是 $\frac{1}{bT}$ 和 $\frac{1}{T}$ 的几何中点）时，最大超前相角为

$$\varphi_m=\arcsin\frac{1-b}{1+b}$$

滞后校正高频段的幅值为

$$20\lg|G_c(j\omega)|=20\lg b \tag{7-16}$$

无源滞后校正装置的伯德图如图 7-14 所示。

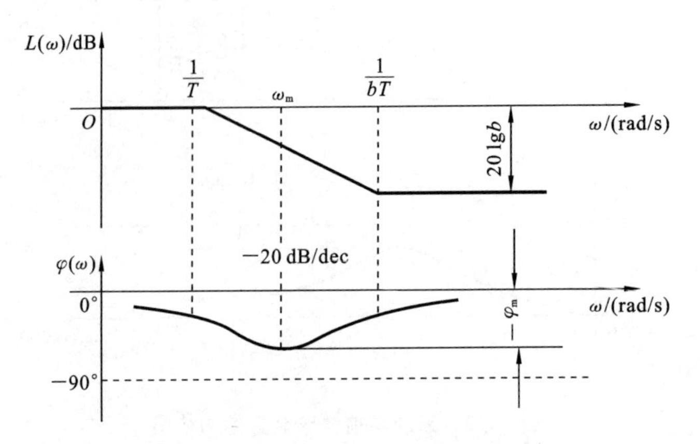

图 7-14　无源滞后校正装置的伯德图

对于滞后校正装置而言，当频率 $\omega > \omega_2 = \dfrac{1}{bT}$时，校正电路的对数幅频特性的增益等于 20lg$b$ dB，并保持不变。当 b 值增大时，最大相角位移 φ_{max} 也增大，而且 φ_{max} 出现在特性 $-$20lg$b$ dB 线段的几何中点。在校正时，如果选择交接频率$\dfrac{1}{bT}$远小于系统要求的截止频率 ω_c 时，则这一滞后校正对截止频率 ω_c 附近的相角位移无太大影响。因此，为了改善稳态特性，尽可能使 b 和 T 取得大一些，以利于提高低频段的增益。但实际上，这种校正电路受到具体条件的限制，b 和 T 总是难以选得过大。

利用滞后校正装置进行校正时，将待校正的对数幅频特性和滞后校正装置的对数幅频特性进行代数相加，即可得到校正后系统的开环对数频率特性，如图 7-15 所示。从特性形状可看出，校正后特性的截止频率 ω_c 减小，相角裕度增大，而且对数幅频特性的幅值有较大衰减。由此可知，该滞后校正增加了系统的相对稳定性，有利于提高系统放大系数以满足稳态精度的要求，而高频段幅频特性的衰减，使系统的抗干扰能力也增强了。但是由于频带宽度变窄，调节时间加长，暂态响应变慢。

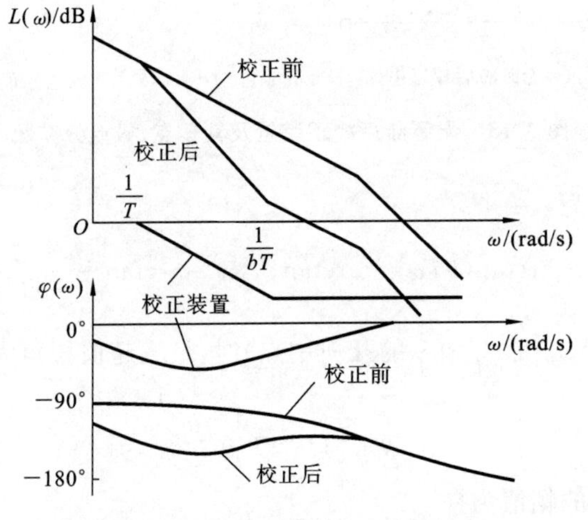

图 7-15　滞后校正装置伯德图变化之一

如果原系统有足够的相角裕度，而只需减小稳态误差以提高稳态精度时，可采用图 7-16 所示的校正装置。从校正后的特性可以看出，除低频段提高了增益外，其余频段所受影响很小，可满足系统提出的校正要求。b 的大小应根据低频段所需要的增益来选择，而在确定 T 时，应以不影响原系统的截止频率及中频段特性为前提。

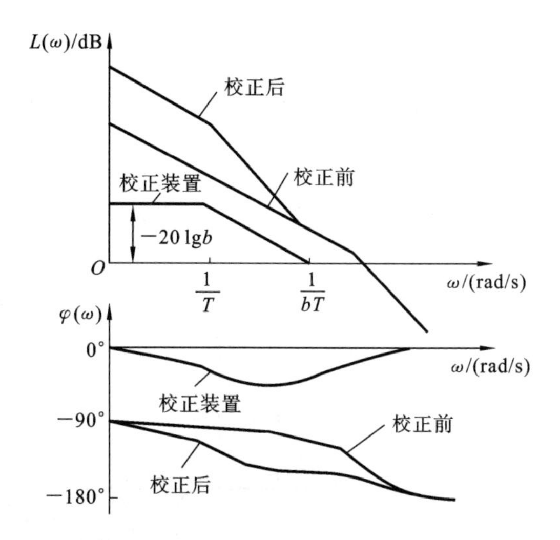

图 7-16　滞后校正装置伯德图变化之二

串联滞后校正装置的特点如下。

(1) 在相对稳定性不变的情况下，增大速度误差系数，提高稳态精度。

(2) 使系统的截止频率下降，从而使系统获得足够的相角裕度。

(3) 滞后校正网络使系统的频带宽度减小，使系统的高频抗干扰能力增强。

(4) 适用于在响应速度要求不高而抑制噪声电平性能要求较高的情况下，或系统动态性能已满足要求，仅稳态性能不满足指标要求的情况下。

7.2.3　滞后-超前校正装置

利用相角超前校正，可增加频带宽度，提高系统的快速性，并能加大稳定裕度，提高系统稳定性；利用滞后校正可解决提高稳态精度与系统振荡性的矛盾，但会使频带变宽。若希望全面提高系统的动态品质，使稳态精度、系统的快速性和振荡性均有所改善，则可将滞后校正与超前校正装置结合起来，组成无源滞后-超前校正装置。

超前校正装置的转折频率一般选在系统的中频段，而滞后校正的转折频率应选在系统的低频段。滞后-超前校正装置传递函数的一般形式为

$$G_c(s)=\frac{(1+bT_1s)(1+aT_2s)}{(1+T_1s)(1+T_2s)} \tag{7-17}$$

式中：$a>1$，$b<1$，且有 $bT_1>aT_2$。

典型的无源滞后-超前校正装置如图 7-17 所示，利用复阻抗方法可求得

$$G_c(s)=\frac{U_2(s)}{U_1(s)}=\frac{(R_1C_1s+1)(R_2C_2s+1)}{(T_as+1)(T_bs+1)+T_{ab}s}=\frac{(T_as+1)(T_bs+1)}{(T_1s+1)(T_2s+1)} \tag{7-18}$$

式中：$T_a=R_1C_1$，$T_b=R_2C_2$，$T_{ab}=R_1C_2$，且 $T_1T_2=T_aT_b$，$T_1+T_2=T_a+T_b+T_{ab}$。

取 $T_1>T_a$ 和$\frac{T_a}{T_1}=\frac{T_2}{T_b}=\frac{1}{a}$，则满足上述关系的 T_1、T_2 应符合下列关系：

$$T_1=aT_a,\quad T_2=\frac{1}{a}T_b,\quad a>1 \tag{7-19}$$

则

$$G_c(s)=\frac{(1+T_as)(1+T_bs)}{(1+aT_as)\left(1+\frac{T_b}{a}s\right)}\quad (a>1,T_a>T_b) \tag{7-20}$$

式中：$\frac{1+T_as}{1+aT_as}$完成相角滞后校正；$\frac{1+T_bs}{1+\frac{T_b}{a}s}$完成相角超前校正。

$G_c(s)$对应的伯德图如图 7-18 所示。由图 7-18 可以看出，低频段起始于零分贝线，高频段终止于零分贝线，在不同的频段内分别呈现出滞后、超前校正作用。

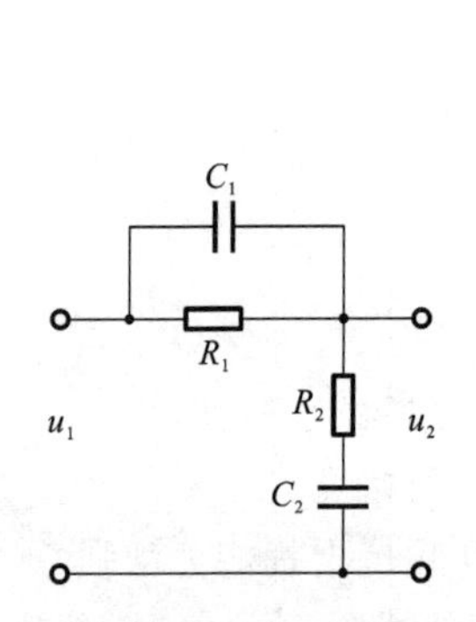

图 7-17　无源滞后-超前校正装置

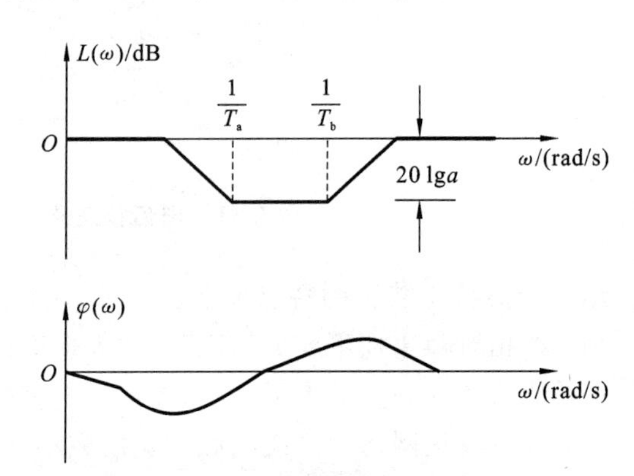

图 7-18　无源滞后-超前校正装置伯德图

滞后-超前校正装置的特点是，利用其超前网络的超前部分增大系统的相角裕度，利用滞后部分改善系统的稳态性能，因而兼有超前和滞后特点，使已校正系统响应速度加快，超调量减小，抑制高频噪声的性能也好，适用于待校正系统不稳定，且要求校正后系统的响应速度、相角裕度和稳态精度较高的情况。

实际系统中常用比例-积分-微分(简称 PID)控制器来实现类似滞后-超前校正作用。

常用无源校正网络的电路图、传递函数及对数幅频渐近特性如表 7-1 所示。

表 7-1　常用无源校正网络的电路图、传递函数及对数幅频渐近特性

电　路　图	传 递 函 数	对数幅频渐近特性
R_1　C　R_2	$\frac{T_2s}{T_1s+1}$ $T_1=(R_1+R_2)C$ $T_2=R_1C$	$L(\omega)$　$\frac{1}{T_1}$　O　ω　20 dB/dec　$20\lg\frac{1}{1+R_1/R_2}$

续表

电　路　图	传 递 函 数	对数幅频渐近特性
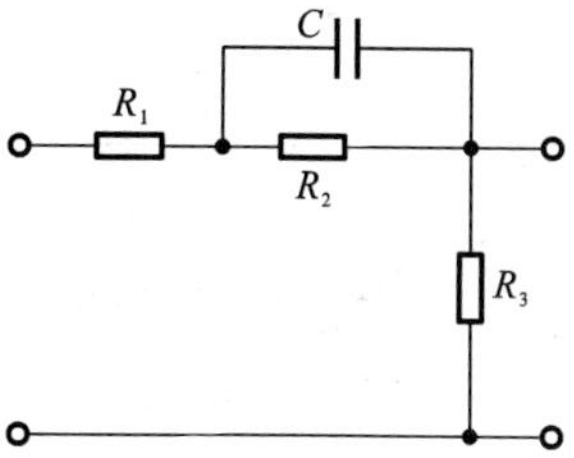	$G_1 \times \dfrac{T_1 s+1}{T_2 s+1}$ $G_1 = R_3/(R_1+R_2+R_3)$ $T_1 = R_2 C$ $T_2 = \dfrac{(R_1+R_3)R_2}{R_1+R_2+R_3} C$	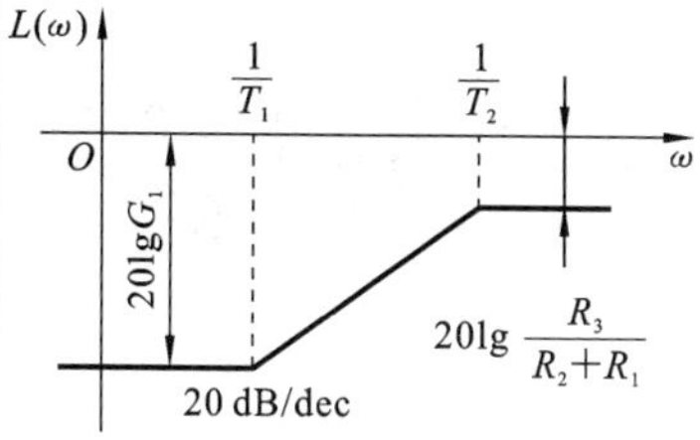 20 dB/dec；$20\lg G_1$；$20\lg \dfrac{R_3}{R_2+R_1}$
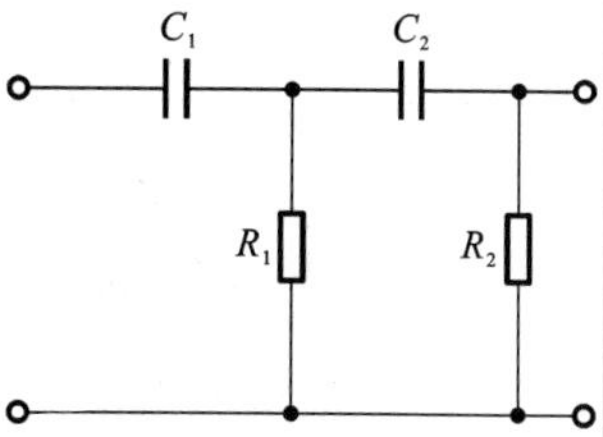	$\dfrac{T_1 T_2 s^2}{T_1 T_2 s^2+(T_1+T_2+R_1 C_2)s+1}$ $\approx \dfrac{T_1 T_2 s^2}{(T_1 s+1)(T_2 s+1)}$，$R_1 C_2$ 可忽略时 $T_1 = R_1 C_1$ $T_2 = R_2 C_2$	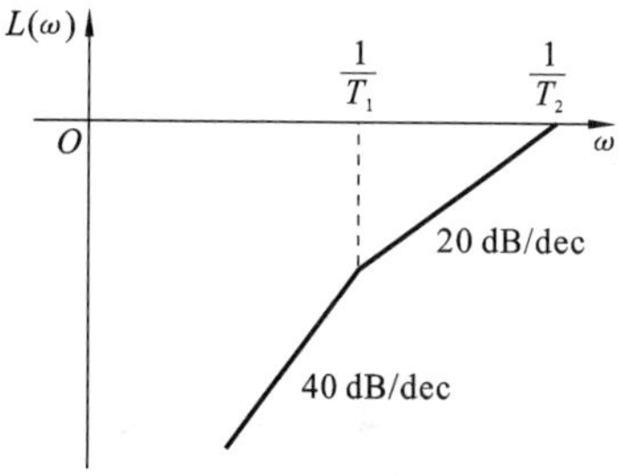 20 dB/dec；40 dB/dec
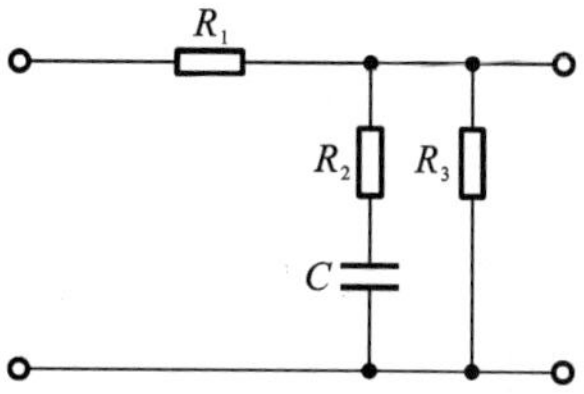	$G_0 = \dfrac{T_2 s+1}{T_1 s+1}$ $G_0 = R_3/(R_1+R_3)$ $T_1 = \left(R_2+\dfrac{R_2 R_3}{R_1+R_3}\right)C$ $T_2 = R_2 C_2$	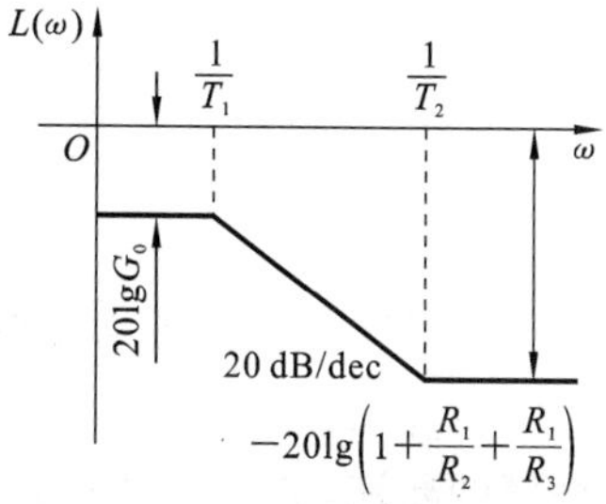 $20\lg G_0$；20 dB/dec；$-20\lg\left(1+\dfrac{R_1}{R_2}+\dfrac{R_1}{R_3}\right)$
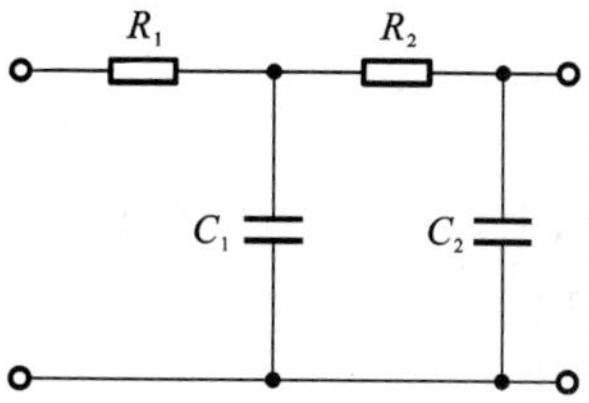	$\dfrac{1}{T_1 T_2 s^2+\left[T_2\left(1+\dfrac{R_1}{R_2}\right)+T_2\right]s+1}$ $T_1 = R_1 C_1$ $T_2 = R_2 C_2$	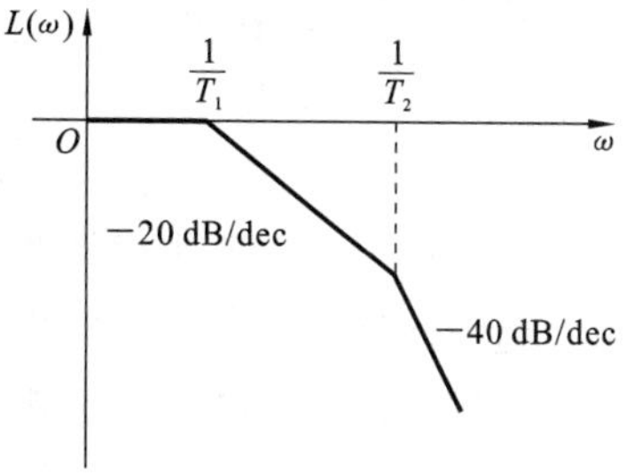 −20 dB/dec；−40 dB/dec
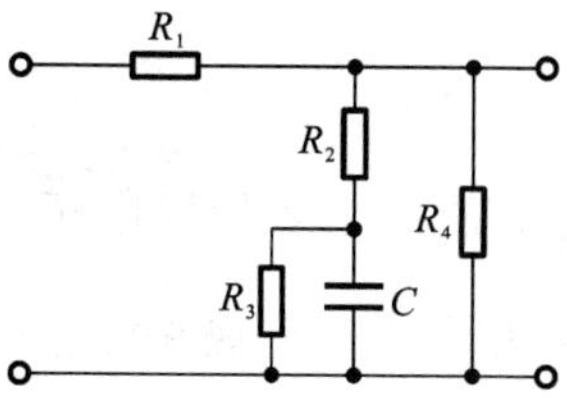	$\dfrac{1}{G_0'} \times \dfrac{T_2 s+1}{T_1 s+1}$ $G_0' = 1+\dfrac{R_1}{R_2+R_3}+\dfrac{R_1}{R_4}$ $T_2 = \left(\dfrac{R_1 R_3}{R_2}+R_3\right)C$ $T_1 = \dfrac{1+\dfrac{R_1}{R_2}+\dfrac{R_1}{R_4}}{1+\dfrac{R_1}{R_2+R_3}+\dfrac{R_1}{R_4}}$	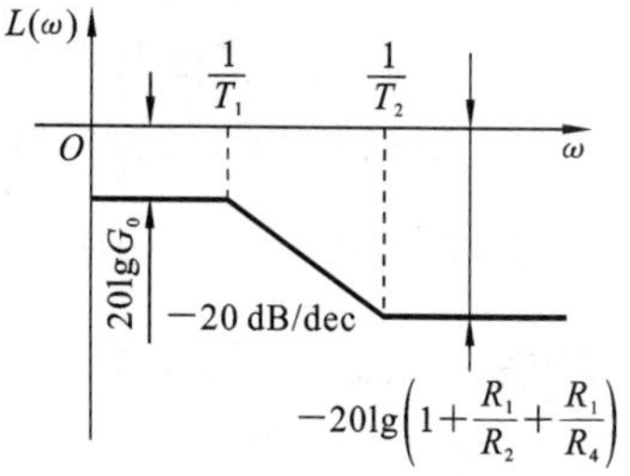 $20\lg G_0$；−20 dB/dec；$-20\lg\left(1+\dfrac{R_1}{R_2}+\dfrac{R_1}{R_4}\right)$

续表

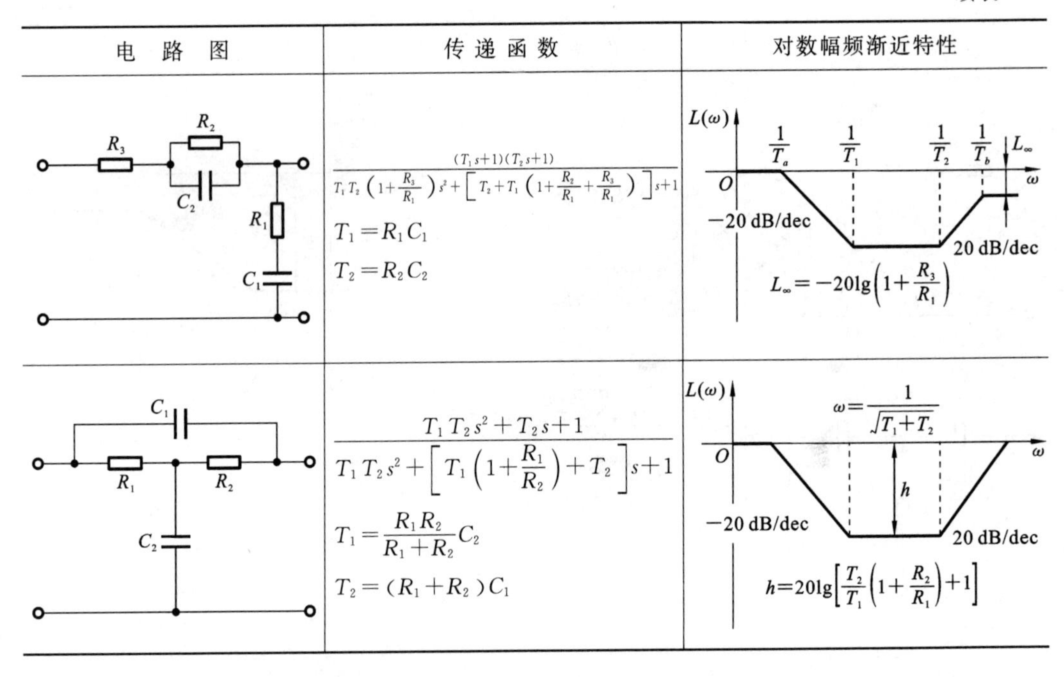

电路图	传递函数	对数幅频渐近特性
	$\frac{(T_1s+1)(T_2s+1)}{T_1T_2\left(1+\frac{R_3}{R_1}\right)s^2+\left[T_2+T_1\left(1+\frac{R_2}{R_1}+\frac{R_3}{R_1}\right)\right]s+1}$ $T_1=R_1C_1$ $T_2=R_2C_2$	$L_\infty=-20\lg\left(1+\frac{R_3}{R_1}\right)$
	$\frac{T_1T_2s^2+T_2s+1}{T_1T_2s^2+\left[T_1\left(1+\frac{R_1}{R_2}\right)+T_2\right]s+1}$ $T_1=\frac{R_1R_2}{R_1+R_2}C_2$ $T_2=(R_1+R_2)C_1$	$\omega=\frac{1}{\sqrt{T_1+T_2}}$ $h=20\lg\left[\frac{T_2}{T_1}\left(1+\frac{R_2}{R_1}\right)+1\right]$

7.3 串联校正

如果系统设计要求满足的性能指标属于频域指标，则系统校正常采用频域校正方法。本节介绍在系统的开环对数频率特性基础上，为满足稳态误差、开环截止频率和相角裕度的要求，进行串联校正的过程。

7.3.1 串联超前校正

超前校正的主要作用是在中频段产生足够大的超前相角，以补偿系统过大的滞后相角。超前网络的参数应根据相角补偿条件和稳态性能的要求来确定。

采用超前校正的一般步骤如下。

(1) 根据稳态误差的要求确定系统开环放大系数 K。

(2) 绘制原系统的伯德图，由伯德图确定原系统的相角裕度和增益裕度。

(3) 根据相角裕度要求，估算需要附加的相角位移。

(4) 根据要求的附加相角位移，计算校正装置的 a 值。

(5) a 值确定后，要确定校正装置的交接频率 $\frac{1}{T}$ 和 $\frac{1}{aT}$，此时应使校正后特性中频段(穿越零分贝线)的斜率为 -20 dB/dec，并且使校正装置的最大移相角 φ_{max} 出现在校正后截止频率 ω_c 的位置上。

(6) 验算校正后频率特性的相角裕度是否满足给定要求，如果不满足要求，则需重新计算。

(7) 确定校正装置的元件参数，注意采用元件标称值。

例 7-1　某控制系统的开环传递函数为

$$G_k(s)=\frac{K}{s(0.1s+1)}$$

要求校正后的系统速度误差系数 $K_v\geqslant 100$，相角裕度 $\gamma\geqslant 55°$，频带宽度 $GM\geqslant 10$ dB，试确定该校正装置的传递函数。

解　(1) 根据速度误差系数 $K_v\geqslant 100$ 的要求，取放大系数 $K=100$，其传递函数为

$$G_k(s)=\frac{100}{s(0.1s+1)}$$

(2) 绘制伯德图，如图 7-19 所示。校正前的截止频率 $\omega_c>10$ rad/s，因此有

$$A(\omega_c)\approx\frac{100}{\omega_c\frac{\omega_c}{10}}=1$$

故得 $\omega_c=31.6$ rad/s。其相角裕度为

$$\varphi(\omega)=-90°-\arctan(0.1\omega_c),\quad GM\rightarrow\infty$$

$$\gamma°=180°+\left(-90°-\arctan\frac{31.6}{10}\right)\approx 17.5°<55°$$

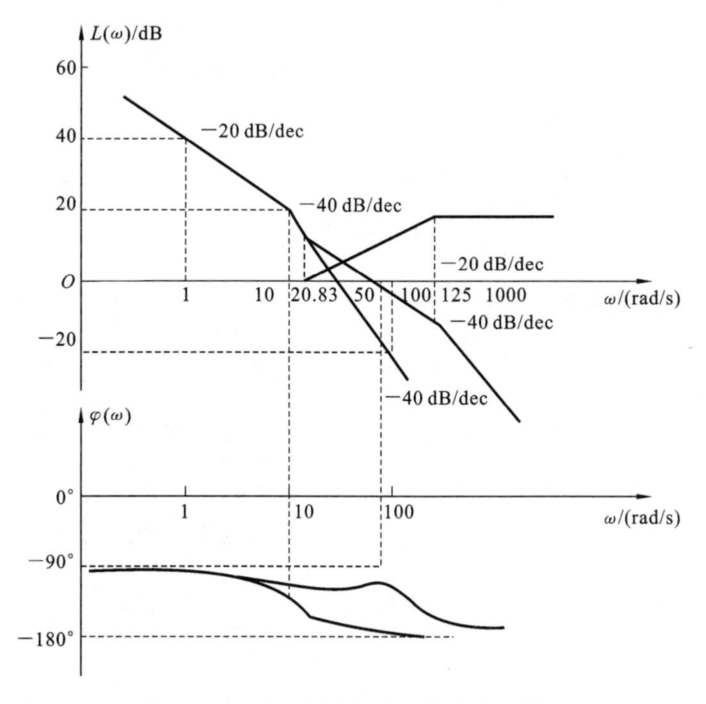

图 7-19　系统校正前后校正装置的伯德图

(3) 由于相角裕度不满足要求，为不影响低频特性和改善暂态响应性能，采用串联超前校正。

设 $G_c(s)=\dfrac{1+aTs}{1+Ts}$，根据系统相角裕度 $\gamma\geqslant55^\circ$ 的要求，选取最大相角位移为

$$\varphi_m=\gamma-\gamma_0+(5^\circ\sim15^\circ)=45^\circ$$

(4) 计算 a 值：

$$\sin\varphi_m=\frac{a-1}{a+1}$$

$$a=\frac{1+\sin\varphi_m}{1-\sin\varphi_m}=\frac{1+\sin45^\circ}{1-\sin45^\circ}\approx6$$

(5) 令 $\varphi'_c=\omega_m$，则

$$10\lg a=40\lg\frac{\varphi'_c}{\omega_c}$$

解得

$$\varphi'_c=\omega_c\sqrt[4]{a}\approx50\ (\text{rad/s})$$

$$\omega_m=\frac{1}{\sqrt{a}T},\quad T=\frac{1}{\sqrt{a}\,\omega_m}\approx0.008,\quad aT=0.048$$

则校正装置的传递函数为

$$G_c(s)=\frac{1+0.048s}{1+0.008s}$$

(6) 校验校正后的相角裕度。

绘制校正后系统的伯德图如图 7-19 所示，其传递函数为

$$G_c(s)G(s)=\frac{100(1+0.048s)}{s(0.1s+1)(1+0.008s)}$$

$$\begin{aligned}\gamma&=180^\circ+[-90^\circ-\arctan(0.1\times50)+\arctan(0.048\times50)-\arctan(0.008\times50)]\\&=56.89^\circ\end{aligned}$$

相角裕度满足系统的要求。

因此，串联校正装置的传递函数为

$$G_c(s)=\frac{1+0.048s}{1+0.008s}$$

例 7-2 设被控对象的传递函数为 $P(s)=\dfrac{K}{s(s+2)}$，要求设计一串联校正环节，使 $G_c(s)$ 校正后系统的超调量 $\sigma\leqslant30\%$，调节时间 $t_s\leqslant2$ s，开环增益 $K\geqslant5$。

解 控制系统的结构如图 7-20 所示，设计过程可分以下几个步骤。

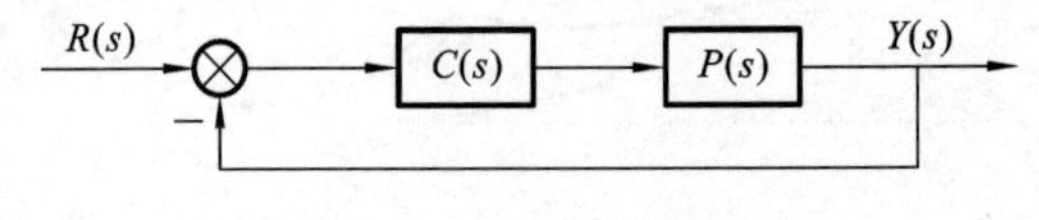

图 7-20 控制系统的结构

第一步，根据期望瞬态性能指标确定闭环主导极点的位置。为使 $\sigma\leqslant30\%$ 并留有余地（以确保在其他极点的作用下性能指标仍能得到满足），选阻尼比 $\zeta=\cos\theta=0.5$，所以主导极点应位于图 7-21 所示的 $\theta=60^\circ$ 的射线上。再运用二阶系统调节时间的近似公式

$t_s=\dfrac{3}{\zeta\omega_n}$，可选择 $\omega_n=4$，以保证 $t_s=2$ s 并留有余地。因此，主导极点为

$$s_{1,2}=\zeta\omega_n\pm j\omega_n\sqrt{1-\zeta^2}=-2\pm j2\sqrt{3}$$

第二步，画出未校正系统的根轨迹图，如图 7-21 中粗实线所示。由图 7-21 可知，根轨迹不通过期望主导极点，因此不能通过调节开环增益来满足瞬态性能指标。

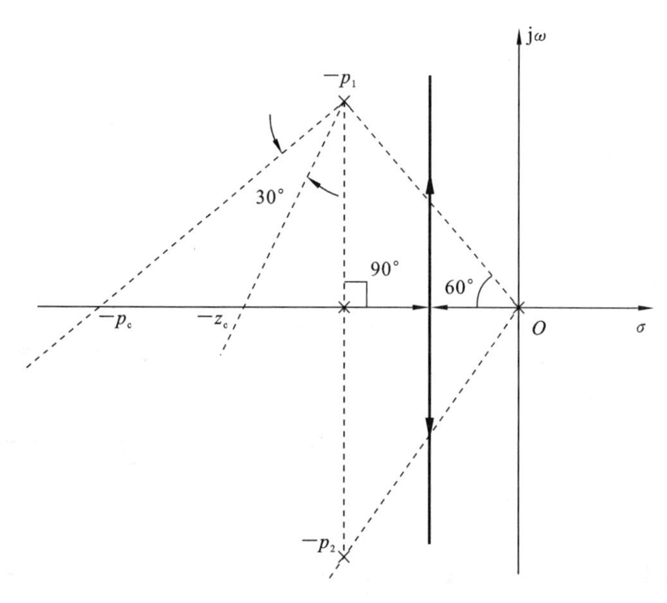

图 7-21　原始系统的根轨迹

为了使系统根轨迹向左偏移，应在开环系统中加入零点，但考虑到校正装置的可实现性，在加入零点的同时也应加入一个极点，但零点的作用应大于极点的作用，故零点比极点更靠近虚轴，即校正装置为

$$C(s)=\frac{s+z_c}{s+p_c},\quad |z_c|<|p_c|$$

这样的装置称为超前校正装置。于是校正后系统的开环传递函数为

$$G_0(s)=\frac{K_g(s+z_c)}{s(s+2)(s+p_c)}$$

为了使期望主导极点位于根轨迹上，根据幅角条件，应有

$$\angle(-p_1+z_c)-\angle(-p_1)-\angle(-p_1+2)-\angle(-p_1+p_c)=(2k+1)\times180°$$

由图 7-21 可知 $\angle(-p_1)=120°$，$\angle(-p_1+2)=90°$，代入上式，并取 $k=-1$ 可得

$$\angle(-p_1+z_c)-\angle(-p_1+p_c)=\alpha=30°$$

显然，满足上式的校正环节的零点 $-z_c$ 和极点 $-p_c$ 是不唯一的。考虑到我们是参照主导极点的性能公式来设计校正环节的，而校正后的系统为一个三阶线性系统。因此，系统的校正设计应该尽量使得闭环系统满足主导极点条件，此处应保证校正环节的零点、极点远离闭环系统的主导极点。

此处取校正环节零点为 $-z_c=-6$，则可以确定校正环节极点相应为 $-p_c=-20$，即校正环节为

$$G(s)=\frac{s+6}{s+20}$$

第三步，检验稳态性能指标。由模条件可知

$$\frac{K_g\,|-p_1+z_c|}{|-p_1|\,|-p_1+2|\,|-p_1+p_c|}=1$$

即 $K_g=48$。由此得到开环增益为

$$K=\frac{48\times 6}{2\times 20}=7.2\geqslant 51$$

因此，它满足稳态性能指标(如果稳态性能指标不能满足要求，则要串联一个下面将要介绍的滞后校正环节)。可以验证，当闭环系统的共轭极点在期望的位置时(即 $K_g=48$)，系统第三个闭环极点为 $-p_3=-18$，此时，闭环系统完全满足主导极点条件。

校正后系统的根轨迹图如图 7-22 所示。

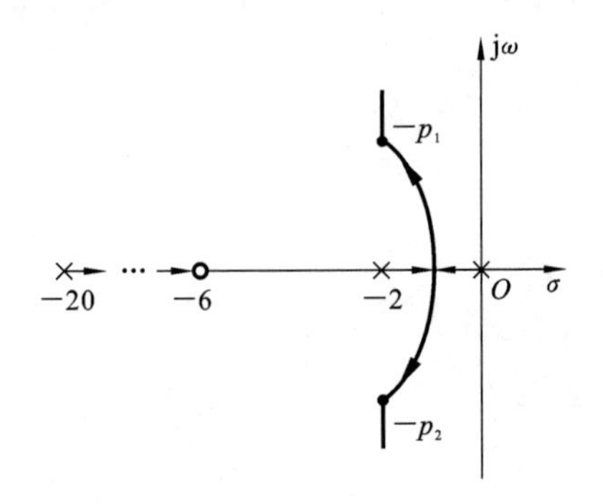

图 7-22　校正后系统的根轨迹图

由系统校正前后的伯德图和性能指标的对比，可总结超前校正的特点如下。

(1) 超前校正使系统的截止频率变高，系统的闭环频带宽度 GM 增加，从而使暂态响应加快；相角裕度增加，系统的稳定性增强。

(2) 串联超前校正在补偿了 a 倍的衰减之后，系统低频段的幅频特性没有变化，可以做到稳态误差不变，从而全面改善系统的动态性能，即增大相角裕度 γ 和幅值截止频率 ω_c，减小超调量和过渡过程时间。

(3) 超前校正装置所要求的时间常数是容易满足的。

其缺点如下。

(1) 由于频带加宽，高频抗干扰能力减弱，因此对放大器或电路的其他组成部分提出了更高要求。

(2) 因 ω_c 被增大，由于高频段斜率的增大使 ω_c 处引起的相角滞后更加严重，因而难以实现给定的相角裕度 γ。

因此，串联超前校正一般用于以下三种情况。

(1) 靠近 ω_c，随着 ω 变化，相角滞后缓慢增加的情况。

(2) 要求系统有大的带宽和较高的暂态响应速度。

(3) 对高频抗干扰要求不是很高的情况。

下列情况不宜采用串联校正。

(1) 校正前的系统不稳定，原因在于为达到要求的 γ'，超前校正网络 φ_m 的值应很大，$20\lg a$ 就很大，即对系统中的高频信号放大作用很强，从而大大减少了系统的抗干扰能力。

(2) 校正前系统在 φ_m 附近相角减小的速度太大，此时随校正后 ω_c' 的增大，校正前系统的相角迅速减小，造成校正后的相角裕度改善不大，很难达到要求的相角裕度。一般情况下，在校正前系统的 ω_c 附近有两个转折频率彼此靠近，或有相对的惯性环节，或有一个振荡环节时，就会出现这种现象。

在上述情况下，系统可采用其他方法进行校正。例如，采用两级串联超前网络进行串联超前校正，或采用串联滞后校正。

7.3.2 串联滞后校正

与串联超前校正不同，串联滞后校正利用滞后网络的高频幅值衰减特性，使已校正系统的截止频率下降，从而使系统获得足够的相角裕度。因此，滞后网络的最大滞后相角应力求避免发生在系统截止频率附近。在系统响应速度要求不高而抑制噪声电平性能较高的情况下，可考虑采用串联滞后校正。此外，如果待校正系统已具备满意的动态性能，仅稳态性能不满足性能指标要求，则可以采用串联滞后校正以提高系统的稳态精度，同时保持其动态性能仍然满足性能指标要求。

串联滞后装置的设步骤如下。

(1) 根据稳态误差的要求确定开环系统放大系数。

(2) 绘制原系统的对数频率特性，并确定原系统的截止频率、相角裕度和幅值裕度。

(3) 根据给定的相角裕度，并考虑到校正装置特性引起的滞后影响，适当增加5°～15°的余量，即$\gamma'=\gamma+\varepsilon(5^\circ\sim15^\circ)$，确定符合这一相角裕度的频率，作为校正后系统的开环对数幅频特性的截止频率ω'_c。

(4) 确定出原系统频率特性在$\omega=\omega'_c$处幅值下降到零分贝时所必需的衰减量，使其等于$-20\lg b$，从而确定b的值。

(5) 选择交接频率$\omega_2=\frac{1}{bT}$低于ω'_c一倍到十倍频程，另一交接频率可以为$\omega_1=\frac{1}{T}$。

(6) 确定校正装置的传递函数，并校验相角裕度和其他性能指标，若不满足要求，则重新选择γ'，重新设计。

(7) 确定滞后校正装置元件值，注意采用元件标称值。

例7-3 某控制系统的开环传递函数为

$$G_k(s)=\frac{K}{s(0.1s+1)}$$

要求校正后系统稳态误差系数$K_v\geqslant100$，且相角裕度$\gamma\geqslant45^\circ$，试确定该校正装置的传递函数。

解 (1) 确定放大系数K。因为

$$K_v=\lim_{s\to0}G_k(s)=\lim_{s\to0}s\frac{K}{s(0.1s+1)}=K$$

所以取$K=K_v=100$。

(2) 根据取定的K值，原系统的开环传递函数为

$$G_k(s)=\frac{100}{s(0.1s+1)}$$

绘制原系统的伯德图，如图7-23所示。

参考例7-1，由

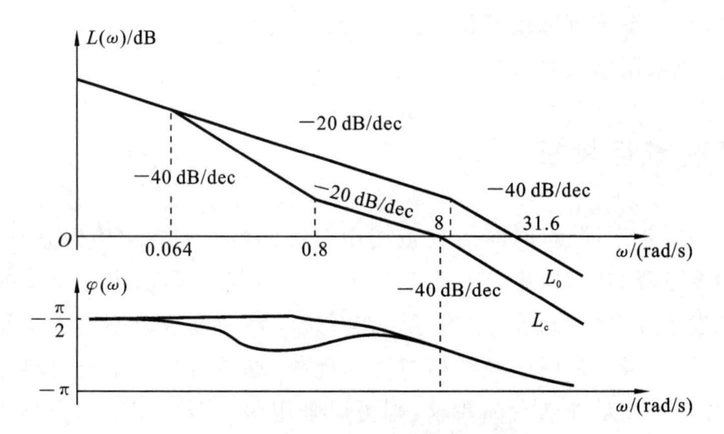

图 7-23　系统校正前后校正装置的伯德图

$$A(\omega_c)=\frac{100}{\omega_c\frac{\omega_c}{10}}=1$$

得 $\omega_c=31.6$ (rad/s)，其相角裕度为

$$\varphi(\omega)=-90^\circ-\arctan(0.1\omega_c)$$

$$\gamma=180^\circ+\left(-90^\circ-\arctan\frac{31.6}{10}\right)\approx17.5^\circ<45^\circ$$

可见，原系统不满足稳定性的要求。

(3) 按相角裕度 $\gamma\geqslant45^\circ$ 的要求，并按 $\gamma'=\gamma+\varepsilon(5^\circ\sim15^\circ)$ 选取校正后的相角裕度：

$$\gamma=180^\circ+[-90^\circ-\arctan(0.1\omega_c')]=51^\circ$$

求得 $\omega_c'=8$ rad/s，故预选 $\gamma\approx51^\circ$。取原系统与 $\gamma\approx51^\circ$ 相应的频率 $\omega_c'=8$ rad/s 为校正后的截止频率。

(4) 确定 b，从原系统伯德图上查得对应截止频率 ω_c' 的对数幅频特性 L_0 为 22 dB，则得 $20\lg b=-22$，解得 $b=0.08$。

(5) 选择交接频率 $\omega_2=\frac{1}{bT}$ 低于 ω_c' 一倍到十倍频程，则另一交接频率可以由 $\omega_1=\frac{1}{T}$ 求得。预选交接频率 $\omega_2=\frac{1}{bT}=\frac{\omega_c'}{10}$，即

$$\omega_2=\frac{\omega_c'}{10}=\frac{8}{10}=0.8\ (\text{rad/s}),\quad T=\frac{1}{b\omega_2}=15.625\ (\text{s})$$

另一交接频率为

$$\omega_1=\frac{1}{T}=\frac{1}{15.625}=0.064\ (\text{rad/s})$$

则校正装置的传递函数为

$$G_c(s)=\frac{1+bTs}{1+Ts}=\frac{1+1.25s}{1+15.625s}$$

(6) 将校正装置的对数频率特性绘制在同一伯德图上，并与原系统的对数频率特性代数相加，即得出校正后系统开环对数幅频特性曲线和相频特性曲线。

校正后的开环传递函数为

$$G_k(s)G_c(s)=\frac{100(1+1.25s)}{s(0.1s+1)(1+15.625s)}$$

校验校正后的相角裕度为

$$\gamma=180°+[-90°-\arctan(0.1\omega_c')+\arctan(1.25\omega_c')-\arctan(5.625\omega_c')]$$

而 $\omega_c'=8$ rad/s，所以 $\gamma=46.1°$满足系统所提出的要求。

例 7-4　设系统开环传递函数为 $P(s)=\dfrac{K_g}{s(s+1)(s+2)}$，系统结构如图 7-24 所示，要求闭环系统的主导极点参数为 $\zeta=0.5$，$\omega_n\geqslant0.6$，静态速度误差系数 $K_v\geqslant5$。试确定串联滞后校正装置的传递函数。

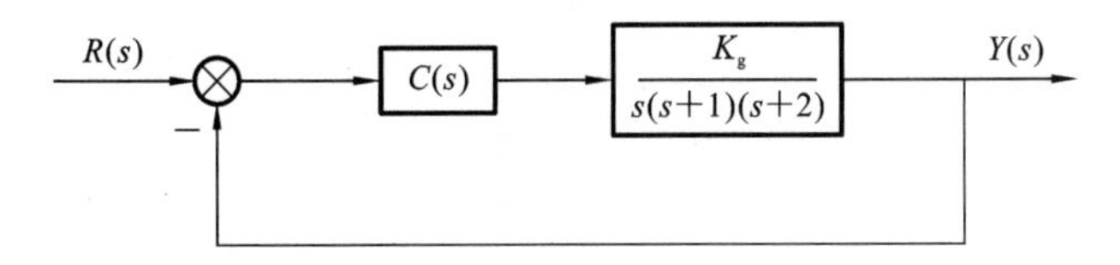

图 7-24　系统结构

解　(1) 作系统根轨迹，如图 7-25(a)所示，并在图中作 $\theta=60°$的两条射线 OA 和 OB，分别与根轨迹交于 $-p_1$ 和 $-p_2$，检查 $-p_1$ 和 $-p_2$ 的实部发现，其实部 $\alpha=0.33$。因此 $-p_1$ 和 $-p_2$ 的参数为

$$\zeta=0.5,\quad \omega_n=\frac{0.33}{0.5}=0.66$$

即 $-p_1$ 和 $-p_2$ 满足希望主导极点的要求。用模条件可算出 $-p_1$ 点的根轨迹增益为 $K_g=1.04$，因此系统的静态速度误差系数(即开环增益)为

$$K_v=K=\frac{K_g}{1\times2}=0.52<5$$

稳态性能指标不符合要求。

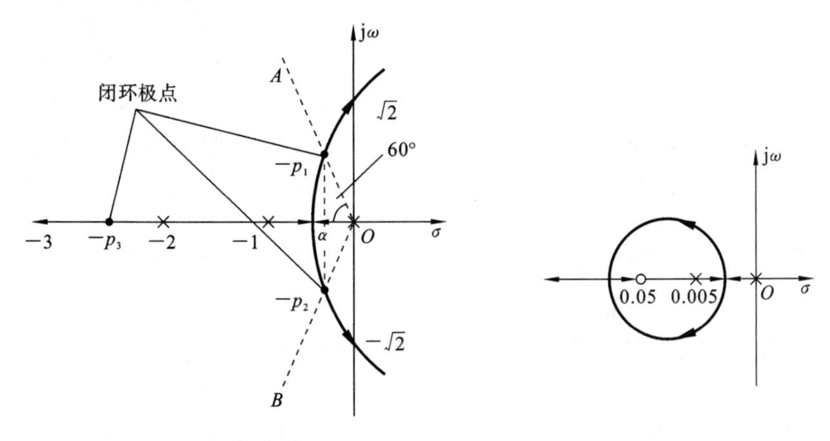

(a) 系统根轨迹　　(b) 原点附近的根轨迹

图 7-25　例 7-4 用图

(2) 引入串联滞后校正环节 $C(s)=\dfrac{s+0.05}{s+0.005}$。

根据第(1)步的计算，应将系统开环增益提高 10 倍。所引入的校正环节应满足 $|z_c|=10|p_c|$，为确保校正环节对根轨迹不产生显著影响，选择 $z_c=0.05$，$p_c=0.005$，即滞后校正环节为

$$C(s)=\frac{s+0.05}{s+0.005}$$

校正后系统的开环传递函数为

$$G_0(\mathrm{s})=\frac{1.04(s+0.05)}{s(s+1)(s+2)(s+0.005)}$$

系统在原点附近的根轨迹如图 7-25(b)所示。

用 MATLAB 分别绘出校正前后系统的单位斜坡响应和单位阶跃响应，如图 7-26 和图 7-27 所示。由图 7-26 和图 7-27 可见，校正后系统的速度稳态误差减小，阶跃响应的瞬态性能略有下降。

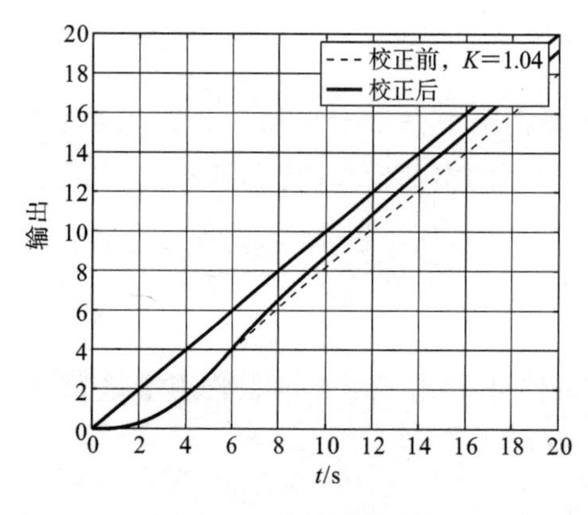

图 7-26　单位斜坡响应

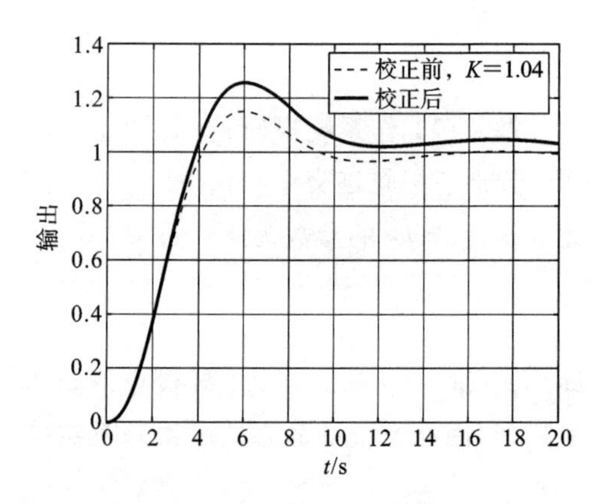

图 7-27　单位阶跃响应

从上面分析可以看出，滞后校正装置实质上是一种低通滤波器。由于滞后校正的衰减作用，截止频率移到较低的频率上，而且是在斜率为 −20 dB/dec 的特性区段之内，从而满足相角裕度 γ 的要求。滞后校正的不足之处：它的衰减作用使系统的频率带宽减小，导致系统的瞬态响应速度变慢；在截止频率处，滞后校正网络会产生一定的相角滞后量。为了使这个角尽可能地小，理论上总希望 $G_c(s)$ 的两个转折频率 ω_1、ω_2 比 ω_c 越小越好，但考虑物理实现上的可行性，一般取 $\omega_2=\dfrac{1}{T}=(0.25\sim0.1)\omega_c$ 为宜。

因此，串联滞后校正一般用于以下三种情况。

(1) 在系统响应速度要求不高，而抑制噪声电平性能要求较高的情况下，可考虑采用串联滞后校正。

(2) 保持原有的已满足要求的动态性能不变，而用以提高系统的开环增益，减小系统的稳态误差。

(3) 从高频干扰方面考虑有意义的情况。

7.3.3　串联滞后-超前校正

串联滞后-超前校正综合应用了滞后校正和超前校正各自的特点，即利用校正装置的超前部分来增大系统的相角裕度，以改善其动态性能；利用它的滞后部分来改善系统的静态性能，两者分工明确，相辅相成。

实际系统中常用比例-积分-微分(PID)控制器来实现串联滞后-超前校正。

若PID控制器的输入、输出关系为

$$m(t)=K_{\mathrm{p}}e(t)+\frac{K_{\mathrm{p}}}{T_{\mathrm{i}}}\int_0^t e(t)\mathrm{d}t+K_{\mathrm{p}}T_{\mathrm{d}}\frac{\mathrm{d}}{\mathrm{d}t}e(t) \tag{7-21}$$

PID控制器的传递函数为

$$G_{\mathrm{c}}(s)=\frac{M(s)}{E(s)}=K_{\mathrm{p}}\left(1+\frac{1}{T_{\mathrm{i}}s}+T_{\mathrm{d}}s\right) \tag{7-22}$$

从式(7-22)可知，比例项为基本控制作用，超前(微分)校正会使带宽增加，提高系统的暂态响应速度，滞后(积分)校正可改善系统稳态特性，减小稳态误差。串联滞后-超前装置的设计步骤如下。

(1) 根据稳态性能要求，确定开环增益K。

(2) 绘制原系统的对数幅频特性，求出原系统的截止频率ω_{c}、相角裕度γ及幅值裕度h或GM(dB)等。

(3) 在原系统的对数幅频特性上，选择斜率从-20 dB/dec变为-40 dB/dec的转折频率作为校正装置超前部分的转折频率ω_{b}。这种选法可以降低已校正系统的阶次，且可保证中频区斜率为-20 dB/dec，并占据较宽的频带。

(4) 根据响应速度要求，选择系统的截止频率ω''_{c}和校正网络的衰减因子$\frac{1}{a}$；要保证已校正系统截止频率为所选的ω''_{c}，下列等式应成立：

$$-20\lg a+L'(\omega''_{\mathrm{c}})+20\lg(T_{\mathrm{b}}\omega''_{\mathrm{c}})=0 \tag{7-23}$$

式中的各项分别为滞后-超前网络贡献的幅值衰减的最大值、未校正系统的幅值量、滞后-超前网络超前部分在ω''_{c}处的幅值。

$L'(\omega''_{\mathrm{c}})+20\lg(T_{\mathrm{b}}\omega''_{\mathrm{c}})$可由原系统对数幅频特性的$-20$ dB/dec延长线在ω''_{c}处的数值确定，因此可由式(7-23)求出a值。

(5) 根据相角裕度要求，估算校正网络滞后部分的转折频率ω_{a}。

(6) 校验校正后系统的各项性能指标。

(7) 确定校正装置的元件参数，注意采用元件标称值。

用频率法设计校正装置除可按上述步骤之外，还可以按期望特性去校正，参见例7-2。

例7-5　设有一单位反馈系统，其开环传递函数为

$$G_{\mathrm{k}}(s)=\frac{K}{s(0.5s+1)(0.167s+1)}$$

试确定滞后-超前校正装置，使系统满足下列指标：稳态误差系数$K_{\mathrm{v}}\geqslant 180$ rad/s，相角裕度$\gamma>40^\circ$，3 rad/s$<\omega_{\mathrm{c}}<$5 rad/s。

解 (1) 根据稳态误差系数的要求,可得

$$K_v=\lim_{s\to 0}G_k(s)=\lim_{s\to 0}\frac{sK}{s(0.5s+1)(0.167s+1)}=180$$

所以取 $K=K_v=180$。

(2) 绘制开环传递函数的伯德图。开环传递函数为

$$G_k(s)=\frac{180}{s(0.5s+1)(0.167s+1)}$$

系统的伯德图如图 7-28 所示。

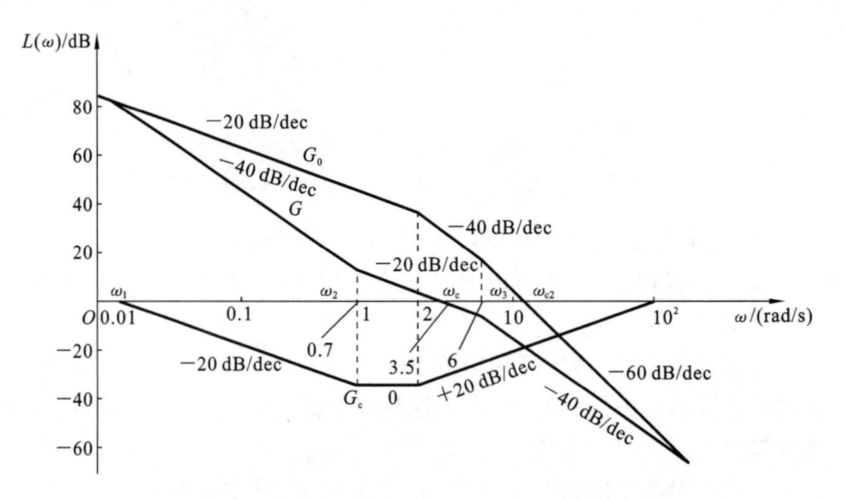

图 7-28 校正前系统、校正装置和校正后系统的伯德图

在 $\omega=1$ rad/s 时,可列如下等式:

$$20\lg 180-20\lg\frac{\omega_{c2}}{\omega_1}-20\lg\frac{\omega_{c2}}{\omega_2}-20\lg\frac{\omega_{c2}}{\omega_3}=0$$

$$20\lg 180-20\lg\frac{\omega_{c2}}{1}-20\lg\frac{\omega_{c2}}{2}-20\lg\frac{\omega_{c2}}{6}=0$$

$$\frac{180}{\omega_{c2}\times\frac{\omega_{c2}}{2}\times\frac{\omega_{c2}}{6}}=1$$

因此,可求得 $\omega_{c2}=\sqrt[3]{180\times 12}=12.9$ (rad/s)。

未校正系统的相角裕度为

$$\gamma=180^\circ-90^\circ-\arctan(0.5\omega_{c2})-\arctan(0.167\omega_{c2})=-56.35^\circ$$

因此该系统是不稳定的。

(3) 根据给定要求,选择新的截止频率 $\omega'_c=3.5$ rad/s,然后过 ω'_c 作一斜率为 −20 dB/dec 的直线作为期望特性的中频段。

为保证稳态精度,即速度误差系数 $K_v\geqslant 180$ rad/s,校正后的低频段与原系统一致,为此在期望特性的中频段与低频段之间用一斜率为 −40 dB/dec 的直线作连接线。为满足相角裕度的要求,连接线与中频段特性相交的转折频率不宜距离 ω'_c 太近,可按 $\omega_2=(0.1\sim 0.5)\omega_c$ 选取,即

$$\omega_2=0.2\omega_c=0.2\times3.5=0.7\ (\text{rad/s})$$

为保证高频段特性不变，高频段斜率为－60 dB/dec，因此在期望特性的中频段与高频段之间用一斜率为－40 dB/dec的直线作连接线，此连接线与中频段期望特性相交的转折频率 ω_3 距离 ω_c 也不宜太近，选择原系统的转折频率(6 rad/s)作为转折频率 ω_3。

绘制校正后系统和校正装置的伯德图，如图7-28所示。

(4) 设

$$G_c(s)=\frac{(1+T_a s)(1+T_b s)}{(1+aT_a s)\left(1+\frac{T_b}{a}s\right)}$$

确定各参数：$T_a=\frac{1}{0.7}=1.43\ (\text{s})$，$T_b=\frac{1}{2}=0.5\ (\text{s})$。

期望特性的截止频率为 $\omega_c=3.5$ rad/s，则期望特性在 $\omega_2=0.7$ rad/s时的增益为

$$20\lg\frac{3.5}{0.7}=14\ (\text{dB})$$

而原系统在 $\omega_c=0.7$ rad/s的增益为

$$20\lg\frac{180}{0.7}=48.2(\text{dB})$$

因此，校正装置在 $0.7\ \text{rad/s}\leqslant\omega_c\leqslant2\ \text{rad/s}$ 时使原系统的增益衰减了48.2－14＝34.2 (dB)，即

$$20\lg\frac{aT_a}{T}=34.2(\text{dB})$$

$$a=51.3$$

因此校正装置的传递函数为

$$G_c(s)=\frac{(1.43s+1)(0.5s+1)}{(73.3s+1)(0.0097s+1)}$$

校正装置及校正后系统的开环特性曲线，如图7-28所示。

(5) 校正后系统的开环传递函数为

$$G_c(s)G_k(s)=\frac{180\times(1.43s+1)}{s(0.167s+1)(73.3s+1)(0.0097s+1)}$$

校正后系统的相角裕度为

$$\begin{aligned}\gamma&=180^\circ-90^\circ-\arctan(73.3\omega_{c2})+\arctan(1.43\omega_{c2})\\&\quad-\arctan(0.167\omega_{c2})-\arctan(0.0097\omega_{c2})\\&=46.7^\circ>40^\circ\end{aligned}$$

而稳态速度误差系数等于180 rad/s，满足所提出的要求。

7.4　系统校正相关命令/函数与实例

利用MATLAB可以方便地画出伯德图并求出幅值裕度和相角裕度。将MATLAB应用到经典理论的校正方法中，可以方便地校验系统校正前后的性能指标。在需要时可以反复试探不同校正参数对应的不同性能指标，从而设计出最佳的校正装置。

例 7-6 已知待校正系统的开环传递函数为 $G_0(s)=\dfrac{10}{s(s+1)}$，若要求开环系统截止频率不小于 4.4 rad/s，相角裕度不小于 45°，幅值裕度不小于 10 dB，试设计串联超前网络。

解 (1) 计算待校正系统的性能指标。

待校正系统开环传递函数为 $G_0(\mathrm{s})=\dfrac{10}{\mathrm{s}(\mathrm{s}+1)}$，首先计算待校正系统的幅值裕度与相角裕度，绘制伯德图。在 MATLAB 命令窗口输入程序：

```
>>num=10;den=[110];G=tf(num,den);  %校正前模型
bode(G),grid on  %绘制校正前系统的伯德图
[Gw,Pw,Wcg,Wcp]=margin(G)  %计算校正前系统的相角裕度和幅值裕度
```

由上可得系统的相角裕度 $\gamma=17.9642°$，截止频率 $\omega_c=3.0842$ rad/s，均不满足要求。

分析：系统相角裕度小是因为待校正系统的对数幅频特性中频区的斜率为 −40 dB/dec。由于截止频率和相角裕度均低于指标要求，故采用串联超前校正是合适的。

(2) 计算超前网络参数。

试选 $\omega_m=\omega_c=4.4$ rad/s，可查得 $L(\omega_m)=-6$ dB，也可在 MATLAB 命令窗口输入程序进行计算：

```
>>wm=4.4;[mag1,phase1]=bode(G,wm);1wm=20*log10(mag1)
```

为保证 ω_m 为校正后系统的截止频率，有 $L_c(\omega_m)=10\lg a=-L(\omega_m)=6$，同时超前校正网络 $\omega_m=\dfrac{1}{T\sqrt{a}}=4.4$。

在 MATLAB 命令窗口输入程序：

```
>>a=10^(-1wm/10),T=1/(wm*sqrt(a))
```

由 $G_c(s)=\dfrac{1+aTs}{1+Ts}$，在 MATLAB 命令窗口输入程序：

```
>>numc=[a*T 1];denc=[T 1];Gc=tf(numc,denc)
```

即可得超前网络的传递函数。

(3) 校验。

作出校正前后系统的伯德图，计算并校验校正后系统的性能指标是否满足要求。在 MATLAB 命令窗口输入程序：

```
>>[num1,den1]=series (num,den,numc,denc);
G1=tf(num1,den1)           %校正后系统的开环传递函数
[Gw1, Pw1,Wcg1,Wep1]=margin(num1,den1)
magdb1=20*log10 (Gw1)      %计算校正后系统的相角裕度和幅值裕度
bode(G,'-',G1,'--')        %作伯德图,校正前为实线,校正后为虚线
legend('校正前','校正后')
```

可以得出，在串联超前校正后系统的相角裕度增加到 49.3°，开环截止频率为 4.4

rad/s，幅值裕度仍为+∞，全部性能指标均已满足设计要求。

例 7-7 已知某待校正系统开环传递函数为

$$G_0(s)=\frac{30}{s(0.1s+1)(0.2s+1)}$$

若要求校正后系统的相角裕度不低于 40°，幅值裕度不小于 10 dB，截止频率不小于 2.3 rad/s，试设计串联校正装置。

解 (1) 计算待校正系统性能指标。

待校正系统开环传递函数为 $G_0(s)=\frac{30}{s(0.1s+1)(0.2s+1)}$，计算待校正系统的幅值裕度与相角裕度，绘制伯德图。在 MATLAB 命令窗口输入程序：

```
>>num=30;den=conv(conv([1,0],[0.1,1]),[0.2,1]);
G=tf(num,den);  %校正前模型
bode(G),grid on  %绘制校正前系统的伯德图
[Gw,Pw,Wcg,Wcp]=margin(G)  %计算校正前系统的相角裕度和幅值裕度
```

警告信息提示系统不稳定，同时可得系统的相角裕度 $\gamma=-17.239°$，且截止频率 $\omega_c=9.77$ rad/s，远大于要求值。在这种情况下采用串联超前校正是无效的。考虑到本例对系统截止频率值要求不大，故选用串联滞后校正可以满足要求的性能指标。

(2) 计算滞后网络参数。

根据对相角裕度的要求，选择相角为 $\varphi=-180°+\gamma^*+\varepsilon$($\varepsilon=5°\sim10°$，这里取 $\varepsilon=6°$，$\gamma^*=40°$)处的频率作为校正后系统的截止频率，在 MATLAB 命令窗口输入程序：

```
>>e=6;r=40;phi=-180+r+e;  %校正后截止频率处的相频特性值
w=logspace(-1,1,1000);[mag,phase]=bode(num,den,w);
[i1,ii]=min(abs(phase-phi));  %找出最接近 phi 的值 i1 和对应的位置点 ii
wc=w(ii)  %求校正后截止频率
```

可知该点对应的频率为 2.738 rad/s，由于指标要求 $\omega_c\geqslant2.3$ rad/s，故 ω_c 值可在 2.3～2.738 rad/s 范围内任取。考虑到 ω_c 取值较大时，已校正系统响应速度较快，且滞后网络时间常数 T 值较小，便于实现，故选取 $\omega_c=2.738$ rad/s。可计算待校正系统在该点的幅值 $L(\omega_c)$，由 $20\lg b=-L(\omega_c)$ 可计算出 b，再根据 $\frac{1}{bT}=\frac{\omega_c}{10}$ 可得出参数 T，即可求出滞后网络的传递函数为 $G_c(s)=\frac{bTs+1}{Ts+1}$。

在 MATLAB 命令窗口输入程序：

```
>> [mag1,phase1]=bode(G,wc);1wc=20*1og10(mag1),b=10^(-1wc/20),
T=10/(b*wc),numc=[b*T,1];denc=[T,1];Gc=tf(numc,denc)
```

滞后校正网络的传递函数为 $G_c(s)=\frac{3.652s+1}{33.85s+1}$。

(3) 校验。

作出校正前后系统的伯德图，计算并校验校正后系统的性能指标是否满足要求。

在 MATLAB 命令窗口输入程序：

```
>>[num1,den1]=series(num,den,numc,denc);
G1=tf(num1,den1)  %校正后系统的开环传递函数
[Gw1,Pw1,Weg1,Wcp1]=margin(num1,den1)
magdb1=20*log10(Gw1)  %计算校正后系统的相角裕度和幅值裕度
bode (G,'-',G1,'--')  %作伯德图,校正前为实线,校正后为虚线
legend('校正前','校正后')
```

可以得出，在串联滞后校正后系统的相角裕度增加到 40.7637°，开环截止频率为 2.7483 rad/s，幅值裕度为 12.6575 dB，全部性能指标均已满足设计要求。

例 7-8 （频率法的串联超前校正）对一个线性控制系统，传递函数为 $G_0(s)=\dfrac{K}{s(0.1s+1)}$，要求设计串联校正装置，使系统满足：开环增益 $K_v\geqslant 100$ rad/s，相角裕度 $\gamma\geqslant 55°$，幅值裕度 $h\geqslant 10$ dB。

解 由 $K_v\geqslant 100$ rad/s，确定表达式中 $K=100$，绘制原系统伯德图，如图 7-29 所示。

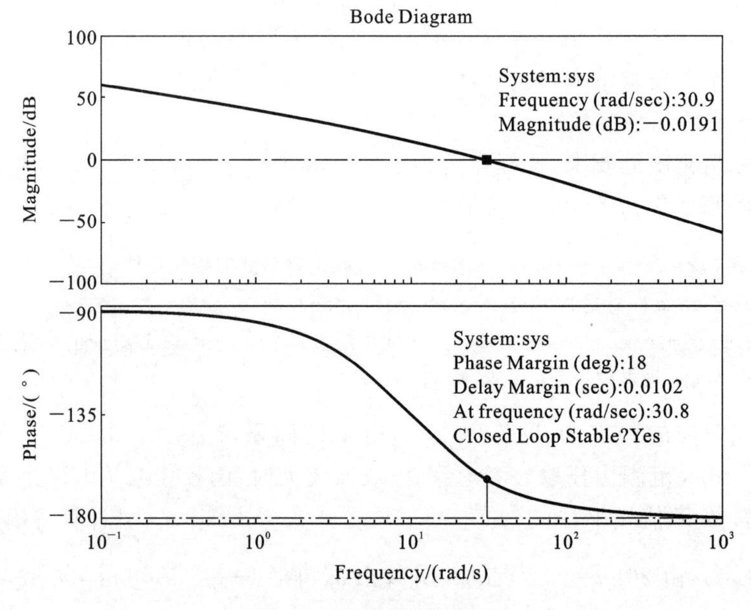

图 7-29 原系统伯德图

由图 7-29 可以看出原系统截止频率为 $\omega_c=30.9$ rad/s，相角裕度 $\gamma_0\geqslant 18°$，幅值裕度 $h=\infty$。原系统的相角裕度远小于要求值，并且动态响应有严重振荡，为了实现性能指标要求，系统进行串联超前校正。超前校正装置传递函数的两个参数指标 α 和 T 的求解方法书中已有详细讲解，这里只把计算出的校正函数 $G_c(s)$ 与原系统串联，得到超前校正网络，并对比校正前后系统时域和频域指标的差别。校正后系统传递函数为

$$G(s)=K_cG_0(s)G_c(s)=\frac{100(0.049s+1)}{s(0.1s+1)(0.008s+1)}$$

校正后系统伯德图如图 7-30 所示。由该图可以看出原系统截止频率为 $\omega_c=48.1$

rad/s，相角裕度 $\gamma_0 \geqslant 57.6°$，幅值裕度 $h=\infty$，满足性能指标要求。

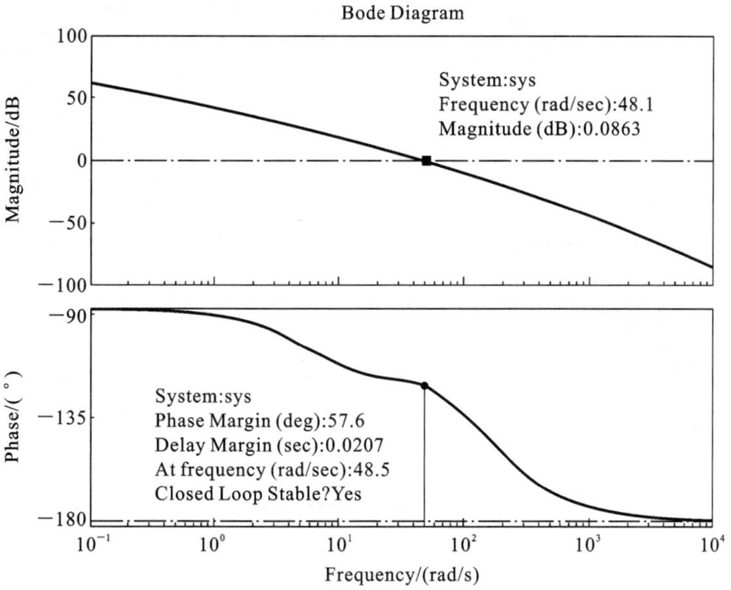

图 7-30　校正后系统伯德图

例 7-9　直流电动机速度控制系统的结构图如图 7-31 所示，其中 $R(s)$ 为期望的电动机转速，$U_a(s)$ 为电枢电压，$C(s)$ 表示电动机转速。要求设计校正装置，使系统的稳态误差小于 0.01，截止频率大于 65 rad/s，相角裕度大于 45°。

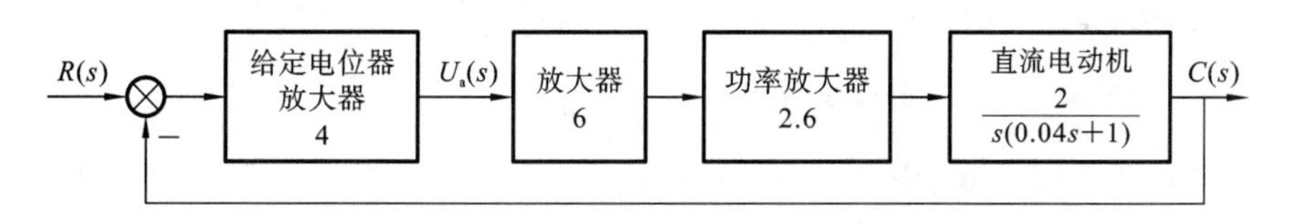

图 7-31　直流电动机速度控制系统的结构图

解　系统开环传递函数为

$$G(s)=\frac{124.8}{s(0.04s+1)}$$

可知系统为Ⅰ型系统，根据系统开环增益与稳态误差的关系，可得到系统的稳态误差为

$$e_{ss}(\infty)=\frac{1}{K}=0.008$$

系统为最小相位系统，因此只需要绘出其对数幅频特性即可，如图 7-32 中 $L'(\omega)$ 所示。由图 7-32 得待校正系统的 $\omega'_c=53.1$ rad/s，则待校正系统的相角裕度为 $\gamma=25.2$。

相角裕度小的原因主要是待校正系统的对数幅频特性中频区的斜率为 −40 dB/dec。由于截止频率和相角裕度均低于指标要求，故采用串联超前校正是合适的。

选取 $\omega_m=\omega''_c=70$ rad/s，由图 7-32 查得 $L'(\omega''_c)=-4.44$ dB，于是由

$$-L'(\omega''_c)-L_c(\omega_m)=10\lg a$$

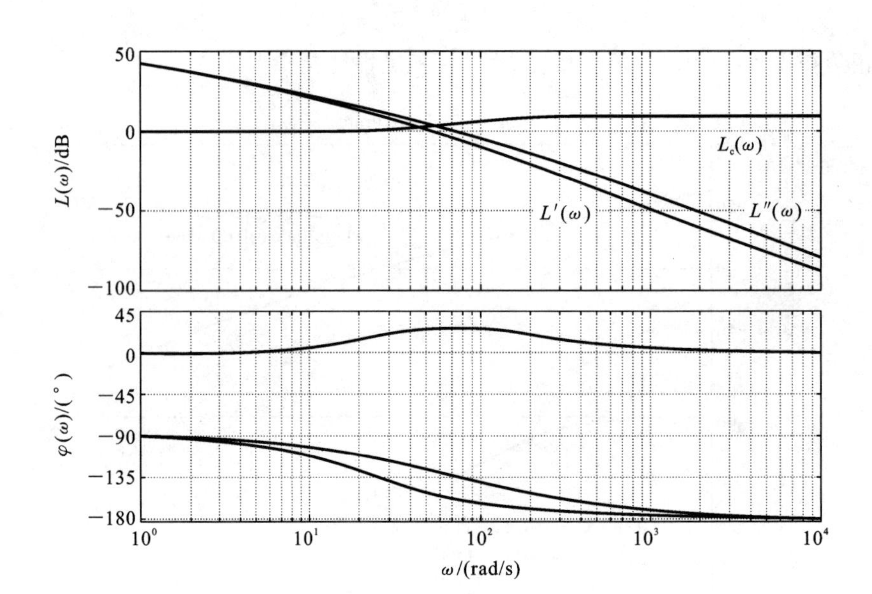

图 7-32　系统对数幅频特性

$$T=\frac{1}{\omega_m\sqrt{a}}$$

计算得 $a=2.7797$，$T=0.0086$。因此，超前网络的传递函数为

$$2.7797G_c(s)=\frac{1+0.0239s}{1+0.0086s}$$

为了补偿无源超前网络产生的增益衰减，放大器的增益提高 2.7797 倍，否则不能保证稳态误差要求。在超前网络确定后，已校正系统的开环传递函数为

$$G_c(s)G(s)=\frac{124.8(1+0.0239s)}{s(1-0.0086s)(1+0.04s)}$$

其对数幅频特性如图 7-32 中 $L''(\omega)$ 所示。显然，已校正系统 $\omega''_c=70$ rad/s，此时，系统的相角裕度 $\gamma''=47.7°>45°$，幅值裕度为 $+\infty$。实际上，二阶系统的幅值裕度必为 $+\infty$，因为其对数相频特性不可能以有限值与 $-180°$ 线相交。此时，全部性能指标均已满足要求。

例 7-10　已知某电阻炉温度控制系统不考虑延迟环节的结构图如图 7-33 所示，其中 $R(s)$ 为期望的电阻炉内温度，$C(s)$ 表示实际电阻炉内温度。本例的目的是分析系统的单位阶跃响应，要求提高响应速度、减小系统的稳态误差，试设计校正环节。

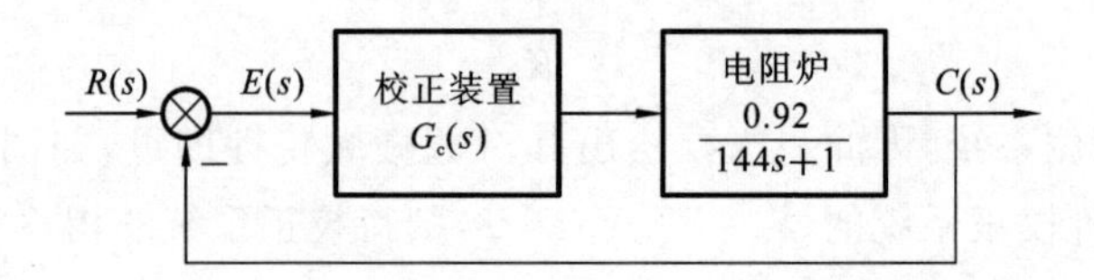

图 7-33　某电阻炉温度控制系统不考虑延迟环节的结构图

解　该系统为一阶惯性环节，系统响应速度慢，因此考虑加入微分环节，引入 PD 校正装置。设校正装置传递函数为 $G_c(s)=K'(1+\tau s)$，加入 PD 校正装置后，系统的闭环传

递函数变为

$$\Phi(s)=\frac{0.92K'(1+\tau s)}{144s+1+0.92K'(1+\tau s)}$$

在单位阶跃输入下，系统的输出为

$$C(s)=\Phi(s)R(s)=\frac{0.92K'(1+\tau s)}{144s+1+0.92K'(1+\tau s)}\frac{1}{s}$$

$$=\frac{0.92K'\left(s+\frac{1}{\tau}\right)}{\frac{1}{\tau}[144s+1+0.92K'(1+\tau s)]}\frac{1}{s}$$

设$\frac{1}{\tau}=z$，$0.92K'=K$，上式简化为

$$C(s)=\frac{K(s+z)}{z[144s+1+K(1+\tau s)]}\frac{1}{s}$$

$$=\frac{K}{144s+1+K(1+\tau s)}\frac{1}{z}+\frac{K}{144s+1+K(1+\tau s)}\frac{1}{s}$$

若对输出的拉氏变换式进行逆变换，可以看出，第一项是乘以$\frac{1}{z}$的单位脉冲响应，第二项是原系统的单位阶跃响应，单位脉冲响应可以加快系统初始阶段的响应速度，减小上升时间，因而 PD 控制器的主要作用就是提高系统的响应速度。

选取 $K'=20$，$\tau=0.0111$，校正环节传递函数为 $G_c(s)=20(1+0.0111s)$。未校正系统的单位阶跃响应曲线如图 7-34 所示，校正后系统的响应曲线如图 7-35 所示。

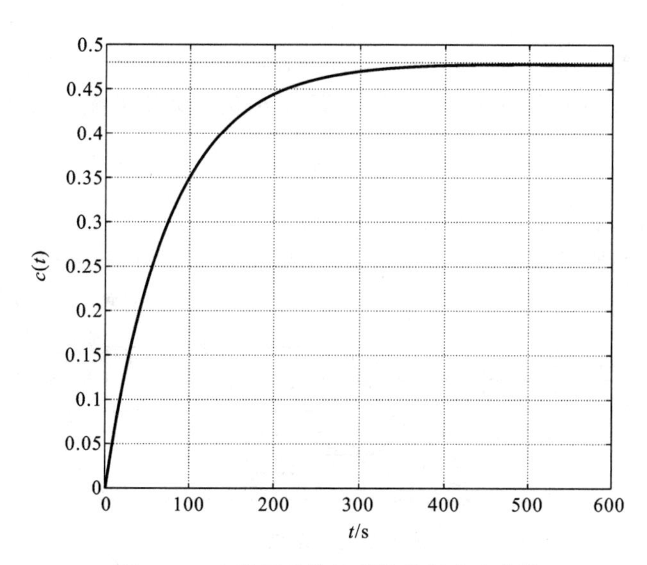

图 7-34　未校正系统的单位阶跃响应曲线

由图 7-34 可知，加入校正装置前，系统的上升时间为 $t_r\approx173$ s，稳态值为 0.479；加入 PD 校正环节后，系统的动态响应得到改善，上升时间缩短为 $t'_r\approx17$ s，稳态值为 0.95，稳态误差明显减小，与理论分析完全一致。

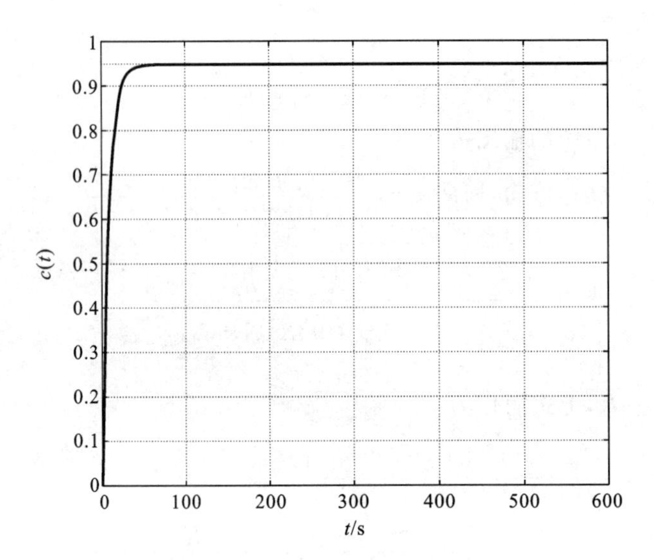

图 7-35　校正后系统的响应曲线

习　题

7.1　设有单位反馈系统，其开环传递函数为

$$G_0(s)=\frac{K}{s(s+5)(s+2)}$$

若要求系统最大输出速度为 12°/s，输出位置的容许误差小于 2°。

(1) 确定满足上述指标的最小 K 值，计算该 K 值下系统的相位裕度和幅值裕度；

(2) 在前向通道中串接超前校正网络 $G_c(s)=\frac{0.4s+1}{0.08s+1}$，计算已校正系统的相位裕度和幅值裕度，说明超前校正对系统性能的影响。

7.2　题 7.2 图所示的系统中，要求闭环幅频特性的相对谐振峰值 $M_r=1.3$，求放大器增益 K。

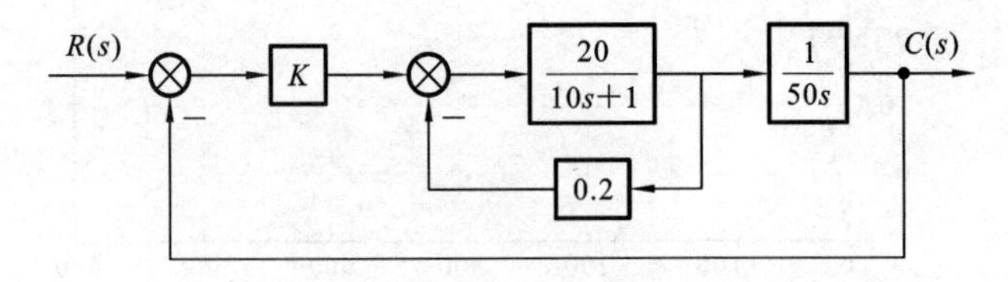

题 7.2 图　系统框图

7.3　已知单位负反馈系统的开环传递函数如下：

(a) $G_0(s)=\frac{2160}{s(s+2)(s+6)}$；　　(b) $G_0(s)=\frac{200000}{s(s+1)(s+200)}$；

(c) $G_0(s)=\frac{87500}{3s(s+25/3)(s+50)}$；　　(d) $G_0(s)=\frac{10000}{s(s+10)}$；

(e) $G_0(s)=\dfrac{100000e^{-0.01s}}{s(s+10)(s+100)}$； (f) $G_0(s)=\dfrac{K}{s(s+1)}$；

(g) $G_0(s)=\dfrac{50}{s(s+2)}$； (h) $G(s)=\dfrac{20K}{s(s+2)(s+10)}$；

(i) $G_0(s)=\dfrac{50K}{s(s+10)(s+5)}$； (j) $G_0(s)=\dfrac{100K}{s(s+20)(s+5)}$；

(k) $G_0(s)=\dfrac{9600}{s(s+20)(s+4)(s+10)}$； (l) $G_0(s)=\dfrac{K}{s(s+4)(s+5)}$。

试分别设计补偿网络，以满足：

(1) 对于系统(a)，采用期望频率特性法实现截止频率 $\omega_c=3.5$ rad/s，相位裕度 $\gamma\geqslant45°$。

(2) 对于系统(b)，实现截止频率 $\omega_c\geqslant10$ rad/s，相位裕度 $\gamma>40°$。

(3) 对于系统(c)，确定串联校正装置以实现 $t_s\leqslant1$ s，$\sigma_p\leqslant10\%$。

(4) 对于系统(d)，确定串联校正装置以实现截止频率 $\omega_c\geqslant120$ rad/s，相位裕度 $\gamma\geqslant30°$。

(5) 对于系统(e)，确定串联校正装置以实现相位裕度 $\gamma(\omega_c)\geqslant45°$。

(6) 对于系统(f)，若 $K=1$ 时，试确定超前校正装置以实现单位斜坡输入 $r(t)=t$ 时，输出误差为 $e_{ss}\leqslant0.1$，开环系统截止频率 $\omega_c\geqslant4.4$ rad/s，相位裕度 $\gamma\geqslant45°$，幅值裕度 $h\geqslant4.4$ dB；设计一个串联装置并确定 K 值，以实现使校正后系统的阻尼比 $\zeta=0.7$，调节时间 $t_s=1.4$ s($\Delta=5\%$)，速度误差系数 $K_v\geqslant2$。

(7) 对于系统(g)，设计串联超前校正环节使系统的谐振峰值 $M_r\leqslant1.4$，谐振频率 $\omega_r>10$ rad/s。

(8) 对于系统(h)，设计 PID 校正装置，使系统 $K_v\geqslant10$，$\gamma\geqslant50°$且 $\omega_c\geqslant4$ rad/s。

(9) 对于系统(i)，若 $K=1$ 时，设计校正环节使 $K_v\geqslant30$，$\gamma\geqslant40°$，$\omega_c\geqslant2.5$ rad/s，GM $\geqslant8$ dB；设计校正环节并确定 K 值，使静态速度误差系数 $K_v=30$，相位裕度 $\gamma\geqslant40°$；对于频率 $\omega=0.1$ rad/s，振幅为3°的正弦输入信号，稳态误差的振幅不大于0.1°。

(10) 对于系统(j)，使 $K_v\geqslant5$，$t_s\leqslant1$ s，$\sigma_p\leqslant25\%$。

(11) 对于系统(k)，确定串联滞后校正装置以实现 $t_s\leqslant6$ s，$\sigma_p\leqslant30\%$。

(12) 对于系统(l)，利用根轨迹法，使得静态速度误差系数 $K_v=30$，$\zeta=0.707$，并保证原主导极点位置基本不变。

7.4 已知某系统的开环传递函数为

$$G_0(s)=\frac{1.08}{s(0.5s+1)(s+1)}$$

在不改变系统截止频率 ω_c 的前提下，选取参数 K_c 和 τ 使系统在加入串联校正环节 $G_c(s)=\dfrac{K_c(\tau s+1)}{s+1}$后，系统的相位裕度 γ 提高到60°。

7.5 已知某最小相位系统开环对数幅频渐近特性曲线如题7.5图所示，欲将稳态速度误差降为原来的1/10，试设计串联校正装置，并绘制校正后系统对数幅频渐近特性曲线。

7.6 已知一单位反馈最小相位控制系统，其固定不变部分的传递函数 $G_0(s)$和串联校正装置 $G_c(s)$分别如题6.6图(a)和(b)所示。

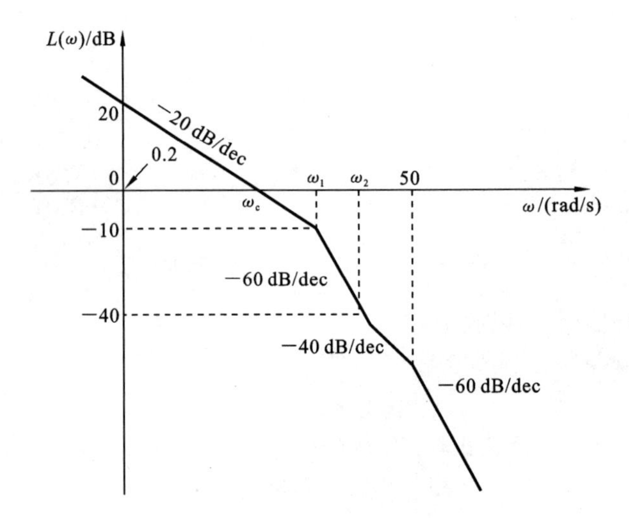

题 7.5 图　开环对数幅频渐近特性曲线

(1) 写出校正前后各系统的开环传递函数；

(2) 分析各 $G_c(s)$ 对系统的作用，并比较其优缺点。

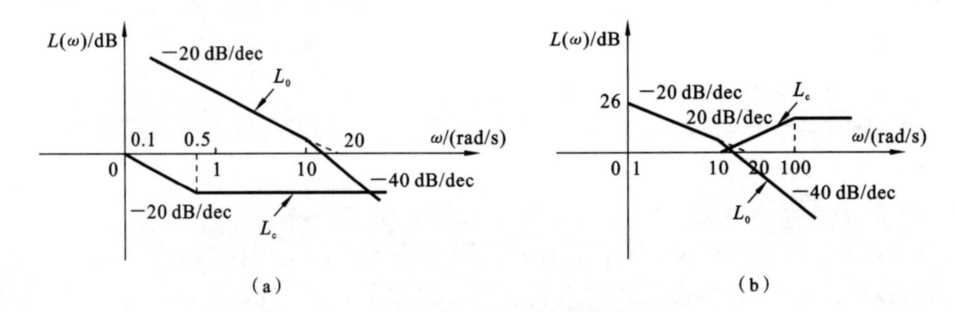

题 7.6 图　串联校正系统的对数幅频渐近特性

7.7　单位负反馈系统传递函数为

$$G(s)=\frac{1000K}{s(s+10)(s+100)}$$

为了使系统获得大于 30°的相位裕度，采用 $G_c(s)=\dfrac{0.05s+1}{0.005s+1}$ 的校正装置进行串联校正，试用伯德图证明校正后系统能满足要求。

7.8　设系统结构图如题 7.8 图所示，已知当 $r(t)=2.9\cdot 1(t)$ 时，系统的稳态输出为 0.5。

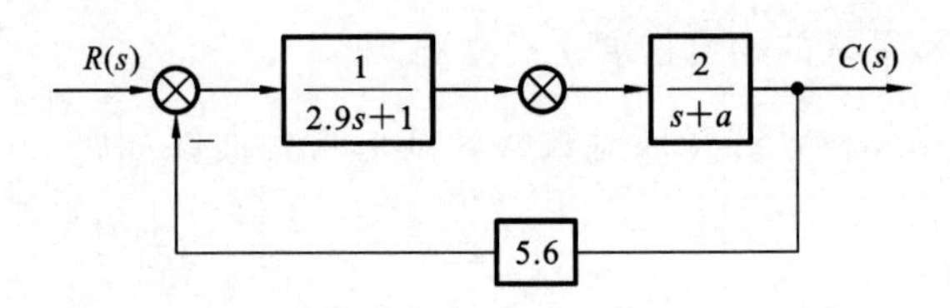

题 7.8 图　系统结构图

（1）确定结构参数 a，并计算系统的时域性能指标超调量 σ_p 和调节时间 $t_s(\Delta=5\%)$；

（2）当 $r(t)=5\sin(\omega t)$ 时，求使系统稳态输出信号振幅最大时，输出信号的角频率 ω_r 和最大的输出振幅 A_m。

7.9　设单位反馈系统的开环传递函数为

$$G_0(s)=\frac{200}{s(s+5)(0.0625s+1)}。$$

若要求已校正系统的相位裕度为50°，幅值裕度大于15 dB，试设计串联滞后校正装置。

7.10　设单位反馈系统的开环传递函数为 $G_0(s)=\frac{4}{s(s+0.5)}$，采用滞后-超前校正装置 $G_c(s)=\frac{(s+0.1)(s+0.5)}{(s+0.01)(s+5)}$ 对系统进行串联校正，计算系统校正前后的相位裕度。

7.11　题7.11图为两种推荐的校正网络对数幅频渐近特性，它们均由最小相位环节组成。若控制系统为单位反馈系统，其开环传递函数为

$$G_0(s)=\frac{40000}{s^2(s+100)}$$

试问两种校正网络特性中，哪一种可使已校正系统的稳定性最好？

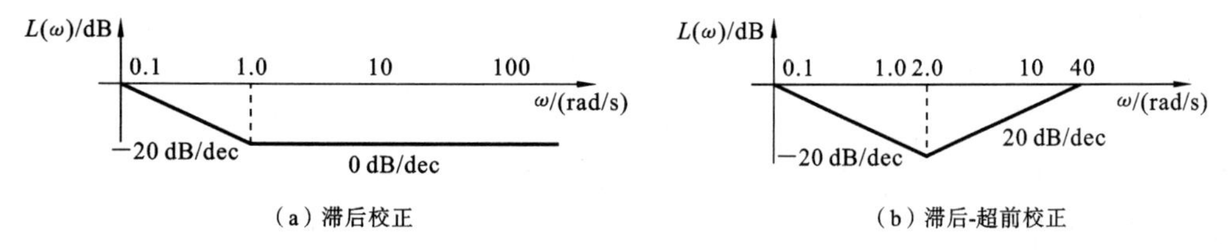

题7.11图　推荐的校正网络对数幅频渐近特性

7.12　已知某单位负反馈系统开环传递函数为 $G(s)=\frac{440}{s(0.025s+1)}$，欲加反馈校正 $\frac{K_t Ts}{T+1/s}$ 于反馈通路上，使系统相位裕度 $\gamma=50°$，求 K_t 和 T 的值。

第8章

线性离散系统分析

近年来，随着计算机和微处理器技术的发展，计算机控制系统很快得到了普及，并在多种场合下取代了模拟控制系统。计算机控制系统是以数字方式传递和处理信息的，因此，离散系统只在离散的时间点上测量和处理数据，控制作用也只在离散的时间点才进行修改。这种存在一处或者多处的信号仅定义在离散时间点上的系统称为离散时间系统，简称离散系统。

离散系统与连续系统相比，既有本质上的不同，又有分析研究方面的相似性。有关连续系统的理论虽然不能直接用以分析离散系统，但利用 z 变换法这一数学工具，可以把连续系统的许多概念和方法推广应用到线性离散系统中，此部分内容在第 2 章中有详细介绍。本章重点介绍线性离散控制系统的分析，首先介绍线性离散系统的基本概念，给出信号采样和保持的数学描述，然后讲述描述离散系统的数学模型——差分方程和脉冲传递函数，在此基础上讨论线性离散系统稳定性分析和时间响应。

8.1 线性离散系统基础

在讲述线性系统的各种理论前，首先对一些重要的概念进行介绍。

连续信号：时间上连续，幅值上也连续的信号。

采样信号：时间上离散，幅值上连续的信号。

数字信号：时间上离散，幅值上也离散的信号。

采样：将连续信号按一定时间采样成离散的模拟信号。

量化：采用一组数码来逼近离散模拟信号的幅值，将其转化为数字信号。

8.1.1 离散系统的结构

当控制系统中存在离散时间信号时，这类系统称为离散系统。离散系统还可以细分为采样控制系统和数字控制系统。

采样控制系统:系统中的离散时间信号是脉冲序列形式的采样信号,称为采样控制系统或脉冲控制系统。

数字控制系统:系统中的离散时间信号是数字序列形式,称为数字控制系统或计算机控制系统。

数字控制系统的典型结构如图8-1所示,图中数字计算机作为系统的控制器,其输入/输出只能是二进制编码的数字信号,即在时间和幅值上都离散的信号。而系统中被控对象和检测装置的输入/输出通常是连续信号,因此在数字控制系统中,需要应用A/D(模/数)和D/A(数/模)转换器实现连续信号和数字信号之间的转换。

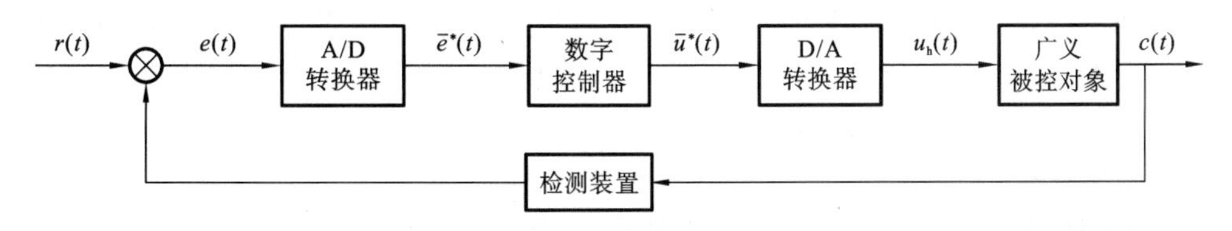

图8-1　数字控制系统的典型结构

A/D转换器是将连续信号转换成数字信号的装置。A/D转换包括两个过程:一是采样过程,即按一定时间间隔对连续信号进行采样,得到时间离散,幅值等于采样时刻输入信号值的采样信号;二是量化过程,将采样时刻的信号幅值按最小量化单位取整,得到时间和幅值都离散的数字信号。显然,量化单位越小,量化前后信号的差异也越小。

D/A转换器是将数字信号转换成连续信号的装置。D/A转换也包括两个过程:一是解码过程,将数字信号转换成幅值等于该数字信号的采样信号,即脉冲序列;二是保持过程,通过保持器将采样信号保持规定的时间,从而使时间上离散的信号变成时间上连续的信号。

通常情况下,量化单位很小时,由量化引起的幅值上的断续性可以忽略。另外,编码和解码过程只是信号形式上的改变,在系统分析中可不予考虑。这样A/D转换器可以用理想采样开关表示,D/A转换器可以用保持器取代,图8-1的数字控制系统可用图8-2所示的采样控制系统等效。

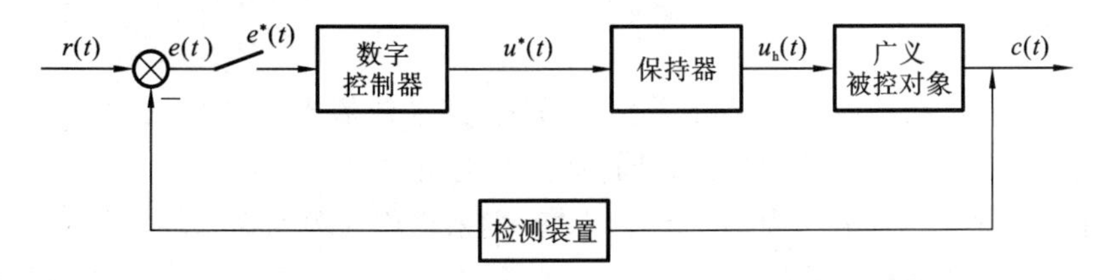

图8-2　采样控制系统的结构图

本章在下面的讨论中仅考虑信号在时间上是否离散,并在叙述中将信号简称为连续信号和离散信号,相应的控制系统称为离散控制系统。离散控制系统与相应的连续系统相比,具有易于修改控制规律、可实现复杂的控制规律、可用一台计算机分时控制多个回路和有效提高系统性能等特点。

由于离散系统中存在脉冲或数字信号，若仍然应用拉普拉斯变换方法来建立系统各个环节的传递函数，则在运算过程中会出现复变量 s 的超越函数。为了解决此问题，可采用 z 变换法建立离散系统的数学模型。通过 z 变换处理后的离散系统，可以将连续系统中的一些概念和方法经过适当变换后直接应用于离散系统的分析和设计过程。

8.1.2 信号的采样

如果控制系统中采用了数字控制器，则必然要对连续时间信号进行采样和量化。此外，采样过程也会发生在需要间隔时间测量的控制系统中，例如雷达跟踪系统，雷达天线旋转过程中每转一周就会测量一次方位角和俯仰角，即雷达搜索过程中产生了采样数据。

1. 采样过程

所谓采样，就是将时间上连续的信号转换成时间上离散的信号的过程。

信号经过采样以后，将发生什么变化？这些变化对离散系统会产生怎样的影响？要了解这些变化，首先需要分析采样过程(见图 8-3)。采样器一般由电子开关组成，假设采样开关每隔时间 T 闭合一次，将连续信号接通，实现一次采样。开关闭合后不能瞬时打开，若开关每次闭合时间为 τ，则一个连续信号 $e(t)$ 通过采样器后的输出是一串周期为 T、宽度为 τ 的脉冲，一般用 $e^*(t)$ 表示采样信号。相邻两次采样的间隔时间 T 称为采样周期，$f_s=1/T$ 称为采样频率，$\omega_s=2\pi f_s=2\pi/T$ 称为采样角频率。

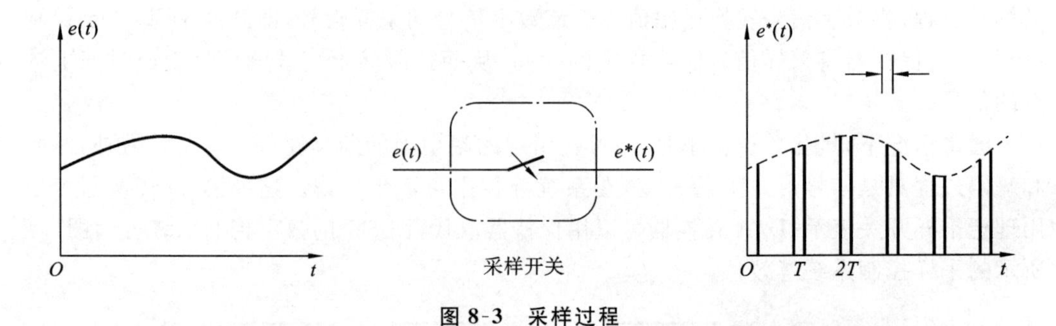

图 8-3 采样过程

需要注意的是，在任何两个连续采样瞬时之间，采样器不传送任何信号。两个不同的连续信号，只要其在采样瞬间的值相同，就会产生相同的采样信号。

如果在采样过程中，采样周期 T 保持不变，则采样称为等周期采样或均匀采样；若采样周期随机变化，则采样称为随机采样；若整个离散系统有多个采样开关，它们的采样周期相同，且所有的采样开关都同时开闭，则采样称为同步等周期采样。本书只讨论同步等周期采样过程。

通常，采样开关闭合的时间远小于采样周期，即 $\tau \ll T$，这时采样脉冲就接近于 δ 函数(单位脉冲函数)。在离散系统的分析和设计过程中，为了方便起见，近似认为采样是瞬时完成的，即 $\tau \approx 0$，这时的采样称为理想采样。

理想采样开关每隔时间 T 闭合一次，闭合后又瞬时打开，相当于在各采样时刻作用一系列单位脉冲函数，形成一个单位脉冲序列 $\delta_T(t)$，如图 8-4 所示。理想采样过程可以看成是一个脉冲调制过程，输入量 $e(t)$ 作为调制信号，$\delta_T(t)$ 作为载波信号，输出信号 $e^*(t)$ 是一个幅值被调制的脉冲序列。因此，连续信号 $e(t)$ 经过理想采样后的信号 $e^*(t)$ 为一系列有高度、无宽度的脉冲序列。它们准确地出现在采样瞬间，幅度准确地等于输入信号在采样瞬间的幅度。

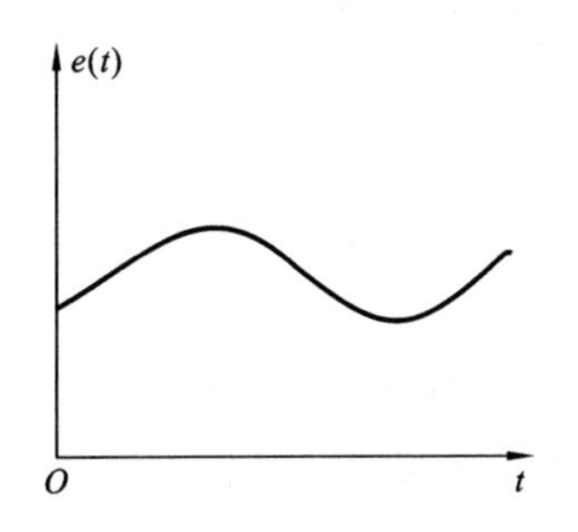

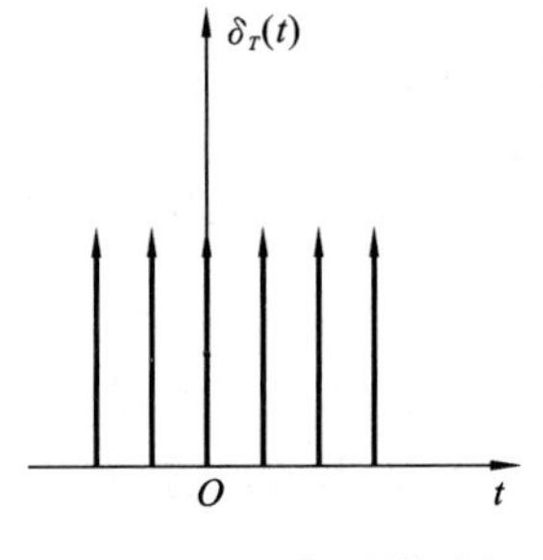

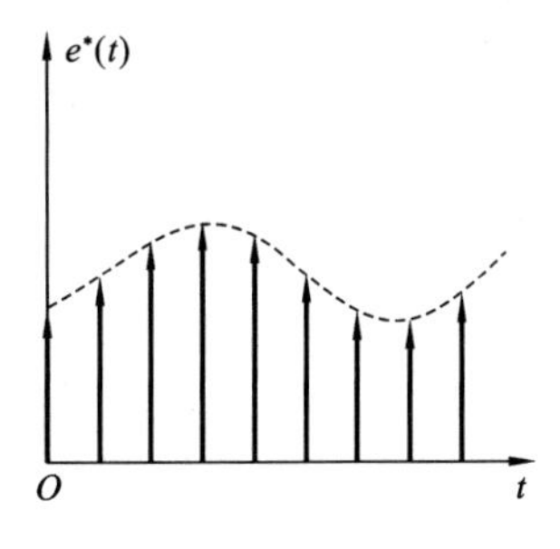

图 8-4　理想采样过程

下面推导采样过程的数学表达式，单位脉冲序列可以表示为

$$\delta_T(t) = \cdots + \delta(t+nT) + \cdots + \delta(t+T) + \delta(t) + \delta(t-T) + \cdots + \delta(t-nT) + \cdots$$

$$= \sum_{n=-\infty}^{\infty} \delta(t-nT) \tag{8-1}$$

式中：

$$\delta(t-nT) = \begin{cases} \infty, t = nT, \\ 0, t \neq nT, \end{cases} \quad \int_{-\infty}^{+\infty} \delta(t-nT)\mathrm{d}t = 1$$

理想采样信号 $e^*(t)$ 可表示为

$$e^*(t) = e(t)\delta_T(t) = \sum_{n=-\infty}^{+\infty} e(t)\delta(t-nT) \tag{8-2}$$

根据 δ 函数的性质，上式还可写成

$$e^*(t) = \sum_{n=-\infty}^{+\infty} e(nT)\delta(t-nT) \tag{8-3}$$

式(8-3)表明，采样信号 $e^*(t)$ 由一系列脉冲构成，$\delta(t-nT)$ 仅表示采样发生的时刻，而 $e(nT)$ 表示在 nT 采样时刻所得到的离散信号值，即理想采样信号 $e^*(t)$ 是在采样时刻 nT 上强度为 $e(nT)$ 的脉冲序列。

当 $t<0$ 时，若 $e(t)=0$，则

$$e^*(t) = \sum_{n=0}^{\infty} e(nT)\delta(t-nT) \tag{8-4}$$

式(8-4)即为常用的理想采样信号的数学表达式。

2. 采样定理

采样过程中采样频率（或采样周期）的选取尤为重要，采样频率越高，采样信号的信息损失越小，越接近原来的连续信号。但是采样频率也不能过高，否则会使控制系统的

调节过于频繁，就会要求计算机有更高的运算速度。因此，为使采样信号 $e^*(t)$既能真实地代表原连续信号 $e(t)$，又不致对计算机提出过高的要求，应对采样频率有所限制，采样定理给出了采样频率的下限。

采样定理说明了采样频率与信号频谱之间的关系，是连续信号离散化的基本依据。采样定理是 1928 年由美国电信工程师奈奎斯特首先提出来的，因此称为奈奎斯特采样定理。1933 年，苏联工程师科捷利尼科夫首次用公式严格地表述这一定理，因此在苏联文献中称为科捷利尼科夫采样定理。1948 年，信息论的创始人香农(C. E. Shannon)对这一定理加以明确说明，并正式作为定理引用，因此在许多文献中又称为香农采样定理。

采样定理：如果对一个具有有限频谱 $\omega(-\omega_{\max}<\omega<\omega_{\max})$的连续信号进行采样，当采样角频率 $\omega_s\geqslant 2\omega_{\max}$时，采样信号可以无失真地恢复原来的连续信号，其中 $\omega_{\max}$为连续信号有效频谱的最高频率。

由于理想低通滤波器是不可实现的，而且控制系统中的信号常含有高频分量，不是理想的有限带宽信号。所以，不论采样频率如何选取，由采样信号无失真地还原连续信号是不可能的。

8.1.3 信号的保持

信号的保持是指原连续信号从采样信号中恢复的过程，也称为信号的恢复。理论上在 $\omega_s\geqslant 2\omega_{\max}$的条件下，采用理想低通滤波器滤去高频分量，保留主要分量，即可实现无失真地恢复原连续信号。但理想低通滤波器在工程上难以实现，实际上实现信号恢复的装置是保持器。

保持器是一种时域外推装置，它将现在时刻或过去时刻的采样值在采样间隔时间内按某种规律保持到下一个采样时刻，并由下一个采样时刻的值取代。从数学上说，保持器的任务就是解决各采样点之间的插值问题。

通常，采用如下多项式外推公式描述保持器，即

$$e(nT+\Delta t)=a_0+a_1\Delta t+a_2(\Delta t)^2+\cdots+a_m(\Delta t)^m \tag{8-5}$$

式中：Δt 为以 nT 时刻为原点的坐标，$0\leqslant\Delta t<T$；a_i 为常数。

当 $m=0,1,2$ 时，保持器分别具有常值、线性和二次函数型外推规律，分别称为零阶、一阶和二阶保持器。由于高阶保持器利用过去时刻采样信号外推出当前采样时刻和下一个采样时刻之间的连续时间信号，故随着所需过去时刻采样信号数量的增加，获得连续时间信号的精度也会提高。然而，连续时间信号的精度提高是以增加时间延迟为代价的。在闭环控制系统中，延迟时间的增加可能导致系统稳定性降低，甚至造成系统不稳定。因此在工程实践中，一般不采用一阶保持器及高阶保持器，而普遍采用简单实用的零阶保持器(简记为 ZOH)，本书只介绍零阶保持器。

零阶保持器的外推公式为

$$e(nT+\Delta t)=a_0 \tag{8-6}$$

令 $\Delta t=0$，则 $a_0=e(nT)$，所以零阶保持器的数学表达式为

$$e(nT+\Delta t)=e(nT),\quad 0\leqslant\Delta t<T \tag{8-7}$$

显然,零阶保持器是一种按常值规律外推的装置,它将前一采样时刻的采样值不增不减地保持到下一个采样时刻,并由下一时刻的采样值取代且继续外推。零阶保持器的输出是一个阶梯波 $e_h(t)$,如图 8-5 所示,与原连续信号存在偏差,如果原连续信号变化缓慢,当采样周期 T 趋向于零时,这个偏差也趋向于零。从图 8-5 中还可看出,如果把阶梯信号 $e_h(t)$的中点连接起来,则可以得到与连续信号 $e(t)$形状一致但在时间上落后 $T/2$ 的响应 $e(t-T/2)$。

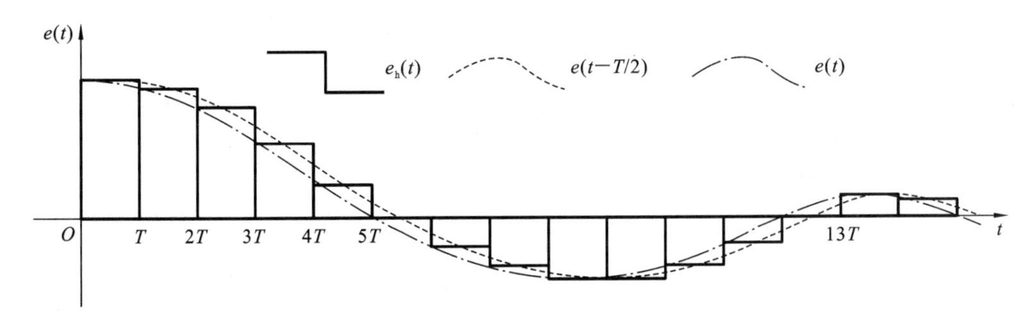

图 8-5　零阶保持器的输出特性曲线

下面分析零阶保持器的时域特性,如图 8-6 所示。

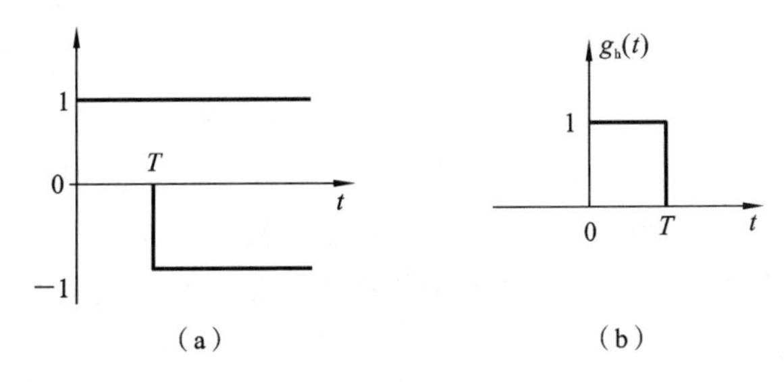

图 8-6　零阶保持器的时域特性

如果给零阶保持器输入理想单位脉冲 $\delta(t)$,则其响应是幅值为 1、持续时间为 T 的矩形脉冲,并可分解为两个单位阶跃函数的和,即

$$g_h(t)=1(t)-1(t-T) \tag{8-8}$$

对式(8-8)取拉普拉斯变换,可得零阶保持器的传递函数为

$$G_h(s)=\frac{1}{s}-\frac{e^{-Ts}}{s}=\frac{1-e^{-Ts}}{s} \tag{8-9}$$

令 $s=j\omega$,得零阶保持器的频率特性为

$$G_h(j\omega)=\frac{1-e^{-j\omega T}}{j\omega}=\frac{2e^{-j\omega T/2}(e^{j\omega T/2}-e^{-j\omega T/2})}{2j\omega}=T\,\frac{\sin(\omega T/2)}{\omega T/2}e^{-j\omega T/2} \tag{8-10}$$

若以采样角频率 $\omega_s=2\pi/T$ 表示,则式(8-10)变为

$$G_h(j\omega)=\frac{2\pi}{\omega_s}\cdot\frac{\sin[\pi(\omega/\omega_s)]}{\pi(\omega/\omega_s)}\cdot e^{-j\pi(\omega/\omega_s)} \tag{8-11}$$

根据式(8-11),可画出零阶保持器的幅频特性 $|G_h(j\omega)|$ 和相频特性 $\angle G_h(j\omega)$,如图 8-7 所示。由图 8-7 可见,零阶保持器具有以下几点特性。

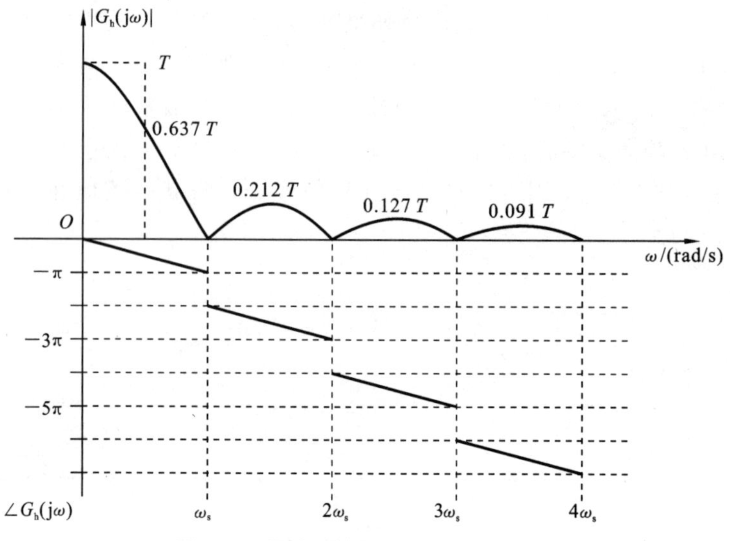

图 8-7　零阶保持器的频率特性曲线

1. 低通特性

零阶保持器的幅值随频率值的增大而衰减，并且频率越高，衰减得越激烈，具有明显的低通滤波作用。但零阶保持器不是理想的低通滤波器，与图 8-4 所示的理想滤波器特性相比，其幅值在 $\omega=\omega_s/2$ 时只有初值的 63.7%，在 $\omega=\omega_s$ 时，幅值才为零，且在高频段($\omega>\omega_s/2$)幅值不全为零。理想的滤波器只有一个截止频率，而零阶保持器有无穷多个。这样，当离散信号通过零阶保持器时，它不仅允许离散信号频谱中对应 $n=0$ 的主要分量通过，还允许其他高频分量通过。因此，由零阶保持器恢复的连续信号与原来的连续信号是有差别的，其主要表现为零阶保持器恢复的连续信号中含有高频分量。

2. 相角滞后特性

从相频特性可见，零阶保持器会产生相角滞后，且由式(8-10)可知，零阶保持器的相频特性是频率 ω 的线性函数，所以相角滞后随 ω 的增大而增大。当 $\omega=\omega_s$ 时，其相应的相移可达 $-180°$。若系统中串联零阶保持器，则会使系统产生附加相位滞后，造成系统稳定性变差，但零阶保持器与一阶和二阶保持器相比，其相位滞后是最小的。当频率是采样频率的整数倍时，相位有 $\pm180°$ 的突变，除此以外，相频特性与 ω 呈线性关系。

3. 时间滞后特性

如前所述，零阶保持器的输出为阶梯信号 $e_h(t)$，其平均响应为 $e(t-T/2)$，相当于给系统增加了一个延迟时间为 $T/2$ 的延迟环节，使系统总的相角滞后进一步增大，对系统的稳定性更加不利。

8.2　线性离散控制系统的数学模型

线性离散控制系统的数学模型可以用差分方程、脉冲传递函数和离散状态空间表达式描述。离散系统的每一种数学模型相对连续系统均有类似的方法与之对应，例如离散系统的时间脉冲序列对应于连续系统的时间脉冲响应，差分方程对应于微分方程，脉冲传递函数对应于传递函数，离散状态空间表达式对应于连续状态空间表达式等。

本节主要讨论差分方程及其解法、脉冲传递函数的定义及其物理意义，以及开环和闭环脉冲传递函数的建立方法等。

8.2.1 线性差分方程

1. 差分和差分方程

差分是指一个函数的两值之差，由各阶差分组成的方程就是差分方程。微分方程可以用来描述连续系统，差分方程可以描述离散系统的输入/输出在采样时刻的数学关系。

对于一般的线性定常离散系统，k 时刻的输出 $c(k)$ 不仅与 k 时刻的输入 $r(k)$ 有关，而且与 k 时刻以前的输入 $r(k-1)$，$r(k-2)$，…有关，同时还可能与 k 时刻以前的输出 $c(k-1)$，$c(k-2)$，…有关。这种关系一般可用下列 n 阶后向差分方程描述：

$$c(k)+a_1c(k-1)+\cdots+a_nc(k-n)=b_0r(k)+b_1r(k-1)+\cdots+b_mr(k-m) \tag{8-12}$$

即

$$c(k)=-\sum_{i=1}^{n}a_ic(k-i)+\sum_{j=0}^{m}b_jr(k-j) \tag{8-13}$$

式中：$a_i(i=1,2,\cdots,n)$ 和 $b_j(j=0,1,\cdots,m)$ 为常系数，$m\leqslant n$。

式(8-13)称为 n 阶线性常系数差分方程，它在物理意义上代表一个线性定常离散系统。其特性如下。

(1) 式(8-13)所描述的系统实际上是一个因果系统，如果 k 时刻的输出 $c(k)$ 还与 k 时刻以后的输入 $r(k+1)$，$r(k+2)$，…有关，则这样的系统就是一个非因果系统，非因果系统在实际中是不存在的。

(2) 式(8-13)中 n 为差分方程的阶次，m 是输入信号的阶次。与微分方程类似，差分方程的阶次是由系统本身的结构及特性决定的。差分方程的阶次可这样判断：差分方程中时序号的最大差值即为方程的阶。

(3) 差分方程是一个递推方程，括号中的时序同时加或减一个常数，新方程与原方程等效。

线性定常离散系统也可以用如下 n 阶前向差分方程描述：

$$c(k+n)+a_1c(k+n-1)+\cdots+a_nc(k)=b_0r(k+m)+b_1r(k+m-1)+\cdots+b_mr(k) \tag{8-14}$$

即

$$c(k+n)=-\sum_{i=1}^{n}a_ic(k+n-i)+\sum_{j=0}^{m}b_jr(k+m-j) \tag{8-15}$$

后向差分方程时间概念清楚，便于编制程序；前向差分方程便于讨论系统阶次及采用 z 变换法计算初始条件不为零的解等。

2. 线性常系数差分方程的解

线性常系数差分方程的求解方法有经典法、迭代法和 z 变换法。与微分方程的经典解法类似，差分方程的经典解法也要求出齐次方程的通解和非齐次方程的一个特解，计算烦琐。下面仅介绍工程上常用的迭代法和 z 变换法。

1）迭代法（递推法）

后向差分方程或前向差分方程都可以使用迭代法求解。若已知差分方程，并且给定输出序列的初值和输入序列，则可以利用递推关系，在计算机上一步一步地算出输出序列。

例 8-1 已知差分方程 $c(k)-0.5c(k-1)+0.5c(k-2)=r(k)$，输入序列 $r(k)=1$，初始条件为 $c(k)=0(k<0)$，试用迭代法求输出序列 $c(k)(k=0,1,2,\cdots)$。

解 采用递推关系 $c(k)=r(k)+0.5c(k-1)-0.5c(k-2)$，再根据初始条件及递推关系，得

$c(0)=r(0)+0.5c(-1)-0.5c(-2)=1$

$c(1)=r(1)+0.5c(0)-0.5c(-1)=1+0.5\times1-0=1.5$

$c(2)=r(2)+0.5c(1)-0.5c(0)=1+0.5\times1.5-0.5=1.25$

$c(3)=r(3)+0.5c(2)-0.5c(1)=1+0.5\times1.25-0.5\times1.5=0.875$

$c(4)=r(4)+0.5c(3)-0.5c(2)=1+0.5\times0.875-0.5\times1.25=0.8125$

$c(5)=r(5)+0.5c(4)-0.5c(3)=1+0.5\times0.8125-0.5\times0.875=0.96875$

$c(6)=r(6)+0.5c(5)-0.5c(4)=1+0.5\times0.96875-0.5\times0.8125=1.078125$

$\vdots$

$\lim\limits_{k\to\infty}c(k)=1.0$

依此类推，如此迭代下去可以得到 k 为任意值时的输出 $c(k)$。

可见，用递推法求解差分方程，只能求得 k 的有限项，不易得到 $c(k)$ 的闭合形式。

2）z 变换法

在连续系统中用拉普拉斯变换法求解微分方程，使得复杂的微积分运算变成了简单的代数运算。同样，在离散系统中用 z 变换法求解差分方程，就是将差分方程变换成以 z 为变量的代数方程，再进行求解。

已知输出 $c(k)$ 的初始值和输入序列 $r(k)$，对差分方程两端取 z 变换，并利用 z 变换的实数位移定理，得到以 z 为变量的代数方程，计算出代数方程的解 $C(z)$，再对 $C(z)$ 取 z 逆变换，求出输出序列 $c(k)$。求解具体步骤如下。

(1) 根据 z 变换实数位移定理对差分方程逐项取 z 变换。

(2) 求差分方程解的 z 变换表达式 $C(z)$。

(3) 通过 z 逆变换求差分方程的时域解 $c(k)$。

使用 z 变换法求解时，应采用前向差分方程，利用超前定理将其转换成代数方程。若求解后向差分方程，应先将其转换成前向差分方程，再利用超前定理进行转换。否则，若直接利用滞后定理将后向差分方程转换为代数方程，计算得到的代数方程的解 $C(z)$ 形式通常比较复杂，难以进行 z 逆变换。

例 8-2 试用 z 变换法解下列二阶线性齐次差分方程：

$$c(k+2)-2c(k+1)+c(k)=0$$

设初始条件 $c(0)=0,c(1)=1$。

解　对差分方程的每一项进行 z 变换，根据实数位移定理，有

$$Z[c(k+2)]=z^2C(z)-z^2c(0)-zc(1)=z^2C(z)-z$$
$$Z[-2c(k+1)]=-2zC(z)+2zc(0)=-2zC(z)$$
$$Z[c(k)]=C(z)$$

于是，差分方程变换为关于 z 的代数方程

$$(z^2-2z+1)C(z)=z$$

解得

$$C(z)=\frac{z}{z^2-2z+1}=\frac{z}{(z-1)^2}$$

查 z 变换表，求出 z 逆变换

$$c^*(t)=\sum_{n=0}^{\infty}n\delta(t-nT)$$

例 8-3　求解差分方程 $x(k+2)-3x(k+1)+2x(k)=u(k)$，其中 $x(0)=x(1)=0$，$u(0)=1, u(k)=0, k\geqslant 1$。

解　差分方程两端进行 z 变换，得

$$z^2[X(z)-x(0)z^0-x(1)z^{-1}]-3z^1[X(z)-x(0)z^0]+2X(z)=U(z)$$

将 $x(0)=x(1)=0, U(z)=1$ 代入上式得 $(z^2-3z+2)X(z)=1$，所以

$$X(z)=\frac{1}{z-2}-\frac{1}{z-1}$$

$$x(k)=\begin{cases}2^{k-1}-1, & k\geqslant 1\\ 0, & k=0\end{cases}$$

8.2.2　脉冲传递函数

在线性连续控制系统中，系统的特性常用复数域的数学模型——传递函数描述。与此类似，线性离散控制系统的特性可以通过 z 传递函数描述。z 传递函数也称脉冲传递函数，它是用 z 变换研究线性定常离散系统的重要工具。

1. 脉冲传递函数定义

与连续系统传递函数的定义类似，脉冲传递函数的定义是在零初始条件下，系统输出采样信号的 z 变换与输入采样信号的 z 变换之比，如图 8-8 所示。

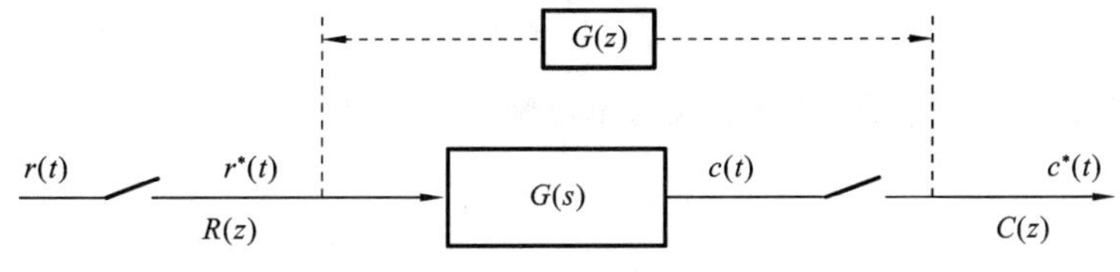

图 8-8　开环线性离散控制系统的框图

图 8-8 为典型开环线性离散控制系统的框图，注意环节的两侧均有采样开关。其中，输入信号为 $r(t)$，采样后 $r^*(t)$ 的 z 变换函数为 $R(z)$，系统连续部分的输出为 $c(t)$，

采样后 $c^*(t)$ 的 z 变换函数为 $C(z)$，$G(s)$ 为系统连续部分的传递函数，则该系统的脉冲传递函数为

$$G(z)=\frac{C(z)}{R(z)} \tag{8-16}$$

对于多数离散系统，由于执行元件及被控对象输入和输出间的连续特性，系统的输出往往是连续信号而不是采样信号。此时，可在系统输出端虚设一个理想采样开关，如图 8-9 所示。虚设的采样开关与输入采样开关同步工作，并具有相同的采样周期。这样，系统输出信号 $c(t)$ 在各采样时刻上的特性就可按式(8-16)研究。必须指出的是，虚设的采样开关是不存在的，它只表明了脉冲传递函数所能描述的只是输出连续函数 $c(t)$ 在采样时刻上的离散值 $c^*(t)$，但是输入端的采样开关必须存在。

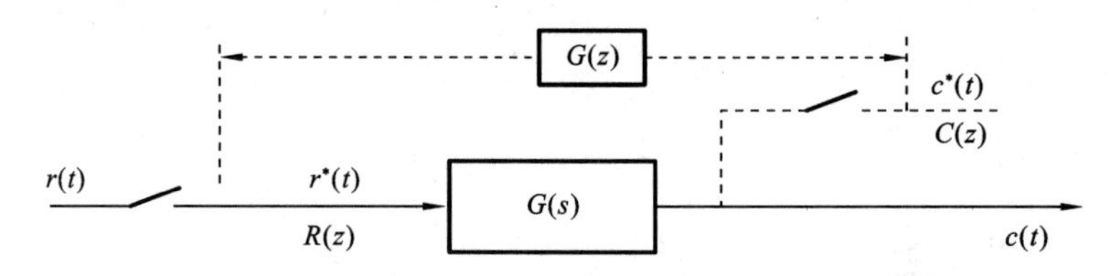

图 8-9 实际开环离散控制系统

脉冲传递函数 $G(z)$ 可通过 $G(s)$ 求取，见例 8-4。

例 8-4 设图 8-9 所示开环系统中的传递函数为

$$G(s)=\frac{10}{s(s+10)}$$

求相应的脉冲传递函数 $G(z)$。

解 将 $G(s)$ 展成部分分式形式，得

$$G(s)=\frac{1}{s}-\frac{1}{s+10}$$

求得

$$G(z)=\frac{z}{z-1}-\frac{z}{z-\mathrm{e}^{-10T}}=\frac{z(1-\mathrm{e}^{-10T})}{(z-1)(z-\mathrm{e}^{-10T})}$$

2. 脉冲传递函数的物理意义

连续系统传递函数 $G(s)$ 的拉普拉斯逆变换是脉冲响应 $g(t)$，脉冲响应 $g(t)$ 是系统在单位脉冲 $\delta(t)$ 输入时的输出响应。与此类似，离散系统的脉冲传递函数也有类似的结论。

对于线性定常离散系统，如果输入为单位脉冲序列，即

$$r(nT)=\delta(nT)=\begin{cases}1, & n=0\\0, & n\neq 0\end{cases} \tag{8-17}$$

则系统输出称为单位脉冲响应序列，记为 $c(nT)=g(nT)$。

当线性定常离散系统的输入信号为任意脉冲序列时，即

$$r^*(t)=\sum_{n=0}^{\infty}r(nT)\delta(t-nT) \tag{8-18}$$

其输出为一系列脉冲响应之和，即

$$c(nT) = r(0)g(nT) + r(T)g((n-1)T) + \cdots + r(kT)g((n-k)T) + \cdots$$

$$= \sum_{k=0}^{\infty} g((n-k)T)r(kT) = \sum_{k=0}^{\infty} g(kT)r((n-k)T) \tag{8-19}$$

显然，上式为离散卷积表达式，则

$$c(nT)=g(nT) * r(nT) \tag{8-20}$$

由 z 变换的卷积定理，可得到

$$C(z)=G(z)R(z) \tag{8-21}$$

式中：$G(z) = \sum_{n=0}^{\infty} g(nT)z^{-n}$。

可见，线性定常离散系统脉冲传递函数 $G(s)$ 等于单位脉冲响应序列 $g(nT)$ 的 z 变换。

3. 开环系统脉冲传递函数

实际系统往往由多个环节按照一定的方式相互连接而成，下面研究多环节情况下脉冲传递函数的求法。

开环线性离散控制系统的脉冲传递函数的求法与连续控制系统情况不同，采样开关的数目和位置直接影响最终结果。下面分四种情况讨论线性离散控制系统的开环脉冲传递函数。

1）串联环节间有采样开关时的脉冲传递函数

设开环离散系统如图 8-10 所示，两个串联连续环节之间有采样开关。

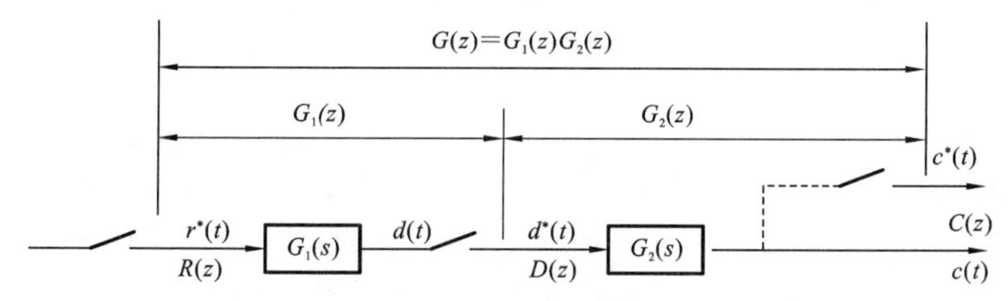

图 8-10　串联环节间有采样开关的开环离散系统

根据脉冲传递函数定义，可得

$$D(z)=G_1(z)R(z), \quad C(z)=G_2(z)D(z) \tag{8-22}$$

式中：$G_1(z)=\mathcal{Z}[G_1(s)]$，$G_2(z)=\mathcal{Z}[G_2(s)]$。则有

$$C(z)=G_2(z)G_1(z)R(z) \tag{8-23}$$

因此，图 8-10 所示的开环系统脉冲传递函数为

$$G(z)=\frac{C(z)}{R(z)}=G_2(z)G_1(z) \tag{8-24}$$

式(8-24)表明，两个串联环节间有采样开关时，其脉冲传递函数等于这两个环节各自脉冲传递函数之积。图 8-10 的等效离散系统结构如图 8-11 所示。

$$R(z) \rightarrow \boxed{G_1(z)} \rightarrow \boxed{G_2(z)} \rightarrow C(z)$$

图 8-11　串联环节间有采样开关的等效离散系统结构

类似地，n 个环节串联且各环节之间有采样开关时，开环系统脉冲传递函数为

$$G(z)=G_n(z)G_{n-1}(z)\cdots G_1(z) \tag{8-25}$$

2）串联环节间无采样开关时的脉冲传递函数

设开环离散系统如图 8-12 所示，两个串联环节间没有采样开关。

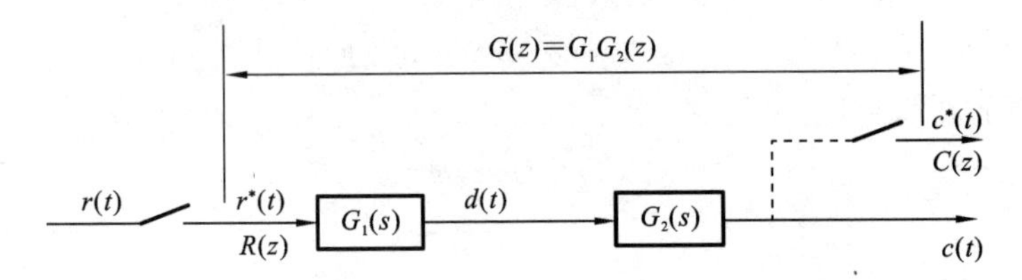

图 8-12　串联环节间无采样开关的开环离散系统

显然，在输入和输出两个采样开关之间的连续传递函数为

$$G(s)=G_1(s)G_2(s) \tag{8-26}$$

根据脉冲函数定义，输出采样信号为

$$C(z)=G(z)R(z) \tag{8-27}$$

因此，开环系统脉冲传递函数为

$$G(z)=\mathcal{Z}[G(s)]=\mathcal{Z}[G_1(s)G_2(s)]=G_1G_2(z) \tag{8-28}$$

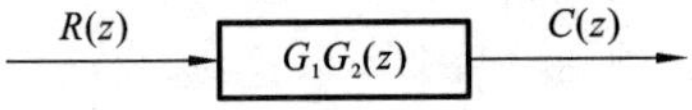

图 8-13　串联环节间无采样开关的等效离散系统结构

式(8-28)表明，两个串联环节间没有采样开关时，其脉冲传递函数等于这两个环节传递函数乘积的 z 变换。图 8-12 的等效离散系统结构如图 8-13 所示。

类似地，n 个环节串联且各环节之间没有采样开关时，开环系统脉冲传递函数为

$$G(z)=\mathcal{Z}[G_1(s)G_2(s)\cdots G_n(s)]=G_1G_2\cdots G_n(z) \tag{8-29}$$

注意：串联环节间有无采样开关，其总的脉冲传递函数是不同的，即

$$G_1(z)G_2(z)\neq G_1G_2(z) \tag{8-30}$$

下面的例子可说明这一点。

例 8-5　设开环离散系统结构如图 8-10 和图 8-12 所示，$G_1(s)=1/s$，$G_2(s)=1/(s+1)$，试求图 8-10 和图 8-12 所示的两个系统的脉冲传递函数 $G(z)$。

解　串联环节间有采样开关时，有

$$G(z)=G_1(z)G_2(z)=\mathcal{Z}\left[\frac{1}{s}\right]\mathcal{Z}\left[\frac{1}{s+1}\right]=\frac{z^2}{(z-1)(z-\mathrm{e}^{-T})}$$

串联环节间无采样开关时，有

$$G(z)=\mathcal{Z}[G_1(s)G_2(s)]=G_1G_2(z)=\mathcal{Z}\left[\frac{1}{s(s+1)}\right]=\frac{z(1-\mathrm{e}^{-T})}{(z-1)(z-\mathrm{e}^{-T})}$$

显然，在串联环节之间有无采样开关时，其总的脉冲传递函数是不相同的。但是，不同之处仅表现在零点不同，极点仍然相同。

例 8-6　设开环离散系统结构如图 8-14 所示，试求开环脉冲传递函数 $G(z)$。

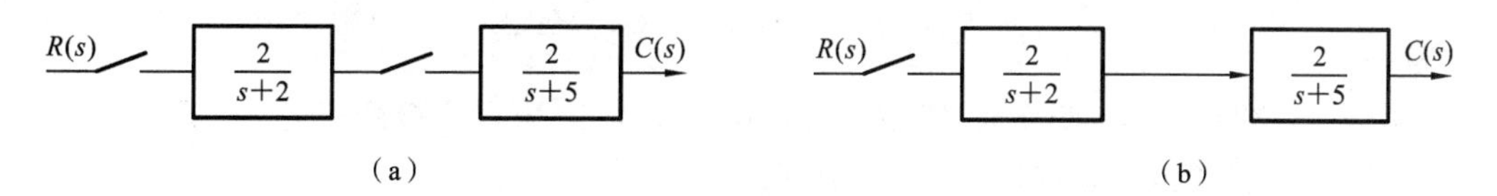

图 8-14　开环离散系统结构

解　$G(z)=G_1(z)G_2(z)=\mathcal{Z}\left[\frac{2}{s+2}\right]\cdot\mathcal{Z}\left[\frac{5}{s+5}\right]=\frac{2z}{z-\mathrm{e}^{-2T}}\cdot\frac{5z}{z-\mathrm{e}^{-5T}}$

$$=\frac{10z^2}{(z-\mathrm{e}^{-2T})(z-\mathrm{e}^{-5T})}$$

$$G(z)=G_1G_2(z)=\mathcal{Z}\left[\frac{10}{(s+2)(s+5)}\right]=\mathcal{Z}\left[\frac{10}{3}\left(\frac{1}{s+2}-\frac{1}{s+5}\right)\right]$$

$$=\frac{10}{3}\left[\frac{z}{z-\mathrm{e}^{-2T}}-\frac{z}{z-\mathrm{e}^{-5T}}\right]=\frac{10z(\mathrm{e}^{-2T}-\mathrm{e}^{-5T})}{3(z-\mathrm{e}^{-2T})(z-\mathrm{e}^{-5T})}$$

3）环节与零阶保持器串联时的脉冲传递函数

设有零阶保持器的开环离散系统如图 8-15 所示，图中 $G_h(s)$ 为零阶保持器传递函数，$G_p(s)$ 为连续部分传递函数，两个串联环节之间无同步采样开关。由于 $G_h(s)$ 不是 s 的有理分式函数（含有指数函数 e^{-sT}），因此不便于用串联环节之间无采样开关时的脉冲传递函数求解。如果将图 8-15 变换为图 8-16 所示的等效开环系统，则有零阶保持器的开环离散系统脉冲传递函数的推导是比较简单的。

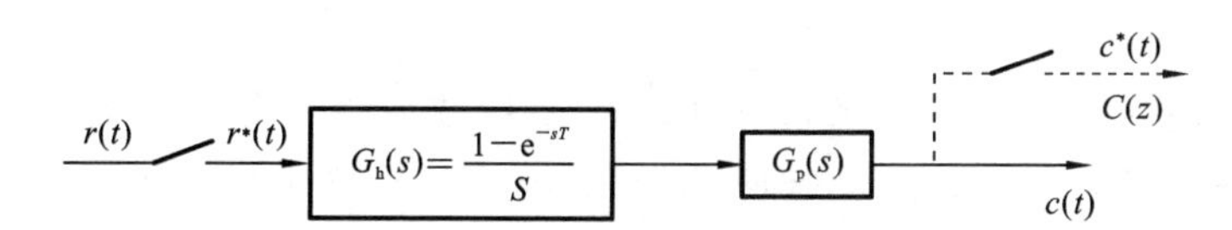

图 8-15　有零阶保持器的开环离散系统

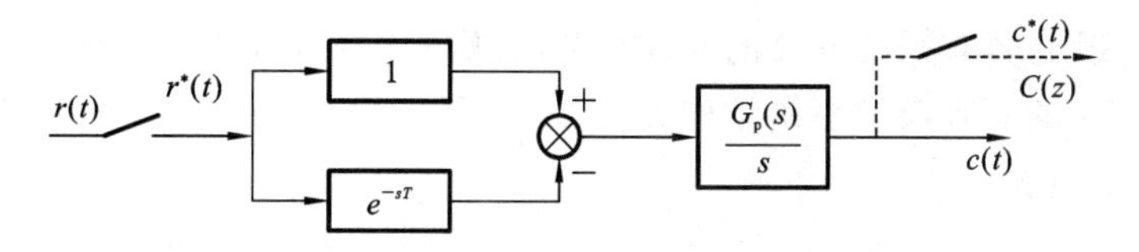

图 8-16　有零阶保持器的等效开环离散系统

由图 8-16，可得

$$C(s)=\left(\frac{G_p(s)}{s}-\mathrm{e}^{-sT}\frac{G_p(s)}{s}\right)R^*(s) \tag{8-31}$$

因为 $\mathrm{e}^{-sT}=z^{-1}$ 是延迟一个采样周期的延迟环节，所以 $\mathrm{e}^{-sT}G_p(s)/s$ 对应的采样输出比 $G_p(s)/s$ 对应的采样输出延迟一个采样周期。对式(8-31)进行 z 变换，根据 z 变换的滞后定理和采样拉普拉斯变换性质，可得

$$C(z)=\mathcal{Z}\left[\frac{G_p(s)}{s}\right]R(z)-z^{-1}\mathcal{Z}\left[\frac{G_p(s)}{s}\right]R(z)$$

于是，有零阶保持器时开环离散系统脉冲传递函数为

$$G(z)=\frac{C(z)}{R(z)}=(1-z^{-1})\mathcal{Z}\left[\frac{G_p(s)}{s}\right] \tag{8-32}$$

由式(8-32)可见，z 变换时，零阶保持器中的 $1-e^{-sT}$ 可以直接变换为 $1-z^{-1}$。

例 8-7 设离散系统如图 8-15 所示，已知

$$G_p(s)=\frac{1}{s(s+1)}$$

求系统的脉冲传递函数 $G(z)$。

解 因为

$$\frac{G_p(s)}{s}=\frac{1}{s^2(s+1)}=\frac{1}{s^2}-\left(\frac{1}{s}-\frac{1}{s+1}\right)$$

查 z 变换表，有

$$\mathcal{Z}\left[\frac{G_p(s)}{s}\right]=\frac{Tz}{(z-1)^2}-\left(\frac{z}{z-1}-\frac{z}{z-e^{-T}}\right)=\frac{z[(e^{-T}+T-1)z+(1-Te^{-T}-e^{-T})]}{(z-1)^2(z-e^{-T})}$$

因此，有零阶保持器的开环系统脉冲传递函数为

$$G(z)=(1-z^{-1})\cdot\mathcal{Z}\left[\frac{G_p(s)}{s}\right]=\frac{(e^{-T}+T-1)z+(1-Te^{-T}-e^{-T})}{(z-1)(z-e^{-T})}$$

4）环节并联时的脉冲传递函数

设开环离散系统如图 8-17 所示，在系统中有两个并联环节。

根据脉冲传递函数定义，由图 8-17 可得

$$C_1(z)=G_1(z)R(z)$$

$$C_2(z)=G_2(z)R(z)$$

式中：$G_1(z)$ 和 $G_2(z)$ 分别为环节 $G_1(s)$ 和 $G_2(s)$ 的脉冲传递函数，于是有

$$C(z)=C_1(z)+C_2(z)=G_1(z)R(z)+G_2(z)R(z)=(G_1(z)+G_2(z))R(z)$$

因此，带有并联环节的开环系统脉冲传递函数为

$$G(z)=\frac{C(z)}{R(z)}=G_1(z)+G_2(z) \tag{8-33}$$

式(8-33)表明，具有采样开关的并联环节的脉冲传递函数等于各环节的脉冲传递函数之和。图 8-17 的等效离散系统结构如图 8-18 所示，这一结论也可以推广到类似的 n 个环节并联时的情况。

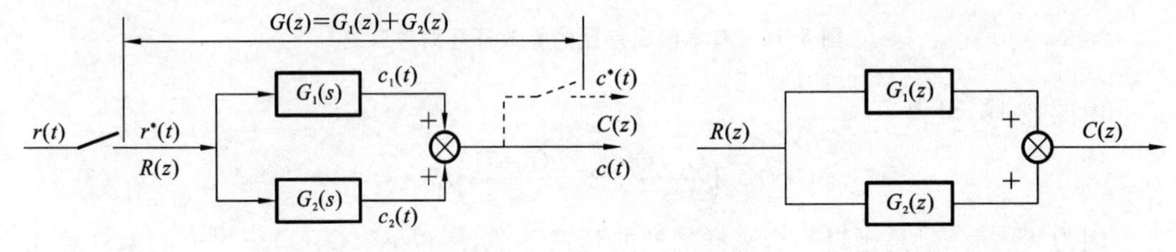

图 8-17 环节并联时的开环离散系统　　图 8-18 环节并联时的等效离散系统结构

例 8-8 设有如图 8-19 所示的离散系统，试求输出 $C(z)$ 的表达式。

解

$$E(z)=R(z)-C(z)G_3(z)$$

$$D(z)=E(z)\overline{G_1G_2}(z)-\overline{G_1G_2}(z)D(z)$$

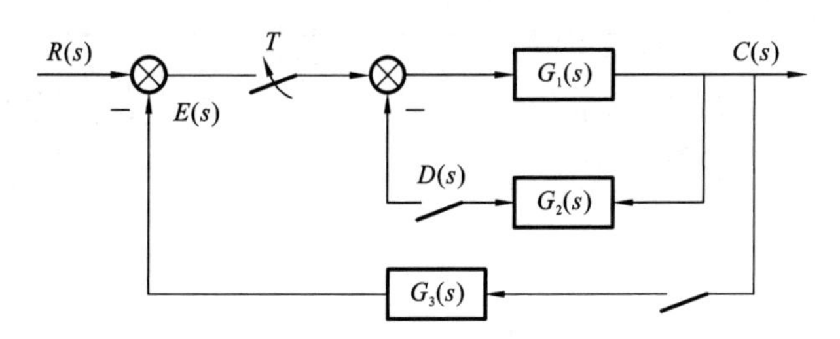

图 8-19　例 8-8 的离散系统

$$D(z)=\frac{\overline{G_1G_2}(z)}{1+\overline{G_1G_2}(z)}E(z)$$

$$C(z)=E(z)G_1(z)-D(z)G_1(z)=\frac{G_1(z)}{1+\overline{G_1G_2}(z)}E(z)$$

$$=\frac{G_1(z)R(z)}{1+\overline{G_1G_2}(z)}-\frac{G_1(z)G_3(z)}{1+\overline{G_1G_2}(z)}C(z)$$

$$C(z)=\frac{G_1(z)}{1+\overline{G_1G_2}(z)+G_1(z)G_3(z)}\cdot R(z)$$

4. 闭环系统脉冲传递函数

在连续系统中，闭环传递函数与相应的开环传递函数之间有着确定的关系，所以可以用一种典型的结构图来描述一个闭环系统。但是对于线性离散控制系统，采样开关的数目和位置不同，使得闭环脉冲传递函数不像连续系统那样具有统一的形式。因此，在求离散控制系统的闭环脉冲传递函数时，要根据采样开关的实际情况进行具体分析。通常先根据系统的结构列出各个变量之间的关系，然后消去中间变量，得到闭环脉冲传递函数的表达式。下面讨论闭环系统的脉冲传递函数。

图 8-20(a)是一种比较常见的对偏差信号进行采样的闭环离散系统的结构，系统输出是连续的，为便于分析，在输出端加入虚设的采样开关，综合点之后的采样开关可以等效为综合点两个输入端的采样开关，如图 8-20(a)中虚线所示，输入采样信号$r^*(t)$ 和反馈采样信号 $y^*(t)$事实上并不存在，与图 8-20(a)等效的系统结构如图 8-20(b)所示。

由图 8-20(a)可得

$$\varepsilon(z)=R(z)-Y(z),\quad Y(z)=Z[G(s)H(s)]\varepsilon(z) \tag{8-34}$$

因此有

$$\varepsilon(z)=R(z)-GH(z)\varepsilon(z) \tag{8-35}$$

整理得

$$\varepsilon(z)=\frac{R(z)}{1+GH(z)} \tag{8-36}$$

由于

$$C(z)=G(z)\varepsilon(z) \tag{8-37}$$

所以

$$C(z)=\frac{G(z)}{1+GH(z)}R(z) \tag{8-38}$$

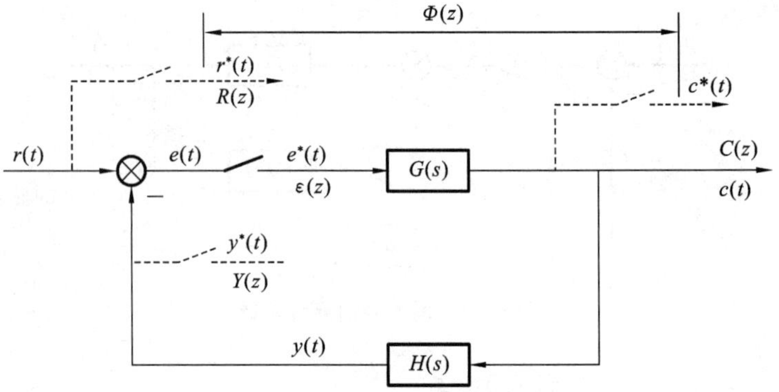

（a）系统结构

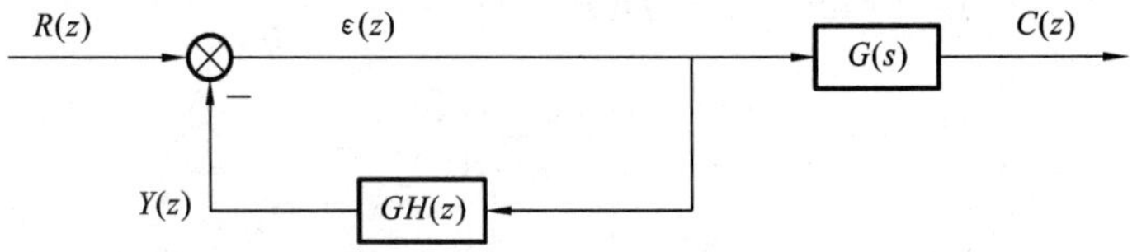

（b）等效离散系统的结构

图 8-20　对偏差信号进行采样的闭环离散系统的结构

对于单位反馈控制系统，根据式(8-37)和式(8-38)作如下定义。

(1) 闭环离散系统对输入量的偏差脉冲传递函数为

$$\Phi_{\varepsilon}(z)=\frac{\varepsilon(z)}{R(z)}=\frac{1}{1+GH(z)} \tag{8-39}$$

(2) 闭环离散系统对输入量的脉冲传递函数为

$$\Phi(z)=\frac{C(z)}{R(z)}=\frac{G(z)}{1+GH(z)} \tag{8-40}$$

$\Phi_{\varepsilon}(z)$和$\Phi(z)$是研究闭环离散系统时经常用到的两个闭环脉冲传递函数。

(3) 闭环离散系统的特征方程：与连续系统类似，令$\Phi(z)$或$\Phi_{\varepsilon}(z)$的分母多项式为零，便可得到闭环离散系统的特征方程为

$$D(z)=1+GH(z)=0 \tag{8-41}$$

可见，对偏差信号进行采样的离散系统，其闭环脉冲传递函数与连续系统的闭环传递函数在形式上很相似。但要注意，在求取前向通道传递函数和开环脉冲传递函数时，不论这两个采样开关之间有几个连续环节串联或并联，都要使用两个采样开关之间的环节脉冲传递函数。

8.3　线性离散控制系统的稳定性分析

稳定是系统能够正常工作的首要条件，所谓稳定性是指当扰动作用消失后，系统恢复到原平衡状态的性能。

在线性连续控制系统中，稳定性的判别是在 s 域中进行的，判别系统稳定性的判据是

从系统特征方程的根是否都落在 s 域左半平面出发的。线性离散控制系统的稳定性分析在 z 平面上进行。下面讨论线性定常离散控制系统稳定的条件。

8.3.1 线性离散控制系统稳定的充要条件

在线性定常连续系统中，系统稳定的充要条件取决于闭环极点是否均位于 s 平面左半部。与此类似，对于线性定常离散系统，也可以根据闭环极点在 z 平面的分布来判断系统是否稳定。

设典型离散系统的结构如图8-21所示，其特征方程为

$$D(z)=1+GH(z)=0 \tag{8-42}$$

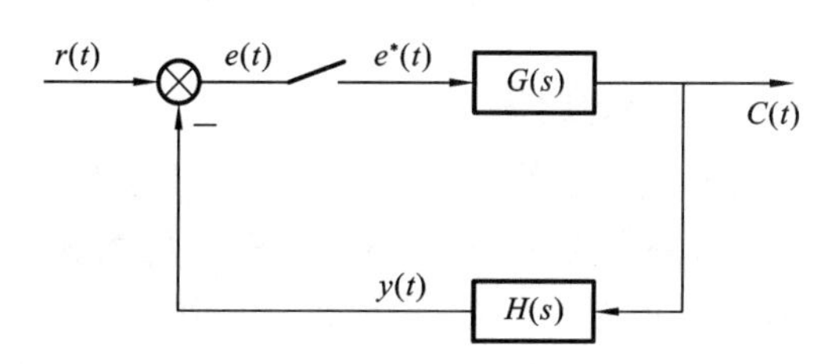

图8-21　典型离散系统的结构

由 s 域到 z 域的映射关系知：s 平面左半平面映射为 z 平面上的单位圆内的区域，对应稳定区域；s 平面右半平面映射为 z 平面上的单位圆外的区域，对应不稳定区域；s 平面上的虚轴映射为 z 平面上的单位圆周，对应临界稳定情况。

因此，线性定常离散系统稳定的充要条件是：当且仅当离散系统特征方程的全部特征根均分布在 z 平面的单位圆内。

如果 z 平面单位圆上存在特征根，则系统是临界稳定的，在工程上把此种情况归于不稳定之列。

例8-9　设线性定常离散系统的结构如图8-22所示，采样周期 $T=0.1$ s，试判断 $K=1$ 时系统的稳定性。

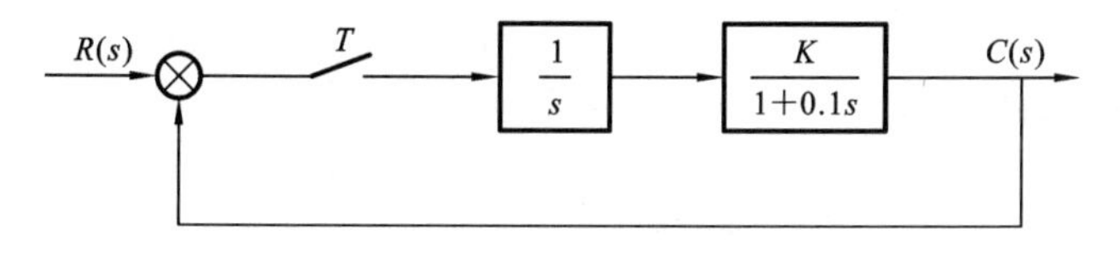

图8-22　线性定常离散系统的结构

解　系统的开环脉冲传递函数为

$$G(z)=\mathcal{Z}\left[\frac{1}{s(1+0.1s)}\right]=\frac{0.632z}{z^2-1.368z+0.368}$$

系统闭环脉冲传递函数为 $\Phi(z)=\dfrac{G(z)}{1+G(z)}$，故闭环特征方程为

$$1+G(z)=0$$

将 $G(z)$ 代入上式，可得特征方程为

$$D(z)=z^2-0.736z+0.368=0$$

可求得特征方程的根为 $z_{1,2}=0.368\pm j0.485$。

因为 $|z_1|<1$，$|z_2|<1$，所以该系统稳定。

8.3.2 线性离散控制系统的稳定性判据

直接应用如前文所述的充分必要条件判断系统的稳定性，需要求解特征方程，当然这可借助某些计算机软件进行求解。其实在分析系统稳定性时，可以直接应用稳定性判据进行，不必求出特征根，并且利用这些方法能够方便地分析系统参数的变化对稳定性的影响。下面介绍判断线性定常离散系统稳定性的两种方法：运用双线性变换的劳斯稳定判据、朱利稳定判据。

1. 运用双线性变换的劳斯稳定判据

连续系统的劳斯判据是通过系统特征方程的系数关系来判别系统稳定性的，实质是判断系统特征方程的根是否都在 s 左半平面。但是，在离散系统中需要判断系统特征方程的根是否都在 z 平面的单位圆内。因此，不能直接应用连续系统中的劳斯判据，必须引入一种新的变换。设这种新的变换为 w 变换，它将 z 平面映射到 w 平面，使 z 平面上的单位圆内区域映射成 w 左半平面，z 平面的单位圆映射成 w 平面的虚轴，z 平面的单位圆外区域映射成 w 右半平面。

w 变换定义为

$$z=\frac{w+1}{w-1} \tag{8-43}$$

则有

$$w=\frac{z+1}{z-1} \tag{8-44}$$

即复变量 z 与 w 互为线性变换，也称为双线性变换。

令复变量 z 与 w 分别为

$$\begin{cases} z=x+jy \\ w=u+jv \end{cases} \tag{8-45}$$

将以上两项代入式(8-44)得

$$u+jv=\frac{(x^2+y^2)-1}{(x-1)^2+y^2}-j\frac{2y}{(x-1)^2+y^2} \tag{8-46}$$

显然

$$u=\frac{(x^2+y^2)-1}{(x-1)^2+y^2} \tag{8-47}$$

由上式可见，当 $x^2+y^2=1$ 时，$u=0$，表明 z 平面上的单位圆映射成 w 平面的虚轴；当 $x^2+y^2<1$ 时，$u<0$，表明 z 平面上单位圆内的区域映射成 w 左半平面；当 $x^2+y^2>1$ 时，$u>0$，表明 z 平面上单位圆外区域映射成 w 右半平面。z 平面和 w 平面的这种对应关系，如图 8-23 所示。

通过 w 变换，将线性定常离散系统的特征方程由 z 平面转换到 w 平面。w 平面上

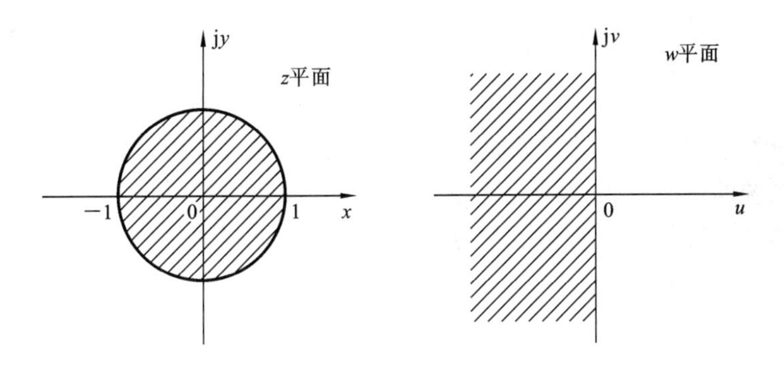

图 8-23　z 平面与 w 平面的映射关系

离散系统稳定的充要条件是所有特征根位于 w 左半平面，符合劳斯稳定判据的应用条件，所以根据 s 域中的特征方程系数，可直接应用劳斯表判断离散系统稳定性，步骤如下。

(1) 求离散系统在 z 域的特征方程 $D(z)=0$。

(2) 进行 w 变换，令 $z=\dfrac{w+1}{w-1}$，得 w 域的特征方程 $D(w)=0$。

(3) 对 $D(w)=0$ 应用劳斯判据判断系统稳定性。

2. 朱利稳定判据

对于线性定常离散系统，除了可在 w 域中利用劳斯判据判断系统的稳定性之外，还可在 z 域中应用朱利判据判断稳定性。

朱利判据是一个判别特征根的模是否小于 1 的判据，因此可以直接在 z 域内应用，即根据闭环特征方程 $D(z)=0$ 的系数，判别其特征根是否位于 z 平面上的单位圆内，从而判断该系统是否稳定。

设线性定常离散系统的闭环特征方程为

$$D(z)=a_0+a_1z+a_2z^2+\cdots+a_nz^n=0,\quad a_n>0$$

朱利稳定判据：特征方程 $D(z)=0$ 的根全部位于 z 平面单位圆内的充分必要条件为

$$\begin{cases}D(1)>0\\(-1)^nD(-1)>0\end{cases}\tag{8-48}$$

以及下列 $(n-1)$ 个约束条件成立

$$|a_0|<a_n,\quad |b_0|>|b_{n-1}|,\quad |c_0|>|c_{n-2}|,\quad \cdots,\quad |q_0|>|q_2|$$

注意：$|a_0|<a_n$，$D(1)>0$，$(-1)^nD(-1)>0$ 是系统稳定的必要条件，若特征方程不满足此条件，则系统一定不稳定。所以，在判断系统稳定性时可先判断此条件，满足后再构造朱利表。

8.4　线性离散控制系统的时间响应

稳定性是系统正常工作的前提条件，除此之外系统还要在响应速度及控制精度等方面满足要求。响应速度是通过系统的动态性能体现的，控制精度由稳态误差来衡量。下面介绍线性离散控制系统的动态响应和稳态响应。

8.4.1　线性离散控制系统的动态响应

连续系统的动态特性是通过系统在单位阶跃输入信号作用下的响应过程来衡量的，反映了控制系统的瞬态过程，其主要性能指标有上升时间 t_r、峰值时间 t_p、调节时间 t_s 和超调量等。离散系统的动态性能指标的定义与连续系统相同，也是通过系统的阶跃响应定义的。但是在分析离散系统动态过程时，得到的只是各采样时刻的值，采样间隔内系统的状态不能表示出来。

1. 离散系统的动态响应过程

当系统的输入为单位阶跃函数 $1(t)$时，如何应用 z 变换法分析系统动态性能呢？主要思路和步骤如下。

(1) 求出系统输出量的 z 变换函数 $C(z)$。

如果可以求出离散系统的闭环脉冲传递函数中的 $\Phi(z)$，则系统输出量的 z 变换函数为

$$C(z)=R(z)\Phi(z)=\frac{z}{z-1}\Phi(z) \tag{8-49}$$

(2) 求出输出信号的脉冲序列 $c^*(t)$。

将 $C(z)$展开成幂级数，通过 z 逆变换求出输出信号的脉冲序列 $c^*(t)$，$c^*(t)$代表线性定常离散系统在单位阶跃输入作用下的响应过程。由于离散系统时域指标的定义与连续系统相同，故根据单位阶跃响应曲线 $c^*(t)$可方便地分析离散系统的动态和稳态性能。

下面通过一个具体例子讨论连续系统和相应的离散系统（分带零阶保持器和不带零阶保持器两种情况）的动态响应过程，定性说明采样器和保持器对系统动态性能的影响。

例 8-10　设连续系统结构如图 8-24 所示，其中 $r(t)=1(t)$，$T=1$ s，$K=1$，试分析其无零阶保持器的离散系统和有零阶保持器的离散系统的动态性能。

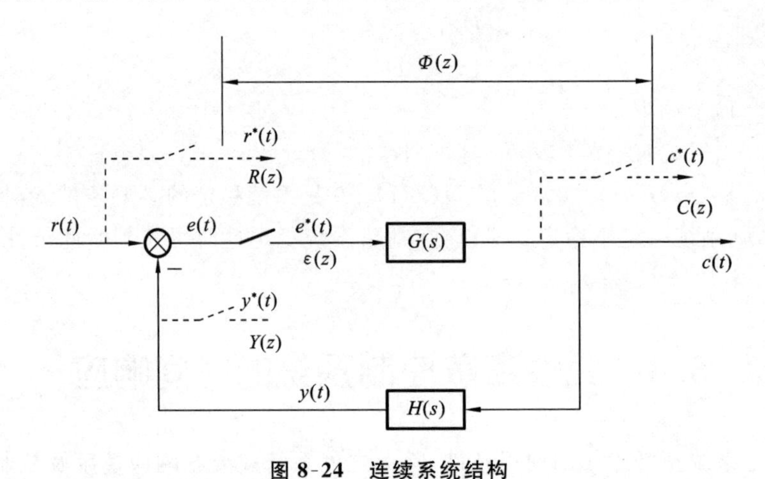

图 8-24　连续系统结构

解　(1) 连续系统闭环传递函数为

$$\Phi(s)=\frac{1}{s^2+s+1}$$

由上式可知，$2\xi\omega_n=1$，$\omega_n^2=1$，显然该系统的阻尼比 $\xi=0.5$，自然频率 $\omega_n=1$，其单位阶跃响应为

$$c(t)=1-\frac{1}{\sqrt{1-\xi^2}}e^{-\xi\omega_n t}\sin(\omega_n\sqrt{1-\xi^2}t+\arccos\xi)=1-1.154e^{-0.5t}\sin(0.866t+60^\circ)$$

可画出相应的时间响应曲线 $c(t)$，如图 8-25 中曲线 1 所示。该连续系统的时域指标如下：

峰值时间 $t_p=\frac{\pi}{\omega_n\sqrt{1-\xi^2}}=3.63\ \text{s}$；

调节时间 $t_s=\frac{3.5}{\xi\omega_n}=7\ \text{s}$；

超调量 $\sigma=e^{-\xi\pi/\sqrt{1-\xi^2}}\times100\%=16.3\%$。

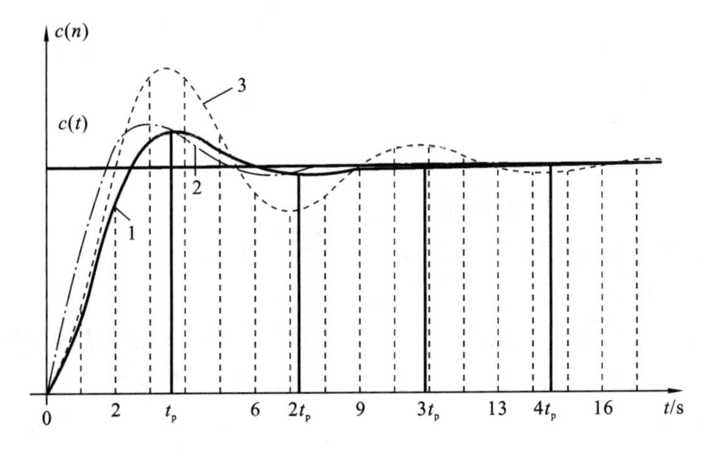

图 8-25 连续与离散系统的时间响应曲线

(2) 无零阶保持器的离散系统的开环脉冲传递函数为

$$G(z)=\mathcal{Z}\left[\frac{1}{s(s+1)}\right]=\frac{0.632z}{(z-1)(z-0.368)}$$

相应的闭环脉冲传递函数为

$$\Phi(z)=\frac{G(z)}{1+G(z)}=\frac{0.632z}{z^2-0.736z+0.368}$$

系统输入量的 z 变换函数为

$$R(z)=\frac{z}{z-1}$$

系统输出量的 z 变换为

$$\begin{aligned}C(z)=\Phi(z)R(z)&=\frac{0.632z^2}{z^3-1.736z^2+1.104z-0.368}\\&=0.632z^{-1}+1.097z^{-2}+1.207z^{-3}+1.117z^{-4}+1.014z^{-5}+\cdots\end{aligned}$$

基于 z 变换的定义，求得输出信号在各采样时刻上的值 $c(nT)$ 分别为

$c(0)=0$， $c(T)=0.632$， $c(2T)=1.097$， $c(3T)=1.207$， $c(4T)=1.117$， $c(5T)=1.014$， $c(6T)=0.964$， $c(7T)=0.970$， $c(8T)=0.991$， $c(9T)=1.004$， $c(10T)=1.007$， $c(11T)=1.003$， $c(12T)=1$， $c(13T)=1$， $c(14T)=1$， …

$$c(\infty)=\lim_{z\to 1}\left(\frac{z-1}{z}\right)\cdot\Phi(z)\cdot\frac{z}{z-1}=\lim_{z\to 1}\Phi(z)=1$$

根据上述各值，可绘出 $c^*(t)$曲线，如图 8-25 中曲线 2 所示。

只有采样器的离散系统的时域指标为：峰值时间 $t_p=3$ s；调节时间 $t_s=5$ s；超调量 $\sigma=20.7\%$。

(3) 对于有零阶保持器的离散系统，先求系统的开环脉冲传递函数 $G(z)$，根据带有零阶保持器的系统开环脉冲传递函数的求解公式得

$$G(z)=(1-z^{-1})\mathcal{Z}\left[\frac{1}{s^2(s+1)}\right]=\frac{0.368z+0.264}{(z-1)(z-0.368)}$$

则该单位负反馈系统的闭环脉冲传递函数为

$$\Phi(z)=\frac{G(z)}{1+G(z)}=\frac{0.368z+0.264}{z^2-z+0.632}$$

求出单位阶跃响应的 z 变换为

$$C(z)=\Phi(z)R(z)=\frac{0.368z+0.264}{z^2-z+0.632}\frac{z}{z-1}=\frac{0.368z^{-1}+0.264z^{-2}}{1-2z^{-1}+1.632z^{-2}-0.632z^{-3}}$$

通过综合除法，将 $C(z)$展开成无穷级数，即

$$C(z)=0.368z^{-1}+z^{-2}+1.4z^{-3}+1.4z^{-4}+1.147z^{-5}+0.895z^{-6}+0.802z^{-7}+0.868z^{-8}+\cdots$$

基于 z 变换的定义，由上式求得系统在单位阶跃作用下的输出序列 $c(nT)$分别为

$c(0)=0$， $c(T)=0.368$， $c(2T)=1$， $c(3T)=1.4$，
$c(4T)=1.4$， $c(5T)=1.147$， $c(6T)=0.895$， $c(7T)=0.802$，
$c(8T)=0.868$， $c(9T)=0.993$， $c(10T)=1.077$， $c(11T)=1.081$，
$c(12T)=1.032$， $c(13T)=0.981$， $c(14T)=0.961$， $c(15T)=0.973$，
$c(16T)=0.997$， $c(17T)=1.015$， …

$$c(\infty)=\lim_{z\to 1}\left(\frac{z-1}{z}\right)\cdot\Phi(z)\cdot\frac{z}{z-1}=\lim_{z\to 1}\Phi(z)=1$$

根据上述 $c(nT)$数值，可以绘出离散系统的单位阶跃响应 $c^*(t)$，如图 8-25 中曲线 3 所示。

由响应曲线可以求得给定离散系统的近似性能指标为：上升时间 $t_r=2$ s，峰值时间 $t_p=4$ s；调节时间 $t_s=12$ s，$\Delta=0.05$；超调量为 $\sigma=40\%$。

由于离散系统的时域性能指标只能按采样周期整数倍的采样值计算，所以是近似的。若采样周期较小，动态响应的采样值可能更接近连续响应；若采样周期较大，则两者差别可能较大。

对比这三类系统的性能指标可知，离散系统的性能劣于原连续系统。也就是说，采样器和保持器使系统的动态性能降低。

采样器可使系统的峰值时间和调节时间略有减小，但使超调量增大，所以采样会降

低系统的稳定程度。

零阶保持器使系统的峰值时间和调节时间都加长，超调量和振荡次数也增加，进一步降低了系统的稳定程度。

2. 闭环极点与动态响应的关系

在连续系统中，如果已知传递函数的极点，就可以估计出它对应的瞬态过程。同样，离散系统闭环脉冲传递函数的极点在 z 平面上的分布对系统的动态响应也具有重要影响。

设离散系统的闭环脉冲传递函数为

$$\Phi(z)=\frac{M(z)}{D(z)}=\frac{b_m z^m+b_{m-1}z^{m-1}+\cdots+b_0}{a_n z^n+a_{n-1}z^{n-1}+\cdots+a_0}=\frac{b_m}{a_n}\frac{\prod_{i=1}^{m}(z-z_i)}{\prod_{k=1}^{n}(z-p_k)},\quad m\leqslant n \tag{8-50}$$

式中：$z_i(i=1,2,\cdots,m)$表示 $\Phi(z)$的零点；$p_k(k=1,2,\cdots,n)$表示 $\Phi(z)$的极点，极点可以是实数，也可以是共轭复数。为了分析问题方便，这里假设系统没有重极点。

当输入信号 $r(t)=1(t)$为单位阶跃信号时，系统的单位阶跃响应为

$$C(z)=\Phi(z)R(z)=\frac{M(z)}{D(z)}\frac{z}{z-1} \tag{8-51}$$

将$\frac{C(z)}{z}$展成部分分式，有

$$\frac{C(z)}{z}=\frac{b_m}{a_n}\frac{\prod_{i=1}^{m}(z-z_i)}{\prod_{k=1}^{n}(z-p_k)}\frac{1}{z-1}=\frac{M(1)}{D(1)}\frac{1}{z-1}+\sum_{k=1}^{n}\frac{c_k}{z-p_k} \tag{8-52}$$

式中：常数 c_k 是 $C(z)/z$ 在极点 z_i 处的留数，即

$$c_k=(z-p_k)\frac{C(z)}{z}\bigg|_{z=p_k}=(z-p_k)\frac{M(z)}{D(z)}\frac{1}{(z-1)}\bigg|_{z=p_i}=\frac{M(p_k)}{(p_k-1)\dot{D}(p_k)}$$

其中，

$$\dot{D}(p_k)=\frac{\mathrm{d}D(z)}{\mathrm{d}z}\bigg|_{z=p_k}=\frac{D(z)}{(z-p_k)}\bigg|_{z=p_k} \tag{8-53}$$

于是

$$C(z)=\frac{M(1)}{D(1)}\frac{z}{z-1}+\sum_{k=1}^{n}\frac{c_k z}{z-p_k} \tag{8-54}$$

式(8-54)中等号右边第一项表示 $c^*(t)$的稳态分量；第二项表示 $c^*(t)$中对应着各极点的瞬态分量，瞬态过程与极点 p_k 在 z 平面上的分布有关，下面分几种情况讨论。

(1) 闭环极点为实数。

设 p_k 为实数，p_k 对应的瞬态分量为

$$c_k^*(t)=\mathcal{Z}^{-1}\left[\frac{c_k z}{z-p_k}\right] \tag{8-55}$$

求 z 逆变换得

$$c_k(nT)=c_k p_k^n \tag{8-56}$$

若 $p_k>1$，则动态响应 $c_k(nT)$为按指数规律单调发散的脉冲序列，且 p_k 越大，发散得

越快。

若 $p_k=1$，则动态响应 $c_k(nT)=c_k$ 为等幅脉冲序列。

若 $0<p_k<1$，则动态响应 $c_k(nT)$ 为按指数规律单调衰减的脉冲序列，且 p_k 越小（即越接近原点），$c_k(nT)$ 衰减得越快。

若 $p_k<-1$，由式(8-56)可知，当 n 为偶数时，p_k^n 为正值；当 n 为奇数时，p_k^n 为负值。因此，动态响应 $c_k(nT)$ 是正负交替的发散脉冲序列，且 $|p_k|$ 越大（即 p_k 离原点越远），$c_k(nT)$ 发散得越快。

若 $p_k=-1$，则动态响应是正负交替的等幅脉冲序列。

若 $-1<p_k<0$，则动态响应 $c_k(nT)$ 是正负交替的衰减脉冲序列，且 $|p_k|$ 越小（即 p_k 离原点越近），$c_k(nT)$ 衰减得越快。

闭环实极点分布与相应动态响应形式的关系如图 8-26 所示。

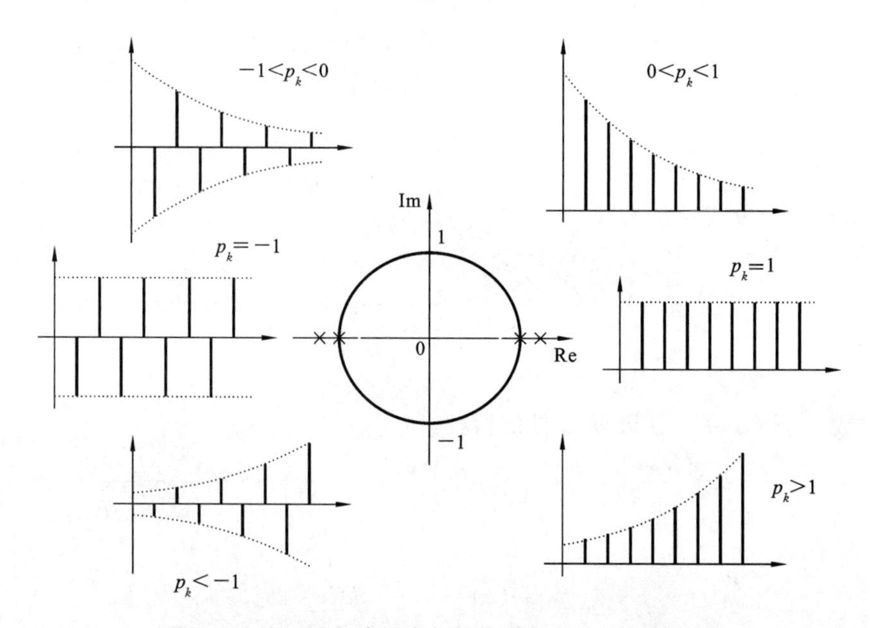

图 8-26　闭环实极点分布与相应动态响应形式的关系

例 8-11　已知某离散系统的闭环脉冲传递函数为

$$\Phi(z)=\frac{0.23z^2}{(z+1)(z-0.24)(z-0.56)}$$

试估计该系统的动态响应过程。

解　系统的输出响应为

$$C(z)=\Phi(z)R(z)=\frac{0.23z^2}{(z+1)(z-0.24)(z-0.56)}\frac{z}{z-1}$$

$$=\frac{Az}{z-1}+\frac{c_1 z}{z+1}+\frac{c_2 z}{z-0.24}+\frac{c_3 z}{z-0.56}$$

由上式可知，第一项表示系统的稳态值，后三项表示系统的动态过程，其中第二项的极点为 -1，动态过程是正负交替的等幅脉冲序列，振幅为 $\pm c_1$；后两项的极点均在单位圆内的正实轴上，动态响应是按指数规律衰减的脉冲序列。所以，该系统的阶跃响应为从零逐渐上升，动态过程结束后在稳态值处有一个幅值为$\pm c_1$的等幅振荡。

(2) 闭环极点为共轭复数。

设p_k和$\bar{p}_k$是一对共轭复数极点，其表达式为

$$p_k=|p_k|\mathrm{e}^{\mathrm{j}\theta_k},\quad \bar{p}_k=|p_k|\mathrm{e}^{-\mathrm{j}\theta_k} \tag{8-57}$$

式中：θ_k为共轭复数极点p_k的相角，从z平面的正实轴起算，逆时针为正。因此，一对共轭复数极点所对应的瞬态分量为

$$c_{k,\bar{k}}^{*}(t)=\mathcal{Z}^{-1}\left[\frac{c_k z}{z-p_k}+\frac{\bar{c}_k z}{z-\bar{p}_k}\right]$$

对上式求z逆变换的结果为

$$c_{k,\bar{k}}(nT)=c_k p_k^n+\bar{c}_k\bar{p}_k^n \tag{8-58}$$

由于$\Phi(z)$的系数均为实数，所以c_k和$\bar{c}_k$一定是共轭复数，令

$$c_k=|c_k|\mathrm{e}^{\mathrm{j}\varphi_k},\quad \bar{c}_k=|c_k|\mathrm{e}^{-\mathrm{j}\varphi_k} \tag{8-59}$$

将式(8-57)和式(8-59)代入式(8-58)，可得

$$\begin{aligned}c_{k,\bar{k}}(nT)&=|c_k|\mathrm{e}^{\mathrm{j}\varphi_k}|p_k|^n\mathrm{e}^{\mathrm{j}n\theta_k}+|c_k|\mathrm{e}^{-\mathrm{j}\varphi_k}|p_k|^n\mathrm{e}^{-\mathrm{j}n\theta_k}\\&=|c_k||p_k|^n[\mathrm{e}^{\mathrm{j}(n\theta_k+\varphi_k)}+\mathrm{e}^{-\mathrm{j}(n\theta_k+\varphi_k)}]\\&=2|c_k||p_k|^n\cos(n\theta_k+\varphi_k)\end{aligned} \tag{8-60}$$

由式(8-60)可知，共轭复数极点对应的脉冲响应是以余弦规律振荡的，振荡的角频率为$\omega_k=\theta_k/T$。共轭复数极点的位置越靠左，θ_k便越大，振荡的角频率也就越高。

若$|p_k|>1$，则动态响应为振荡发散脉冲序列，且$|p_k|$越大(即复极点离原点越远)，振荡发散得越快。

若$|p_k|=1$，则动态响应为等幅振荡脉冲序列。

若$|p_k|<1$，则动态响应为振荡收敛脉冲序列，且$|p_k|$越小(即复极点越靠近原点)，振荡收敛得越快。

复极点位于左边单位圆内所对应的振荡频率，要高于右边单位圆内的情况。闭环共轭复数极点分布与相应动态响应形式的关系如图8-27所示。

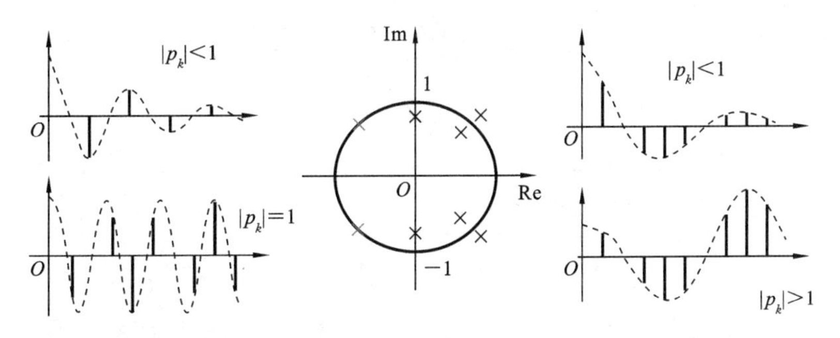

图8-27　闭环共轭复数极点分布与相应动态响应形式的关系

综上所述，离散系统的动态特性与闭环极点的分布密切相关。在离散系统设计时，为了使系统具有比较满意的瞬态响应性能，应该将闭环极点配置在z平面的右半单位圆内，且尽量靠近z平面的坐标原点。

8.4.2 线性离散控制系统的稳态响应

系统的稳态性能通常用稳态误差评价，引起稳态误差的原因很多，如系统元器件的精度、系统的放大系数和积分环节等。本书讨论的稳态误差只考虑由系统的结构和外部输入所决定的原理误差，不考虑由系统元器件精度等所引起的误差。

与连续时间系统相同，离散系统中也将误差信号的稳态分量定义为系统的稳态误差。在连续系统中，稳态误差的计算可以利用拉普拉斯变换终值定理求解，并用误差系数表示。这种方法在一定条件下可以推广到离散系统。这里介绍利用 z 变换的终值定理方法求取离散系统在采样瞬时的稳态误差。

1. 离散系统稳态误差的定义

设单位负反馈离散系统如图 8-28 所示。

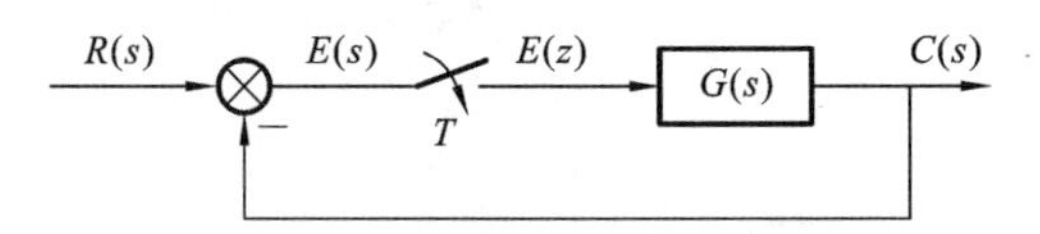

图 8-28 单位负反馈离散系统图

离散系统误差信号的定义是采样时刻的输入与输出信号的差值，即

$$e^*(t)=r^*(t)-c^*(t) \tag{8-61}$$

稳态误差定义为误差的终值，即

$$e_{ss}(\infty)=\lim_{t\to\infty}e^*(t)=\lim_{n\to\infty}e(nT) \tag{8-62}$$

若系统为非单位负反馈系统，则误差定义为综合点处的误差。本章主要讨论单位负反馈系统的稳态误差。

如图 8-28 所示，线性定常离散系统稳态误差的求取可利用 z 变换的终值定理，即

$$E(z)=R(z)-C(z) \tag{8-63}$$

于是，误差脉冲传递函数为

$$\Phi_e(z)=\frac{E(z)}{R(z)}=\frac{R(z)-C(z)}{R(z)}=\frac{1}{1+G(z)} \tag{8-64}$$

$$E(z)=\Phi_e(z)R(z)$$

如果 $\Phi_e(z)$ 的极点均分布在 z 平面上的单位圆内，则离散系统是稳定的，那么可利用 z 变换的终值定理计算采样瞬时的稳态误差，即

$$e_{ss}(\infty)=\lim_{n\to\infty}e(nT)=\lim_{z\to 1}(1-z^{-1})E(z)=\lim_{z\to 1}\frac{(z-1)R(z)}{z(1+G(z))} \tag{8-65}$$

注意：求取系统稳态误差的前提是系统稳定，如果系统不稳定也就无所谓稳态误差。稳态误差可以无限大，此时并不表示系统不稳定，只能说明系统的输出不能跟踪输入。

由式(8-65)可知，离散系统的稳态误差与开环脉冲传递函数 $G(z)$ 和输入信号 $R(z)$ 的形式相关。与连续系统类似，可利用系统型别和静态误差系数的概念求解系统的稳态误差。

2. 离散系统稳态误差的计算

在连续系统中，将开环传递函数 $G(s)$ 具有 $s=0$ 的极点数作为划分系统型别的标准，当 $s=0$ 的极点数为 0，1，2，…时，相应的系统分别称为 0 型、Ⅰ型和Ⅱ型系统等。根据 s 域和 z 域的映射关系，在离散系统中，将开环脉冲传递函数 $G(z)$ 具有 $z=1$ 的极点数作为划分离散系统型别的标准，当 $G(z)$ 中 $z=l$ 的极点数为 0，1，2，…时，相应的系统分别称为 0 型、Ⅰ型和Ⅱ型离散系统等。

下面讨论不同型别的离散系统在不同输入信号作用下的稳态误差，输入信号只考虑阶跃、速度、加速度三种典型函数。

(1) 单位阶跃输入时的稳态误差。

单位阶跃信号的 z 变换为

$$R(z)=z/(z-1) \tag{8-66}$$

将上式代入式(8-65)得

$$e_{ss}(\infty)=\lim_{z\to 1}\frac{(z-1)R(z)}{z(1+G(z))}=\lim_{z\to 1}\frac{1}{1+G(z)}=\frac{1}{1+\lim\limits_{z\to 1}G(z)}=\frac{1}{1+K_p} \tag{8-67}$$

式中：$K_p=\lim\limits_{z\to 1}G(z)$ 称为静态位置误差系数。

对 0 型离散系统：$G(z)$ 在 $z=1$ 处无极点，K_p 为有限值，所以 $e_{ss}(\infty)$ 也为有限值。

对Ⅰ型或Ⅰ型以上离散系统：$G(z)$ 有一个或一个以上 $z=1$ 的极点，$K_p=\infty$，所以 $e_{ss}(\infty)=0$。

综上所述，在单位阶跃信号作用下，0 型系统在采样瞬时存在位置误差，Ⅰ型或Ⅰ型以上系统在采样瞬时没有位置误差。因此，如果要求系统对阶跃输入作用不存在稳态误差，则必须选用Ⅰ型或Ⅰ型以上系统。

(2) 单位斜坡输入时的稳态误差。

单位斜坡函数 $r(t)=t$ 的 z 变换为

$$R(z)=\frac{Tz}{(z-1)^2} \tag{8-68}$$

将上式代入式(8-65)，得

$$e_{ss}(\infty)=\lim_{z\to 1}\frac{(z-1)R(z)}{z(1+G(z))}=\lim_{z\to 1}\frac{T}{(z-1)(1+G(z))}=\frac{T}{\lim\limits_{z\to 1}(z-1)G(z)}=\frac{T}{K_v} \tag{8-69}$$

式中：$K_v=\lim\limits_{z\to 1}(z-1)G(z)$ 称为静态速度误差系数。

对 0 型系统：$K_v=0$，$e_{ss}(\infty)=\infty$。

对Ⅰ型系统：K_v 为有限值，$e_{ss}(\infty)$ 为有限值。

对Ⅱ型及以上系统：$K=\infty$，$e_{ss}(\infty)=0$。

综上所述，0 型离散系统输出不能跟踪单位斜坡函数，Ⅰ型离散系统在单位斜坡函数作用下存在速度误差，Ⅱ型及以上型离散系统在单位斜坡函数作用下不存在稳态误差。

注意：速度误差的含义不是指系统稳态输出与输入之间存在速度上的误差，而是指在速度(斜坡)函数作用下，系统稳态输出与输入之间存在位置上的误差。

(3) 单位加速度输入时的稳态误差。

单位加速度函数 $r(t)=\frac{t^2}{2}$ 的 z 变换为

$$R(z)=\frac{T^2z(z+1)}{2\ (z-1)^3} \tag{8-70}$$

将上式代入式(8-65)，得

$$e_{ss}(\infty)=\lim_{z\to1}\frac{(z-1)R(z)}{z(1+G(z))}=\lim_{z\to1}\frac{T^2(z+1)}{2\ (z-1)^2(1+G(z))}=\frac{T^2}{\lim\limits_{z\to1}(z-1)^2G(z)}=\frac{T^2}{K_a} \tag{8-71}$$

式中：$K_a=\lim\limits_{i\to1}(z-1)^2G(z)$称为静态加速度误差系数。

对0型及Ⅰ型系统：$K_a=0$，$e_{ss}(\infty)=\infty$。

对Ⅱ型系统：K_a为有限值，$e_{ss}(\infty)$为有限值。

对Ⅲ型及以上系统：$K_a=\infty$，$e_{ss}(\infty)=0$。

综上所述，0型及Ⅰ型离散系统输出不能跟踪单位加速度函数，Ⅱ型离散系统在单位加速度函数作用下存在加速度误差，Ⅲ型及Ⅲ型以上离散系统只有在单位加速度函数作用下才不存在稳态误差。

与前面情况类似，加速度误差是指系统在加速度函数输入作用下，系统稳态输出与输入之间的位置误差。

8.5 离散系统分析相关命令/函数与实例

1. 连续系统的离散化

(1) 函数语法：`sysd= c2d(sys, Ts,'zoh')`

(2) 函数语法：`sys= d2c(sysd, 'zoh')`

c2d函数将连续系统模型sys转换成离散系统模型sysd；d2c函数将离散系统模型转换成连续系统模型；Ts表示离散化采样时间；'zoh'表示采用零阶保持器，可缺省。

2. 离散系统模型

描述离散系统模型的函数与连续系统模型的函数相同，但在函数语法中采样时间Ts不能缺省。impulse函数、step函数、lsim函数和initial函数可以用来仿真计算离散系统的响应。

例8-12 已知离散信号的z变换式为$F(z)=\frac{2z}{2z-1}$，求它所对应的离散信号$f(k)$。

解 在MATLAB命令窗口输入程序：

```
>>syms k z
F=2*z/(2*z-1);        %定义 z 变换表达式
f=iztrans(F,k)        %求 z 逆变换
```

运行结果：

```
f=
(1/2)^k
```

3. 数学模型的建立

(1) 函数语法：`sys=tf(num,den,Ts)`

返回离散系统的传递函数模型，num与den分别为系统的分子、分母多项式系数向

量，Ts为采样周期，当Ts=−1或[ ]时，表示系统的采样周期未定义。

(2) 函数语法：sys=zpk(z,p,k,Ts)

用来建立离散系统的零极点增益模型，Ts为采样周期。

例8-13　已知离散系统的脉冲传递函数为

$$G(z)=\frac{0.01z^2+0.02z-0.05}{z^3-2.2z^2+2.5z-0.6}$$

用MATLAB建立系统的数学模型。

解　在MATLAB命令窗口输入程序：

```
>>num=[0.01 0.02 -0.05];den=[1 -2.2 2.5 -0.6];
G=tf(num,den,-1)
```

运行结果：

```
G=
0.01 z^2+0.02 z-0.05
-------------------------
z^3-2.2z^2+2.5 z-0.6
Sampling time:unspecified
Discrete-time transfer function.
```

例8-14　已知离散系统的脉冲传递函数为

$$G(z)=\frac{2(z-0.4)}{(z-0.5)(z-0.8)}$$

采样周期为1s，用MATLAB建立系统的数学模型。

解　在MATLAB命令窗口输入程序：

```
>>z=0.4;p=[0.50.8];k=2;Ts=1;
sys=zpk(z,p,k,Ts)
```

运行结果：

```
sys=
2(z-0.4)
-----------------
(z-0.5)(z-0.8)
Sample time: 1 seconds
Discrete- time zero/pole/gain model.
```

(3) 函数语法：sys=filt(num,den)

用来建立采样周期未指定的脉冲传递函数。

(4) 函数语法：sys=filt(num,den,Ts)

用来建立一个采样周期由Ts指定的脉冲传递函数。

(5) 函数语法：printsys(num,den,'z')

输出离散控制系统的脉冲传递函数。

对于例 8-13，在 MATLAB 命令窗口输入程序：

```
>>num=[0.01 0.02 -0.05];den=[1 -2.2 2.5 -0.6];
G=filt(num,den)
printsys(num,den,'z')
```

运行结果：

```
G=
0.01+0.02 z^-1-0.05 z^-2
---------------------------------
1-2.2 z^-1+2.5 z^-2-0.6z^-3
Sampling time: unspecified
Discrete-time transfer function.
num/den=
0.01 z^2+0.02z-0.05
----------------------------
z^3-2.2 z^2+2.5 z-0.6
```

4. 数学模型的相互转换

(1) 函数语法：[z,p,k]=tf2zp(num,den)

(2) 函数语法：[num,den]=zp2tf(z,p,k)

以上函数语法中，z、p、k 分别为系统的零点向量、极点向量和增益，num、den 分别为系统的传递函数模型分子与分母多项式系数向量。

对于例 8-13，在 MATLAB 命令窗口输入程序：

```
>>num=[0.01 0.02 -0.05];den=[1 -2.2 2.5 -0.6];
[z,p,k]=tf2zp(num,den),G=zpk(z,p,k,-1)
```

运行结果：

```
z=
-3.4495
1.4495
p=
0.9427+1.0090i
0.9427-1.0090i
0.3147+0.0000i
k=
0.0100
G=
0.01(z+3.449)(z-1.449)
------------------------------------
(z-0.3147)(z^2-1.885z+1.907)
Sampling time:unspecified
```

```
Discrete-time zero/pole/gain model.
```

对于例 8-14,在 MATLAB 命令窗口输入程序:

```
>>z=0.4;p=[0.50.8];k=2;Ts=1;
sys=zpk(z,p,k,Ts);[num,den]=zp2tf(z,p,k),
G=tf(num,den,Ts)
```

运行结果:

```
num=
0    2.0000    -0.8000
den=
1.0000    -1.3000    0.4000
G=
2 z-0.8
------------------
z^2-1.3 z+0.4
Sample time:1 seconds
Discrete-time transfer function.
```

5. 连续时间系统模型转换为离散时间系统模型

函数语法:sysd=c2d(sysc,Ts,'method')

'method'的功能说明:'zoh'表示零阶保持器法;'foh'表示一阶保持器法;'tustin'表示双线性变换法;'impulse'表示脉冲响应不变法,即直接求 z 变换。默认的是'zoh',且所有方式采用大小写均可以。

例 8-15　已知连续系统模型 $F(s)=\dfrac{1}{s(s+1)}$,用零阶保持器法将此连续系统离散化,采样周期 $T=0.1$ s。

解　在 MATLAB 命令窗口输入程序:

```
>>num=1;den=[110];T=0.1;
G=tf(num,den),Gd=c2d(G,T,'zoh')
```

运行结果:

```
G=
1
-------
s^2+s
Continuous-time transfer function.
Gd=
0.004837 z+0.004679
---------------------------
```

```
z^2-1.905 z+0.9048
Sample time:0.1 seconds
Discrete-time transfer function.
```

6. 多模块数学模型的建立

串联、并联、反馈连接等效脉冲传递函数求取方法与连续系统相同，这里不再说明。

注意：串联时环节之间有无采样开关，其脉冲传递函数是不相同的。

(1) 串联环节间有采样开关。设串联环节之间有采样开关的离散系统如图 8-29 所示，系统的脉冲传递函数为 $G(z) = G_1(z)G_2(z)$。

(2) 串联环节间无采样开关。设串联环节之间无采样开关的离散系统如图 8-30 所示，系统的脉冲传递函数为 $G(z) = G_1G_2(z)$。

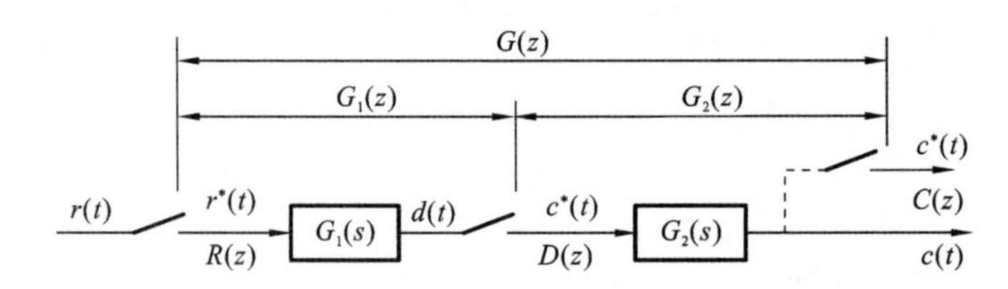

图 8-29　串联环节之间有采样开关的离散系统

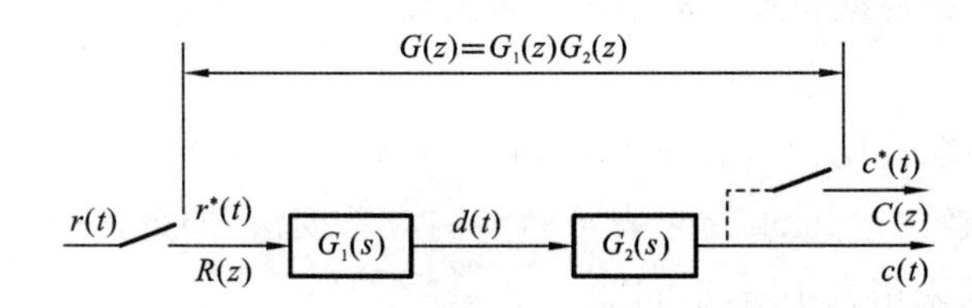

图 8-30　串联环节之间无采样开关的离散系统

例 8-16　设开环离散系统分别如图 8-29、图 8-30 所示，其中 $G_1(s)=1/s$，$G_2(s)=1/(s+1)$，采样周期 $T=0.1$ s，试分别求系统的脉冲传递函数 $G(z)$。

解　对于图 8-29，在 MATLAB 命令窗口输入程序：

```
>>T=0.1;
num1=1;den1=[1 0];G1=tf(num1,den1);Gd1=c2d(G1,T,'impulse');
num2=1;den2=[1 1];G2=tf(num2,den2);Gd2=c2d(G2,T,'impulse');
Gd=series(Gd1,Gd2)
```

运行结果：

```
Gd=
0.01z^2
------------------------
z^2-1.905 z+0.9048
Sample time:0.1 seconds
```

```
Discrete-time transfer function.
```

对于图 8-30，在 MATLAB 命令窗口输入程序：

```
>>T=0.1;
num1=1;den1=[1 0];G1=tf(num1,den1);
num2=1;den2=[1 1];G2=tf(num2,den2);
G=series(G1,G2);Gd=c2d(G,T,'impulse')
```

运行结果：

```
Gd=
0.009516 z+2.113e-018
------------------------------
z^2-1.905 z+0.9048
Sample time: 0.1 seconds
Discrete-time transfer function.
```

例 8-17　已知某离散系统结构如图 8-31 所示，其中 $D(z)=\dfrac{2.4z^{-1}-z^{-2}}{1-1.2z^{-1}+0.6z^{-2}}$，$G_1(s)$ 是零阶保持器，$G_2(s)=\dfrac{K}{s^2+2s+1}$，$K=0.1$，采样周期 $T=0.1$ s。试求系统的闭环脉冲传递函数，判断闭环的稳定性，并绘制系统的单位阶跃响应曲线。

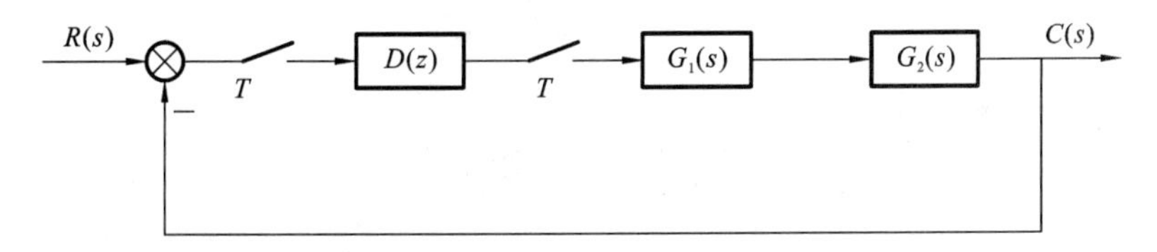

图 8-31　离散系统结构

解　在 MATLAB 命令窗口输入程序：

```
>>T=0.1;dnum=[2.4,-1];dden=[1,-1.2,0.6];sysd=tf(dnum,dden,T);
num2=[0.1];den2=[1,2,1];sys2=tf(num2,den2);
sysd2=c2d(sys2,T,'ZOH');syso=series(sysd,sysd2);
sysbd=feedback(syso,1)  %闭环脉冲传递函数
[num,den]=tfdata(sysbd,'v');pd=roots(den),pdz=abs (pd);
flag1=0;flag2=0;
for i=1:length(pd)
if roundn(pdz(i),-4)>1 flag1=1;end
if roundn(pdz(i),-4)==1 flag2=1;end
end
if flag1==1 disp('Discrete system is unstable');
else if flag2==1 disp('Discrete system is critical stable');
```

```
else disp ('Discrete system is stable');
end
end
t=0:1:100;dstep (num,den,t) ;xlabel('t'),ylabel('y'),grid on
```

运行结果如图 8-32 所示,并在命令窗口显示。

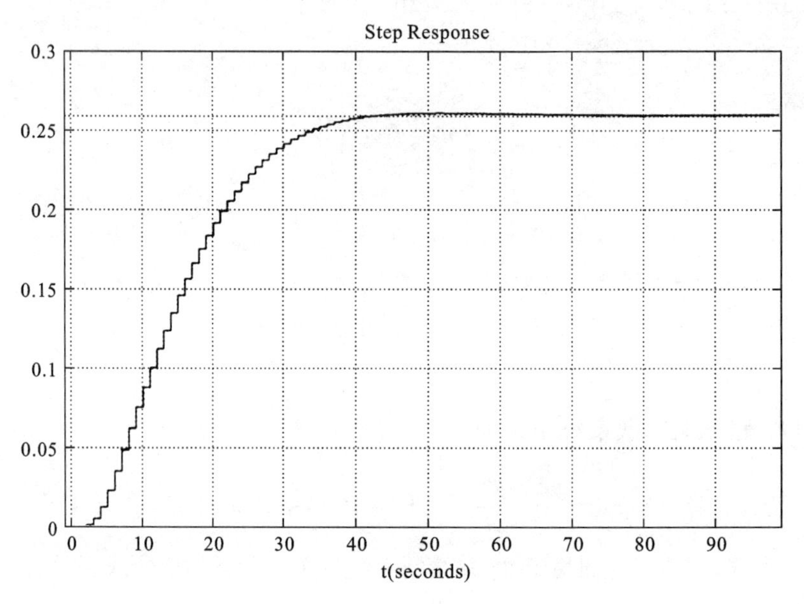

图 8-32 运行结果

习 题

8.1 设开环离散系统结构如题 8.1 图所示,试求开环脉冲传递函数 $G(z)$。

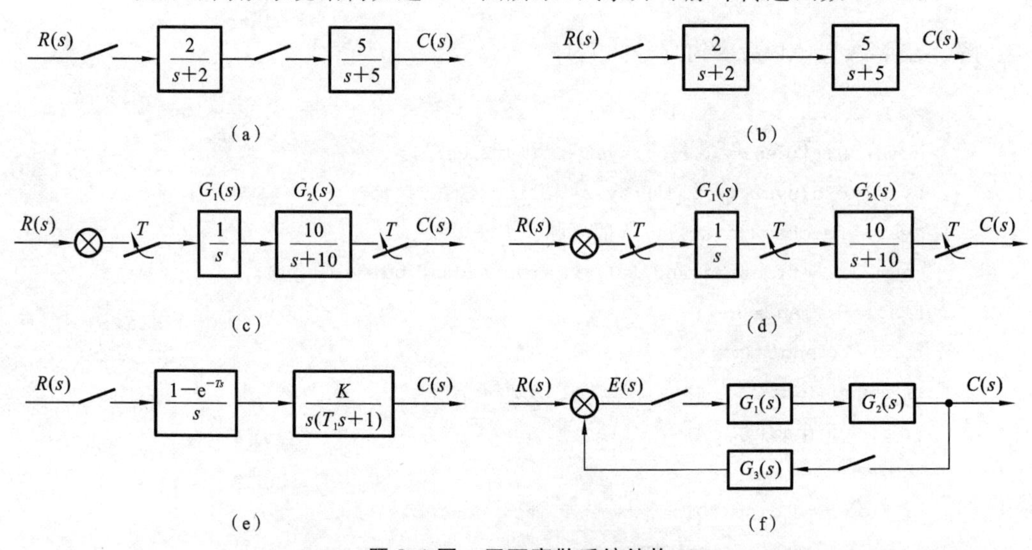

题 8.1 图 开环离散系统结构

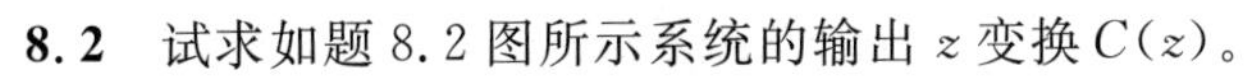

8.2　试求如题 8.2 图所示系统的输出 z 变换 $C(z)$。

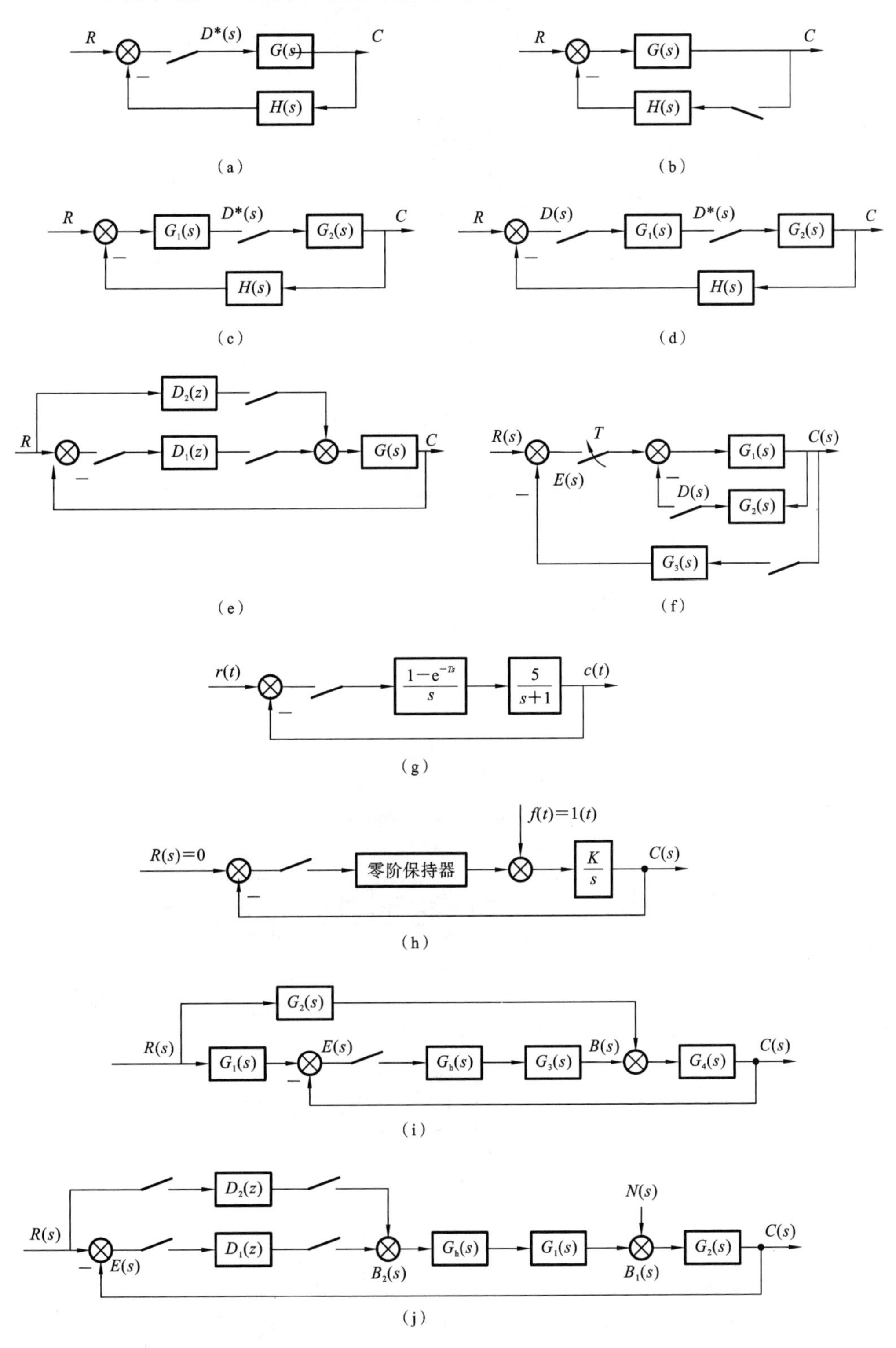

题 8.2 图　采样系统结构

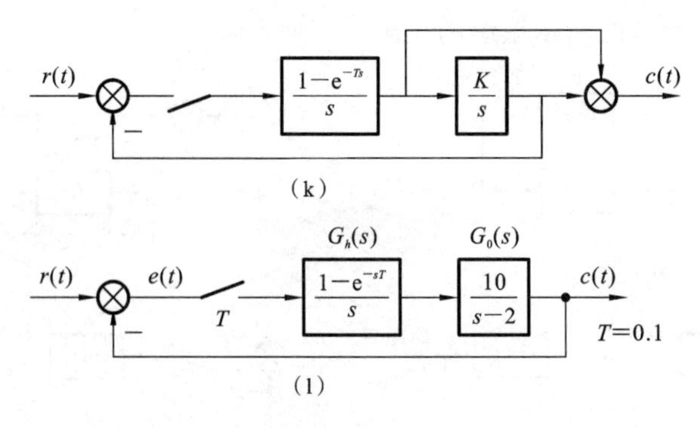

续题 8.2 图

8.3 设一个离散系统结构如题 8.3 图所示，试分析闭环系统的稳定性。

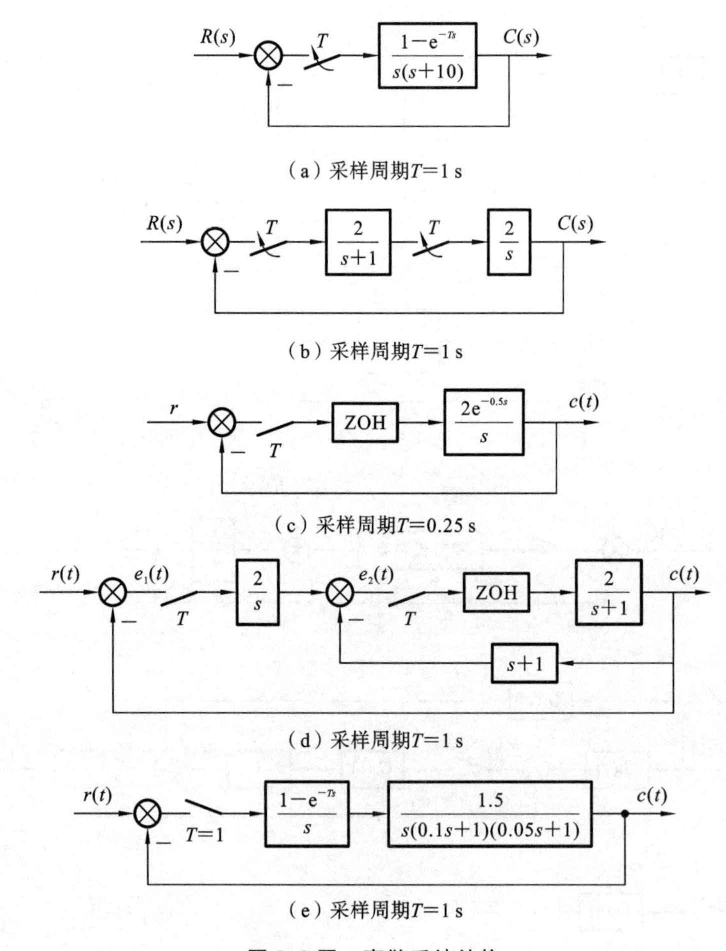

题 8.3 图　离散系统结构

8.4 离散控制结构系统如题 8.4 所示。

(1) 为使题 8.4 图(a)所示系统稳定，试求采样周期 T 的取值范围。

(2) 对于题 8.4 图(b)所示系统，$T=0.5$ s，当采样周期为 $T_s=0.4$ s 时，求使系统稳

定的 k 值范围；去掉零阶保持器，再求相应的 k 值范围。

(3) 分析题 8.4 图(c)所示系统参数 K-T 的稳定域(T 为采样周期)。

(4) 对于题 8.4 图(d)所示系统，采样周期 $T=1$ s，$G_h(s)$ 为零阶保持器。当 $K=5$ 时，分别在 z 域和 ω 域中分析系统的稳定性，确定使系统稳定的 K 值范围。

(5) 对于题 8.4 图(e)所示系统，采样周期 $T=1$ s，求闭环脉冲传递函数，并确定该系统稳定时 K 的取值范围。

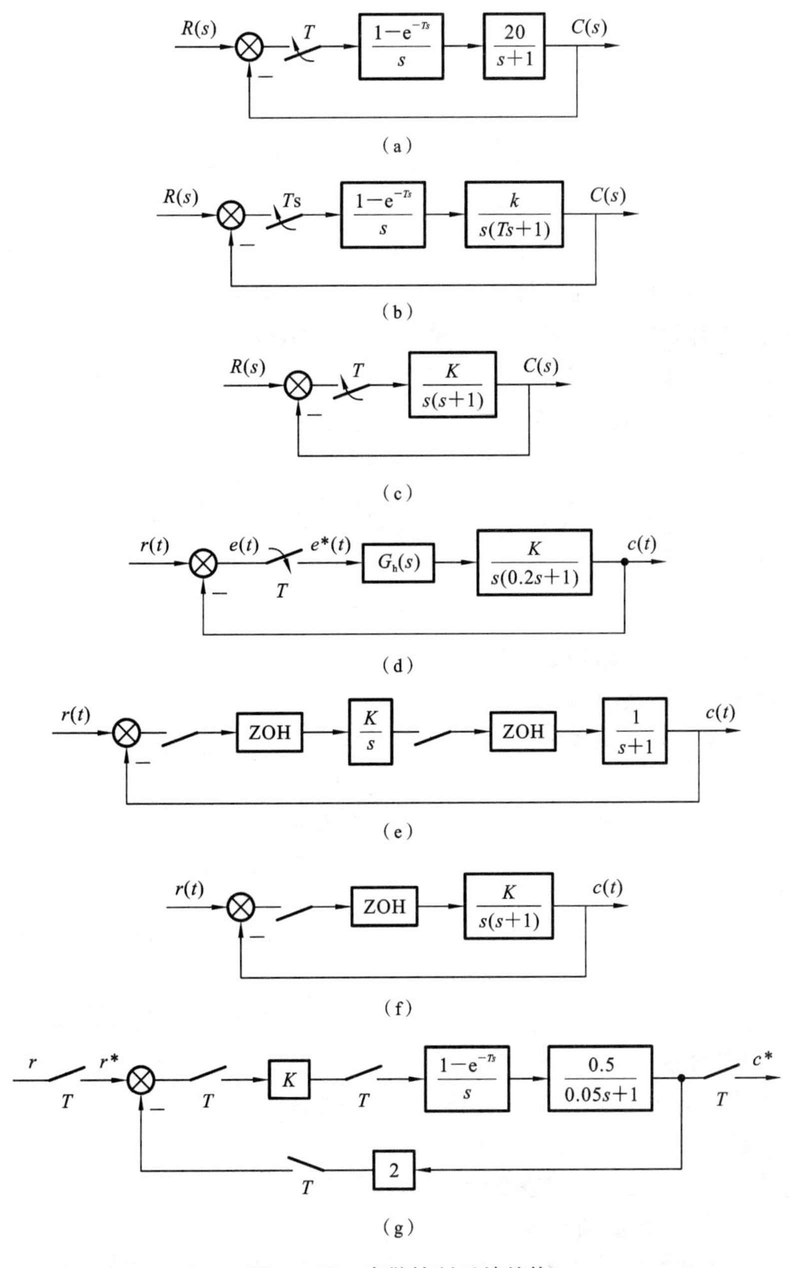

题 8.4 图　离散控制系统结构

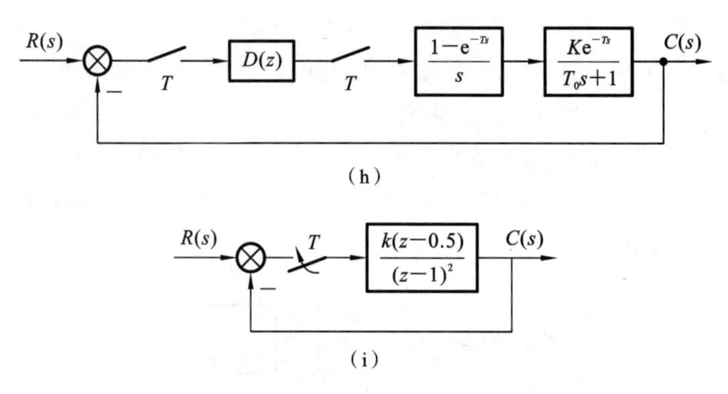

续题 8.4 图

(6) 对于题 8.4 图(f)所示系统，输入为单位阶跃信号，采样周期为 1 s，试确定 K 的范围，使输出序列为振荡收敛。

(7) 对于题 8.4 图(g)所示系统，采样周期 $T=0.1$ s，确定使系统稳定的 K 值范围。

(8) 对于题 8.4 图(h)所示系统，采样周期 T 及时间常数 T_0 均为大于零的实常数，且 $e^{-T/T_0}=0.2$。当 $D(z)=1$ 时，求使系统稳定的 K 值范围($K>0$)。

(9) 对于题 8.4 图(i)所示系统，使用根轨迹法确定系统稳定的临界 k 值。

8.5 设有如题 8.5 图所示的离散系统，试求系统的单位阶跃响应(设 $T=1$ s)。

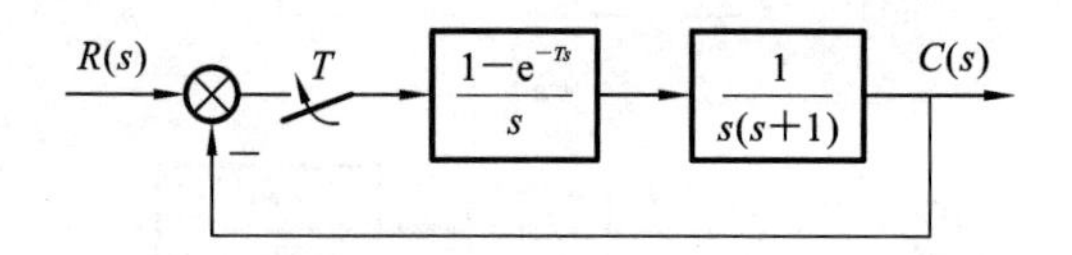

题 8.5 图　离散系统结构

8.6 试判断下列系统的稳定性：

(1) 已知闭环离散系统的特征方程为 $D(z)=(z+1)(z+0.5)(z+2)=0$；

(2) 已知闭环离散系统的特征方程为 $D(z)=z^4+0.2z^3+z^2+0.36z+0.8=0$(要求采用朱利判据)；

(3) 已知误差采样的单位反馈离散系统，采样周期 $T=1$ s，开环传递函数

$$G(s)=\frac{22.57}{s^2(s+1)}$$

(4) 已知某系统特征方程为 $P(z)=z^4-1.368z^3+0.4z^2+0.08z+0.002=0$。

8.7 离散系统结构如题 8.7 图所示。

(1) 离散系统结构如题 8.7 图(a)所示，采样周期 $T=0.1$ s，求输入为 $r(t)=1(t)$ 和 $r(t)=t$ 下的稳态误差。

(2) 离散系统结构如题 8.7 图(b)所示，采样周期 $T=0.1$ s，求 $r(t)$ 分别为 $1(t)$ 和 t 时系统的稳态误差。

(3) 离散系统结构如题 8.7 图(c)所示，采样周期 $T=0.25$ s，当 $r(t)=2+t$ 时，欲使稳态误差小于 0.1，试求 K 值。

(4) 离散系统结构如题 8.7 图(d)所示，采样周期 $T=0.2$ s，$K=10$，$r(t)=1+t+t^2/2$，试用终值定理法计算系统的稳态误差 $e_{ss}(\infty)$。

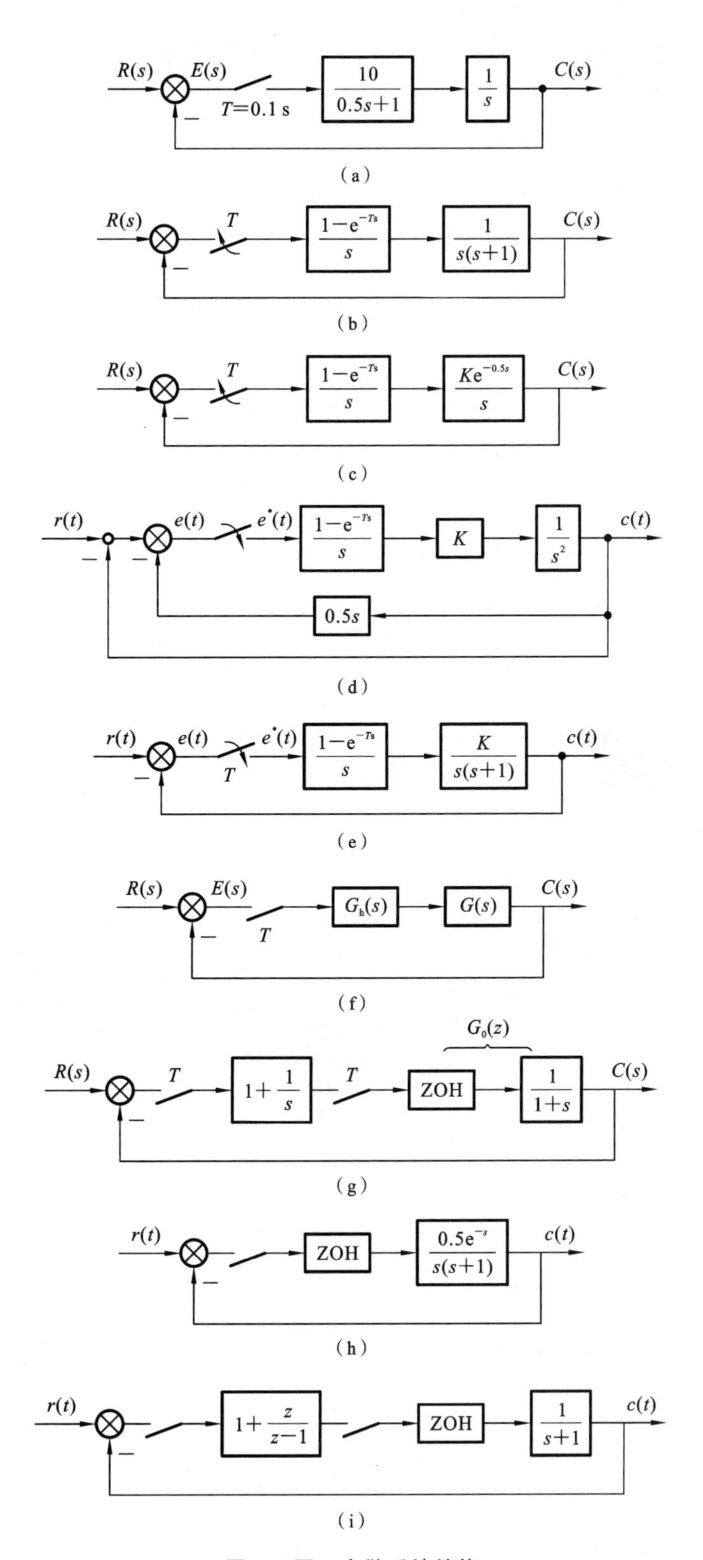
R(s)
E(s)
T=0.1 s
10
0.5s+1
1
s
C(s)
(a)
R(s)
T
1−e^{−Ts}
s
1
s(s+1)
C(s)
(b)
R(s)
T
1−e^{−Ts}
s
Ke^{−0.5s}
s
C(s)
(c)
r(t)
e(t)
e*(t)
1−e^{−Ts}
s
K
1
s^2
c(t)
0.5s
(d)
r(t)
e(t)
e*(t)
T
1−e^{−Ts}
s
K
s(s+1)
c(t)
(e)
R(s)
E(s)
T
G_h(s)
G(s)
C(s)
(f)
G_0(z)
R(s)
T
1+1/s
T
ZOH
1
1+s
C(s)
(g)
r(t)
ZOH
0.5e^{−s}
s(s+1)
c(t)
(h)
r(t)
1+z/(z−1)
ZOH
1
s+1
c(t)
(i)

题 8.7 图　离散系统结构

(5) 离散系统结构如题 8.7 图(e)所示，其中 $T=0.1$ s，$K=1$，$r(t)=t$，试求静态误差系数 K_p、K_v、K_a，并求系统稳态误差 $e_{ss}(\infty)$。

(6) 离散系统结构如题 8.7 图(f)所示，其中 $G(s)=\frac{k\mathrm{e}^{-mTs}}{s+1}$，$G_h(s)=\frac{1-\mathrm{e}^{-Ts}}{s}$，$k>0$，$m$ 为正整数，T 为采样周期。当 $m=1$ 时，试确定系统稳定的 k 值；输入信号为单位阶跃信号，求 $m=2$ 时系统稳态误差。

(7) 离散系统结构如题 8.7 图(g)所示，$T=1$ s，试求闭环系统的脉冲传函数 $\frac{C(z)}{R(z)}$，并计算 $r(t)=2\cdot 1(t)$ 时的稳态误差。

(8) 离散系统结构如题 8.7 图(h)所示，采样周期为 1 s，分别计算输入单位阶跃和单位斜坡信号时系统的稳态误差。

(9) 离散系统结构如题 8.7 图(i)所示，试求当 $r(t)=1(t)$，$r(t)=5t\cdot 1(t)$ 和 $r(t)=\frac{1}{2}t^2\cdot 1(t)$ 时系统的稳态误差，其中采样周期为 1 s。

(10) 离散系统结构如题 8.7 图(j)所示，试确定增益 K 的取值范围，使系统在单位斜坡输入信号作用下的稳态误差 $|e_{ss}(\infty)|\leqslant\varepsilon$，并确定 K 与采样周期 T 及指定误差界 ε 之间的关系。

(11) 离散系统结构如题 8.7 图(k)所示，其中 $T=1$ s，$a=\ln 2$，$b=\ln 4$，$K>0$，试求系统在单位阶跃信号作用下的稳态误差。

(12) 离散系统结构如题 8.7 图(l)所示，误差定义为 $e=r-c$，干扰信号 $d(t)=1(t)$。当 $G_c(z)=1+\frac{0.1z}{z-1}$ 时，求稳态误差 $e_{ss}(\infty)$。

REFERENCES

参考文献

[1] 苏欣平.自动控制原理及应用[M].北京:北京理工大学出版社,2016.

[2] 张明君.自动控制原理考研宝典[M].北京:北京邮电大学出版社,2016.

[3] 刘宝,王君红.自动控制原理简明教程[M].青岛:中国石油大学出版社,2016.

[4] 胡皓.自动控制原理[M].西安:西安电子科技大学出版社,2016.

[5] 于建均,孙亮.自动控制原理学习指导与习题精解[M].2版.北京:北京工业大学出版社,2016.

[6] 刘慧英.自动控制原理导教·导学·导考[M].6版.西安:西北工业大学出版社,2016.

[7] 杨瑞,张军.自动控制原理[M].成都:电子科技大学出版社,2016.

[8] 连晓峰.自动控制原理[M].长沙:国防科技大学出版社,2009.

[9] 李有军.自动控制原理[M].北京:中国原子能出版社,2016.

[10] 郝春玲,韩彩娟.自动控制原理与应用[M].长春:吉林大学出版社,2016.

[11] 蒋小平.自动控制原理[M].徐州:中国矿业大学出版社,2017.

[12] 丁肇红,胡志华.自动控制原理[M].西安:西安电子科技大学出版社,2017.

[13] 刘振全.自动控制原理[M].西安:西安电子科技大学出版社,2017.

[14] 夏晨.自动控制原理与系统[M].2版.北京:北京理工大学出版社,2017.

[15] 彭冬玲.自动控制原理[M].武汉:华中科技大学出版社,2017.

[16] 吴怀宇.自动控制原理[M].3版.武汉:华中科技大学出版社,2017.

[17] 王划一,杨西侠.自动控制原理[M].3版.北京:国防工业出版社,2017.

[18] 李瑞福.自动控制原理及应用[M].成都:电子科技大学出版社,2017.

[19] 王卫江,陈志铭,王晓华.自动控制原理[M].2版.北京:北京理工大学出版社,2017.

[20] 刘新,陈颖.自动控制原理与系统[M].西安:西北工业大学出版社,2017.

[21] 左军毅,张怡哲,蒋康博.自动控制原理[M].北京:航空工业出版社,2018.

[22] 谢成祥,张燕红.自动控制原理[M].南京:东南大学出版社,2018.

[23] 王艳秋.自动控制原理[M].北京:北京理工大学出版社,2018.

[24] 千博,过润秋,屈胜利,等.自动控制原理[M].3版.西安:西安电子科技大学出版

社，2018.
[25] 姜素霞，冯巧玲. 自动控制原理[M]. 3 版. 北京：北京航空航天大学出版社，2018.
[26] 马成勋. 自动控制原理[M]. 合肥：合肥工业大学出版社，2018.
[27] 巨林仓. 自动控制原理实验教程[M]. 西安：西安交通大学出版社，2018.
[28] 孟显娇，吴莹，顾波. 自动控制原理[M]. 长春：吉林大学出版社，2018.
[29] 郭卉，郑宁. 自动控制原理[M]. 西安：西安电子科技大学出版社，2018.
[30] 张学燕，吴勇，陈庆华. 自动控制原理与系统[M]. 延吉：延边大学出版社，2018.
[31] 叶明超，黄海. 自动控制原理与系统[M]. 3 版. 北京：北京理工大学出版社，2019.
[32] 杨欢. 自动控制系统原理与应用[M]. 西安：西安电子科技大学出版社，2019.
[33] 张学军，韩君，张磊. 自动控制原理[M]. 成都：电子科技大学出版社，2019.
[34] 涂继亮，崔蕾，于琦. 自动控制原理[M]. 上海：上海交通大学出版社，2019.
[35] 白健美，张轩. 自动控制原理[M]. 郑州：郑州大学出版社，2019.
[36] 王福仁，王少华，王术聪. 自动控制原理与系统[M]. 上海：同济大学出版社，2019.
[37] 李炎锋. 建筑设备自动控制原理[M]. 北京：机械工业出版社，2019.
[38] 李晓秀，宋丽蓉. 自动控制原理[M]. 北京：机械工业出版社，2019.
[39] 胡寿松. 自动控制原理[M]. 7 版. 北京：科学出版社，2019.
[40] 张爱民. 自动控制原理[M]. 2 版. 北京：清华大学出版社，2019.
[41] 胡寿松. 自动控制原理题海与考研指导[M]. 3 版. 北京：科学出版社，2019.
[42] 李友善，梅晓榕，王彤. 自动控制原理 480 题 [M]. 哈尔滨：哈尔滨工业大学出版社，2015.
[43] 李家星. 自动控制原理(第六版)同步辅导及习题全解[M]. 北京：中国水利水电出版社，2014.
[44] 孙优贤. 自动控制原理学习辅导[M]. 北京：化学工业出版社，2017.
[45] 梅晓榕. 自动控制原理考研大串讲[M]. 北京：科学出版社，2006.
[46] 王建辉. 自动控制原理习题详解[M]. 北京：清华大学出版社，2010.
[47] 程鹏，王艳东，邱红专，等. 自动控制原理(第二版)学习辅导与习题解答[M]. 北京：高等教育出版社，2011.
[48] 杨平，徐晓丽，康英伟. 自动控制原理——练习与测试篇[M]. 北京：中国电力出版社，2020.
[49] 张兰勇，李芃. 自动控制原理(第三版)习题解析[M]. 武汉：华中科学大学出版社，2021.
[50] 胡寿松. 自动控制原理习题解析[M]. 3 版. 北京：科学出版社，2018.
[51] 薛安克. 自动控制原理[M]. 4 版. 西安：西安电子科技大学出版社，2022.
[52] Gene F Franklin，J David Powell，Abbos Emani-Naci Ni. 自动控制原理与设计[M]. 6 版. 李中华，译. 北京：电子工业出版社，2014.
[53] 周振超. 自动控制原理[M]. 北京：电子工业出版社，2022.
[54] 于建均. 自动控制原理[M]. 4 版. 北京：高等教育出版社，2022.
[55] 卢子广，胡立坤，林靖宇. 自动控制理论基础[M]. 北京：科学出版社，2023.
[56] 赵婧. 自动控制理论原理[M]. 西安：西安电子科技大学出版社，2021.
[57] 伍锡如. 自动控制理论原理[M]. 西安：西安电子科技大学出版社，2022.